普通高等教育卓越工程能力培养系列教材

有限单元法基础与工程应用

主　编　杨　坤　邱　月　赵同彬
副主编　谭　涛　房　凯　程国强
参　编　尹延春　张玉宝　杜　烨　曾青冬　马志涛

机械工业出版社

本书是学习有限单元法的基础教材，系统阐述了有限单元法的基本理论，详细介绍了各种线弹性问题的有限元分析方法，并简要介绍了非线性问题的有限元分析方法。基础理论部分主要介绍平面单元、空间单元和等参数单元；专题部分介绍了杆梁单元和板壳单元；非线性部分主要介绍了材料非线性问题和几何非线性问题；应用部分对目前常用的有限元商业软件的发展、特点、功能进行了介绍，并结合具体工程案例进行了建模、计算和分析。

本书可以作为高等院校力学、机械、交通、土木、能源等工科专业本科生的教材，也适合有关学科的研究生在学习和研究工作中参考。

图书在版编目（CIP）数据

有限单元法基础与工程应用/杨坤，邱月，赵同彬主编. -- 北京：机械工业出版社，2025. 8. --（普通高等教育卓越工程能力培养系列教材）. -- ISBN 978-7-111-78171-4

Ⅰ. O241. 82

中国国家版本馆 CIP 数据核字第 2025ZR0984 号

机械工业出版社（北京市百万庄大街 22 号　邮政编码 100037）
策划编辑：张金奎　　　　责任编辑：张金奎　李　乐
责任校对：梁　静　陈　越　　封面设计：王　旭
责任印制：邓　博
北京中科印刷有限公司印刷
2025 年 8 月第 1 版第 1 次印刷
184mm×260mm · 15. 75 印张 · 387 千字
标准书号：ISBN 978-7-111-78171-4
定价：49. 90 元

电话服务	网络服务
客服电话：010-88361066	机　工　官　网：www. cmpbook. com
010-88379833	机　工　官　博：weibo. com/cmp1952
010-68326294	金　　书　　网：www. golden-book. com
封底无防伪标均为盗版	机工教育服务网：www. cmpedu. com

前言

FOREWORD

在当今科技活动中，一系列“卡脖子”技术和“智造中国”发展中遇到的诸多关键问题，都是通过数值模拟进行计算分析的，数值模拟已成为一种高效的计算手段应用于国民建设的各个领域。而有限单元法是当前工程技术领域中最常用、最有效的数值计算方法，有限元计算软件经过了几十年的发展和完善，也已经转化为诸多领域内的重要社会生产力。

本书是为力学、机械、交通、土木、能源等工科专业本科生学习有限单元法而编写的教材。编者从事本科生和研究生的有限元课程教学工作多年，深谙学生初次接触数值模拟方法的学习特点，因此编写本书时，在保证简明性和完整性相结合的基础上，力求知识点引入自然、层次分明、逻辑清晰。此外，近年来教育部颁发的《高等学校课程思政建设指导纲要》，明确指出大学培养不能只局限于培养专业基础知识，更要引导学生的思想精神健康成长。因此，本书在编写时响应党中央、国务院提出的坚持全过程素质教育的要求，用思想价值引导并贯穿于教育教学的全环节，把理想信念、民族精神、科研素养、职业道德、工匠精神以及实践创新等课程思政元素有机地融入内容中。

全书共分 10 章。第 1 章为绪论；第 2 章为弹性力学基本理论，主要为了兼顾缺乏弹性力学知识的读者，对有限单元法中涉及的弹性力学基本知识做了简要介绍；第 3 章为平面问题有限单元法，介绍了有限元分析的基本步骤；第 4 章讨论了空间问题有限单元法，包括轴对称问题和一般的空间问题；第 5 章介绍了等参数单元；第 6 章和第 7 章分别讨论了杆梁单元和板壳单元，这两者总称为结构单元；第 8 章为非线性问题有限元法，主要对材料非线性和几何非线性问题进行了介绍；第 9 章概要介绍了目前大型有限元分析程序的特点及功能；第 10 章结合实际工程，介绍了大型有限元程序分析范例。

全书内容叙述力图做到由简到繁，循序渐进。注重有限元分析思路的建立和有限元分析整体轮廓的清晰。每一章后附有习题，供学生巩固练习。在书中相关知识点处附加了与该内容有关的拓展学习材料，供学生开阔视野，提升能力，并实现了书与网课的同步衔接，学生可以通过相关的视频课程进行课下的自主学习。

本书编写分工：第 1、2 章由房凯编写，第 3 ~ 6 章由杨坤编写，第 7 章由程国强编写，第 8 章由谭涛、马志涛编写，第 9、10 章由邱月、尹延春编写，此外张玉宝、杜烨、曾青冬等对书中涉及的图、表等进行了精心的绘制和设计。赵同彬教授对全书进行了统稿、定稿。

由于编者水平有限，书中尚存在不妥和需改进之处，恳切期望读者提出批评和改进意见。

编　者

目录

CONTENTS

第1章 绪　　论

实验研究、理论分析和计算科学是推动人类文明进步和科技发展的三大支柱。

当学科发展不充分的时候，一般是先进行实验研究，它是针对某一问题，根据一定的理论或假设进行有计划的实践，从而得出一定的科学结论的方法。实验结果以较为精确的数据说明问题，令人信服，但其较大程度上受人力、物力、财力等条件约束。

实验研究充分之后，开始做一些假设，建立理论体系，理论分析是以实际问题为研究对象，通过科学抽象，建立合理的理论模型，在相应的边界条件和初始条件下，通过严密的数学推导来求解。该方法的优点在于结果具有严密性、普遍性，各种影响因素清晰，但理论体系建立之后，会遇到解析解求解困难的情况，一般只有比较简单的问题或者极特殊的情况才可得到解析解，对于复杂的工程问题很难得到解析解。

19世纪中叶，随着生产力的发展，简单的实验模拟和解析求解方法，已经远远满足不了工业发展的需要，人们在寻找一种新的方法来更好地指导生产实践。因此，在广泛吸收现代数学、力学理论的基础上，借助于现代科学技术的产物——计算机来获得满足工程要求的数值解，即数值模拟技术诞生了。数值模拟技术是现代工程学形成和发展的重要推动力之一。数值计算一般通过简化抽象物理模型，选取合理的数学模型，选用合理的计算方法，编制计算程序或者选用商业软件，通过上机计算，得到近似解，并在计算机上显示结果，以确定结果的准确性。数值计算方法可以使许多理论分析不能求解的力学问题，通过借助计算机得到解决，也能对某些由于场地等限制无法进行或由于耗资过于巨大而不适合进行的实验，通过数值方法进行很好的模拟，通过计算机显示丰富和形象的结果，并对实验方案进行比较和优化。从一定意义上讲，数值计算方法是理论分析方法和实验研究方法的延伸和拓展，而有限单元法是目前常用的数值计算方法之一。

知识拓展

力学的研究对象：《考工记》《墨经》中已经有一些初步的力学哲理，如“力，刑（形）之所以奋也”和“衡，加重于其一旁，必捶（垂），权重相若也。相衡，则本短标长，两加焉重相若，则标必下，标得权也”，展示了祖先高超的力学水平和智慧。早期工程科学的基础，指的就是力学，力学学科从牛顿经典力学发展到如今的现代力学，它的系统性、完整性和基础性已充分表明，现代力学已发展到与化学等基础学科一样，与物理学并列的程度。这也是“工程力学”专业被列为国家强基计划专业之一的重要原因。力学本身不仅研究对象广泛，同时也是学科交叉的必要工具，数学、物理、化学等基础学科要运用到工程里面，力学是中间的桥梁。

《墨经》中写道，“力，形之所以奋也”，就是说动力是使物体运动的原因。

——习近平总书记在中国科学院第十九次院士大会、中国工程院第十四次院士大会上的讲话

力学是关于力、运动及其关系的科学。力学研究介质运动、变形、流动的宏微观行为，揭示力学过程及其物理、化学、生物学过程的相互作用。——《大百科全书·力学卷》

力学的研究体系比较庞大，研究对象的大小有数量级的差别。比如有宏观力学、介观力学、细观力学、微观力学，这直接导致了它们的理论基础和适用范围有很大的差别。面向工程的大部分都是宏观的，面向科学的很多是从介观、细观到微观层次，微细观研究偏于颗粒或代表性体积单元。通常在工程应用的时候关注材料的宏观性能，所以现在有很多由材料的微细观结构分析材料的宏观力学性能的研究。宏观认为材料满足连续介质，固体的如材料力学、结构力学、弹性力学；流体的如流体力学、水力学、空气动力学等。

因此，工程力学是工程学科的支柱。今天的力学工作者基本都是面向工程技术科学领域，运用力学的基本原理，解决工程科学技术中遇到的具体问题。

1.1 有限单元法简介

有限单元法（FEM，Finite Element Method）简称有限元法，是一种求解偏微分方程边值问题近似解的数值技术。求解时对整个问题区域进行分解，将连续的介质（如零件、结构等）看作由在有限个结点处连接起来的有限个小块所组成，每个小块都成为简单的部分，这种简单部分就称作有限单元。然后对每个单元通过取定的插值函数，将其内部每一点的位移（或应力）用单元结点的位移（或应力）来表示，随后根据介质整体的协调关系，建立包括所有结点的未知量的联立方程组，最后用计算机求解该联立方程组，以获得所需的解答。当单元足够“小”时，可以得到十分精确的解答。由于单元能按不同的连接方式进行组合，且单元本身又可以有不同形状，因此可以模型化几何形状复杂的求解域。

例如图 1-1 所示的不规则图形，目前没有合适的公式直接求出其面积，则可采用图 1-2 所示的数值方法进行求解。通过网格纸及合理地选择边界附近网格的取舍，得到面积近似解。显然，随着网格数目的增加，也即单元尺寸的减少，解的近似程度将不断改进，最终趋近于精确解。

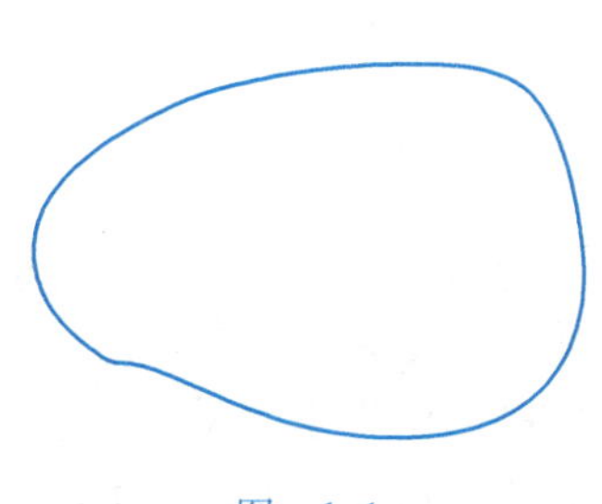

图 1-1

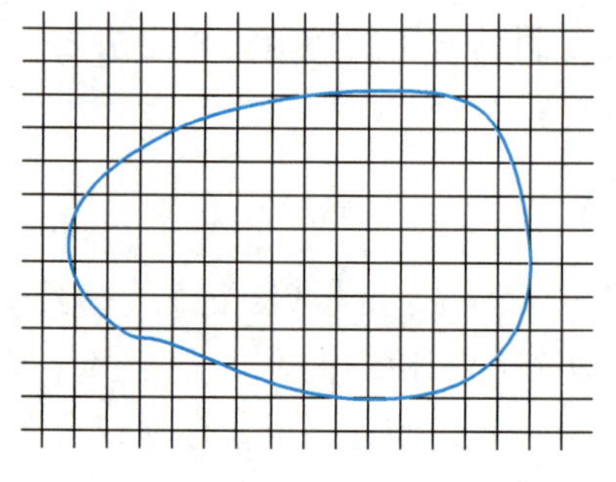

图 1-2

与上述简单问题一样，许多工程分析问题，如复杂结构中的位移场和应力场分析、振动特性分析、传热学中的温度场分析、流体力学中的流场分析等，都可以通过相似的过程采用有限单元法进行求解，从而得到符合工程需求精度的近似解。

知识拓展

2023 年 8 月 24 日，日本正式启动福岛核污染水排放入海工作，这一行动引发了周边国家乃至全球对于人体健康以及生态环境等问题的担忧。为解决人们的疑问，清华大学深圳国际研究生院海洋工程研究院张建民院士、胡振中副教授团队从宏观和微观两种不同的角度分别建立了海洋尺度下放射性物质的扩散模型，并实现了福岛核废水排放计划的长期模拟。宏观模拟结果表明，核污染水在排放后 240 天就会到达我国沿岸海域，1200 天后将到达北美沿岸并覆盖几乎整个北太平洋。数值模拟结果为各个地区提供了应对措施时间表。通过这个例子，进一步认识到力学研究体系的庞大及研究对象的广泛，力学学子要运用好手中的工具，为科技进步和人类发展做出应有的贡献，这也应该是我们所培养的专业情怀和人文素养。

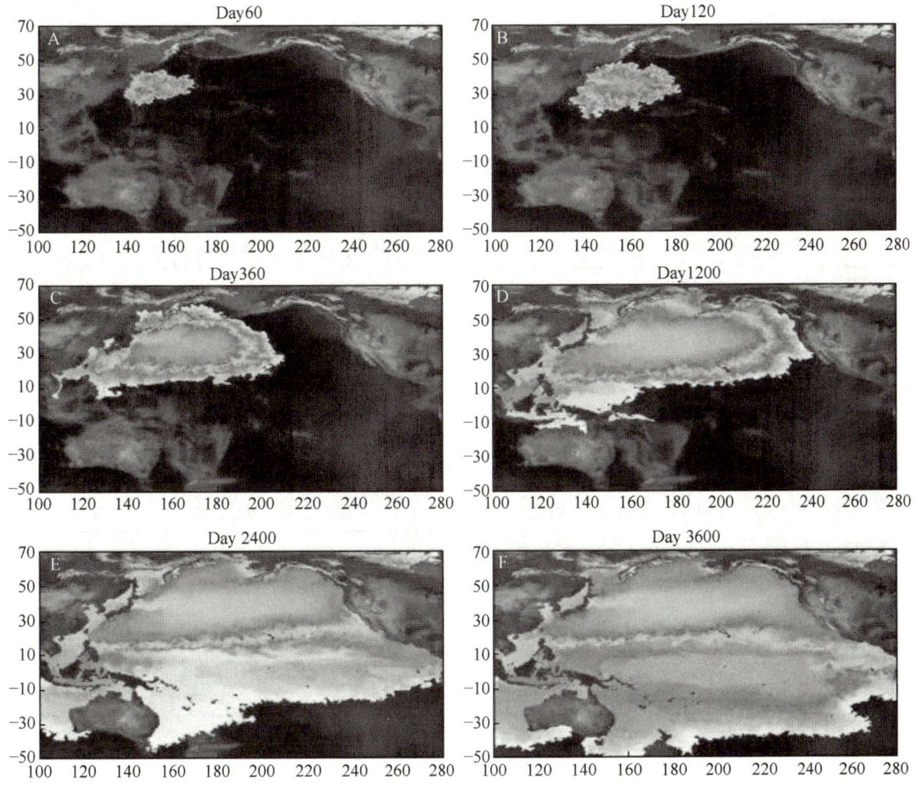

虽然在 1960 年才第一次采用了“有限单元法”这个名字，但有限元的思想在很久以前就已经存在，例如魏晋时期我国数学家刘徽所著《九章算术注》，就提出用割圆术求圆的面积和周长，我国南北朝时期数学家祖冲之采用割圆术方法计算圆周率，其中就引入了极限和无穷小分割的思想，是有限元思想的雏形。随着高速计算机的发展，有限元的应用也以惊人的速度渗透到各个工程领域，60 多年来，有限单元法已由弹性力学平面问题扩展到空间问

题、板壳问题，由静力平衡问题扩展到动力问题。分析对象从弹性材料扩展到塑性、黏弹性、黏塑性、复合材料等，从固体力学扩展到流体力学、热力学等连续介质力学领域，并能求解各类场分布问题（流体场、温度场、电磁场等的稳态和瞬态问题），以及固体、流体、温度相互耦合作用的问题。由于本书适用对象主要为本科生以及初次接触有限元分析方法的研究生，因此其重点是介绍线性静力分析相关内容。

1.2 有限单元法发展历史

有限单元法起源于需要解决市政工程和航空工程方面复杂的弹性结构分析问题。它的开发可追溯到 20 世纪 40 年代 A. Hrennikoff 和 R. Courant 的工作。1941 年，A. Hrennikoff 首次提出用构架方法求解弹性力学问题，当时称为离散元素法，仅限于用杆系结构来构造离散模型。如果原结构是杆系，这种方法是精确方法，发展到现在就是大家熟知的结构分析的矩阵方法。究其实质还不能说这就是有限单元法的思想。1943 年，R. Courant 在求解扭转问题时为了表征翘曲函数而将截面分成若干三角形区域，在各个三角形区域设定一个线性的翘曲函数，这是对里兹法的推广，实质上就是有限单元法的基本思想。**但当时电子计算机尚未出现，这种思想并没有引起人们的注意。**

20 世纪 50 年代，因航空工业的需要，美国波音公司的专家首次采用三结点三角形单元，将矩阵位移法用到平面问题上。1956 年，**Turner、Clough、Martin 和 Topp** 开发了三角形单元的有限元插值方法，该方法适用于任意形状的结构件。1958 年，E. L. Wilson 开发了第一个基于波音公司的矩形平面应力有限元的自动化有限元程序。1960 年，R. W. Clough 教授在一篇题为《平面应力分析的有限单元法》的论文中首先使用有限单元法（the Finite Element Method）一词，此后这一名称得到广泛承认。同时，1965 年中国科学院院士冯康，发表的一篇名为《基于变分原理的差分格式》的文章，应用于有限单元法的收敛性研究，在核武器、航天和军工等领域均取得丰硕的研究成果，我国对有限单元法的研究在国际上一度处于领先地位。

20 世纪 60 年代有限单元法发展迅速，除力学界外，许多数学家也参与了这一工作，奠定了有限单元法的理论基础，搞清了有限单元法与变分法之间的关系，发展了各种各样的单元模式，扩大了有限单元法的应用范围。

20 世纪 70 年代，有限元发展聚焦于收敛性问题、模拟结构的动态行为（如汽车工业中的耐撞性等）、非线性结构变形和结构动力学问题等。到 20 世纪 80 年代末，在美国的三大汽车制造商中有数千个工作站运行显式的是基于时间集成的 FEM 代码。

知识拓展

1965 年冯康发表了《基于变分原理的差分格式》，研究了有限元分析的精度和收敛性问题，几乎和西方科学家同时建立了有限单元法的理论基础。1971 年，徐芝纶科研组系统地开展了有限单元法的研究和应用，并于 1972 年完成了风滩空腹重力拱坝的温度场与温度应力的有限元计算分析工作，是我国最早的有限元应用成果。我国对有限单元法的研究在国际上一度处于领先地位，并且也培养了一支优秀的计算力学队伍，在工程力学和结构优化设计方面做出了显著成绩。同学们应该具有文化自信并坚定中国特色社会主义道路自信，具有刻苦奋斗、自强不息、精忠报国的精神，具有勇于担当的使命感与责任感。

20 世纪 90 年代以来，进入有限单元法的工业时期，其应用范围几乎渗透到所有工程领域，成为连续介质问题数值解法中最活跃的分支。有限单元法的工程应用见表 1-1。

表 1-1 有限单元法的工程应用

研究领域	平衡问题	特征值问题	动态问题
结构工程学、结构力学和宇航工程学	梁、板、壳结构的分析 复杂或混杂结构的分析 二维与三维应力分析	结构的稳定性 结构的固有频率和振型 线性黏弹性阻尼	应力波的传播 结构对于非周期荷载的动态响应 耦合热弹性力学与热黏弹性力学
土力学、基础工程学和岩石力学	二维与三维应力分析 填筑和开挖问题 边坡稳定性问题 土壤与结构的相互作用 坝、隧洞、钻孔、涵洞、船闸等的分析 流体在土壤和岩石中的稳态渗流	土壤-结构组合物的固有频率和振型	土壤与岩石中的非定常渗流 在可变形多孔介质中的流动-固结 应力波在土壤和岩石中的传播 土壤与结构的动态相互作用
热传导	固体和流体中的稳态温度分布	—	固体和流体中的瞬态热流
流体动力学、水利工程学和水源学	流体的势流 流体的黏性流动 蓄水层和多孔介质中的定常渗流 水工结构和大坝分析	湖泊和港湾的波动（固有频率和振型） 刚性或柔性容器中流体的晃动	河口的盐度和污染研究（扩展问题） 沉积物的推移 流体的非定常流动 波的传播 多孔介质和蓄水层中的非定常渗流
核工程	反应堆安全壳结构的分析 反应堆和反应堆安全壳结构中的稳态温度分布	—	反应堆安全壳结构的动态分析 反应堆结构的热黏弹性分析 反应堆和反应堆安全壳结构中的非稳态温度分布
电磁学	二维和三维静态电磁场分析	—	二维和三维时变、高频电磁场分析

20 世纪 90 年代末以来，FEM 软件行业蓬勃发展，国际上有 ANSYS、ABAQUS、ADINA、LS-DYNA、NASTRAN、COMSOL Multiphysics、CSI 等知名有限元软件公司，其功能越来越完善，不仅包含多种条件下的有限元分析程序，而且带有功能强大的前处理和后处理程序。由于有限元通用程序使用方便，计算精度高，其计算结果已成为各类工业产品设计和性能分析的可靠依据。大型通用有限元分析软件不断吸取计算方法和计算机技术的最新进展，将有限元分析、计算机图形学和优化技术相结合，已成为解决现代工程学问题必不可少的有力工具。

1.3 有限单元法分析的一般过程

1. 有限单元法的分析特点

在实际工作中，人们发现，一方面许多力学问题无法求得解析解答，另一方面许多工程问题也只需要给出数值解答，于是，数值解法便应运而生。力学中的数值解法有两大类型。其一是对微分方程边值问题直接进行近似数值计算，这一类型的代表是有限差分法；其二是在与微分方程边值问题等价的泛函变分形式上进行数值计算，这一类型的代表是有限单元法。

有限差分法的前提条件是建立问题的基本微分方程，然后将微分方程化为差分方程（代数方程）求解，这是一种数学上的近似。有限差分法能处理一些物理机理相当复杂而形状比较规则的问题，但对于几何形状不规则或者材料不均匀情况以及复杂边界条件，应用有限差分法就显得非常困难，因而有限差分法有很大的局限性。

有限单元法的基本思想是里兹法加分片近似。将原结构划分为许多小块（单元），用这些离散单元的集合体代替原结构，用近似函数表示单元内的真实场变量，从而给出离散模型的数值解。由于是分片近似，可采用较简单的函数作为近似函数，有较好的灵活性、适用性与通用性。当然有限单元法也有其局限性，如对于应力集中、裂缝体分析与无限域问题等的分析都存在缺陷。为此，人们又提出一些半解析方法，如有限条带法与边界元法等。

在结构分析中，从选择基本未知量的角度来看，有限单元法可分为三类：位移法、力法与混合法。其中位移法易于实现计算自动化，在有限单元法中应用范围最广。依据单元刚度矩阵的推导方法，可将有限单元法的推理途径分为直接法、变分法、加权残数法与能量平衡法。直接法是指直接进行物理推理，物理概念清楚，易于理解，但只能用于研究较简单单元的特性。变分法是有限单元法的主要理论基础之一，涉及泛函极值问题，既适用于形状简单的单元，也适用于形状复杂的单元，使有限单元法的应用扩展到类型更为广泛的工程问题。当给定的问题存在经典变分形式时，这是最方便的方法。当给定问题的经典变分原理不知道时，需采用更为一般的方法，如加权残数法或能量平衡法来推导单元刚度矩阵。加权残数法由问题的基本微分方程出发而不依赖于泛函。可处理已知基本微分方程却找不到泛函的问题，如流固耦合问题，从而进一步扩大了有限单元法的应用范围。

2. 有限单元法的分析过程

在有限元方法中，真实的连续介质如固体、液体和气体，用单元的集合来代替，这些单元是通过结点相互联系的。当结构受力变形后，内部各点产生位移，是坐标的函数，但一般很难准确建立这种函数关系。所以假定用简单的函数来近似描述单元内各点位移的变化规律，称为位移模式。位移模式被整理成单元结点位移的插值函数形式，整个场方程（或平衡方程）就是以结点位移为未知量构成的。解这些方程，就可求出位移场变量的结点值，进而确定出位移场的近似函数。其分析过程可归纳如下：

（1）连续体离散化

1）首先根据连续体的形状选择最能完满地描述连续体形状的单元，基本的单元类型见表1-2。

表1-2　基本单元类型

单元类型			结点数	结点自由度	典型应用
一维单元	杆	1 —— 2	2	1	桁架
	梁	1 —— 2	2	3	平面刚架

（续）

单元类型				结点数	结点自由度	典型应用
二维单元	平面问题	三角形	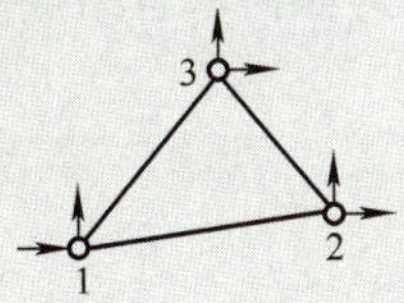	3	2	平面应用
		四边形	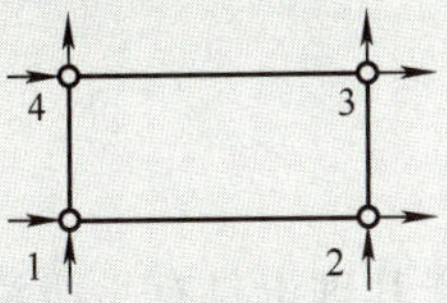	4	2	平面应用
	轴对称问题	三角形	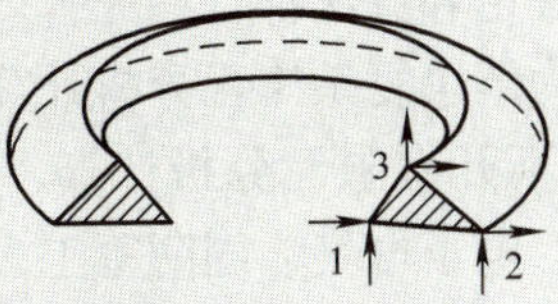	3	2	轴对称体
	板弯曲问题	四边形	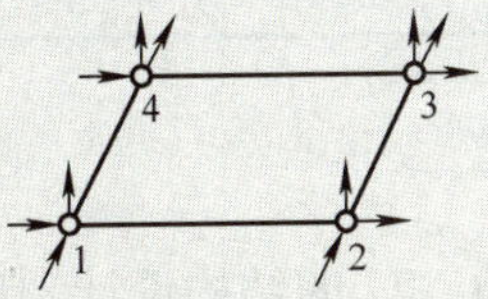	4	3	薄板弯曲
		三角形	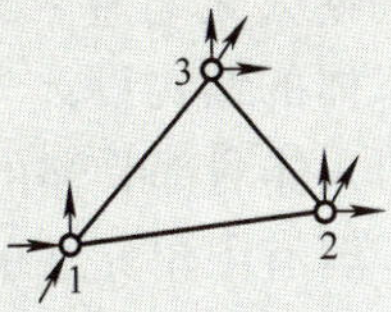	3	3	薄板弯曲
三维单元	四边形		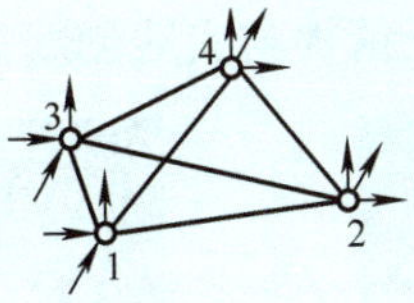	4	3	空间问题
	六面体		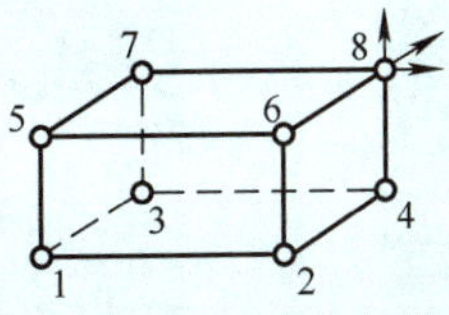	8	3	空间问题

2）进行单元划分，将连续体的结构划分为有限个单元组成的离散体，习惯上称为有限元网格划分。

（2）确定单元的位移模式　位移法分析结构首先要求解的是位移场。要在整个结构建立位移的统一数学表达式往往是困难的甚至是不可能的，因此当结构离散化成单元的集合体后，从区域中取出一个单元进行研究，选择适当的插值函数或者位移模式近似地描述单元的位移场，通常把位移模式取为一个简单的函数，一般为多项式形式，并满足一定的收敛条件。单元位移函数用多项式近似后，问题就转化为如何求解结点位移，结点位移确定后，整个结构的位移场也就确定了。

（3）分析单元力学特性

（4）整体分析

（5）计算结果显示、分析

1.4 有限单元法的工程应用

有限单元法最初用于航空结构分析，但由于其理论具有一般意义，在工程上迅速得到了广泛应用，现经历了几十年的发展历史，其理论和算法都日趋完善。随着计算机技术的普及和计算速度的不断提高，有限元分析已经成为解决复杂工程分析计算问题的有效途径，从汽车到航天飞机，几乎所有的设计制造都已离不开有限元分析计算，其在能源开发、机械制造、材料加工、航空航天、汽车、土木建筑、电子电气、国防军工、船舶、铁道、石化、能源、科学研究等各个领域的广泛使用已使设计水平发生了质的飞跃。

知识拓展

早在 1990 年，美国波音公司在新型客机 B-777 的结构设计和评判中首次利用了有限单元法，不仅实现了“无纸”设计，更使其研发周期大大缩短。此外，在奥运会鸟巢结构施工支柱拆除分析，和谐号、复兴号高铁车头及车体的结构设计与优化，海底隧道、跨海大桥、三峡大坝等世纪工程，甚至面向生物力学的人体肩部骨骼的力学变化等，都是“有限单元法”应用的典型案例。通过多领域全方位了解有限单元法的工程应用，我们才能更加深刻理解它应用的广泛性和便利性，从而激发我们的学习热情，提高学习积极性，一方面体会到学以致用的乐趣，另一方面培养我们的工匠精神与实践创新。

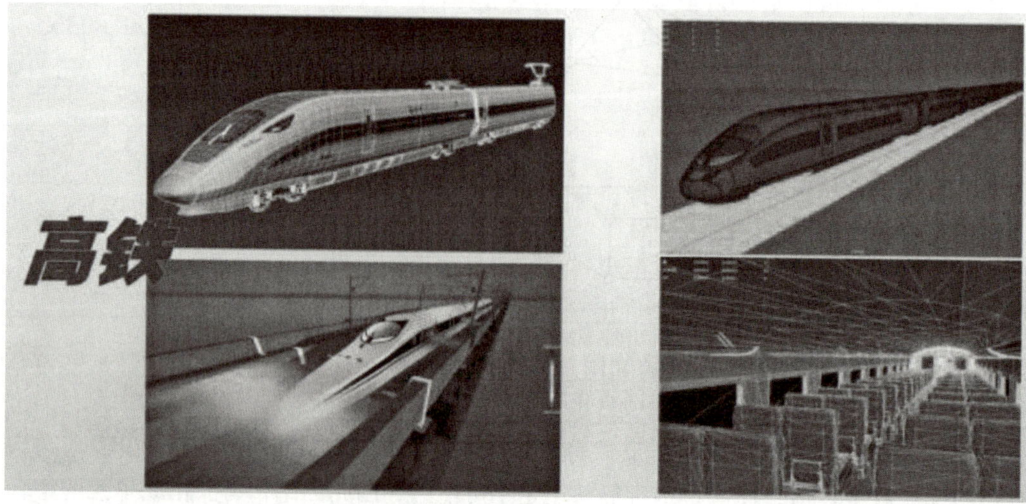

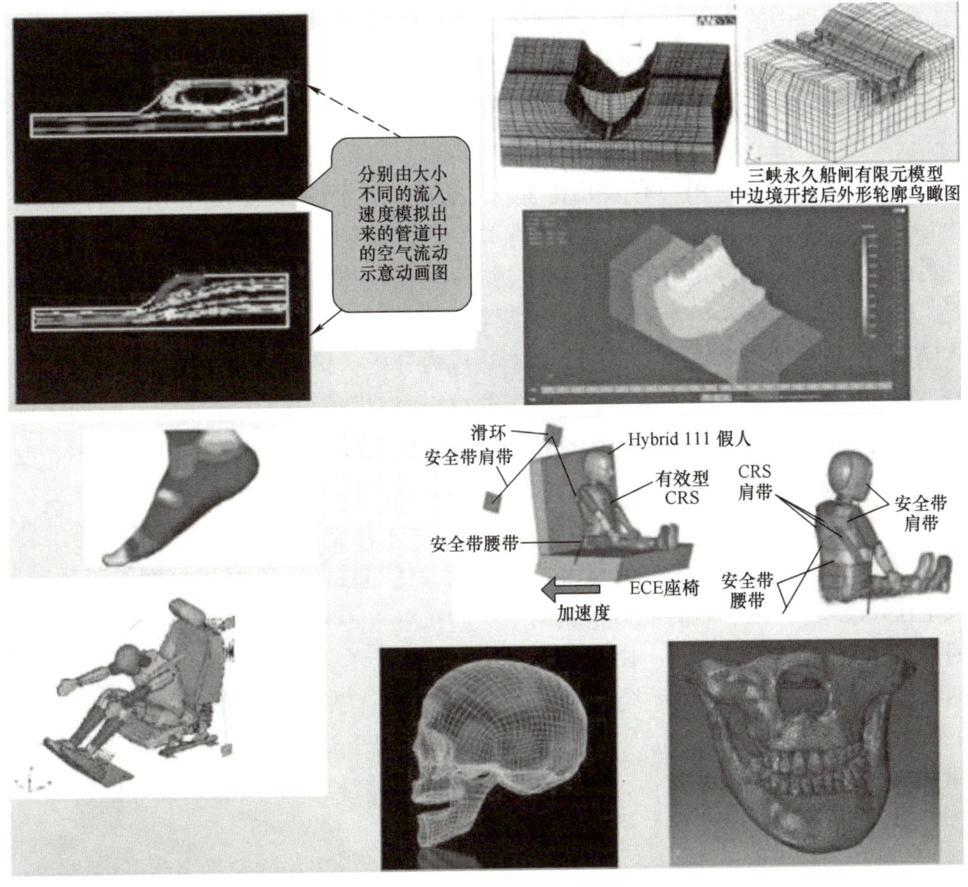

土木工程中有限元分析应用比较早，也比较广泛，例如：

1）桁架、钢架、壳、桥梁、预应力混凝土结构的静力分析。

2）结构的固有频率、模态分析。

3）结构稳定性分析。

4）应力波的传播，对非周期荷载的响应。

5）边坡稳定、水的渗透分析。

6）结构随机响应分析。

在航天航空工程中，有限单元法最早被应用于航空工业中结构的力学特性分析，我国航空工业领域早在20世纪60年代，就已将有限单元法应用于航空结构分析，现在已形成了一支有相当规模高素质的结构分析科技队伍，在飞机设计、生产和科研中做出了巨大的贡献。有限元在航天航空结构中的应用主要包括以下几个方面：

1）机身、机尾翼、起落架、火箭、航天器、导弹等结构的静力分析。

2）航空结构、火箭、航天器、导弹等的固有频率、颤振和稳定分析。

3）航空结构对随机荷载的响应，航天、航空结构对非周期荷载的动态响应分析。

随着有限单元法的普及以及现代工业软件的广泛应用，它已成为工程和产品结构分析中必不可少的数值计算工具，其应用范围已经从最初的只能解决固体力学问题，发展到可以分析联系力学各类问题的一种重要手段，如：

（1）在矿业工程中的应用　有限元在矿业工程中的应用主要体现在采煤工作面矿压规律有限元分析、开采引起地表移动规律的有限元分析、煤层注水问题的有限元分析、巷道问题的有限元分析、采场风流的有限元分析、温度场与固体应力场的耦合作用、采场风流中瓦斯运移的耦合分析、岩体与水（不可压缩流体）的耦合作用、岩体与可压缩流体的耦合作用等。

（2）在水利工程中的应用　有限元在水利工程中的应用主要体现在水工结构的应力和变形分析，岩土工程、交通工程和水力学等有关问题的研究等。

（3）在机械工程中的应用　有限元在机械工程上的应用有二维或三维的机械结构承载后的应力、应变和变形的静力学分析；研究结构的固有频率和自振型式等振动特性；研究结构对周期荷载和非周期荷载的动态响应；铸造热应力分析；接触分析；屈曲分析等。

（4）在电磁学的应用　有限单元法在20世纪40年代被第一次应用到电磁场领域，从而得到了广泛的研究。目前的应用领域有：激光与光电工程、微波工程、遥感技术、电磁干扰、无线分析与设计、无线通信与传播、信号处理与成像技术等。

（5）在生物力学中的应用　有限单元法应用于生命科学的定量研究，已取得了较大成效。尤其在人体生物力学研究中，更显示了它的极大优越性。人类经过长期的劳动进化后，人体骨骼已形成了一个几乎完美的力学结构。然而在对人体力学结构进行力学研究时，力学实验几乎无法直接进行，这时用有限元数值模拟力学实验的方法恰成为一种有效手段。

20世纪60年代，在心血管系统的力学问题研究中，有限单元法得到了初步应用。从20世纪70年代起开始应用于骨科生物力学研究，最初应用于脊柱，20世纪80年代后应用范围逐步扩展到颅面骨、颌骨、股骨、牙齿、关节、颈椎、腰椎及其附属结构等生物力学研究中。此外，还有心血管流场计算、假肢设计仿真计算等。

知识拓展

我国卡脖子的多项关键技术很多都涉及用力学的方法进行解决，而力学应用过程中一个重要的工具就是有限单元法。同学们应该明白目前我们的尖端理论研究还有待提升，如光刻机、芯片、燃气轮机、工业软件及核心算法等，而要解决这些卡脖子问题，实现科技自立自

光刻机

芯片

触觉传感器

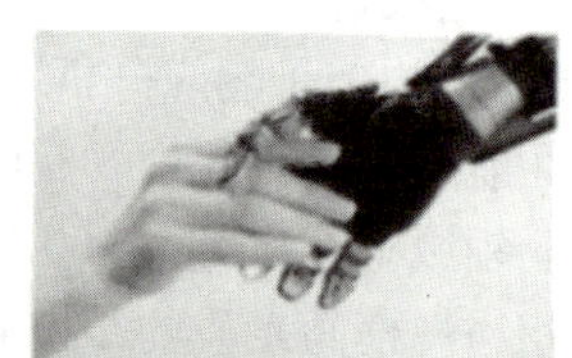

重型燃气轮机

航空发动机短舱

真空蒸镀机

强，基础学科研究尤为重要。因此，青年学子一定要有责任感、使命感，把自强不息的精神融入爱国情怀中去。

习 题

1-1 有限单元法的基本思想是什么？

1-2 有限单元法应用的工程领域有哪些？

第2章 弹性力学基本理论

2.1 弹性力学的几个基本假定

在对任何问题进行研究时，都不可能将所有的影响因素都考虑在内，否则该问题将会变得非常复杂而无法求解。因此，在任何学科中总是首先对各种影响因素进行分析，既必须考虑那些主要的影响因素，又必须略去那些影响很小的因素；然后抽象地概括出这些主要因素，建立一个所谓的“物理模型”，并对该模型进行研究。弹性力学中所采用的基本假定，大体上和材料力学中的相同。进行这些假定的目的是使建立起来的理论和方法比较简单，同时又能取得符合工程要求的结果。首先是对物体的材料性质做出的四个基本假定：

1. 连续性假定

假定物体是连续的，也就是假定整个物体的体积都被组成这个物体的介质所填满，不留下任何空隙，这样物体内的一些物理量，例如应力、形变、位移等才可能是连续的，因而才可能用坐标的连续函数来表示它们的变化规律。实际上一切物体都是由微粒组成的，严格来说都不符合上述假定。但是可以想见，只要微粒的尺寸以及相邻微粒之间的距离都比物体的尺寸小很多，那么关于物体连续性的假定就不会引起显著的误差。

2. 完全弹性假定

假定物体是完全弹性的。所谓完全弹性，指的是“物体在引起形变的外力被除去以后，能完全回复原形而没有任何剩余形变”。这样的物体在任一瞬时的形变就完全决定于它在这一瞬时所受的外力，而与加载的历史和加载顺序无关。由材料力学已知：塑性材料的物体，在应力未达到屈服极限以前，是近似的完全弹性体；脆性材料的物体，在应力未超过比例极限以前，也是近似的完全弹性体。在一般的弹性力学中，完全弹性的这一假定，还包含形变与引起形变的应力成正比的含义，亦即两者之间是呈线性关系的。因此，这种线性的完全弹性体中应力和形变之间服从胡克定律，其弹性常数不随应力或形变的大小而变。

3. 均匀性假定

假定物体是均匀的，即整个物体是由同一材料组成的。这样整个物体的各个部分才具有相同的弹性，因而物体的弹性才不随位置坐标而变。如果物体是由两种或两种以上的材料组成的，例如混凝土，那么也只要每一种材料的颗粒远远小于物体而且在物体内均匀分布，这个物体就可以当作是均匀的。

4. 各向同性假定

假定物体是各向同性的，即物体的弹性在所有各个方向都相同。这样物体的弹性常数才不随方向而变。显然，由木材和竹材做成的构件都不能当作各向同性体。至于由钢材做成的构件，虽然它含有各向异性的晶体，但由于晶体很微小，而且是随机排列的，所以钢材构件的弹性（包含无数多微小晶体随机排列时的统观弹性）大致是各向相同的。

凡是符合以上四个假定的物体，就称为理想弹性体。此外，还对物体的变形状态做出如下的小变形假定：

5. 位移和形变是微小的

这就是说，假定物体受力以后，整个物体所有各点的位移都远远小于物体原来的尺寸，而且应变和转角都远小于1。有了这一假定，在建立物体变形以后的平衡方程时，就可以方便地使用变形以前的尺寸来代替变形以后的尺寸，而不致引起显著的误差；并且在考察物体的形变与位移的关系时，转角和应变的二次和高次幂或乘积相对于其本身都可以忽略不计，因此弹性力学中的几何方程都可简化为线性方程，使计算得到简化。对于工程实际问题，如不能满足这一假定，则需要采用其他理论进行分析求解（如大变形理论等）。

2.2 弹性力学中的基本力学量和方程

1. 基本力学量

弹性力学基本方程

（1）外力　作用于物体的外力可以分为体力和面力。体力指分布在物体体积内的力，例如重力和惯性力。物体内各点受体力的情况，一般是不相同的，用体力集度矢量表明该物体在某一点所受体力的大小和方向。该矢量在坐标轴 x、y、z 上的投影记为 X、Y、Z，称为体力分量，以沿坐标轴正方向为正，沿坐标轴负方向为负。它们的量纲是[力][长度]$^{-3}$。

面力指施加在物体表面上的力，例如流体压力和接触力。物体在其表面上各点受面力的情况一般也是不同的。用面力集度矢量表明该物体在其表面上某一点所受面力的大小和方向。该矢量在坐标轴 x、y、z 上的投影记为 $\overline{X}$、$\overline{Y}$、$\overline{Z}$，称为面力分量，同样以沿坐标轴正方向为正，沿坐标轴负方向为负。它们的量纲是[力][长度]$^{-2}$。

（2）应力　应力是一种内力，它是内力的集度。当物体受外力作用或由于温度有所改变时，其内部将发生内力。如图2-1 所示，为了研究物体在某一点 P 处的内力，假想用经过 P 点的一个截面 mn 将该物体分为 A 和 B 两部分，而将 B 部分撇开，撇开的部分 B 将在截面 mn 上对留下的部分 A 作用一定的内力。取这一截面的一小部分，它包含着 P 点，而它的面积为 ΔA。设作用于 ΔA 上的内力为 $\Delta \boldsymbol{Q}$，则内力的平均集度，即平均应力为$\dfrac{\Delta \boldsymbol{Q}}{\Delta A}$。令 ΔA 无限减小而趋于 P 点，假定内力为连续分布，则$\dfrac{\Delta \boldsymbol{Q}}{\Delta A}$将趋于一定的极限 $\boldsymbol{S}$，即

$$\lim_{\Delta A \to 0} \frac{\Delta \boldsymbol{Q}}{\Delta A} = \boldsymbol{S}$$

这个极限矢量 $\boldsymbol{S}$ 就是物体在截面 mn 上的、在 P 点的应力。

对于应力，除了在推导某些公式的过程中以外，通常都不会使用它沿坐标轴方向的分量，因为这些分量和物体的形变或材料强度都没有直接的关系。与物体的形变及材料强度直接相关的，是应力在作用截面的法向和切向的分量，也就是正应力 σ 和剪应力 τ，如图2-1

所示。应力及其分量的量纲也是[力][长度]$^{-2}$。

在物体内的同一点 P，不同截面上的应力是不同的。为了分析这一点的应力状态，即各个截面上应力的大小和方向，在这一点从物体内取出一个微元平行六面体，如图 2-2 所示，它的棱边平行于坐标轴，长度为 $PA=\mathrm{d}x$、$PB=\mathrm{d}y$、$PC=\mathrm{d}z$。将每一面上的应力分解为一个正应力和两个剪应力，分别与三个坐标轴平行。正应力用 σ 表示，为了表明这个正应力的作用面和作用方向，加上一个坐标角码。例如，正应力 σ_x 是作用在垂直于 x 轴的面上，同时也是沿着 x 轴的方向作用的。剪应力用 τ 表示，并加上两个坐标角码，前一个角码表明作用面垂直于哪一个坐标轴，后一个角码表明作用方向沿着哪一个坐标轴。例如，剪应力 τ_{xy} 是作用在垂直于 x 轴的面上而沿着 y 轴方向作用的。

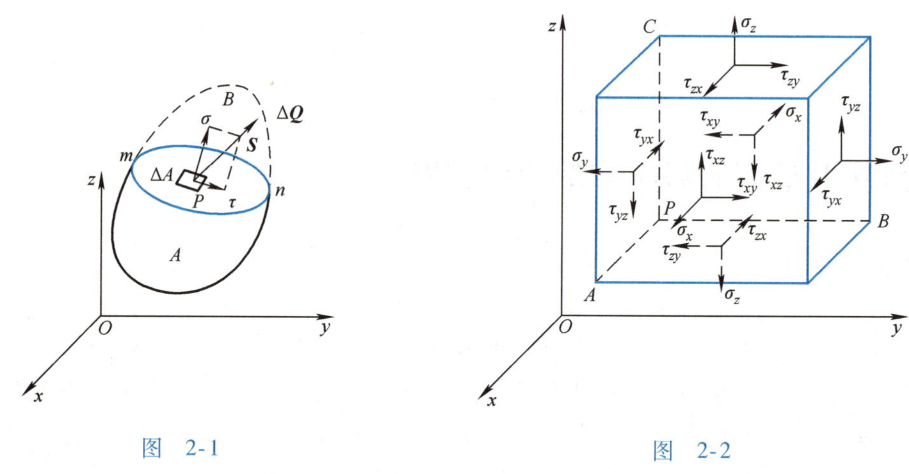

图 2-1　　图 2-2

对于应力的正负做如下规定：正应力正负的规定是和材料力学中的规定相同，即拉应力为正、压应力为负。但剪应力正负的规定却和材料力学中的规定不同，分两种情况考虑，如果截面外法线的方向与某一坐标轴的方向相同，那么与另外两坐标轴方向相同的剪应力为正剪应力，与该两坐标轴方向相反的剪应力是负剪应力；如果截面外法线的方向与某一坐标轴的方向相反，那么与另外两坐标轴方向相反的剪应力为正剪应力，与该两坐标轴方向相同的剪应力是负剪应力。图 2-2 上所示的应力分量全部都是正的。根据这个符号规定，剪应力互等定理表达为

$$\tau_{yz}=\tau_{zy},\tau_{zx}=\tau_{xz},\tau_{xy}=\tau_{yx}$$

在物体的任意一点，如果已知 σ_x、σ_y、σ_z、τ_{yz}、τ_{zx}、τ_{xy}这六个应力分量，就可以求得经过该点的任意截面上的正应力和剪应力。因此，上述六个应力分量可以完全确定该点的应力状态。

（3）应变　物体受到外力而发生形状的改变谓之“应变”，物体的应变总可以归结为长度的改变和角度的改变。如图 2-3 所示，未变形前在弹性体内有一个边长为 $\mathrm{d}x$、$\mathrm{d}y$、$\mathrm{d}z$ 的正六面体，变形后此六面体除了产生位置的移动外，形状也要发生变化，由原来的正六面体改变为任意形状的六面体。此六面体的变形，总可以用它棱边长

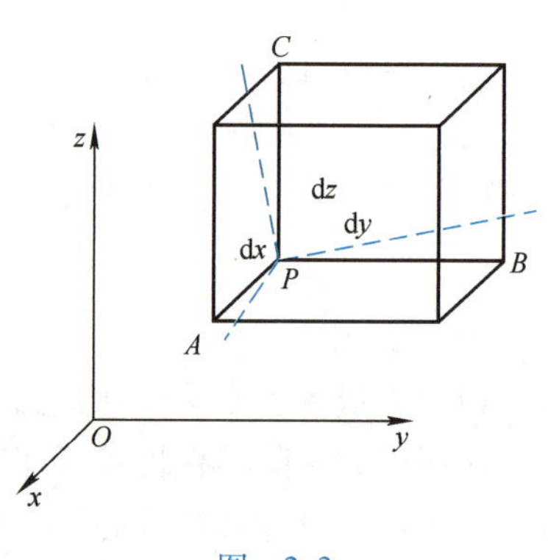

图 2-3

度的改变量和各棱角角度的改变量来描述。其中棱边长度的改变量与原来棱边长度的比值，即单位伸缩或相对伸缩，称为该棱边的正应变；原来成直角的角度改变量，称为该角度的剪应变，以 rad 表示。正应变用字母 ε 表示：ε_x 表示 x 方向的线段 PA 的正应变，其余类推。正应变以伸长时为正，缩短时为负。剪应变用字母 γ 表示：γ_{yz}表示 y 与 z 两方向的线段（即 PB 与 PC）之间的直角的改变，其余类推。剪应变以直角减小时为正，增大时为负。正应变和剪应变都是量纲为一的量。

根据上面的分析，在物体内任意一点，如果已知 ε_x、ε_y、ε_z、γ_{zx}、γ_{yz}、γ_{xy}这六个应变分量，就可以求得经过该点的任一线段的正应变，也可以求得经过该点的任意两个线段之间的角度的改变。因此，这六个应变分量可以完全确定该点的应变状态。

（4）位移　位移即位置的移动，物体内任意一点的位移用它沿 x、y、z 坐标轴方向上的 3 个位移分量 u、v、w 来表示。以沿坐标轴正方向的为正，沿坐标轴负方向的为负。位移的量纲为［长度］。

上面所述的外力、应力、应变、位移都随它们所在的位置不同而不同，也就是说，它们都是坐标变量 x、y、z 的函数。

2. 弹性力学基本方程

严格地说，弹性力学问题都是空间问题，在外界因素作用下产生的应力、应变与位移也是三维的。弹性力学分析问题从静力学条件、几何学条件与物理学条件三方面考虑，分别得到平衡微分方程、几何方程与物理方程，统称为弹性力学的基本方程。

（1）平衡微分方程　在物体内的任意一点 P，取一个微元平行六面体，它的六面垂直于坐标轴，受力如图 2-4 所示。

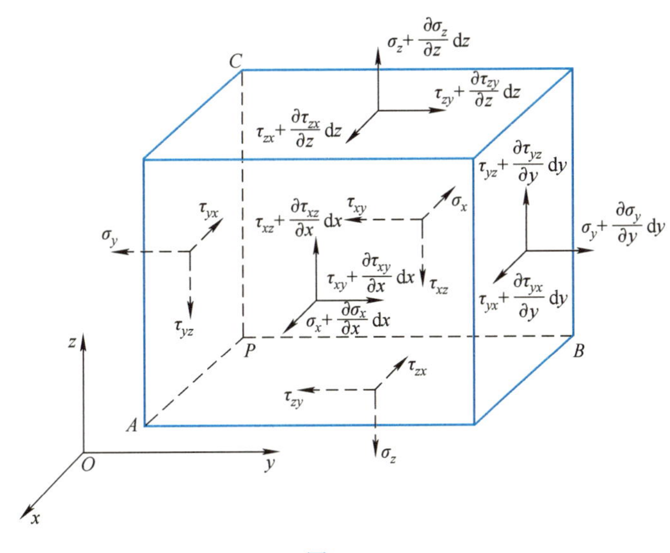

图　2-4

由三个投影的平衡方程则不难得到空间问题的三个平衡微分方程

$$\begin{cases}\dfrac{\partial \sigma_x}{\partial x}+\dfrac{\partial \tau_{yx}}{\partial y}+\dfrac{\partial \tau_{zx}}{\partial z}+X=0\\ \dfrac{\partial \sigma_y}{\partial y}+\dfrac{\partial \tau_{zy}}{\partial z}+\dfrac{\partial \tau_{xy}}{\partial x}+Y=0\\ \dfrac{\partial \sigma_z}{\partial z}+\dfrac{\partial \tau_{xz}}{\partial x}+\dfrac{\partial \tau_{yz}}{\partial y}+Z=0\end{cases} \tag{2-1}$$

用矩阵表示为

$$[A]\{\sigma\}+\{F\}=\{0\}$$

其中，

$$\{\sigma\}=\begin{Bmatrix}\sigma_x\\ \sigma_y\\ \sigma_z\\ \tau_{xy}\\ \tau_{yz}\\ \tau_{zx}\end{Bmatrix},\{F\}=\begin{Bmatrix}X\\ Y\\ Z\end{Bmatrix},[A]=\begin{bmatrix}\dfrac{\partial}{\partial x} & 0 & 0 & \dfrac{\partial}{\partial y} & 0 & \dfrac{\partial}{\partial z}\\ 0 & \dfrac{\partial}{\partial y} & 0 & \dfrac{\partial}{\partial x} & \dfrac{\partial}{\partial z} & 0\\ 0 & 0 & \dfrac{\partial}{\partial z} & 0 & \dfrac{\partial}{\partial y} & \dfrac{\partial}{\partial x}\end{bmatrix}$$

$\{\sigma\}$、$\{F\}$ 和 $[A]$ 分别为应力向量、体力向量和微分算子矩阵。

（2）几何方程　经过弹性体内任意一点 P，沿坐标轴方向取微分长度 dx、dy、dz，分析应变与位移之间的关系。由应变的定义可知应分别沿三个坐标面方向进行分析。如沿 xOy 坐标面，记 $PA=\mathrm{d}x$ 和 $PB=\mathrm{d}y$（图 2-5）。假定弹性体受力以后，P、A、B 三点分别移动到 P'、A'、B'，其中 P、A、B 三点的位移标注如图 2-5 所示。

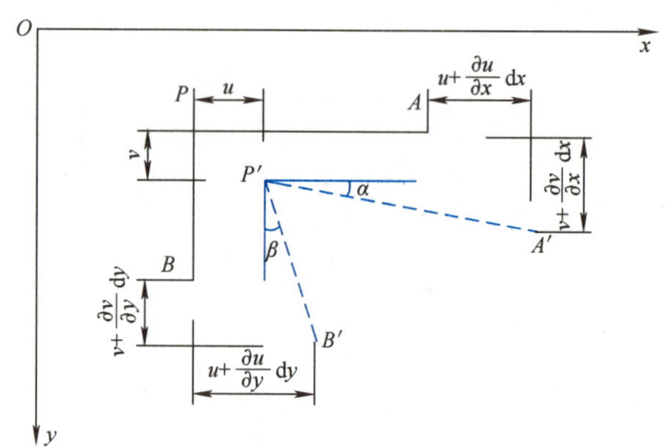

图　2-5

不计高阶微量，线段 PA 的正应变为

$$\varepsilon_x=\frac{\left(u+\dfrac{\partial u}{\partial x}\mathrm{d}x\right)-u}{\mathrm{d}x}=\frac{\partial u}{\partial x} \tag{a}$$

同样，线段 PB 的正应变为

$$\varepsilon_y=\frac{\partial v}{\partial y} \tag{b}$$

再求线段 PA 与 PB 之间的直角改变 γ_{xy}，由图 2-5 可知，这个剪应变是由两部分组成的：一部分是由 y 方向的位移 v 引起的，即 x 方向的线段 PA 的转角 α；另一部分是由 x 方向的位移 u 引起的，即 y 方向的线段 PB 的转角 β。由于是小变形，故

$$\alpha = \frac{\left(v + \frac{\partial v}{\partial x}\mathrm{d}x\right) - v}{\mathrm{d}x} = \frac{\partial v}{\partial x}$$

$$\beta = \frac{\partial u}{\partial y}$$

则

$$\gamma = \alpha + \beta = \frac{\partial v}{\partial x} + \frac{\partial u}{\partial y} \tag{c}$$

式（a）~式（c）即平面问题中的几何方程：

$$\varepsilon_x = \frac{\partial u}{\partial x},\ \varepsilon_y = \frac{\partial v}{\partial y},\ \gamma_{xy} = \frac{\partial v}{\partial x} + \frac{\partial u}{\partial y} \tag{2-2}$$

显然，空间问题在直角坐标中的几何方程为

$$\begin{cases} \varepsilon_x = \dfrac{\partial u}{\partial x},\ \varepsilon_y = \dfrac{\partial v}{\partial y},\ \varepsilon_z = \dfrac{\partial w}{\partial z} \\ \gamma_{yz} = \dfrac{\partial w}{\partial y} + \dfrac{\partial v}{\partial z},\ \gamma_{zx} = \dfrac{\partial u}{\partial z} + \dfrac{\partial w}{\partial x},\ \gamma_{xy} = \dfrac{\partial v}{\partial x} + \dfrac{\partial u}{\partial y} \end{cases} \tag{2-3}$$

用矩阵表示为

$$\{\varepsilon\} = [A]^{\mathrm{T}}\{f\}$$

其中，

$$\{\varepsilon\} = \begin{Bmatrix} \varepsilon_x \\ \varepsilon_y \\ \varepsilon_z \\ \gamma_{xy} \\ \gamma_{yz} \\ \gamma_{zx} \end{Bmatrix},\ \{f\} = \begin{Bmatrix} u \\ v \\ w \end{Bmatrix}$$

$\{\varepsilon\}$ 和 $\{f\}$ 分别称为应变向量和位移向量。

（3）物理方程　物理方程表述应力分量与应变分量之间的关系，对于完全弹性的各向同性体，它们由广义胡克定律描述为

$$\begin{cases} \varepsilon_x = \dfrac{1}{E}[\sigma_x - \mu(\sigma_y + \sigma_z)],\ \gamma_{yz} = \dfrac{2(1+\mu)}{E}\tau_{yz} \\ \varepsilon_y = \dfrac{1}{E}[\sigma_y - \mu(\sigma_z + \sigma_x)],\ \gamma_{zx} = \dfrac{2(1+\mu)}{E}\tau_{zx} \\ \varepsilon_z = \dfrac{1}{E}[\sigma_z - \mu(\sigma_x + \sigma_y)],\ \gamma_{xy} = \dfrac{2(1+\mu)}{E}\tau_{xy} \end{cases} \tag{2-4}$$

按位移求解时需要的是物理方程的另一种表达形式：

$$\begin{cases}\sigma_x=\dfrac{E}{1+\mu}\left(\dfrac{\mu}{1-2\mu}e+\varepsilon_x\right),\ \tau_{yz}=\dfrac{E}{2(1+\mu)}\gamma_{yz}\\ \sigma_y=\dfrac{E}{1+\mu}\left(\dfrac{\mu}{1-2\mu}e+\varepsilon_y\right),\ \tau_{zx}=\dfrac{E}{2(1+\mu)}\gamma_{zx}\\ \sigma_z=\dfrac{E}{1+\mu}\left(\dfrac{\mu}{1-2\mu}e+\varepsilon_z\right),\ \tau_{xy}=\dfrac{E}{2(1+\mu)}\gamma_{xy}\end{cases} \tag{2-5}$$

其中，$e=\varepsilon_x+\varepsilon_y+\varepsilon_z$ 称为体积应变。

用矩阵方程表示，即

$$\begin{Bmatrix}\sigma_x\\ \sigma_y\\ \sigma_z\\ \tau_{xy}\\ \tau_{yz}\\ \tau_{zx}\end{Bmatrix}=\frac{E(1-\mu)}{(1+\mu)(1-2\mu)}\begin{bmatrix}1 & & & \text{对} & & \\ \dfrac{\mu}{1-\mu} & 1 & & & & \\ \dfrac{\mu}{1-\mu} & \dfrac{\mu}{1-\mu} & 1 & & & \text{称}\\ 0 & 0 & 0 & \dfrac{1-2\mu}{2(1+\mu)} & & \\ 0 & 0 & 0 & 0 & \dfrac{1-2\mu}{2(1+\mu)} & \\ 0 & 0 & 0 & 0 & 0 & \dfrac{1-2\mu}{2(1+\mu)}\end{bmatrix}\begin{Bmatrix}\varepsilon_x\\ \varepsilon_y\\ \varepsilon_z\\ \gamma_{xy}\\ \gamma_{yz}\\ \gamma_{zx}\end{Bmatrix}$$

简写成

$$\{\sigma\}=[D]\{\varepsilon\} \tag{2-6}$$

其中，

$$[D]=\frac{E(1-\mu)}{(1+\mu)(1-2\mu)}\begin{bmatrix}1 & & & \text{对} & & \\ \dfrac{\mu}{1-\mu} & 1 & & & & \\ \dfrac{\mu}{1-\mu} & \dfrac{\mu}{1-\mu} & 1 & & & \text{称}\\ 0 & 0 & 0 & \dfrac{1-2\mu}{2(1+\mu)} & & \\ 0 & 0 & 0 & 0 & \dfrac{1-2\mu}{2(1+\mu)} & \\ 0 & 0 & 0 & 0 & 0 & \dfrac{1-2\mu}{2(1+\mu)}\end{bmatrix} \tag{2-7}$$

称为弹性矩阵，它完全决定于弹性常数 E 和 μ。

(4) 边界条件

1) 应力边界条件。如图 2-6 所示，已知弹性体在边界 s_σ 的单位面积上作用的面积力为 $\overline{X}$、$\overline{Y}$、$\overline{Z}$，设边界外法线为 N，其方向余弦为 l、m、n，$l=\cos\langle N,x\rangle$，$m=\cos\langle N,y\rangle$，$n=\cos\langle N,z\rangle$，则边界上弹性体的应力边界条件为

$$\begin{cases}l\sigma_x+m\tau_{yx}+n\tau_{zx}=\overline{X}\\ m\sigma_y+n\tau_{zy}+l\tau_{xy}=\overline{Y}\\ n\sigma_z+l\tau_{xz}+m\tau_{yz}=\overline{Z}\end{cases} \tag{2-8}$$

用矩阵表示为

$$[N]\{\sigma\}_s=\{\bar{p}\}$$

其中，$[N]=\begin{bmatrix} l & 0 & 0 & m & 0 & n \\ 0 & m & 0 & l & n & 0 \\ 0 & 0 & n & 0 & m & l \end{bmatrix}$，

$$\{\bar{p}\}=\begin{Bmatrix} \bar{X} \\ \bar{Y} \\ \bar{Z} \end{Bmatrix}$$

称 $[N]$ 和 $\{\bar{p}\}$ 为边界外法线方向余弦向量和给定边界面力向量。

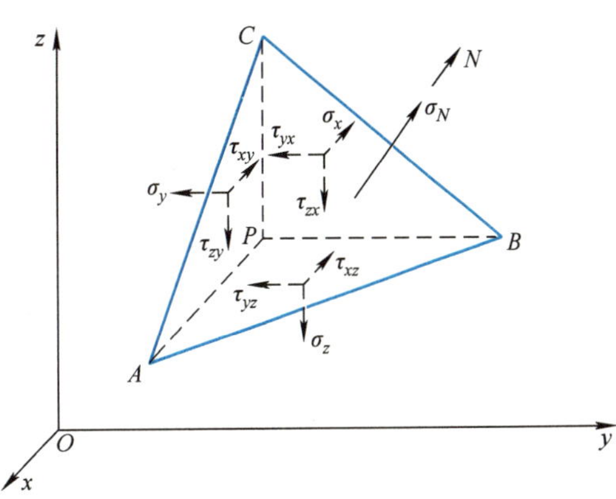

图　2-6

2）位移边界条件。已知在位移边界 s_u 上，弹性体的位移为 $\bar{u}$、$\bar{v}$、$\bar{w}$，即有

$$u_{s_u}=\bar{u},\ v_{s_u}=\bar{v},\ w_{s_u}=\bar{w} \tag{2-9}$$

用矩阵表示为

$$\{f_s\}=\{\bar{f}\}$$

其中，$\{f_s\}$ 和 $\{\bar{f}\}$ 分别为位移函数在边界上的值和已知边界的给定位移向量。

2.3　弹性力学的方法与求解

前面给出了 15 个基本方程，即平衡微分方程 3 个、几何方程 6 个、物理方程 6 个，而弹性力学问题中待求的基本未知量也是 15 个，即 6 个应力分量、6 个应变分量、3 个位移分量。于是，15 个方程中有 15 个未知数，加上边界条件用于确定积分常数，原则上讲，这些方程足以求解各种弹性力学问题。但是，由于是解微分方程，在实际求解时，其数学上的计算难度是很大的。事实上，只有对一些简单的问题才可进行解析求解，而对大量的工程实际问题，一般都要借助于数值方法来获得数值解或半数值解。

求解弹性力学问题主要有两种不同的途径：一种是按应力求解，另一种是按位移求解。

1. 按应力求解

即先以 6 个应力分量为基本未知量，求得满足平衡微分方程的应力分量之后，再通过物理方程和几何方程求出应变分量和位移分量，和结构力学中的力法相似。需要特别注意的是，应使所求得的应变分量满足相容方程（变形协调条件），否则将会因变形不协调而导致错误。

位移边界条件不能改用应力分量表达，即当已知位移边界为

$$u_{s_u}=\bar{u},\ v_{s_u}=\bar{v},\ w_{s_u}=\bar{w}$$

时，由于几何方程（2-3）为微分方程，可以用位移唯一表示出应变，但却不能用应变唯一地表示出位移，因此位移 u_{s_u}、v_{s_u}、w_{s_u} 不能写成应变的表达形式，也就不能写成应力的表达形式，所以按应力求解时，弹性力学问题只能包含应力边界条件。

总之，在以应力作为基本未知量求解时，归结为在给定的边界条件下，求解平衡微分方程和应力表达的变形协调方程所组成的偏微分方程。

2. 按位移求解

按位移求解以位移分量作为基本未知量，求出位移后再用几何方程求应变，用物理方程

求应力，和结构力学中的位移法相似。按位移求解可以适用于任何边界问题，不管是位移边界问题还是应力边界问题。可通过物理方程与几何方程将平衡微分方程改用位移分量表达。

应力边界条件可以用位移分量表达，即当已知应力边界为

$$\begin{cases} l\sigma_x + m\tau_{yx} + n\tau_{zx} = \overline{X} \\ m\sigma_y + n\tau_{zy} + l\tau_{xy} = \overline{Y} \\ n\sigma_z + l\tau_{xz} + m\tau_{yz} = \overline{Z} \end{cases}$$

时，由于应力可用应变唯一地表示出来（物理方程），应变又可用位移唯一地表示出来（几何方程），所以应力可以用位移表示出来，因此按位移求解时，弹性力学问题既可以包含位移边界条件，也可以包含应力边界条件，这是按应力求解时所不能办到的。

总之，若以位移为基本未知量进行求解，可归结为在给定的边界条件下求解位移表示的平衡微分方程，即拉梅方程。由于按位移求解易于实现计算自动化，有限单元法大多按位移求解，这里只着重说明按位移求解的思路。

将平衡微分方程改用位移分量表达，有

$$\begin{cases} \dfrac{E}{2(1+\mu)}\left(\dfrac{1}{1-2\mu}\dfrac{\partial e}{\partial x} + \nabla^2 u\right) + X = 0 \\ \dfrac{E}{2(1+\mu)}\left(\dfrac{1}{1-2\mu}\dfrac{\partial e}{\partial y} + \nabla^2 v\right) + Y = 0 \\ \dfrac{E}{2(1+\mu)}\left(\dfrac{1}{1-2\mu}\dfrac{\partial e}{\partial z} + \nabla^2 w\right) + Z = 0 \end{cases} \tag{2-10}$$

称为按位移求解弹性力学问题的控制方程。它与问题的边界条件共同构成定解问题。

边界条件包含应力边界条件（2-8）与位移边界条件（2-9）。当然，这里的应力边界条件应该通过弹性方程改用位移分量表达：

$$\begin{cases} \lambda el + \mu\dfrac{\partial u}{\partial N} + \mu\left(l\dfrac{\partial u}{\partial x} + m\dfrac{\partial v}{\partial x} + n\dfrac{\partial w}{\partial x}\right) = \overline{X} \\ \lambda em + \mu\dfrac{\partial v}{\partial N} + \mu\left(l\dfrac{\partial u}{\partial y} + m\dfrac{\partial v}{\partial y} + n\dfrac{\partial w}{\partial y}\right) = \overline{Y} \\ \lambda en + \mu\dfrac{\partial w}{\partial N} + \mu\left(l\dfrac{\partial u}{\partial z} + m\dfrac{\partial v}{\partial z} + n\dfrac{\partial w}{\partial z}\right) = \overline{Z} \end{cases} \tag{2-11}$$

其中，

$$\lambda = \frac{E\mu}{(1+\mu)(1-2\mu)}$$

$$\frac{\partial}{\partial N} = l\frac{\partial}{\partial x} + m\frac{\partial}{\partial y} + n\frac{\partial}{\partial z}$$

要联立这些方程求得解析解一般是很困难的，所谓的解析解法只能是用逆解法解或半逆解法试解，而且能解决的问题非常有限，要对工程实际中遇到的弹性力学问题进行求解主要还是依靠数值解法。

知识拓展

弹性力学的两个任务，一是建立方程，二是求解方程，这就要求学习弹性力学不仅要具

有一定的工程意识，还要具有良好的数理推导能力。然而，这两者兼备并不容易，工程的研究对象是看得见、摸得着的实体模型，学生很容易想象出实际工程模型与之对应，这种思维称为具象思维，而数理推导恰好相反，要求能把具体的事务抽象成一般模型，并培养事物内在相关性的推理能力。这是两种互逆的思维方式，对于工程要努力把一切抽象的东西变成具象的，而数理则要努力把一切具体的变成抽象的。而人们常常会自带惯性地思考，这样互逆的思维要同时兼备，很多人会感到疲惫。而弹性力学求解方法恰是培养学生两种思维方式兼备，既有工程的具象思维能力，又有数理的抽象思维能力，构建了工程与数学之间的相互解释、翻译的桥梁，培养了双向综合的力学思维。

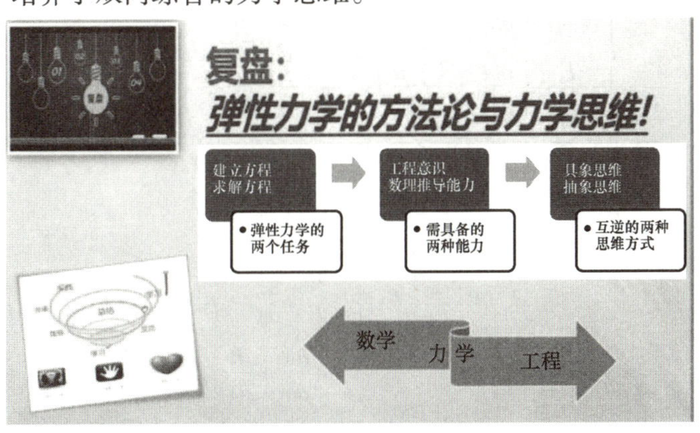

2.4　弹性力学中的几个典型问题

用弹性力学求解某一具体问题，就是设法寻求弹性力学基本方程的解，并使之满足该问题的所有边界条件。然而，要在各种具体条件下寻求问题的精确解答，实际上是很困难的。研究发现，对一些重要的实际问题，只要对其应力或应变的分布做若干的简化，则求解将变得比较简单。当研究的弹性体具有某种特殊的形状，并且承受的是某种特殊外力时，就有可能把空间问题近似地简化为平面问题（平面应力问题或平面应变问题）或者轴对称问题，只需考虑某个平面的位移分量、应变分量与应力分量，且这些量只是两个坐标的函数。这样处理，分析和计算的工作量将大大减少。

1. 平面应力问题

设有很薄的均匀薄板，只在板边上受有平行于板面并且不沿厚度变化的面力，同时，体力也平行于板面并且不沿厚度变化，如图 2-7 所示。记薄板的厚度为 t，以薄板的中面为 xOy 面，以垂直于中面的任一直线为 z 轴。由于板面上不受力，且板很薄，外力不沿厚度变化，可以认为恒有

$$\sigma_z=0,\ \tau_{zx}=\tau_{xz}=0,\ \tau_{zy}=\tau_{yz}=0$$

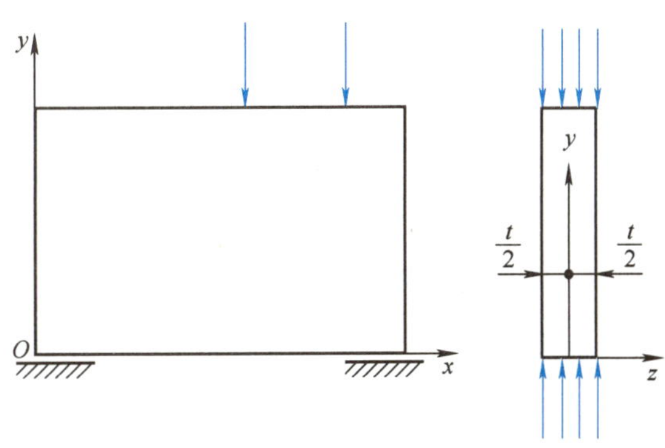

图　2-7

不为零的应力分量为 σ_x、σ_y、τ_{xy}，这种问题就称为平面应力问题。平面应力问题只有 8 个独立的未知量 σ_x、σ_y、τ_{xy}、ε_x、ε_y、γ_{xy}、u、v，它们仅仅是 x、y 两个坐标的函数。

（1）平衡微分方程

$$\begin{cases} \dfrac{\partial \sigma_x}{\partial x} + \dfrac{\partial \sigma_{yx}}{\partial y} + X = 0 \\ \dfrac{\partial \sigma_y}{\partial y} + \dfrac{\partial \tau_{xy}}{\partial y} + Y = 0 \end{cases} \tag{2-12}$$

或

$$\begin{cases} \dfrac{E}{1-\mu^2}\left(\dfrac{\partial^2 u}{\partial x^2} + \dfrac{1-\mu}{2}\dfrac{\partial^2 u}{\partial y^2} + \dfrac{1+\mu}{2}\dfrac{\partial^2 v}{\partial x \partial y}\right) + X = 0 \\ \dfrac{E}{1-\mu^2}\left(\dfrac{\partial^2 v}{\partial y^2} + \dfrac{1-\mu}{2}\dfrac{\partial^2 v}{\partial x^2} + \dfrac{1+\mu}{2}\dfrac{\partial^2 u}{\partial x \partial y}\right) + Y = 0 \end{cases} \tag{2-13}$$

（2）几何方程　因为只需考虑三个应变分量 ε_x、ε_y、γ_{xy}，几何方程矩阵形式为

$$\{\varepsilon\} = \begin{Bmatrix} \varepsilon_x \\ \varepsilon_y \\ \gamma_{xy} \end{Bmatrix} = \begin{Bmatrix} \dfrac{\partial u}{\partial x} \\ \dfrac{\partial v}{\partial y} \\ \dfrac{\partial u}{\partial y} + \dfrac{\partial v}{\partial x} \end{Bmatrix} \tag{2-14}$$

（3）物理方程　将 $\sigma_z = 0$、$\tau_{zx} = 0$、$\tau_{yz} = 0$ 代入空间问题物理方程表达式（2-4）得

$$\begin{cases} \varepsilon_x = \dfrac{1}{E}(\sigma_x - \mu\sigma_y) \\ \varepsilon_y = \dfrac{1}{E}(\sigma_y - \mu\sigma_x) \\ \gamma_{xy} = \dfrac{2(1+\mu)}{E}\tau_{xy} \end{cases} \tag{2-15}$$

即平面应力问题的物理方程，而 $\varepsilon_z = \dfrac{-\mu(\sigma_x + \sigma_y)}{E}$ 一般并不等于零，但可由 σ_x 及 σ_y 求得，不是独立变量，在分析中不必考虑。

物理方程的另一种形式为

$$\begin{cases} \sigma_x = \dfrac{E}{1-\mu^2}(\varepsilon_x + \mu\varepsilon_y) \\ \sigma_y = \dfrac{E}{1-\mu^2}(\mu\varepsilon_x + \varepsilon_y) \\ \tau_{xy} = \dfrac{E}{2(1+\mu)}\gamma_{xy} = \dfrac{E}{1-\mu^2}\dfrac{1-\mu}{2}\gamma_{xy} \end{cases}$$

或者用矩阵方程表示为

$$\begin{Bmatrix} \sigma_x \\ \sigma_y \\ \tau_{xy} \end{Bmatrix} = \frac{E}{1-\mu^2}\begin{bmatrix} 1 & \text{对} & \\ \mu & 1 & \text{称} \\ 0 & 0 & \dfrac{1-\mu}{2} \end{bmatrix}\begin{Bmatrix} \varepsilon_x \\ \varepsilon_y \\ \gamma_{xy} \end{Bmatrix} \tag{2-16}$$

仍记为

$$\{\sigma\} = [D]\{\varepsilon\} \tag{2-17}$$

这里的弹性矩阵

$$[D]=\frac{E}{1-\mu^2}\begin{bmatrix}1 & & 对 \\ \mu & 1 & 称 \\ 0 & 0 & \frac{1-\mu}{2}\end{bmatrix} \tag{2-18}$$

2. 平面应变问题

设有无限长的柱形体，在柱面上受有平行于横截面而且不沿长度变化的面力（图 2-8）。以任一横截面为 xy 面，任一纵线为 z 轴，由于对称性（任一横截面都可以看作对称面），不难发现此时

$$w=0,\ \varepsilon_z=\gamma_{yz}=\gamma_{zx}=0$$

不为零的应变分量为 ε_x、ε_y、γ_{xy}，这种问题就称为平面应变问题。平面应变问题也只有 8 个独立的未知量 σ_x、σ_y、τ_{xy}、ε_x、ε_y、γ_{xy}、u、v，它们仅仅是 x、y 两个坐标的函数。

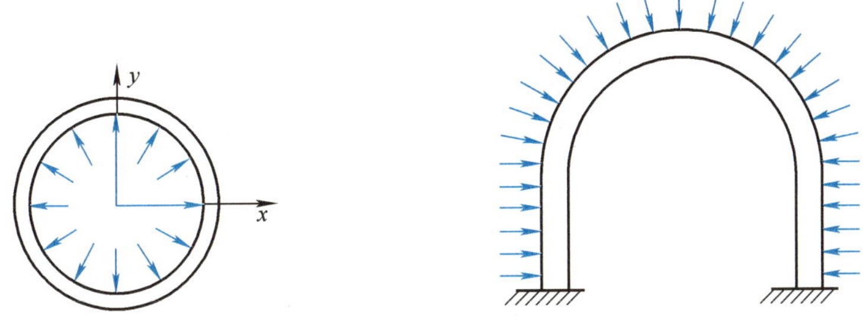

图　2-8

对于平面应变问题，其平衡微分方程和几何方程都与平面应力问题相同，但物理方程是不同的。平面应变问题中 $\varepsilon_z=0$，有 $\sigma_z=\mu(\sigma_x+\sigma_y)$，代入式（2-4）得到平面应变问题的物理方程

$$\begin{cases}\varepsilon_x=\dfrac{1-\mu^2}{E}\left(\sigma_x-\dfrac{\mu}{1-\mu}\sigma_y\right)\\ \varepsilon_y=\dfrac{1-\mu^2}{E}\left(\sigma_y-\dfrac{\mu}{1-\mu}\sigma_x\right)\\ \gamma_{xy}=\dfrac{2(1+\mu)}{E}\tau_{xy}\end{cases} \tag{2-19}$$

或

$$\begin{cases}\sigma_x=\dfrac{E(1-\mu)}{(1+\mu)(1-2\mu)}\left(\varepsilon_x+\dfrac{\mu}{1-\mu}\varepsilon_y\right)\\ \sigma_y=\dfrac{E(1-\mu)}{(1+\mu)(1-2\mu)}\left(\varepsilon_y+\dfrac{\mu}{1-\mu}\varepsilon_x\right)\\ \tau_{xy}=\dfrac{E}{2(1+\mu)}\gamma_{xy}=\dfrac{E(1-\mu)}{(1+\mu)(1-2\mu)}\dfrac{1-2\mu}{2(1-\mu)}\gamma_{xy}\end{cases}$$

即

$$\begin{Bmatrix}\sigma_x\\ \sigma_y\\ \tau_{xy}\end{Bmatrix}=\frac{E(1-\mu)}{(1+\mu)(1-2\mu)}\begin{bmatrix}1 & & 对 \\ \dfrac{\mu}{1-\mu} & 1 & 称 \\ 0 & 0 & \dfrac{1-2\mu}{2(1-\mu)}\end{bmatrix}\begin{Bmatrix}\varepsilon_x\\ \varepsilon_y\\ \gamma_{xy}\end{Bmatrix} \tag{2-20}$$

简写形式仍为式（2-17）$\{\sigma\}=[D]\{\varepsilon\}$，但这里的弹性矩阵为

$$[D]=\frac{E(1-\mu)}{(1+\mu)(1-2\mu)}\begin{bmatrix}1 & \text{对} & \\ \frac{\mu}{1-\mu} & 1 & \text{称} \\ 0 & 0 & \frac{1-2\mu}{2(1-\mu)}\end{bmatrix} \tag{2-21}$$

不难发现，将平面应力问题物理方程中的弹性常数 E、μ 换成$\frac{E}{1-\mu^2}$、$\frac{\mu}{1-\mu}$，就得到平面应变问题的物理方程（也包括弹性矩阵）。

对有些问题，例如挡土墙和重力坝的问题等，虽然其结构不是无限长，而且在靠近两端之处的横截面也往往是变化的，并不符合无限长柱形体的条件，但实践证明，这些问题是很接近于平面应变问题的，对于离开两端较远之处，按平面应变问题进行分析计算，得出的结果是可以满足工程要求的。

3. 轴对称问题

在空间问题中，如果弹性体的几何形状、约束状态，以及其他外在因素都是对称于某一根轴（过该轴的任一平面都是对称面），那么弹性体的所有应力、应变和位移也就都对称于这根轴。这类问题通常称为空间轴对称问题。

解轴对称问题，通常采用圆柱坐标（r,θ,z）。以对称轴作为 z 轴，所有的应力、应变、位移都将与 θ 无关，而只是 r 和 z 的函数。任一点的位移只有两个方向的分量，也就是沿 r 方向的径向位移 u 和沿 z 方向的轴向位移 w。由于轴对称，沿 θ 方向的位移等于零，因此该问题转化为二维问题。

如图 2-9 所示，用相距 dr 的两个圆柱面、互成 dθ 角的两个铅直面和相距 dz 的两个水平面，从弹性体中割取一个微元六面体，沿 r 方向的正应力称为径向正应力，用 σ_r 代表；沿 θ 方向的正应力称为环向正应力，用 σ_θ 代表；沿 z 方向的正应力称为轴向正应力，仍然用 σ_z 代表；在垂直于 z 轴的面上而沿 r 方向作用的剪应力用 τ_{zr}代表；在圆柱面上沿 z 方向作用的剪应力用 τ_{rz}代表。根据剪应力互等定理，$\tau_{zr}=\tau_{rz}$，以后统一地用 τ_{zr}代表。根据对称条件，

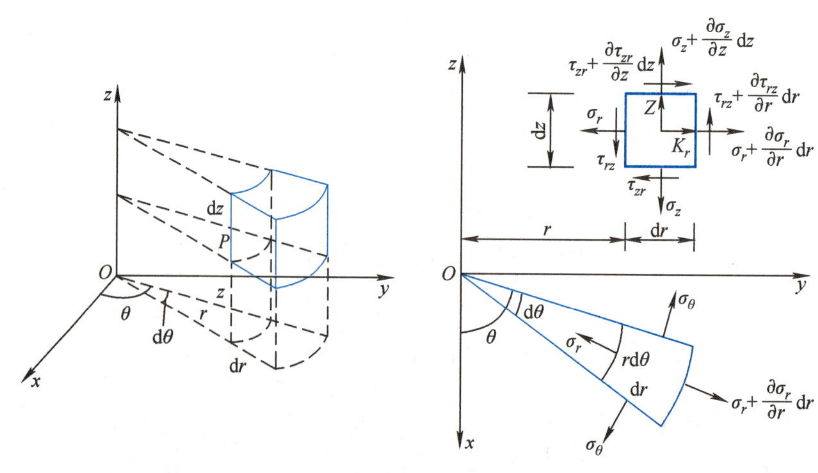

图 2-9

其余的剪应力分量 $\tau_{r\theta}=\tau_{\theta r}$ 及 $\tau_{\theta z}=\tau_{z\theta}$ 都不存在。因此，只有四个应力分量 σ_r、σ_θ、σ_z、τ_{zr} 需要考虑，应力矩阵用 $\{\sigma\}$ 表示，即

$$\{\sigma\}=\begin{Bmatrix}\sigma_r\\ \sigma_\theta\\ \sigma_z\\ \tau_{zr}\end{Bmatrix}$$

轴对称问题的平衡微分方程可表示为

$$\begin{cases}\dfrac{\partial\sigma_r}{\partial r}+\dfrac{\partial\tau_{zr}}{\partial z}+\dfrac{\sigma_r-\sigma_\theta}{r}+K_r=0\\[2mm] \dfrac{\partial\sigma_z}{\partial z}+\dfrac{\partial\tau_{rz}}{\partial r}+\dfrac{\tau_{rz}}{r}+Z=0\end{cases}$$

或

$$\begin{cases}\dfrac{E}{2(1+\mu)}\left(\dfrac{1}{1-2\mu}\dfrac{\partial e}{\partial r}+\nabla^2u_r-\dfrac{u_r}{r^2}\right)+K_r=0\\[2mm] \dfrac{E}{2(1+\mu)}\left(\dfrac{1}{1-2\mu}\dfrac{\partial e}{\partial z}+\nabla^2w\right)+Z=0\end{cases}\tag{2-22}$$

相应于上述四个应力分量，应变分量也只有四个：沿 r 方向的正应变称为径向正应变，用 ε_r 代表；沿 θ 方向的正应变称为环向正应变，用 ε_θ 代表；沿 z 方向的正应变称为轴向正应变，用 ε_z 代表；r 及 z 两方向之间的剪应变用 γ_{zr} 代表。根据对称条件，其余两个应变分量 $\gamma_{r\theta}$ 及 $\gamma_{\theta z}$ 都不会发生。应变矩阵用 $\{\varepsilon\}$ 来表示，根据几何关系，可以导出应变分量与位移分量之间的关系式，即几何方程为

$$\{\varepsilon\}=\begin{Bmatrix}\varepsilon_r\\ \varepsilon_\theta\\ \varepsilon_z\\ \gamma_{zr}\end{Bmatrix}=\begin{Bmatrix}\dfrac{\partial u}{\partial r}\\[2mm] \dfrac{u}{r}\\[2mm] \dfrac{\partial w}{\partial z}\\[2mm] \dfrac{\partial w}{\partial r}+\dfrac{\partial u}{\partial z}\end{Bmatrix}\tag{2-23}$$

根据胡克定律写出物理方程为

$$\begin{cases}\varepsilon_r=\dfrac{1}{E}[\sigma_r-\mu(\sigma_\theta+\sigma_z)]\\[2mm] \varepsilon_\theta=\dfrac{1}{E}[\sigma_\theta-\mu(\sigma_z+\sigma_r)]\\[2mm] \varepsilon_z=\dfrac{1}{E}[\sigma_z-\mu(\sigma_r+\sigma_\theta)]\\[2mm] \gamma_{zr}=\dfrac{2(1+\mu)}{E}\tau_{zr}\end{cases}$$

按位移求解时使用它的另一种形式

$$\begin{Bmatrix}\sigma_r\\ \sigma_\theta\\ \sigma_z\\ \tau_{zr}\end{Bmatrix}=\frac{E(1-\mu)}{(1+\mu)(1-2\mu)}\begin{bmatrix}1 & & & \text{对}\\ \frac{\mu}{1-\mu} & 1 & & \text{称}\\ \frac{\mu}{1-\mu} & \frac{\mu}{1-\mu} & 1 & \\ 0 & 0 & 0 & \frac{1-2\mu}{2(1-\mu)}\end{bmatrix}\begin{Bmatrix}\varepsilon_r\\ \varepsilon_\theta\\ \varepsilon_z\\ \gamma_{zr}\end{Bmatrix} \tag{2-24}$$

它仍然可以写成$\{\sigma\}=[D]\{\varepsilon\}$的形式，但这里的弹性矩阵是

$$[D]=\frac{E(1-\mu)}{(1+\mu)(1-2\mu)}\begin{bmatrix}1 & & & \text{对}\\ \frac{\mu}{1-\mu} & 1 & & \text{称}\\ \frac{\mu}{1-\mu} & \frac{\mu}{1-\mu} & 1 & \\ 0 & 0 & 0 & \frac{1-2\mu}{2(1-\mu)}\end{bmatrix} \tag{2-25}$$

2.5 变分原理与里兹法

变分原理

1. 变分的概念

前面几节中，我们把弹性力学问题归结为在给定边界条件下求一组偏微分方程的解答。然而，除少数简单情况外，一般偏微分方程的求解是相当困难的，在边界条件复杂时，甚至是不可能的。本节介绍另外一种求解弹性力学问题的方法，即将弹性力学问题归结为能量的极值问题。从物理意义上讲，它是能量最小原理或虚功原理，因此可以称为能量法；从数学方法上讲，它叫作变分法。因为能量可表达成位移分量的函数，而位移分量本身又是坐标的函数（自变函数），所以能量就是一个函数的函数，称为泛函，而变分法就是研究泛函的极值问题。

材料力学中已学过能量法，为了更好地理解这个问题，下面举一个例子。设有一等截面简支梁，跨中有集中荷载F，跨中挠度为w_0（图2-10），梁的挠曲线$w(x)$未知，梁的总势能Q包含外力势能和变形势能。则

$$Q=\text{外力势能}+\text{变形势能}$$

$$\text{外力势能}=\text{外力功的负值}=-Fw_0$$

忽略剪切应变能，则有

$$\text{变形势能 } U=\text{弯曲应变能}=\int_0^l\frac{M^2(x)}{2EI}\mathrm{d}x=\int_0^l\frac{EI}{2}(w''(x))^2\mathrm{d}x$$

因此，梁的总势能可表示为

$$Q=\frac{EI}{2}\int_0^l(w''(x))^2\mathrm{d}x-Fw_0 \tag{2-26}$$

设满足边界条件的挠曲线为

$$w(x)=A\sin\frac{\pi x}{l}\quad(0\leqslant x\leqslant l) \tag{2-27}$$

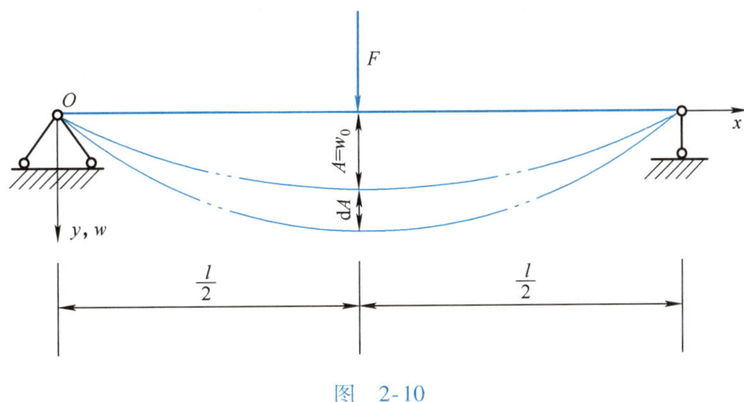

图　2-10

其中只有 A 是待定系数。在本例中 $x=l/2$ 时，$w_0=A$，所以 A 的意义是跨中挠度。把式（2-27）代入式（2-26）中得

$$Q=\frac{EIl}{4}\left(\frac{\pi}{l}\right)^4A^2-FA$$

可以看出总势能 Q 是 A 的二次函数。$\frac{\mathrm{d}Q}{\mathrm{d}A}=0$ 是 Q 取极值的条件，即

$$\frac{EIl}{2}\left(\frac{\pi}{l}\right)^4A-F=0$$

得出

$$A=\frac{2Fl^3}{\pi^4EI}=0.02053\frac{Fl^3}{EI} \tag{2-28}$$

可得挠曲线为

$$w(x)=\frac{2Fl^3}{\pi^4EI}\sin\frac{\pi x}{l} \tag{2-29}$$

根据材料力学，跨中挠度的精确解为

$$w_0=\frac{Fl^3}{48EI}=0.02083\frac{Fl^3}{EI} \tag{2-30}$$

比较式（2-28）、式（2-30）可以看出，误差小于2%，此外还可以得出

$$\frac{\mathrm{d}^2Q}{\mathrm{d}A^2}=\frac{\pi^4EI}{2l^3}>0$$

因此式（2-28）是总势能为极小的条件，而式（2-29）是最小势能的结果，在求得挠度（位移）函数后，继而可求出梁的弯矩和应力分别为

$$M(x)=-EIw''(x)=\frac{2Fl}{\pi^2}\sin\frac{\pi x}{l}$$

$$\sigma(x,y)=\frac{M(x)}{I}y=\frac{2Fl}{\pi^2I}y\sin\frac{\pi x}{l}$$

上述例子是用能量法按位移求解的。需要指出，在选择位移函数的近似形式时，必须使它满足结构的约束条件，或称位移边界条件。例如式（2-27）中，不论 A 取什么值，总能满足两个端点的约束条件，即

$$w(0)=0 \text{ 和 } w(l)=0$$

这种满足约束条件的函数称为容许函数，容许函数的形式有很多。

利用前面的例子进一步讲解变分法的概念，当我们采用式（2-27）的时候，其实是认为位移函数的微小变化可以用

$$\delta w(x)=\delta A\sin\frac{\pi x}{l}$$

来表示，其中函数的基本形式 $\sin\frac{\pi x}{l}$ 不变，而 $\delta w(x)$ 是由系数 A 的微小变化 δA 来实现的，δw 称为 w 的变分。从物理意义上讲，它可以看作对 $w(x)$ 的一个扰动，或者说是在 $w(x)$ 基础上的一个虚位移。变分符号 δ 和微分符号 d 一样是一个算符，其运算规则也相似。但是“变分”一般指的是一个泛函的某种微小变化。通俗来讲，泛函就是函数的函数。总势能 Q 是位移 $w(x)$ 的函数，而位移又是坐标 x 的函数，那么 Q 就是一个泛函，数学上，求泛函极值的方法称为变分法。

知识拓展

大约 1696 年 6 月，瑞士数学家约翰·伯努利（Johann Bernoulli）在德国一份科学期刊《博学报》（*Acta Eruditorum*）上提出了一个数学问题：让一个物体从静止开始沿着一个光滑无摩擦的轨道下滑，如果要求下滑过程耗时最短，轨道应该是什么形状？这个问题被称作最速降曲线问题。

这个问题是如此有趣，吸引了很多数学家的关注。约翰·伯努利本人利用光学原理类比给出了一种解法，他的哥哥雅各布·伯努利（Jacob Bernoulli）想到了另一种解法。此外，大名鼎鼎的莱布尼茨、洛必达、牛顿等人都给出了各自的解法。其中，牛顿的解法正是“变分原理”的雏形。其实早在 10 多年前，牛顿在考虑流体中受到最小阻力的旋转曲面该是什么形状的问题时，就已经构建起了变分原理的基本思想。经过一大批数学家的杰出工作，现在变分法已经成了数学分析中求极值问题的一种重要方法。

通过对变分原理基本概念和历史由来的讲解，同学们一方面了解了变分法是数学分析中求极值问题的一种重要方法，同时，最速降曲线也是对人生的一种启迪，有时候走点弯路，反而能更快地到达终点，从而激发学生们的学习兴趣及科学探究心理，对所要学习的基本内容有感观和历史认知。

2. 变分方程

变分法要涉及弹性体的变形势能。设弹性体在受力和变形过程中，外力功不转化为热能和动能，而全部转化为弹性体的变形势能。又设材料是线弹性体，由材料力学可知，由应力

和应变在单位体积内形成的应变能密度为

$$U_0=\frac{1}{2}(\sigma_x\varepsilon_x+\sigma_y\varepsilon_y+\sigma_z\varepsilon_z+\tau_{xy}\gamma_{xy}+\tau_{yz}\gamma_{yz}+\tau_{zx}\gamma_{zx})$$

则整个弹性体的变形势能为

$$U=\iiint_V\frac{1}{2}(\sigma_x\varepsilon_x+\sigma_y\varepsilon_y+\sigma_z\varepsilon_z+\tau_{xy}\gamma_{xy}+\tau_{yz}\gamma_{yz}+\tau_{zx}\gamma_{zx})\mathrm{d}V$$

应用物理方程和几何方程，上式可写为用位移表达的形式，即

$$\begin{aligned}U=\frac{E}{2(1+\mu)}\iiint\Big[&\frac{\mu}{1-2\mu}\left(\frac{\partial u}{\partial x}+\frac{\partial v}{\partial y}+\frac{\partial w}{\partial z}\right)^2+\left(\frac{\partial u}{\partial x}\right)^2+\left(\frac{\partial v}{\partial y}\right)^2+\left(\frac{\partial w}{\partial z}\right)^2+\\&\frac{1}{2}\left(\frac{\partial w}{\partial y}+\frac{\partial v}{\partial z}\right)^2+\frac{1}{2}\left(\frac{\partial u}{\partial z}+\frac{\partial w}{\partial x}\right)^2+\frac{1}{2}\left(\frac{\partial v}{\partial x}+\frac{\partial u}{\partial y}\right)^2\Big]\mathrm{d}V\end{aligned}\tag{2-31}$$

假定弹性体发生了一个很小的虚位移，在此过程中，弹性体既无温度改变，也没有速度改变，依据能量守恒定律，则变形势能的增量等于外力在虚位移上所做的功，即

$$\delta U=\iiint_V(X\delta u+Y\delta v+Z\delta w)\mathrm{d}V+\iint_\Omega(\bar{X}\delta u+\bar{Y}\delta v+\bar{Z}\delta w)\mathrm{d}\Omega\tag{2-32}$$

此式称为位移变分方程，也称为拉格朗日变分方程，其中 U 为弹性体的变形势能。

3. 虚功方程

弹性体的虚位移原理：一个处于平衡状态的弹性体，当产生几何约束所容许的位移时，外力虚功等于虚应变能。外力虚功即体力虚功加上面力虚功，即

$$\begin{aligned}&\iiint_V(X\delta u+Y\delta v+Z\delta w)\mathrm{d}V+\iint_\Omega(\bar{X}\delta u+\bar{Y}\delta v+\bar{Z}\delta w)\mathrm{d}\Omega\\&=\iiint_V(\sigma_x\delta\varepsilon_x+\sigma_y\delta\varepsilon_y\sigma_z\delta\varepsilon_z+\tau_{xy}\delta\gamma_{xy}+\tau_{yz}\delta\gamma_{yz}+\tau_{zx}\delta\gamma_{zx})\mathrm{d}V\end{aligned}\tag{2-33}$$

此式即为虚功方程。

4. 最小势能原理

小位移发生过程中，外力可认为是不变的，即 X、Y、Z、$\bar{X}$、$\bar{Y}$、$\bar{Z}$ 保持不变，则变分方程（2-32）中积分号内的变分符号可移至积分号外，即

$$\begin{aligned}\delta U&=\iiint_V(X\delta u+Y\delta v+Z\delta w)\mathrm{d}V+\iint_\Omega(\bar{X}\delta u+\bar{Y}\delta v+\bar{Z}\delta w)\mathrm{d}\Omega\\&=\delta\left(\iiint_V(Xu+Yv+Zw)\mathrm{d}V+\iint_\Omega(\bar{X}u+\bar{Y}v+\bar{Z}w)\mathrm{d}\Omega\right)\end{aligned}$$

等式右边括号内为外力功，即外力势能的负值。记外力势能为 V，变形势能 U 与外力势能 V 之和为总势能，记为 Q，由上式得

$$\delta(U+V)=\delta Q=0\tag{2-34}$$

式（2-34）即为系统总势能取极值的必要条件。说明在给定外力下，虽然满足边界约束条件的位移函数 $u(x,y,z)$、$v(x,y,z)$、$w(x,y,z)$ 有很多组，但是只有使系统总势能取极值的那一组才是实际发生的位移，故称最小势能原理。

最小势能原理与虚功方程、变分方程是完全等价的。通过运算可以证明，变分方程（或虚功方程、最小势能原理）取代了平衡微分方程和应力边界条件。在一定条件下求位移变分方程的解，就等于求平衡微分方程和应力边界条件这组微分方程的解，因而变分法开辟了求解弹性力学问题的新途径。特别是在近似计算方面，由于计算机的发展而变得特别有效。

知识拓展

引导学生观察思考：变分原理、虚功方程、最小势能原理为什么是对同一事物的不同表达方式？启发学生体会力学的和谐统一美，将纷繁复杂的多个方程归一为简单的式子。力学在很大程度上可理解为是数学知识的应用和拓展，透过数学美来发现、感受、鉴赏弹性力学中的美。爱因斯坦曾说："美，本质上终究是简单性。"易见，这些方程也同时呈现出简洁美、对称美。审美与求知并存，在传授枯燥深奥的专业知识的同时，引导学生去分析和发现力学中蕴含的各种理性美，提高审美修养的同时能使学生较为轻松地进入并保持深度学习，取得较好的学习效果。

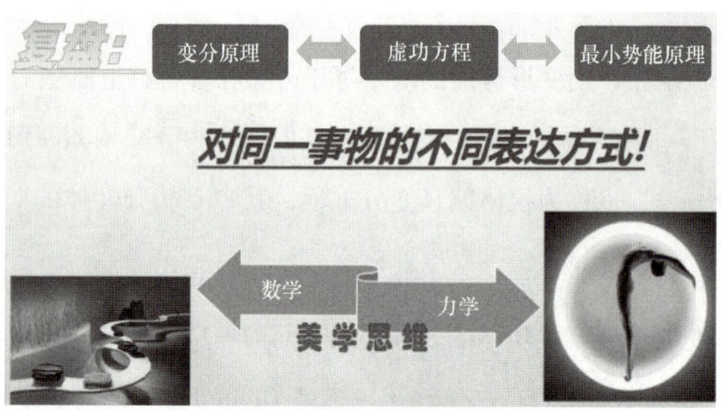

5. 虚功方程的矩阵表达形式

有限单元法中常使用虚功方程表达平衡条件。在1.3节中已经说明，有限单元法是结构离散化的分析方法，分析过程采用矩阵表达式，且只使用结点荷载，下面就给出结点荷载作用下虚功方程的矩阵表达形式。

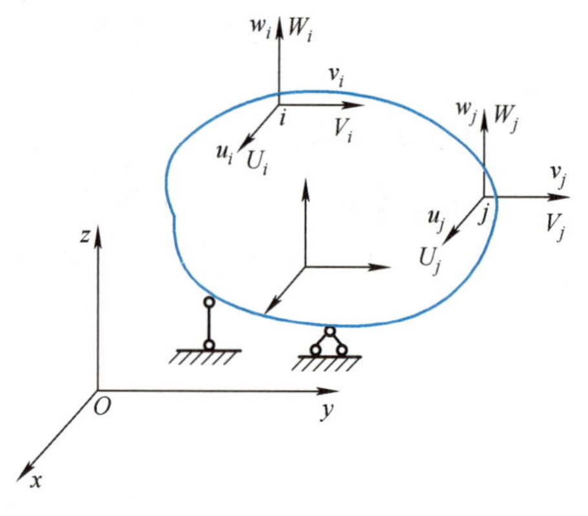

图　2-11

设有受外力作用的弹性体，如图2-11所示，它在i点所受的外力沿坐标轴分解为分量U_i、V_i、W_i，在j点所受的外力沿坐标轴分解为分量U_j、V_j、W_j，其他点所受的外力类似分解，总起来用列阵$\{F\}$表示，这些外力引起的应力用列阵$\{\sigma\}$表示，即

$$\{F\}=\begin{Bmatrix}U_i\\V_i\\W_i\\U_j\\V_j\\W_j\\\vdots\end{Bmatrix},\quad \{\sigma\}=\begin{Bmatrix}\sigma_x\\\sigma_y\\\sigma_z\\\tau_{xy}\\\tau_{yz}\\\tau_{zx}\end{Bmatrix}$$

假设弹性体发生了某种虚位移，将各个外力作用点的虚位移分量记为 $u_i^*, v_i^*, w_i^*, u_j^*, v_j^*, w_j^*, \cdots$，总起来用列阵 $\{\delta^*\}$ 表示，虚位移引起的虚应变用列阵 $\{\varepsilon^*\}$ 表示，即

$$\{\delta^*\} = \begin{Bmatrix} u_i^* \\ v_i^* \\ w_i^* \\ u_j^* \\ v_j^* \\ w_j^* \\ \vdots \end{Bmatrix}, \{\varepsilon^*\} = \begin{Bmatrix} \varepsilon_x^* \\ \varepsilon_y^* \\ \varepsilon_z^* \\ \gamma_{xy}^* \\ \gamma_{yz}^* \\ \gamma_{zx}^* \end{Bmatrix}$$

在虚位移发生时，外力在虚位移上的虚功为

$$U_i u_i^* + V_i v_i^* + W_i w_i^* + U_j u_j^* + V_j v_j^* + W_j w_j^* + \cdots = \{\delta^*\}^{\mathrm{T}}\{F\}$$

在弹性体的单位体积内，应力在虚应变上的虚功为

$$\sigma_x \varepsilon_x^* + \sigma_y \varepsilon_y^* + \sigma_z \varepsilon_z^* + \tau_{xy}\gamma_{xy}^* + \tau_{yz}\gamma_{yz}^* + \tau_{zx}\gamma_{zx}^* = \{\varepsilon^*\}^{\mathrm{T}}\{\sigma\}$$

因此，整个弹性体的虚应变能为

$$\iiint \{\varepsilon^*\}^{\mathrm{T}}\{\sigma\}\,\mathrm{d}x\mathrm{d}y\mathrm{d}z$$

于是虚功方程（2-33）成为

$$\{\delta^*\}^{\mathrm{T}}\{F\} = \iiint \{\varepsilon^*\}^{\mathrm{T}}\{\sigma\}\,\mathrm{d}x\mathrm{d}y\mathrm{d}z \tag{2-35}$$

平面问题中，虚功方程的矩阵表达式为

$$\{\delta^*\}^{\mathrm{T}}\{F\} = \iint \{\varepsilon^*\}^{\mathrm{T}}\{\sigma\}\,t\mathrm{d}x\mathrm{d}y \tag{2-36}$$

其中，
$$\{F\} = \begin{Bmatrix} U_i \\ V_i \\ U_j \\ V_j \\ \vdots \end{Bmatrix}, \{\delta^*\} = \begin{Bmatrix} u_i^* \\ v_i^* \\ u_j^* \\ v_j^* \\ \vdots \end{Bmatrix}, \{\sigma\} = \begin{Bmatrix} \sigma_x \\ \sigma_y \\ \tau_{xy} \end{Bmatrix}, \{\varepsilon^*\} = \begin{Bmatrix} \varepsilon_x^* \\ \varepsilon_y^* \\ \gamma_{xy}^* \end{Bmatrix}$$

轴对称问题中，虚功方程的矩阵表达式为

$$\{\delta^*\}^{\mathrm{T}}\{F\} = \iiint \{\varepsilon^*\}^{\mathrm{T}}\{\sigma\}\,r\mathrm{d}r\mathrm{d}\theta\mathrm{d}z$$

由于被积函数只是坐标 r、z 的函数，上式可以写成

$$\{\delta^*\}^{\mathrm{T}}\{F\} = \iint \{\varepsilon^*\}^{\mathrm{T}}\{\sigma\}\,2\pi r\mathrm{d}r\mathrm{d}z \tag{2-37}$$

其中，
$$\{F\} = \begin{Bmatrix} U_i \\ W_i \\ U_j \\ W_j \\ \vdots \end{Bmatrix}, \{\delta^*\} = \begin{Bmatrix} u_i^* \\ w_i^* \\ u_j^* \\ w_j^* \\ \vdots \end{Bmatrix}, \{\sigma\} = \begin{Bmatrix} \sigma_r \\ \sigma_\theta \\ \sigma_z \\ \tau_{zr} \end{Bmatrix}, \{\varepsilon^*\} = \begin{Bmatrix} \varepsilon_r^* \\ \varepsilon_\theta^* \\ \varepsilon_z^* \\ \gamma_{zr}^* \end{Bmatrix}$$

里兹法

6. 里兹法

前面已经说明，变分方程（或虚功方程、最小势能原理）与平衡微分方程以及应力边界条件完全等价。按位移求解就是要求出位移分量，使它同时满足平衡微分方程以及应力边界条件与位移边界条件。

如果在变分法中设位移 $u(x,y,z)$、$v(x,y,z)$、$w(x,y,z)$ 为某种形式的级数，而且在选择级数形式的时候使它预先满足位移边界条件，只在级数中包含若干待定系数。然后代入弹性体的总势能表达式后，通过对总势能求极小值来满足平衡微分方程以及应力边界条件，由此确定待定参量，得出位移解，其近似性在于位移分量的表达形式是假定的。这就将弹性力学的微分方程边值问题转化成对能量泛函求极值的问题，数学上称为弹性力学问题的变分解法，里兹法就是著名的经典变分解法之一。

知识拓展

拓宽视野，了解科技前沿。变分原理已应用在很多领域：在量子力学中，主要解决基态能量和波函数问题；在经济学中，求解经济学中的动态最优问题。变分原理也是有限单元法的理论基础。对付数学物理中极值问题，变分原理（variational principle）可谓是必备神器。

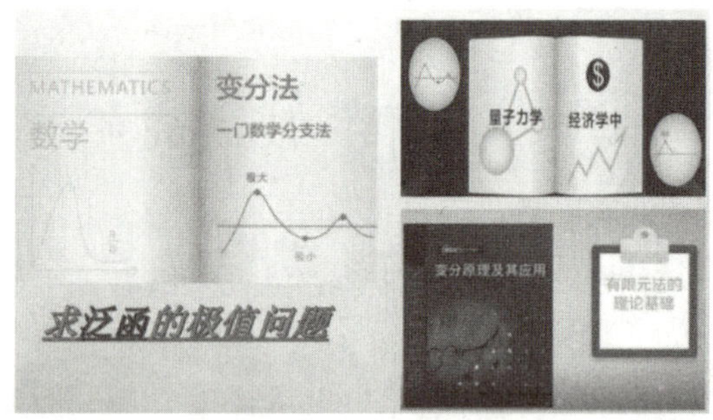

由于任何连续函数都可以展开为级数的形式，比如三角级数或幂级数等，如：

一维问题

$$f(x) = \sum_{m=1}^{\infty} A_m \sin mx$$

或

$$f(x) = \sum_{m=1}^{\infty} B_m x^m$$

二维问题

$$f(x,y) = \sum_{m=1}^{\infty}\sum_{n=1}^{\infty} A_{mn} \sin mx \sin ny$$

或

$$f(x,y) = \sum_{m=1}^{\infty}\sum_{n=1}^{\infty} B_{mn} x^m y^n$$

其中，A_m、B_m、A_{mn}、B_{mn} 都是一系列待定系数，随 $f(x)$ 或 $f(x,y)$ 的具体情况而定。一般可取级数的有限几项作为这些函数的近似表达式。基于此，可试取位移分量表达式为

$$\begin{cases} u(x,y,z) = u_0 + \sum\limits_m A_m u_m(x,y,z) \\ v(x,y,z) = v_0 + \sum\limits_m B_m v_m(x,y,z) \\ w(x,y,z) = w_0 + \sum\limits_m C_m w_m(x,y,z) \end{cases} \tag{2-38}$$

其中，A_m、B_m、C_m 为独立的待定参量，也是已经确定的位移试函数表达中的变化成分，通过它们的待定体现试函数的不确定性。表达式中函数 u_0、v_0、w_0 满足位移边界条件，函数 u_m、v_m、w_m 在位移边界上的值为零，则式（2-38）满足位移边界条件。而位移的变分为

$$\delta u = \sum_m u_m \delta A_m,\ \delta v = \sum_m v_m \delta B_m,\ \delta w = \sum_m w_m \delta C_m \tag{2-39}$$

变形势能的变分为

$$\delta U = \sum_m \left(\frac{\partial U}{\partial A_m}\delta A_m + \frac{\partial U}{\partial B_m}\delta B_m + \frac{\partial U}{\partial C_m}\delta C_m \right) \tag{2-40}$$

代入变分方程（2-32）得到

$$\begin{aligned} &\sum_m \frac{\partial U}{\partial A_m}\delta A_m + \sum_m \frac{\partial U}{\partial B_m}\delta B_m + \sum_m \frac{\partial U}{\partial C_m}\delta C_m \\ =& \sum_m \left(\iiint X u_m \mathrm{d}V + \iint \bar{X} u_m \mathrm{d}\Omega \right)\delta A_m + \sum_m \left(\iiint Y v_m \mathrm{d}V + \iint \bar{Y} v_m \mathrm{d}\Omega \right)\delta B_m + \\ &\sum_m \left(\iiint Z w_m \mathrm{d}V + \iint \bar{Z} w_m \mathrm{d}\Omega \right)\delta C_m \end{aligned} \tag{2-41}$$

由变分 δA_m、δB_m、δC_m 的任意性可知

$$\begin{cases} \dfrac{\partial U}{\partial A_m} = \iiint X u_m \mathrm{d}V + \iint \bar{X} u_m \mathrm{d}\Omega \\ \dfrac{\partial U}{\partial B_m} = \iiint Y v_m \mathrm{d}V + \iint \bar{Y} v_m \mathrm{d}\Omega \\ \dfrac{\partial U}{\partial C_m} = \iiint Z w_m \mathrm{d}V + \iint \bar{Z} w_m \mathrm{d}\Omega \end{cases} \tag{2-42}$$

式（2-42）为 A_m、B_m、C_m 的线性代数方程组。由式（2-31）可知

$$\begin{aligned} U = \frac{E}{2(1+\mu)} \iiint \Bigg[& \frac{\mu}{1-2\mu}\left(\frac{\partial u}{\partial x} + \frac{\partial v}{\partial y} + \frac{\partial w}{\partial z} \right)^2 + \left(\frac{\partial u}{\partial x} \right)^2 + \left(\frac{\partial v}{\partial y} \right)^2 + \left(\frac{\partial w}{\partial z} \right)^2 + \\ & \frac{1}{2}\left(\frac{\partial w}{\partial y} + \frac{\partial v}{\partial z} \right)^2 + \frac{1}{2}\left(\frac{\partial u}{\partial z} + \frac{\partial w}{\partial x} \right)^2 + \frac{1}{2}\left(\frac{\partial v}{\partial x} + \frac{\partial u}{\partial y} \right)^2 \Bigg] \mathrm{d}V \end{aligned}$$

上式代入式（2-42），解出 A_m、B_m、C_m 后，代回式（2-38）就得到位移解答，有了位移就可以用几何方程求应变分量，进而用物理方程求应力分量。这就是里兹法的解题过程。一般来说，位移函数的项数取得越多就越接近精确解，不过待定系数越多工作量越大，而且增长十分迅速。实际工作中，我们希望级数收敛得比较快，这样取少数几项就能得到误差不大的解，要达到这个目的必须在选择 u_m、v_m、w_m 的形式上下功夫，使它们比较接近真解，这样一来，不同的问题就要找不同的 u_m、v_m、w_m，在边界形状复杂时还是很困难的。

由以上过程可以看出，里兹法需要事先在整个弹性体中定义满足所有位移边界条件的位移试函数，只有当边界比较规则、边界条件比较简单时才能实现。实际工程提出的问题往往

不具备这样的条件，因此很难找到这样的位移试函数，从而难以用里兹法求解。

如果将结构离散为一组有限个、彼此通过结点连接的单元集合体，则只需针对小块的单元设定位移试函数，且对位移边界条件的满足只需针对位移边界上的结点位移做相应处理，可以留待整体分析中进行。在单元中设定位移试函数不必考虑边界条件，则位移试函数的选取变得简单许多，可以处理很复杂的连续介质问题，这就是有限单元法分片插值的思想。后续章节就遵循有限元基本思想，针对单元给出位移模式（位移试函数），用虚功方程（等同于最小势能原理）替代平衡微分方程与应力边界条件，推导单元刚度方程与组集整体刚度方程，最后引进位移边界条件求解。

随着现代科学技术的发展，特别是计算机技术的迅速发展和广泛应用，有限元原理成为目前工程上应用最为广泛的结构数值分析方法，以有限单元法为代表的计算力学的发展，也迅速改变了弹性力学理论和方法在工程应用领域的处境。以计算机的强大计算能力为后盾开发的大型通用有限元程序，可以求解数十万自由度的线性代数方程组，目前已经成为工程技术人员手中强大的结构分析工具。

知识拓展

分析悬在等高的两点间受重力作用的软绳形成的曲线是什么形状？工程中比如悬索桥、架空电缆等都会出现悬链线的设计，整个体系都自动趋向于能量最低的状态，因此寻找的便是势能最低状态所对应的悬链线曲线函数。如何用变分法求解？在培养理论联系实践能力的同时，引出有限单元法的基本思想。

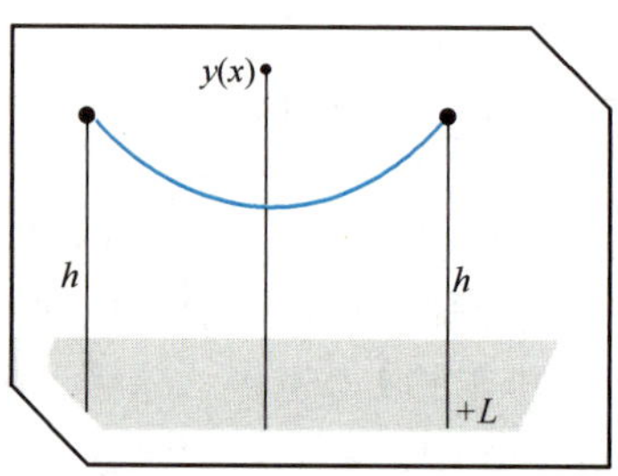

2-1　弹性力学中为什么多采用应力法求解平面问题？

2-2　里兹法的基本原理是什么？

第3章 平面问题有限单元法

引言

用有限单元法解弹性力学平面问题，不仅本身具有实际意义，而且还带有一定的典型性。本章将通过三角形常应变单元介绍有限单元法应用于弹性体应力分析的基本原理，包括弹性体的离散化、单元特性的分析、刚度矩阵的建立、等效结点力的计算、解答的收敛以及实施步骤和注意事项等。

3.1 引言

变分法是有限单元法的理论基础。在讲里兹法时，我们假设位移函数为三角级数或幂级数，并仅取其前几项作为近似，从而解决了一些简单的弹性力学问题。那种用连续函数写出来的近似解可以称为“解析的”形式。但位移函数必须满足边界的约束条件，即须为容许函数。当边界形状或约束条件很复杂时，要找到解析形式的容许函数非常困难，甚至是不可能的。在这种情况下，还能否用变分原理？有限单元法回答了这个问题。

我们知道，当一条曲线难以用解析形式表示时，可以用分段的直线（折线）作为它的近似。如图 3-1 所示的情形，只需用 $x_1, x_2, x_3, \cdots, x_6$ 等处 6 个离散点的函数值

$$f_1 = f(x_1),\ f_2 = f(x_2),\ f_3 = f(x_3),\ \cdots,\ f_6 = f(x_6)$$

就能给出这条折线。其余各处的函数值可以用这 6 个值计算出来。因为根据折线的假设，当 $x_i < x < x_{i+1}$ 时，

$$f(x) = \left(\frac{x_{i+1} - x}{l_i}\right) f_i + \left(\frac{x - x_i}{l_i}\right) f_{i+1} \quad (i = 1, 2, 3, 4, 5) \tag{3-1}$$

若记

$$N_i(x) = \frac{x_{i+1} - x}{l_i},\ N_{i+1}(x) = \frac{x - x_i}{l_i}$$

则 N_i 和 N_{i+1} 均为 x 的线性函数，于是式（3-1）可以写作

$$f(x) = N_i(x) f_i + N_{i+1}(x) f_{i+1} \tag{3-2}$$

式（3-1）或式（3-2）就是在 f_i 和 f_{i+1} 之间做线性插值。以上在一组离散的点之间，用插值的方法表示连续函数的方式与解析形式不同，可称为“数值的”形式。二维问题是类似的。在某一区域上连续的函数 $f(x, y)$ 也可以用一组离散点的函数值来确定。如图 3-2 所示，先把区域划分成许多三角形子域。三角形网格结点（三角形顶点）的坐标设为

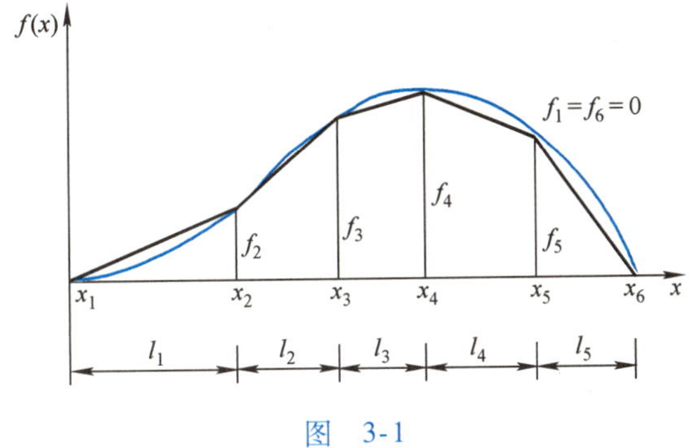

图 3-1

$(x_1, y_1), (x_2, y_2), \cdots, (x_9, y_9)$。用这 9 个点的函数值$f_1(x_1, y_1), f_2(x_2, y_2), \cdots, f_9(x_9, y_9)$就能近似地表示函数$f(x, y)$。因为任何一点$p(x, y)$的函数值，总可以用$p$点所在三角形的三个顶点的函数值$f_i$、$f_j$和$f_m$通过线性插值来确定。即

$$f(x, y) = N_i(x, y)f_i + N_j(x, y)f_j + N_m(x, y)f_m \tag{3-3}$$

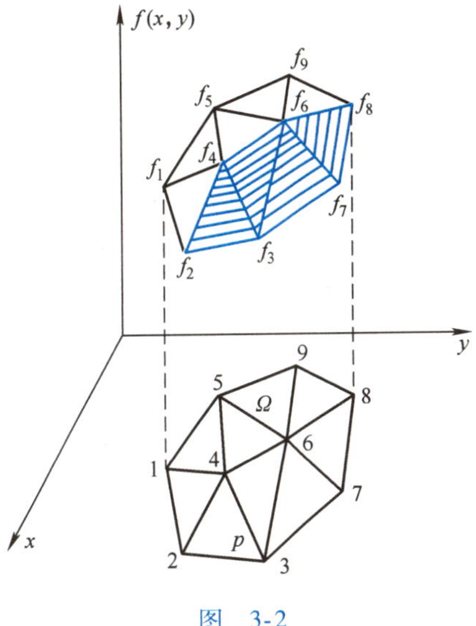

图 3-2

其中，$N_i(x, y)$、$N_j(x, y)$和$N_m(x, y)$都是x和y的线性函数，我们将在 3.3 节中做详细的推导。从几何意义上讲，这是用一组平面三角形拼起来近似表示的一个曲面。它和曲面的接近程度（误差）取决于两个因素：函数变化的缓急和网格划分的疏密。同样的网格当函数变化剧烈时误差就大；同一函数密的网格给出的误差小。因此，只要网格划分得相当密（即计算数值的离散点相当多），则总可以达到所需的精度。

用位移法求解弹性力学问题时，位移函数也可以用这种“数值的”形式，从而绕过寻找“解析形式”的困难，即位移函数也可写成如式（3-3）的形式

$$u(x, y) = N_i(x, y)u_i + N_j(x, y)u_j + N_m(x, y)u_m$$
$$v(x, y) = N_i(x, y)v_i + N_j(x, y)v_j + N_m(x, y)v_m$$

其中，u_i、v_i是结点位移值。现在，寻找位移函数$u(x, y)$和$v(x, y)$的问题，成了在弹性体上划分网格之后求网格结点上的位移值u_i和v_i的问题。i表示结点编号，$i = 1, 2, 3, \cdots, n$。当然n很大时未知数就很多。和解析法相比，数值法待求的未知数多得多。所以，有限单元法是一种适于用电子计算机分析的方法。

3.2 结构离散化

把平面上连续的弹性体划分为许多三角形小块，称为结构的离散化。每一小块叫作一个单元。离散化之后单元的数目不是无限的，所以叫作有限单元体系，如图 3-3 所示。把这个离散化了的体系视为连续体的近似物，也就是我们今后分析的直接对象。在这离散化的结构

上，任意一点(x,y)的位移都可由它的结点位移计算出来，所以只有结点位移才是待求的未知数。对于二维问题，每个结点有u_i和v_i两个位移分量。如果结点总数为n，其中受约束的结点位移共有n_f个，则未知数总共将有$2n-n_f$个。

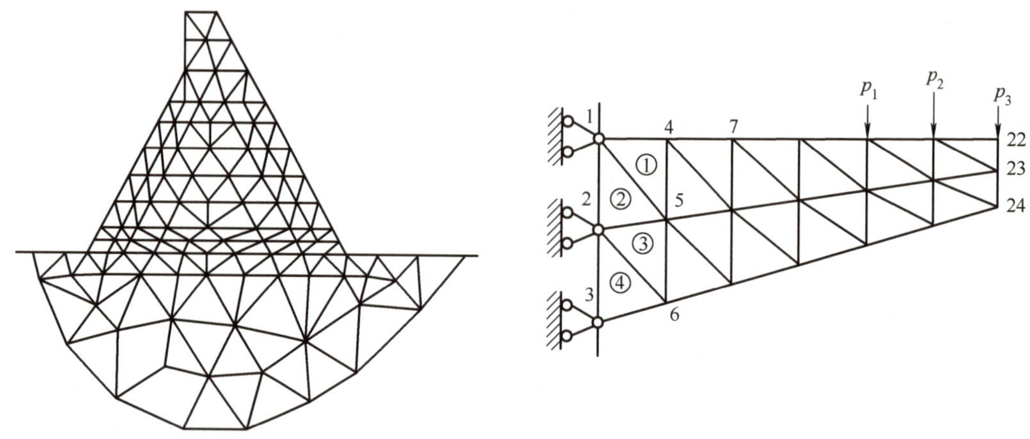

图 3-3

从计算精度来讲，单元划分得越小，离散体系的位移越接近于连续体的真实位移，但是结点数目和未知数则会相应增加，从而使计算工作量加大。所以单元的数目（更确切地讲，是结点的数目），必须根据精度要求和计算费用二者的得失综合地决定。

在划分单元时，还应该考虑如下因素：

1）离散体系的外形应尽量和实际结构一致。

2）应力变化大的部位，也是位移变化大的部位，单元要分得小一些；反之，可以大一些。这样做可以兼顾精度和费用两个方面。

3）每个单元的边界条件应尽量简单。比如一个单元的某一边界全部固定或全部自由，一个单元的某一边界的面力均匀分布或近似直线分布等。

4）每个单元由一种材料构成，单元内厚度不变等。当然，不同单元的材料、厚度都可以不同。

原则上说，单元的形状不一定是三角形，可以是四边形、矩形、扇形等。一个结构可以由几种不同形状的单元构成。不过作为有限单元法的入门，本章将以三角形常应变单元为例，说明有限单元法的原理。

离散体系的分析，建立在单元分析的基础上，而单元分析，又是建立在单元内位移函数的假设（例如线性插值）的基础上，所以下面从单元内的假设位移场讲起。

知识拓展

3 世纪，魏晋时期伟大的数学家刘徽著有《九章算术注》，其中的割圆术，即将圆周用内接或外切正多边形穷竭的一种求圆面积和周长的方法，以及《三国志》中的典故——曹冲称象的方法，都蕴含了早期的有限元思想。有限单元法的思想类比于连接多段微小直线逼近圆，或用小石头重量总和逼近大象重量的思想，即把复杂的问题离散为有限多个简单的小单元，对每个小单元进行分析，然后再整合为整体。

通过古人“化圆为直”“化整为零”所体现的离散逼近的迂回思想，同学们可以初步对“有限单元法”有感观认知，同时对发现问题、解决问题的科学思维有感性体会。另一方面通过了解“有限单元法”的历史资料，了解我国早期学者的大智慧，增强我们的民族自豪感，从而培养青年学子的文化自信和力学情怀。

3.3　三结点三角形单元的位移模式及收敛性分析

1. 位移模式

简单三角形单元的位移模式与形函数

有限单元法是应用局部的近似解来求得整个问题的解的一种方法。结构受力变形后，内部各点产生位移，是坐标的函数，但往往很难准确建立这种函数关系。有限元分析中，根据分块近似的思想，可以选择一个简单的函数来近似地构造每一单元内的近似解。本书中讲授的有限单元法是以结点位移为基本未知量，所以为了能用结点位移表示单元体的位移、应变和应力，在分析求解时，必须对单元中位移的分布做出一定的假设，即选择一个简单的函数来近似地表示单元位移分量随坐标变化的分布规律，这种函数称为位移模式。

位移模式的选择是有限单元法分析中的关键。由于多项式不仅能逼近任何复杂函数，而且其数学运算比较简单、易于处理，所以它被人们广泛应用于构造位移模式。多项式的项数和阶数的选择，一般要考虑单元的自由度数和解答的收敛性要求等，它的阶次应包含常数项和线性项。以后对此做详细的讨论。

这里的位移模式相当于里兹法中的位移试函数，不同之处在于这里仅针对单元假定位移模式，且不涉及结构的位移边界条件，最简单的做法是把单元体内任一点的位移分量表示为坐标的幂函数，即采用多项式位移模式。对于平面问题，可以表示为

$$u=\alpha_1+\alpha_2 x+\alpha_3 y+\alpha_4 x^2+\alpha_5 xy+\alpha_6 y^2+\cdots$$

$$v=\beta_1+\beta_2 x+\beta_3 y+\beta_4 x^2+\beta_5 xy+\beta_6 y^2+\cdots$$

一般而言，多项式的次数越高，越接近实际变形规律，也就越精确，但次数高低即项数多少要受单元形式的限制。简单三角形单元是一种简单方便、对边界适应性强的单元，以三角形单元的三个顶点为结点，也称为三结点三角形单元。这种单元本身计算精度较低，使用时需要细分网格，但仍然是一种较常用的单元。

如图 3-4 所示，单元结点编码依逆时针方向进行，依次为 i、j、m。平面问题中单元的每个结点有两个自由度。单元的结点位移向量为

$$\{\delta\}^e = [u_i \quad v_i \quad u_j \quad v_j \quad u_m \quad v_m]^{\mathrm{T}}$$

单元的结点力向量为

$$\{F\}^e = [U_i \quad V_i \quad U_j \quad V_j \quad U_m \quad V_m]^{\mathrm{T}}$$

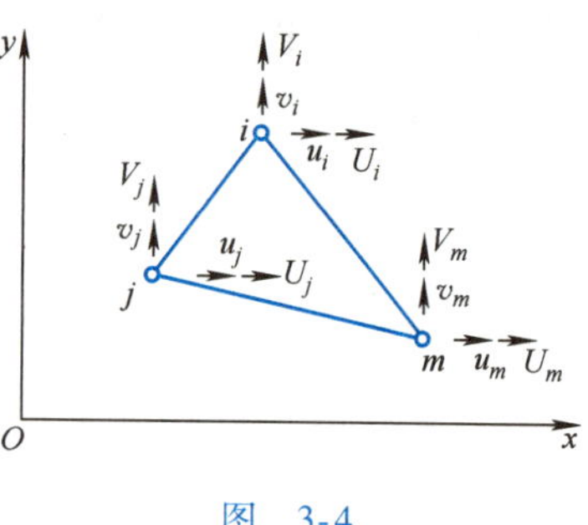

图 3-4

对于平面问题，每个结点具有 x、y 方向上的两个自由度，简单三角形单元有 3 个结点，共有 6 个自由度，构造单元位移模式时可确定 6 个待定参数，故将位移模式取为

$$\begin{cases} u = \alpha_1 + \alpha_2 x + \alpha_3 y \\ v = \alpha_4 + \alpha_5 x + \alpha_6 y \end{cases} \tag{3-4}$$

式中，$\alpha_1 \sim \alpha_6$ 为待定参数，称为广义坐标，可以由单元的 6 个结点位移分量来确定。一旦待定系数确定了，单元内位移变化规律就可以完全确定，且三角形三结点单元的位移函数是 x、y 的线性函数。

将式（3-4）写成矩阵形式

$$\{u\} = \begin{Bmatrix} u \\ v \end{Bmatrix} = \begin{bmatrix} 1 & x & y & 0 & 0 & 0 \\ 0 & 0 & 0 & 1 & x & y \end{bmatrix} \begin{Bmatrix} \alpha_1 \\ \alpha_2 \\ \alpha_3 \\ \alpha_4 \\ \alpha_5 \\ \alpha_6 \end{Bmatrix} \tag{3-5}$$

图 3-4 中单元三个结点 i、j、m 的坐标已知，分别为 (x_i, y_i)、(x_j, y_j)、(x_m, y_m)。由于三个结点也是单元中的点，所以它们的位移分量应满足位移模式（3-4），即

$$\begin{cases} u_i = \alpha_1 + \alpha_2 x_i + \alpha_3 y_i,\ v_i = \alpha_4 + \alpha_5 x_i + \alpha_6 y_i \\ u_j = \alpha_1 + \alpha_2 x_j + \alpha_3 y_j,\ v_j = \alpha_4 + \alpha_5 x_j + \alpha_6 y_j \\ u_m = \alpha_1 + \alpha_2 x_m + \alpha_3 y_m,\ v_m = \alpha_4 + \alpha_5 x_m + \alpha_6 y_m \end{cases} \tag{3-6}$$

求解方程组（3-6），得到用结点位移表示 $\alpha_1 \sim \alpha_6$ 的表达式：

$$\begin{cases} \alpha_1 = \dfrac{1}{2A}(a_i u_i + a_j u_j + a_m u_m) \\ \alpha_2 = \dfrac{1}{2A}(b_i u_i + b_j u_j + b_m u_m) \\ \alpha_3 = \dfrac{1}{2A}(c_i u_i + c_j u_j + c_m u_m) \\ \alpha_4 = \dfrac{1}{2A}(a_i v_i + a_j v_j + a_m v_m) \\ \alpha_5 = \dfrac{1}{2A}(b_i v_i + b_j v_j + b_m v_m) \\ \alpha_6 = \dfrac{1}{2A}(c_i v_i + c_j v_j + c_m v_m) \end{cases} \tag{3-7}$$

式中，
$$\begin{cases}a_i = x_j y_m - x_m y_j,\ b_i = y_j - y_m,\ c_i = x_m - x_j\\ a_j = x_m y_i - x_i y_m,\ b_j = y_m - y_i,\ c_j = x_i - x_m\\ a_m = x_i y_j - x_j y_i,\ b_m = y_i - y_j,\ c_m = x_j - x_i\end{cases}$$

简记为
$$\begin{cases}a_i = x_j y_m - x_m y_j\\ b_i = y_j - y_m \qquad (i,j,m)\\ c_i = -x_j + x_m\end{cases} \tag{3-8}$$

符号(i,j,m)表示下标按 i、j、m 顺序轮换。

式（3-7）中的 A 是三角形面积，可按下式计算：

$$A = \frac{1}{2}\begin{vmatrix}1 & x_i & y_i\\ 1 & x_j & y_j\\ 1 & x_m & y_m\end{vmatrix} = \frac{1}{2}(x_j y_m + x_m y_i + x_i y_j - x_m y_j - x_i y_m - x_j y_i) \tag{3-9}$$

单元结点的顺序号 i、j、m 必须按逆时针方向排定，否则式（3-9）的行列式值为负，面积为负值是不合理的。

由式（3-7）和式（3-8）可知，6 个广义坐标 $\alpha_1 \sim \alpha_6$ 可由单元结点位移和结点坐标值来确定。

将式（3-7）写成矩阵方程

$$\begin{Bmatrix}\alpha_1\\ \alpha_2\\ \alpha_3\\ \alpha_4\\ \alpha_5\\ \alpha_6\end{Bmatrix} = \frac{1}{2A}\begin{bmatrix}a_i & 0 & a_j & 0 & a_m & 0\\ b_i & 0 & b_j & 0 & b_m & 0\\ c_i & 0 & c_j & 0 & c_m & 0\\ 0 & a_i & 0 & a_j & 0 & a_m\\ 0 & b_i & 0 & b_j & 0 & b_m\\ 0 & c_i & 0 & c_j & 0 & c_m\end{bmatrix}\begin{Bmatrix}u_i\\ v_i\\ u_j\\ v_j\\ u_m\\ v_m\end{Bmatrix} \tag{3-10}$$

将式（3-10）代入式（3-5），经矩阵相乘运算后整理得到位移插值函数形式的位移模式

$$\begin{cases}u = N_i u_i + N_j u_j + N_m u_m\\ v = N_i v_i + N_j v_j + N_m v_m\end{cases} \tag{3-11}$$

式中，
$$N_i = \frac{1}{2A}(a_i + b_i x + c_i y) \quad (i,j,m) \tag{3-12}$$

为插值基函数，反映单元的位移变化形态，故称为位移形态函数，简称形函数。

将式（3-11）写成矩阵形式

$$\{u\} = \begin{Bmatrix}u\\ v\end{Bmatrix} = \begin{bmatrix}N_i & 0 & N_j & 0 & N_m & 0\\ 0 & N_i & 0 & N_j & 0 & N_m\end{bmatrix}\begin{Bmatrix}u_i\\ v_i\\ u_j\\ v_j\\ u_m\\ v_m\end{Bmatrix} \tag{3-13}$$

简记为

$$\{u\}=[N_iI \quad N_jI \quad N_mI]\{\delta\}^e=[N]\{\delta\}^e \tag{3-13a}$$

$$[N]=\begin{bmatrix} N_i & 0 & N_j & 0 & N_m & 0 \\ 0 & N_i & 0 & N_j & 0 & N_m \end{bmatrix} \tag{3-13b}$$

式中，I 为 2×2 单位矩阵；$[N]$ 称为形函数矩阵。

知识拓展

把抽象的形函数概念更加形象化：比如我们知道中国人的长相，也见过了英国人的长相，那么请问在欧亚地区的人大概长啥样？大致猜一下就是介于两者之间。而且具体来说就是越偏西的国家比如土耳其，长得更“欧”一点，越偏东的国家比如哈萨克斯坦，长得更“亚”一点。如果用一个函数来表示欧亚地区人的长相，那么这个函数就是两头地区长相的加权平均，这两个权重，就是所谓的形函数。

通过这个例子，同学们可以从不同的领域中发现不同问题的共性，透过现象认识本质，并从个性中发现共性。

形函数的性质

2. 形函数的性质

式（3-11）为三结点三角形单元的位移模式，其中的三个形函数 N_i、N_j、N_m 是坐标的线性函数［式（3-12）］，反映了位移在单元内的变化规律，在数学上，由于它们是构造单元位移模式的基本组成部分，故又称作插值基函数或者内插函数。如果说结构被结点离散化为有限元的集合，实现了结构模型离散化，那么，形函数完成了数学模型离散化，这两个离散化的步骤构成了有限单元法的理论基础。在用有限单元法求解连续介质问题时，这个离散化就显得格外重要。形函数有下列性质：

1）在各单元结点上的值，具有“本点为 1、它点为零”的性质，即

$$\begin{cases} \text{在结点 } i\text{：} N_i=1, \ N_j=0, \ N_m=0 \\ \text{在结点 } j\text{：} N_i=0, \ N_j=1, \ N_m=0 \\ \text{在结点 } m\text{：} N_i=0, \ N_j=0, \ N_m=1 \end{cases} \tag{3-14}$$

这一性质可以这样证明：将式（3-8）和式（3-9）代入式（3-12），得

$$N_i=\frac{(x_jy_m-x_my_j)+(y_j-y_m)x+(x_m-x_j)y}{x_jy_m+x_my_i+x_iy_j-x_my_j-x_iy_m-x_jy_i} \quad (i,j,m)$$

再将上式中的 x、y 分别代为结点 i、j、m 的坐标值(x_i,y_i)、(x_j,y_j)、(x_m,y_m)，即可证明式（3-14）的结论。

这个性质表明，形函数 N_i 在结点 i 的值为 1，在结点 j、m 的值为零，N_j 和 N_m 类似。因为形函数都是坐标 x、y 的线性函数，所以，它的几何图形是平面，图 3-5 各分图中有阴影线的三角形分别表示 N_i、N_j、N_m 的几何形态。

2）在单元任一点上，三个形函数之和等于 1，即 $N_i+N_j+N_m=1$。

这个性质很容易证明。由式（3-8）和式（3-9）可得到

$$a_i+a_j+a_m=2A, \ b_i+b_j+b_m=0, \ c_i+c_j+c_m=0$$

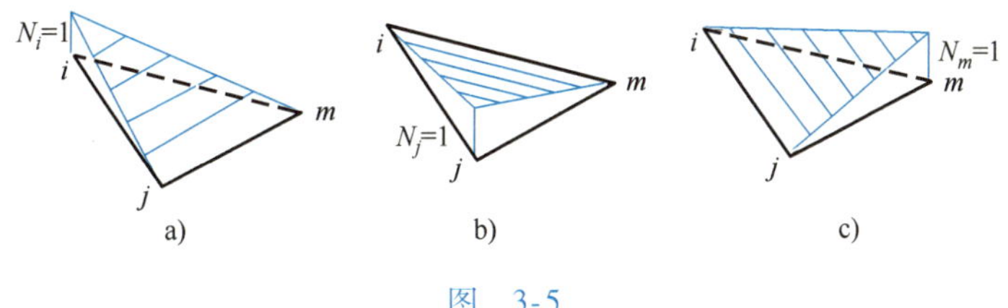

图　3-5

把它们代入式

$$N_i + N_j + N_m = \frac{1}{2A}[(a_i + a_j + a_m) + (b_i + b_j + b_m)x + (c_i + c_j + c_m)y]$$

即得

$$N_i + N_j + N_m = 1 \tag{3-15}$$

这说明3个形函数中只有2个是独立的。

从几何上看这一性质，将式（3-12）改写为行列式的形式，即

$$N_i(x,y) = \frac{1}{2A}(a_i + b_i x + c_i y) = \frac{1}{2A}\begin{vmatrix} 1 & x & y \\ 1 & x_j & y_j \\ 1 & x_m & y_m \end{vmatrix} = \frac{\frac{1}{2}\begin{vmatrix} 1 & x & y \\ 1 & x_j & y_j \\ 1 & x_m & y_m \end{vmatrix}}{\frac{1}{2}\begin{vmatrix} 1 & x_i & y_i \\ 1 & x_j & y_j \\ 1 & x_m & y_m \end{vmatrix}}$$

由图3-6a可看出，上式即为三角形 ojm［o 点为三角形单元内坐标为（x,y）的任意一点］与三角形 ijm 的面积比值，即

$$N_i(x,y) = \frac{A_{\triangle ojm}}{A_{\triangle ijm}}$$

同理由图3-6b、c可得

$$N_j(x,y) = \frac{A_{\triangle oim}}{A_{\triangle ijm}},\quad N_m(x,y) = \frac{A_{\triangle oij}}{A_{\triangle ijm}}$$

所以有

$$N_i + N_j + N_m = \frac{A_{\triangle ojm} + A_{\triangle oim} + A_{\triangle oij}}{A_{\triangle ijm}} = 1$$

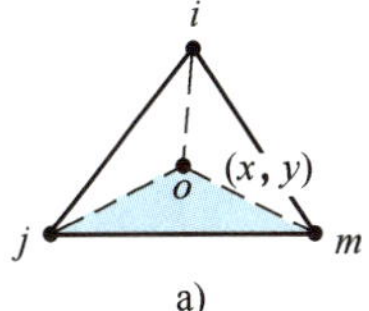

a)

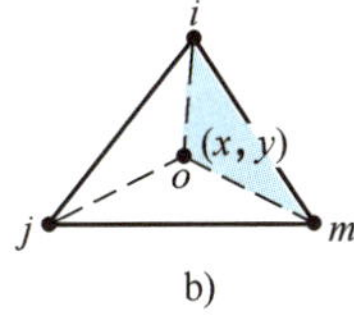

b)

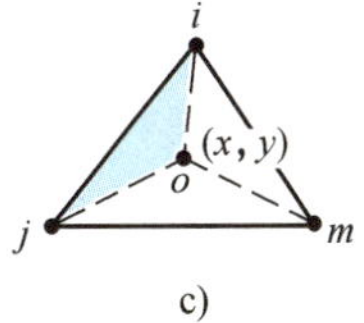

c)

图　3-6

3）三角形单元任意一条边上的形函数，仅与该边的两端结点坐标有关。

如图3-7所示，在 ij 边上任一点 P，$Pj=s$，$ij=l$，则 P 点的形函数为

$$N_i(x,y)=\frac{A_{\triangle Pjm}}{A_{\triangle ijm}}=\frac{\frac{1}{2}sh}{\frac{1}{2}lh}=\frac{s}{l}=\frac{x-x_j}{x_i-x_j}=1-\frac{x-x_i}{x_j-x_i}$$

$$N_j(x,y)=\frac{A_{\triangle Pim}}{A_{\triangle ijm}}=\frac{x-x_i}{x_j-x_i}$$

$$N_m(x,y)=\frac{A_{\triangle Pji}}{A_{\triangle ijm}}=0$$

由上面的推导可以看出，P 点的形函数仅与其所在的边的两端结点 i 和 j 点的坐标有关，而与 m 点坐标无关。形函数的这一性质保证了相邻公共边上位移的连续性。

例如，对图 3-8 所示的单元 ijm 和 ijn，具有公共边 ij。根据前面的推导，在 ij 边上的所有点有

$$N_i(x,y)=1-\frac{x-x_i}{x_j-x_i}$$

$$N_j(x,y)=\frac{x-x_i}{x_j-x_i}$$

$$N_m(x,y)=0,\quad N_n(x,y)=0$$

由上式可以看出，不论按哪个单元来计算，公共边 ij 上任一点（x,y）的位移均由下式表示：

$$u=N_iu_i+N_ju_j$$

$$v=N_iv_i+N_jv_j$$

从而保证了公共边 ij 上位移的连续性，避免了单元之间出现开裂或者互相侵入的现象。

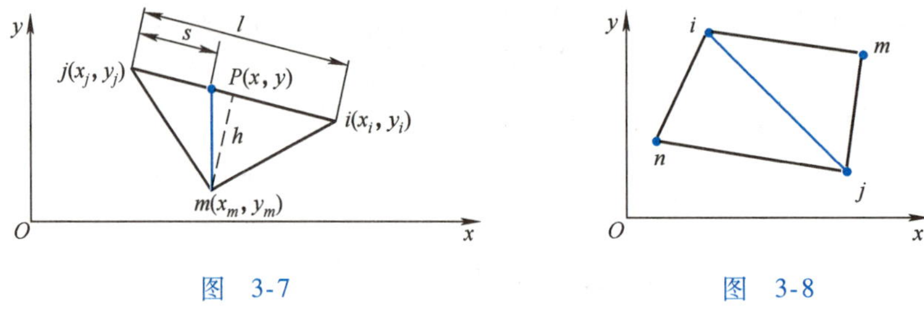

图 3-7　　　　图 3-8

3. 位移模式收敛性质的分析

位移模式收敛性质的分析

在有限单元法中，荷载的移置、应力矩阵和刚度矩阵的建立都依赖于位移函数。只有位移函数能够正确反映弹性体中的真实位移情况，才能当网格逐渐加密时，使有限单元法的解答收敛于连续弹性体的解答。由于假定的位移模式是近似的，因此当单元越来越小时，其解答是否能收敛于精确解与所选择的位移模式关系极大。根据弹性力学原理，位移模式需要满足下列收敛性条件：

（1）位移模式必须能反映单元的刚体位移　每个单元的位移一般包含两部分：一部分是由本单元的形变引起的位移；另一部分是与本单元的形变无关，由其他单元发生了形变而

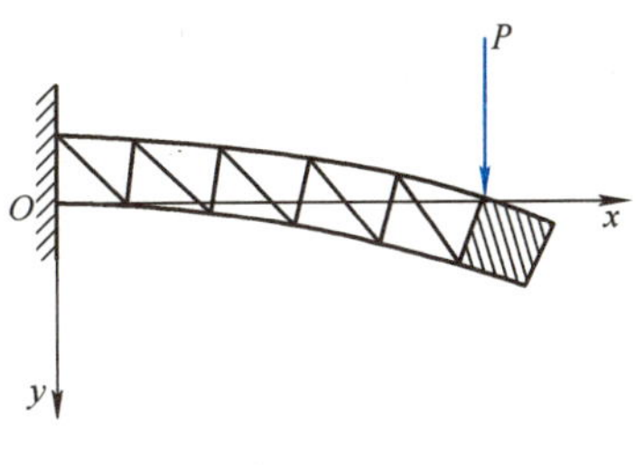

图　3-9

连带引起的位移，即刚体位移。因此，为了正确反映单元的位移形态，位移函数应当能反映单元的刚体位移。在位移函数中，常数项就是用于提供刚体位移的。在结构的某些部位，单元的位移甚至主要是由其他单元变形引起的刚体位移。例如，图 3-9 所示悬臂梁弯曲时，自由端处的单元本身变形很小，而由其他单元变形引起的刚体位移成为主要的位移。因此，位移模式应当反映单元的刚体位移。

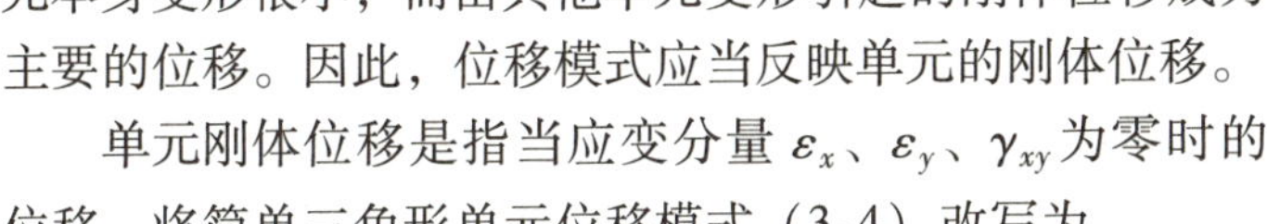

单元刚体位移是指当应变分量 ε_x、ε_y、γ_{xy} 为零时的位移。将简单三角形单元位移模式（3-4）改写为

$$
\begin{cases}
u = \alpha_1 + \alpha_2 x - \dfrac{\alpha_5 - \alpha_3}{2} y + \dfrac{\alpha_5 + \alpha_3}{2} y \\[2ex]
v = \alpha_4 + \alpha_6 y + \dfrac{\alpha_5 - \alpha_3}{2} x + \dfrac{\alpha_5 + \alpha_3}{2} x
\end{cases}
\tag{a}
$$

当 $\varepsilon_x = \varepsilon_y = \gamma_{xy} = 0$ 时，有

$$
\begin{cases}
\varepsilon_x = \dfrac{\partial u}{\partial x} = \dfrac{\partial}{\partial x}(\alpha_1 + \alpha_2 x + \alpha_3 y) = \alpha_2 = 0 \\[2ex]
\varepsilon_y = \dfrac{\partial v}{\partial y} = \dfrac{\partial}{\partial y}(\alpha_4 + \alpha_5 x + \alpha_6 y) = \alpha_6 = 0 \\[2ex]
\gamma_{xy} = \dfrac{\partial u}{\partial y} + \dfrac{\partial v}{\partial x} = \dfrac{\partial}{\partial y}(\alpha_1 + \alpha_2 x + \alpha_3 y) + \dfrac{\partial}{\partial x}(\alpha_4 + \alpha_5 x + \alpha_6 y) = \alpha_3 + \alpha_5 = 0
\end{cases}
\tag{b}
$$

把 $\alpha_2 = \alpha_6 = \alpha_3 + \alpha_5 = 0$ 代入式（a）得到

$$
\begin{cases}
u = \alpha_1 - \dfrac{\alpha_5 - \alpha_3}{2} y \\[2ex]
v = \alpha_4 + \dfrac{\alpha_5 - \alpha_3}{2} x
\end{cases}
\tag{c}
$$

式（c）为刚体位移表达式，说明线性位移模式反映了刚体位移。

（2）位移模式必须能反映单元的常应变状态　每个单元的应变一般包含两部分：一部分是与单元各点的位置坐标有关、各点是不同的，即所谓变量应变；另一部分是与位置坐标无关、各点是相同的，即所谓常量应变。而且，当单元的尺寸较小时，单元中各点的应变趋于相等，也就是单元的形变趋于均匀，因而常量应变就成为应变的主要部分。因此，为了正确反映单元的位移形态，位移函数应当能反映该单元的常量应变。现在来分析简单三角形单元位移模式（3-4）是否满足这一条件。由式（a）可得

$$
\begin{cases}
\varepsilon_x = \dfrac{\partial u}{\partial x} = \alpha_2 \\[2ex]
\varepsilon_y = \dfrac{\partial v}{\partial y} = \alpha_6 \\[2ex]
\gamma_{xy} = \dfrac{\partial u}{\partial y} + \dfrac{\partial v}{\partial x} = \alpha_3 + \alpha_5
\end{cases}
$$

因为 α_2、α_3、α_5、α_6 都是常量，所以，三个应变分量也是常量，故满足此条件。可以看出，在位移函数中的一次项就是提供单元中的常量应变的。

非协调元与分片试验

（3）位移模式应尽可能反映位移的连续性　在连续弹性体中位移是连续的。为了保证弹性体受力变形后仍是连续体，要求所选择的位移函数既能使单元内部的位移保持连续，又能使相邻单元之间的位移保持连续，后者是指单元之间不出现互相脱离和互相嵌入的现象，如图 3-10 所示。

为了使单元内部的位移保持连续，必须把位移函数取为坐标的单值连续函数。简单三角形单元的位移模式（3-4）是单值连续函数，所以可以保证单元内部位移的连续性。关于相邻单元之间位移的连续性，这里只要求公共的边界具有相同的位移，这样就能使相邻单元在受力后既不互相脱离，也不互相嵌入。如图 3-11 所示，由于 i、j 结点是公共结点，而位移模式是线性函数，则变形后边界仍然是连接结点 i 和 j 的一根直线，不会出现图 3-10 所示的那种现象，所以相邻单元之间也可以保证位移的连续。

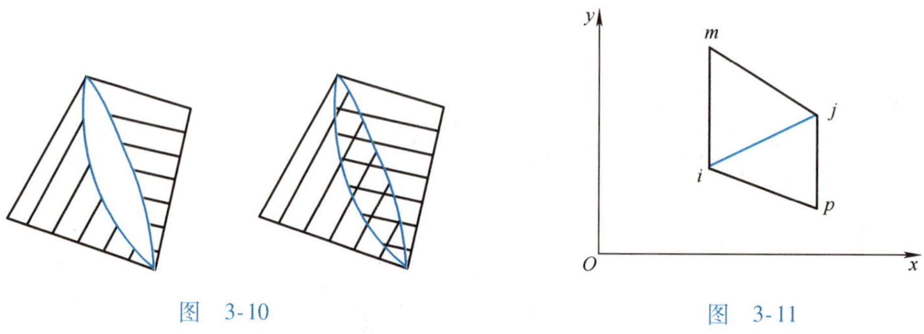

图　3-10

图　3-11

理论与实践都已证明，为使有限单元法的解答在单元尺寸逐步取小时能收敛于正确解答，反映刚体位移［条件（1）］和常量应变［条件（2）］是必要条件，反映相邻单元的位移连续性［条件（3）］为充分条件。经过前面分析，三结点三角形单元选取线性位移模式能够满足以上三个收敛性条件。在一般的平面单元与空间单元选取位移函数时，是容易满足上述要求的。我们把能够满足条件（1）(2）的单元，称为完备单元；满足条件（3）的单元，称为协调单元或保续单元。

顺便指出，目前仅满足两个条件而不满足第（3）条件的单元，通常称为完备而非连续的单元，也已经在工程中获得应用。在某些梁、板以及壳体分析中，要使单元满足条件（3）比较困难，即使如此，其收敛性也是令人满意的。非协调单元一般没有协调单元那样刚硬，因此在应用中可能比协调单元收敛得快。目前使用的一些非协调单元有 XFEM（扩展有限元法）、非连续伽辽金（Galerkin）方法、间断有限元法等，都可以处理位移模式不连续的问题，从而使得数值解能够更好地逼近实际情况，提高收敛性。

（4）位移模式多项式的选择　前面提到在选择多项式位移模式时，要考虑到解的收敛性，即要考虑到完备性和协调性的要求。实践证明，这两项是所要考虑的重要因素，但并不是唯一的因素。选择位移模式阶次时，需要考虑的另一个因素是，模式应该与局部坐标系的方位无关，这一性质称为几何各向同性，也就是所选的模式不应该有一个特殊的坐标方向。对于线性多项式，各向同性的要求通常就等价于必须包含常应变状态。对于高次模式，位移形式不应随局部坐标的更换而改变。

经验证实：实现几何各向同性的一种方法是根据帕斯卡（Pascal）三角形，由低阶至高阶，顺序选择二维多项式的各项。将完全三次多项式各项按递升次序排列在一个三角形中，就得到图3-12所示的帕斯卡三角形。选择的原则是：使多项式具有对称性以保证多项式的几何各向同性，尽可能保留低次项以获得较好的近似性。

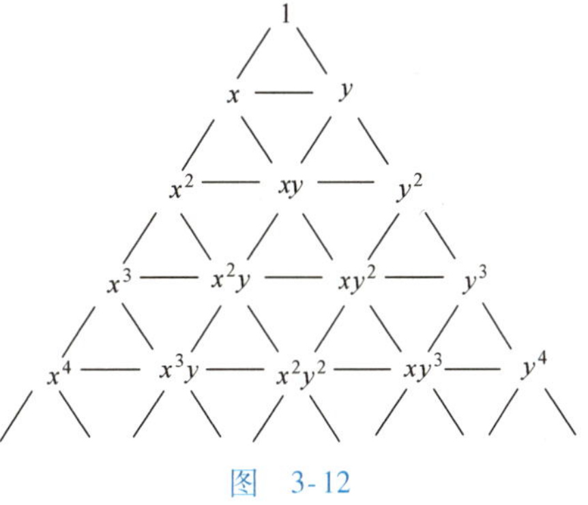

图 3-12

如对于三结点三角形单元，位移模式从上往下取3项，即

$$u = \alpha_1 + \alpha_2 x + \alpha_3 y$$
$$v = \alpha_4 + \alpha_5 x + \alpha_6 y$$

而对于四结点矩形单元的位移模式，位移模式从上往下取4项，为了保证其几何各向同性，则取为

$$u = \alpha_1 + \alpha_2 x + \alpha_3 y + \alpha_4 xy$$
$$v = \alpha_5 + \alpha_6 x + \alpha_7 y + \alpha_8 xy$$

也就是说，在二维多项式中，若包含有三角形对称轴一边的任意一项，则必须同时包含另一边的对称项。例如，要构造一个由八项构成的三次模式，则由以下各项构成的模式是各向同性的：①包含常数项、线性项、二次项，再加上 x^3 和 y^3 项；②包含常数项、线性项、二次项，再加上 x^2y 和 xy^2 项。

另外，多项式中的项数必须等于或稍大于单元边界上的外结点的自由度数。通常是取项数与单元的外结点的自由度数相等。

知识拓展

位移模式的收敛性分析要求位移模式尽可能反映位移的连续性。但对于一些位移模式不连续的单元，实践证明其收敛性也较好，查阅相关资料了解一些这种新型单元的类型，在学习基础知识的同时，开阔视野，了解学科前沿。青年人要具有创新精神，学习不能思维固化，遇到问题的时候退一步或许海阔天空，要具有批判精神，通过一些新型单元的学习，更加清楚目前有限元法发展的现状。

知识拓展，学科前沿

位移模式不连续时，收敛性较好的单元有以下几种：

1. **XFEM（扩展有限元法）：** XFEM是一种扩展有限元法，可以处理位移模式不连续的问题。它通过在不连续界面上引入额外的自由度，使得位移模式能够更好地逼近实际情况，从而提高收敛性。
2. **非连续伽辽金法：** 非连续伽辽金法是一种基于伽辽金法的变种，适用于处理位移模式不连续的问题。它通过在不连续界面上使用不同的测试函数和试验函数，使得数值解能够更好地逼近实际情况，从而提高收敛性
3. **间断有限元法：** 间断有限元法是一种专门用于处理位移模式不连续问题的有限元法。它通过在不连续界面上引入额外的自由度和适当的插值函数，使得位移模式能够更好地逼近实际情况，从而提高收敛性。

3.4 单元的力学特性分析

应变矩阵和应力矩阵

位移模式选定以后，就可以进行单元力学特性的分析。分析单元的力学特性主要包括三部分内容：应用几何条件推导单元应变与结点位移的关系，应用物理条件推导单元应力与结点位移的关系，应用虚功原理推导作用于单元上的结点力与结点位移之间的关系即单元的刚度方程。

1. 用单元结点位移表示单元应变，应变矩阵

将位移模式（3-13）代入几何方程（2-14），得

$$\{\varepsilon\}=\begin{Bmatrix}\varepsilon_x\\ \varepsilon_y\\ \gamma_{xy}\end{Bmatrix}=\begin{Bmatrix}\dfrac{\partial u}{\partial x}\\ \dfrac{\partial v}{\partial y}\\ \dfrac{\partial u}{\partial y}+\dfrac{\partial v}{\partial x}\end{Bmatrix}=\begin{bmatrix}\dfrac{\partial}{\partial x} & 0\\ 0 & \dfrac{\partial}{\partial y}\\ \dfrac{\partial}{\partial y} & \dfrac{\partial}{\partial x}\end{bmatrix}\begin{Bmatrix}u\\ v\end{Bmatrix}$$

$$=\begin{bmatrix}\dfrac{\partial}{\partial x} & 0\\ 0 & \dfrac{\partial}{\partial y}\\ \dfrac{\partial}{\partial y} & \dfrac{\partial}{\partial x}\end{bmatrix}\begin{bmatrix}N_i & 0 & N_j & 0 & N_m & 0\\ 0 & N_i & 0 & N_j & 0 & N_m\end{bmatrix}\begin{Bmatrix}u_i\\ v_i\\ u_j\\ v_j\\ u_m\\ v_m\end{Bmatrix}$$

$$=\begin{bmatrix}\dfrac{\partial N_i}{\partial x} & 0 & \dfrac{\partial N_j}{\partial x} & 0 & \dfrac{\partial N_m}{\partial x} & 0\\ 0 & \dfrac{\partial N_i}{\partial y} & 0 & \dfrac{\partial N_j}{\partial y} & 0 & \dfrac{\partial N_m}{\partial y}\\ \dfrac{\partial N_i}{\partial y} & \dfrac{\partial N_i}{\partial x} & \dfrac{\partial N_j}{\partial y} & \dfrac{\partial N_j}{\partial x} & \dfrac{\partial N_m}{\partial y} & \dfrac{\partial N_m}{\partial x}\end{bmatrix}\begin{Bmatrix}u_i\\ v_i\\ u_j\\ v_j\\ u_m\\ v_m\end{Bmatrix}$$

而

$$N_i=\frac{1}{2A}(a_i+b_ix+c_iy)\qquad (i,j,m)$$

所以

$$\{\varepsilon\}=\frac{1}{2A}\begin{bmatrix}b_i & 0 & \vdots & b_j & 0 & \vdots & b_m & 0\\ 0 & c_i & \vdots & 0 & c_j & \vdots & 0 & c_m\\ c_i & b_i & \vdots & c_j & b_j & \vdots & c_m & b_m\end{bmatrix}\begin{Bmatrix}u_i\\ v_i\\ u_j\\ v_j\\ u_m\\ v_m\end{Bmatrix}$$

简写成

$$\{\varepsilon\}=[B]\{\delta\}^e \tag{3-16}$$

其中，$[B]$ 称为应变矩阵或几何矩阵，其分块形式为

$$[B]=[B_i \quad B_j \quad B_m] \tag{3-17}$$

子块

$$[B_i]=\frac{1}{2A}\begin{bmatrix} b_i & 0 \\ 0 & c_i \\ c_i & b_i \end{bmatrix} \quad (i,j,m) \tag{3-18}$$

由式（3-18）可以看出，A 以及 b_i、$c_i(i,j,m)$ 都是与三角形单元的几何尺寸有关的常量，故 $[B_i]$ 及 $[B]$ 中元素均为常量，因此三结点三角形单元内的应变分量 ε_x、ε_y、γ_{xy} 也是常量，所以，这种单元又被称为平面问题的常应变单元，这是由于采用线性位移函数的结果。

2. 用单元结点位移表示单元应力，应力矩阵

由式（2-17）知，平面问题的物理方程为

$$\{\sigma\}=[D]\{\varepsilon\}$$

将式（3-16）代入物理方程得

$$\{\sigma\}=[D]\{\varepsilon\}=[D][B]\{\delta\}^e \tag{3-19}$$

记

$$[S]=[D][B]=[S_i \quad S_j \quad S_m] \tag{3-20}$$

则

$$\{\sigma\}=[S]\{\delta\}^e \tag{3-21}$$

其中，$[S]$ 称为应力矩阵。

对于平面应力问题，将弹性矩阵 $[D]$ 的表达式（2-18）及单元应变矩阵的子矩阵 $[B_i]$ 的表达式（3-18）代入式（3-20），则有

$$[S_i]=\frac{E}{2(1-\mu^2)A}\begin{bmatrix} b_i & \mu c_i \\ \mu b_i & c_i \\ \frac{1-\mu}{2}c_i & \frac{1-\mu}{2}b_i \end{bmatrix} \quad (i,j,m) \tag{3-22}$$

对于平面应变问题，只需将式（3-22）中的弹性常数 E、μ 分别换成$\frac{E}{1-\mu^2}$、$\frac{\mu}{1-\mu}$，即可得相应的应力矩阵。

从式（3-22）可以看出，由于同一单元内的 E、μ、A 和 b_i、$c_i(i,j,m)$ 均为常量，所以应力转换矩阵 $[S]$ 中的元素都是常量，每个单元中各点的应力分量也是常量，所以三结点三角形单元也称为平面问题的常应力单元。但是，不同单元的弹性常数和几何特征一般是不完全相同的，故它们将具有不同的常量应力，因而在相邻单元的公共边上，应力将产生突变现象。不过，随着单元尺寸的逐步减小，这种突变将会显著减少，并不影响有限元法的解答收敛于正确解答。

3. 用单元结点位移表示单元结点力，单元刚度矩阵

有限单元法的任务是要建立和求解整个弹性体的结点位移和结点力之间关系的平衡方程，为此首先要建立每一个单元体的结点位移和结点力之间关系的平衡方程。由于有限单元法分析中只采用结点荷载，对单元而言，其外力只有结点力$\{F\}^e$，给单元一个虚位移，相应的结点虚位移为$\{\delta^*\}^e$，虚应变为 $\{\varepsilon^*\}$，采用虚功方程（2-36）得

单元刚度矩阵及性质

$$(\{\delta^*\}^e)^{\mathrm{T}}\{F\}^e=\iint_A \{\varepsilon^*\}^{\mathrm{T}}[D]\{\varepsilon\}t\mathrm{d}x\mathrm{d}y$$

根据式（3-16）有$\{\varepsilon^*\}=[B]\{\delta^*\}^e$，代入得

$$(\{\delta^*\}^e)^{\mathrm{T}}\{F\}^e=\iint_A(\{\delta^*\}^e)^{\mathrm{T}}[B]^{\mathrm{T}}[D][B]\{\delta\}^e t\mathrm{d}x\mathrm{d}y$$

式中，$\{\delta^*\}^e$、$\{\delta\}^e$中元素为常量，可提到积分号外，有

$$(\{\delta^*\}^e)^{\mathrm{T}}\{F\}^e=(\{\delta^*\}^e)^{\mathrm{T}}\left(\iint_A[B]^{\mathrm{T}}[D][B]t\mathrm{d}x\mathrm{d}y\right)\{\delta\}^e$$

由虚位移的任意性可知，要使上式成立必有

$$\{F\}^e=\left(\iint_A[B]^{\mathrm{T}}[D][B]t\mathrm{d}x\mathrm{d}y\right)\{\delta\}^e \tag{3-23}$$

写成

$$\{F\}^e=[k]^e\{\delta\}^e \tag{3-24}$$

这就是单元结点力$\{F\}^e$与结点位移$\{\delta\}^e$之间的关系式，称为单元刚度方程。其中，

$$[k]^e=\iint_A[B]^{\mathrm{T}}[D][B]t\mathrm{d}x\mathrm{d}y \tag{3-25}$$

称为单元刚度矩阵（或单元劲度矩阵）。

由于弹性矩阵［D］中的元素仅与弹性常数E和μ有关，并且对于三结点三角形单元来说，矩阵［B］中的元素也是常量，而$\iint_A\mathrm{d}x\mathrm{d}y$等于三角形单元的面积$A$，于是式（3-25）可简写成

$$[k]^e=[B]^{\mathrm{T}}[D][B]tA=[B]^{\mathrm{T}}[S]tA \tag{3-26}$$

依结点写成分块形式

$$[k]^e=tA\begin{bmatrix}B_i^{\mathrm{T}}S_i & B_i^{\mathrm{T}}S_j & B_i^{\mathrm{T}}S_m\\ B_j^{\mathrm{T}}S_i & B_j^{\mathrm{T}}S_j & B_j^{\mathrm{T}}S_m\\ B_m^{\mathrm{T}}S_i & B_m^{\mathrm{T}}S_j & B_m^{\mathrm{T}}S_m\end{bmatrix}=\begin{bmatrix}k_{ii} & k_{ij} & k_{im}\\ k_{ji} & k_{jj} & k_{jm}\\ k_{mi} & k_{mj} & k_{mm}\end{bmatrix} \tag{3-27}$$

相应地，单元刚度方程可写成

$$\begin{bmatrix}k_{ii} & k_{ij} & k_{im}\\ k_{ji} & k_{jj} & k_{jm}\\ k_{mi} & k_{mj} & k_{mm}\end{bmatrix}\begin{Bmatrix}\{\delta_i\}\\ \{\delta_j\}\\ \{\delta_m\}\end{Bmatrix}=\begin{Bmatrix}\{F_i\}\\ \{F_j\}\\ \{F_m\}\end{Bmatrix} \tag{3-28}$$

这里k_{rs}为2×2子矩阵，对于平面应力问题有

$$[k_{rs}]=\frac{Et}{4(1-\mu^2)A}\begin{bmatrix}b_rb_s+\dfrac{1-\mu}{2}c_rc_s & \mu b_rc_s+\dfrac{1-\mu}{2}c_rb_s\\ \mu c_rb_s+\dfrac{1-\mu}{2}b_rc_s & c_rc_s+\dfrac{1-\mu}{2}b_rb_s\end{bmatrix}\quad(r=i,j,m;s=i,j,m) \tag{3-29}$$

对于平面应变问题，需将式（3-29）中的E换成$\dfrac{E}{1-\mu^2}$，μ换成$\dfrac{\mu}{1-\mu}$。

4. 单元刚度矩阵的性质

从式（3-27）中看出，三结点三角形单元的刚度矩阵［k］是6×6矩阵（因有3个结点，共有6个自由度），它表达单元抵抗变形的能力，其元素值为单位位移所引起的结点力，与普通弹簧的刚度系数具有同样的物理本质，将式（3-24）的单元刚度方程展开为完整形式

$$\begin{Bmatrix} F_{ix} \\ F_{iy} \\ F_{jx} \\ F_{jy} \\ F_{mx} \\ F_{my} \end{Bmatrix} = \begin{bmatrix} k_{ii}^{xx} & k_{ii}^{xy} & k_{ij}^{xx} & k_{ij}^{xy} & k_{im}^{xx} & k_{im}^{xy} \\ k_{ii}^{yx} & k_{ii}^{yy} & k_{ij}^{yx} & k_{ij}^{yy} & k_{im}^{yx} & k_{im}^{yy} \\ k_{ji}^{xx} & k_{ji}^{xy} & k_{jj}^{xx} & k_{jj}^{xy} & k_{jm}^{xx} & k_{jm}^{xy} \\ k_{ji}^{yx} & k_{ji}^{yy} & k_{jj}^{yx} & k_{jj}^{yy} & k_{jm}^{yx} & k_{jm}^{yy} \\ k_{mi}^{xx} & k_{mi}^{xy} & k_{mj}^{xx} & k_{mj}^{xy} & k_{mm}^{xx} & k_{mm}^{xy} \\ k_{mi}^{yx} & k_{mi}^{yy} & k_{mj}^{yx} & k_{mj}^{yy} & k_{mm}^{yx} & k_{mm}^{yy} \end{bmatrix} \begin{Bmatrix} u_i \\ v_i \\ u_j \\ v_j \\ u_m \\ v_m \end{Bmatrix}$$

例如，[k] 中的任一元素 k_{rs}^{xy} 的物理意义为结点 s 沿 y 方向产生单位位移时引起的结点 r 沿 x 方向的结点力分量；k_{rs}^{xx} 是结点 s 沿 x 方向产生单位位移时引起结点 r 沿 x 方向的结点力分量；等等。显然，单元的某结点沿某自由度产生单位位移引起的单元结点力向量，生成了单元刚度矩阵的对应列元素。

单元刚度矩阵 [k] 具有如下性质：

1）单元刚度矩阵 [k] 为对称矩阵。也就是说，各元素之间有如下关系：

$$k_{rs}^{xy} = k_{sr}^{yx}$$

这个特性是由弹性力学中功的互等定理所决定的。功的互等定理可表述如下：若力 F_r 和 F_s 分别作用在弹性体的两点 r 和 s 上，F_r 在点 s 引起的位移为 δ_{rs}，F_s 在 r 点引起的位移为 δ_{sr}，则有

$$F_r\delta_{sr} = F_s\delta_{rs}$$

这个定理对上述单元分析同样适用。例如，结点 i 作用有水平结点力 U_i，结点 j 作用有垂直结点力 V_j。U_i 在结点 j 的垂直方向引起位移 v_{ij}，V_j 在结点 i 的水平方向引起位移 u_{ji}，根据功的互等定理，有

$$U_i u_{ji} = V_j v_{ij}$$

由刚度系数的物理意义可知 $$\frac{U_i}{v_{ij}} = k_{ij},\quad \frac{V_j}{u_{ji}} = k_{ji}$$

从而得到 $$k_{ij} = k_{ji}$$

由 k_{rs} 的表达式，可见 $k_{rs} = k_{rs}^{\mathrm{T}}$，由此可知 [$k$] 具有对称性。

2）单元刚度矩阵 [k] 中的每一行或每一列元素之和为零。这个性质也是显然的。当所有结点沿 x 向或 y 向都产生单位位移时，即单元做平移时，单元无应变，也无应力，因此单元结点力为零。其物理意义是，在没有给单元施加任何约束时，单元可有任意的刚体位移，由此可知，[k] 的每一行元素之和为零。由于对称性，其每一列元素之和也必为零。根据行列式的性质可知，$|k|$ 值也为零。

3）单元刚度矩阵 [k] 为奇异矩阵。由于 $|k| = 0$，单元刚度矩阵不可求逆，即 [k] 为奇异矩阵。也就是式（3-24）中，在没有给单元施加任何约束时，给定的结点力不能唯一地确定结点位移。

4）单元刚度矩阵 [k] 中元素的数值取决于单元的形状、方位和弹性常数，而与单元的位置无关，即不随单元（或坐标轴）的平行移动或做 $n\pi$ 角度的转动而改变（n 为自然数）。这个性质不难从$[k]_{rs}$的表达式中分析得出。应当注意的是，当单元旋转时，各结点的 i、j、m 编号保持不变，如图 3-13a 所示的单元旋转时，到达图 3-13b 所示位置，这两种情形的 [k] 是相同的。

5）对平面问题，当单元做相似的放大或缩小时，[k] 不变。这一性质的证明可以利用 [k]$_{rs}$的表达式以及式（3-8）得出。

矩阵 [k] 的上述性质对于节省有限元的工作量、减少程序设计中的内存储量是很有益处的，还可以用来校核 [k] 的计算正确性。

作为简例，下面的例题可以帮助我们进一步理解单元刚度矩阵 [k] 的上述性质以及结点力与单元应力之间的关系。

例题分析： 设有平面应力情况下的等腰直角三角形单元 ijm，厚度为 t，腰长为 a，如图 3-14 所示。若已知该单元的弹性常数 E、μ，试写出它的单元刚度矩阵 [k]。

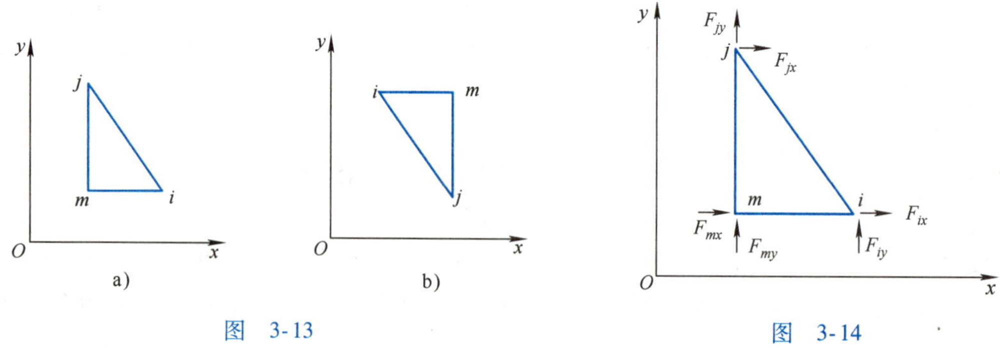

图 3-13　　图 3-14

由式（3-8）

$$b_i = y_j - y_m,\ c_i = -x_j + x_m \quad (i,j,m)$$

可求得

$$b_i = a,\quad b_j = 0,\quad b_m = -a$$

$$c_i = 0,\quad c_j = a,\quad c_m = -a$$

$$A = \frac{1}{2}a^2$$

应用式（3-27）及式（3-29）得

$$[k] = \frac{Et}{2(1-\mu^2)}\begin{bmatrix} 1 & 0 & 0 & \mu & -1 & -\mu \\ 0 & \frac{1-\mu}{2} & \frac{1-\mu}{2} & 0 & -\frac{1-\mu}{2} & -\frac{1-\mu}{2} \\ 0 & \frac{1-\mu}{2} & \frac{1-\mu}{2} & 0 & -\frac{1-\mu}{2} & -\frac{1-\mu}{2} \\ \mu & 0 & 0 & 1 & -\mu & -1 \\ -1 & -\frac{1-\mu}{2} & -\frac{1-\mu}{2} & -\mu & \frac{3-\mu}{2} & \frac{1+\mu}{2} \\ -\mu & -\frac{1-\mu}{2} & -\frac{1-\mu}{2} & -1 & \frac{1+\mu}{2} & \frac{3-\mu}{2} \end{bmatrix}$$

从这个例题可以看出单元刚度矩阵 [k] 具有对称性（性质 1），且每行元素之和与每列元素之和均为零（性质 2）。此外，可以注意到本例题只给出单元的形状、方位和弹性常数，并没有给出单元的位置，但可以完全确定 [k]（性质 4）。还可注意到本例题的 [k]

与单元的腰长 a 无关，这就说明不论 a 为何值，只要单元是相似的，则其 $[k]$ 完全相同（性质5）。

3.5　单元等效结点荷载列阵

有限单元法在分析问题时要把所有的量均转换为结点上的量，对于荷载也是如此。如果单元受有不直接作用于结点上的集中力、表面力和体积力，则应当将它们移置到结点上，形成结点荷载。依照圣维南原理，只要这种移置遵循静力等效原则（虚功等效原则），就只会对应力分布产生局部影响，且随着单元的细分，影响会逐步降低。所谓静力等效，就是原荷载与移置到结点上的结点荷载在虚位移上所做的虚功相等。在一定的位移模式之下，这样移置的结果是唯一的。实施时是分单元进行移置的，形成单元等效结点荷载列阵。应当注意，按静力等效原则进行单元荷载移置时，这里的单元虚位移应采用前述设定的单元位移模式，并且这种移置从能量观点看，其本身并不带来新的误差。

单元等效结点荷载

接下来先讨论集中力的移置，然后讨论分布力的移置。

1. 集中力的移置

设单元 ijm 内坐标为 (x,y) 的任意一点 M 受有集中荷载 $\{P\}$（图3-15）

$$\{P\}=[P_x \quad P_y]^{\mathrm{T}}$$

移置为等效结点荷载 $\{R\}^e$，且

$$\{R\}^e=[X_i \quad Y_i \quad X_j \quad Y_j \quad X_m \quad Y_m]^{\mathrm{T}}$$

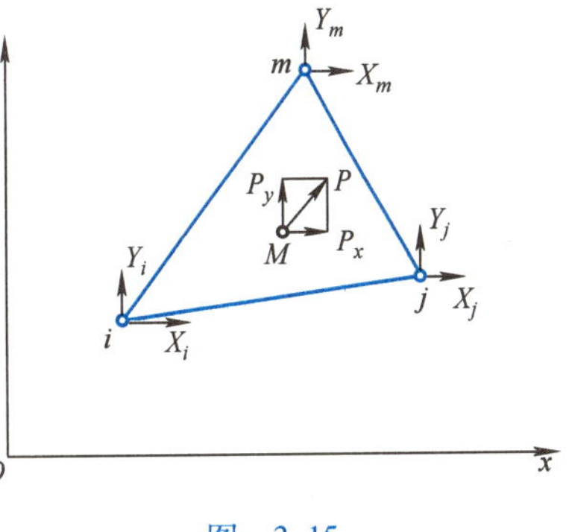

图　3-15

假想单元发生了虚位移，其中 M 点虚位移为 $\{u^*\}$，单元结点虚位移为 $\{\delta^*\}^e$。按照静力等效原则有

$$(\{\delta^*\}^e)^{\mathrm{T}}\{R\}^e=\{u^*\}^{\mathrm{T}}\{P\}$$

由式（3-13a）又有

$$\{u^*\}=[N]\{\delta^*\}^e$$

则

$$(\{\delta^*\}^e)^{\mathrm{T}}\{R\}^e=(\{\delta^*\}^e)^{\mathrm{T}}[N]^{\mathrm{T}}\{P\}$$

由虚位移的任意性可知，要使上式成立，必然有

$$\{R\}^e=[N]^{\mathrm{T}}\{P\} \tag{3-30}$$

根据式（3-13b），可将式（3-30）改写成

$$[R]^e=[N_iP_x \quad N_iP_y \quad N_jP_x \quad N_jP_y \quad N_mP_x \quad N_mP_y]$$

注意，这里 N_i、N_j、N_m 是它们在集中荷载 P 作用点 M 的函数值，即 $N_i(x_M,y_M)$、$N_j(x_M,y_M)$、$N_m(x_M,y_M)$。可以看出，荷载移置的结果仅与单元形函数有关，当形函数确定后，移置的结果是唯一的。

2. 体力的移置

设单元承受有分布体力，单位体积的体力记为 $\{p\}=[X \quad Y]^{\mathrm{T}}$，此时可在单元内取微分

体 $t\mathrm{d}x\mathrm{d}y$，将微分体上的体力 $\{p\}t\mathrm{d}x\mathrm{d}y$ 视为集中荷载，代入式（3-30）后，对整个单元体积进行积分，就得到

$$\{R\}^e = \iint [N]^{\mathrm{T}}\{p\}t\mathrm{d}x\mathrm{d}y \tag{3-31}$$

按照式（3-13b），可将它改写为

$$\{R\}_{ix} = t\iint_A N_i p_x \mathrm{d}x\mathrm{d}y,\quad \{R\}_{iy} = t\iint_A N_i p_y \mathrm{d}x\mathrm{d}y \quad (i,j,m) \tag{3-31a}$$

最常见的体力是重力，若取 y 轴铅垂向上，则 $X=0$，$Y=-\rho g$，其中 ρ 为单元体密度。如果所考察的三角形单元是均质等厚度的，则由式（3-31a）可得

$$R_{ix} = R_{jx} = R_{mx} = 0,\ R_{iy} = -\rho g t\iint_A N_i \mathrm{d}x\mathrm{d}y \quad (i,j,m)$$

由于重力可看作作用点在三角形单元形心上的集中力，因此利用形函数的性质可得 $N_i = N_j = N_m = \dfrac{1}{3}$，即得

$$(R)_{iy} = -\frac{1}{3}\rho g t A \quad (i,j,m)$$

因此，等效结点荷载列阵为

$$\{R\}^e = -\frac{1}{3}W[0\quad 1\quad 0\quad 1\quad 0\quad 1]^{\mathrm{T}} \tag{3-31b}$$

其中，W 为该单元重量。

3. 面力的移置

设在单元的某一个边界上作用有分布的面力，单位面积上的面力为 $\{\bar{p}\} = [\bar{X}\quad \bar{Y}]^{\mathrm{T}}$，在此边界上取微元面积 $t\mathrm{d}s$，将微元面积上的面力 $\{\bar{p}\}t\mathrm{d}s$ 视为集中荷载，利用式（3-30），对整个边界进行面积分，得到

$$\{R\}^e = \int [N]^{\mathrm{T}}\{\bar{p}\}t\mathrm{d}s \tag{3-32}$$

按照式（3-13b），可将它改写为

$$\begin{aligned}\{R\}^e &= [(\bar{p})_{ix}\quad (\bar{p})_{iy}\quad (\bar{p})_{jx}\quad (\bar{p})_{jy}\quad (\bar{p})_{mx}\quad (\bar{p})_{my}]^{\mathrm{T}} \\ &= t\int_s [N_i\bar{X}\quad N_i\bar{Y}\quad N_j\bar{X}\quad N_j\bar{Y}\quad N_m\bar{X}\quad N_m\bar{Y}]^{\mathrm{T}}\mathrm{d}s\end{aligned}$$

如图 3-16 所示，若 ij 边承受 x 方向的均布面力 q，根据形函数的特点，在 ij 边上有 $N_m=0$，因此 $\{R_m\}_q^e=0$，所以在 ij 边上作用的面力只能移置到该边的两个结点上。通过计算 ij 边上任一点的形函数 N_i、N_j，可得等效结点荷载列阵为

$$\{R\}^e = qtl\left[\frac{1}{2}\quad 0\quad \frac{1}{2}\quad 0\quad 0\quad 0\right]^{\mathrm{T}}$$

如图 3-17 所示，若 jm 边承受 x 方向的线性分布力，则等效结点荷载列阵为

$$\{R\}^e = \frac{qtl}{2}\left[0\quad 0\quad \frac{2}{3}\quad 0\quad \frac{1}{3}\quad 0\right]^{\mathrm{T}}$$

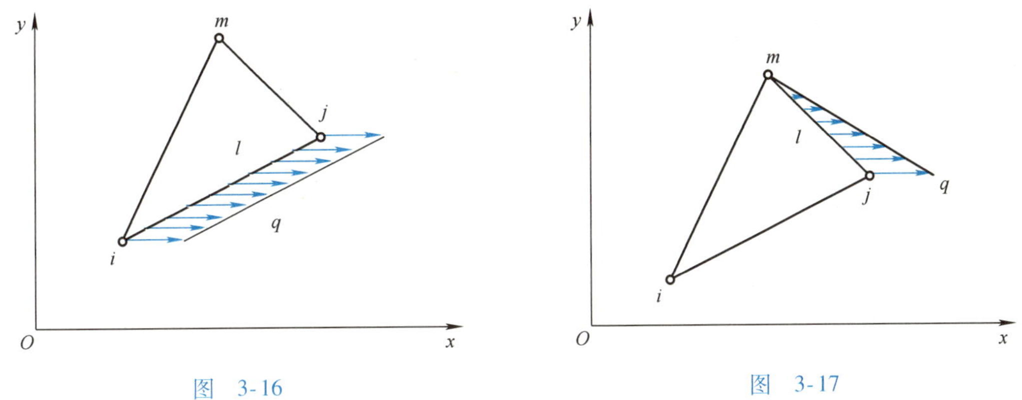

图　3-16　　　　　　　　　　　　图　3-17

以上两例的结果表明，作用于单元某边上的分布面力只在该边上的两个结点引起等效结点荷载，其大小与将分布荷载的合力按杠杆原理分配给两端的结果一样。但需说明的是，只有在单元位移模式为线性的情况下，虚功原理与杠杆原理的结果才一致，而一般情况下只能按虚功原理。

根据上述结果，可以求得等厚度三结点三角形单元任一边上承受任意线性分布荷载情况的等效结点荷载列阵，因为任意线性分布的荷载总可看成是两个三角形分布荷载的叠加，也可视作是一个矩形分布荷载和一个三角形分布荷载的叠加。

知识拓展

单元等效结点荷载的理论基础：圣维南原理。1855 年，法国力学家圣维南提出：如果

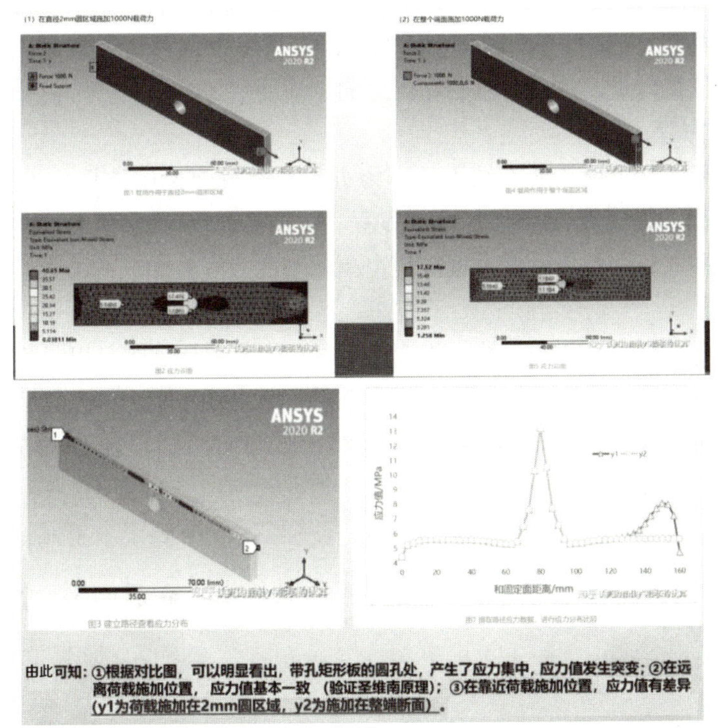

实际分布荷载被等效荷载代替后，应力和应变只在荷载施加位置附近有改变，只有在荷载集中区域才产生应力集中效应。圣维南原理目前没有明确的数学表达证明，但在实际工程和实验测量中得到验证。为了增加直观了解度，通过数值模拟的方法从量的角度解释圣维南原理。

设计模型：160mm × 30mm × 6mm 带孔矩形板，中心圆孔直径 10mm，材料为结构钢，一端（左端）固定，一端（右端）施加 1000N 荷载。从计算结果可以清楚地验证圣维南原理。

通过设计力学模型，采用有限元计算方法，分析计算结果，从而从定量角度验证圣维南原理。一方面把理论工程化，让学生从实践的角度对圣维南原理有更加直观的认识和了解，另一方面在此过程中进行力学模型的设计，培养学生的实践能力和工程设计能力。

3.6 结构整体分析

整体分析

前面几节中完成了单元分析，由单元的结点位移表示单元内任一点的位移、应力和单元的结点力，并讨论了如何建立单元的等效结点荷载列阵及单元刚度矩阵等。剩下的问题就是如何求得作为基本未知量的整体结点位移列阵，即建立结构的整体平衡方程组。结构的整体分析就是将离散后的所有单元通过结点连接成原结构物进行分析，分析过程是将所有单元的单元刚度方程组集成总体刚度方程，它仍具有如下的形式：

$$\{R\} = [K]\{\delta\}$$

此方程称为总体刚度方程，$[K]$ 称为总体刚度矩阵，引入位移约束条件，解上述线性方程组可得整体结点位移向量，进而可求各单元应力、应变。

1. 总体刚度方程

总体刚度方程实际上就是所有结点的平衡方程，假设弹性体被划分为 N 个单元，对每个单元进行分析后，得到 N 组单元的刚度方程。将这 N 个方程求和叠加，就得到表征整个弹性体的平衡关系式，即总体刚度方程。但由单元刚度方程叠加成总体刚度方程需满足以下两个原则：

1）各单元在公共结点上协调地彼此连接，即在公共结点处具有相同的位移。由于基本未知量为整体结点位移向量，这一点已经得到满足。

2）结构的各结点离散出来后应满足平衡条件，也就是说，环绕某一结点的所有单元作用于该结点的结点力之和应与该结点的结点荷载相平衡。

如图 3-18 所示，从机构中取出一个结点 i，环绕结点 i 有若干个单元，结点 i 承受的结点荷载为 $\{R_i\} = \begin{Bmatrix} X_i \\ Y_i \end{Bmatrix}$。单元作用于结点上的力与结点作用于单元上的结点力大小相等、方向相反。取结点 i 为脱离体，那么该结点在结点荷载和各单元所施加的结点力之间保持平衡，即

$$X_i = \sum U_i^e = U_i^1 + U_i^2 + U_i^3$$

$$Y_i = \sum V_i^e = V_i^1 + V_i^2 + V_i^3$$

显然，与结点 i 无关的单元不进入上述求和，实际上总体刚度方程组中的每一个方程就是结点在某一自由度上的静力平衡方程。

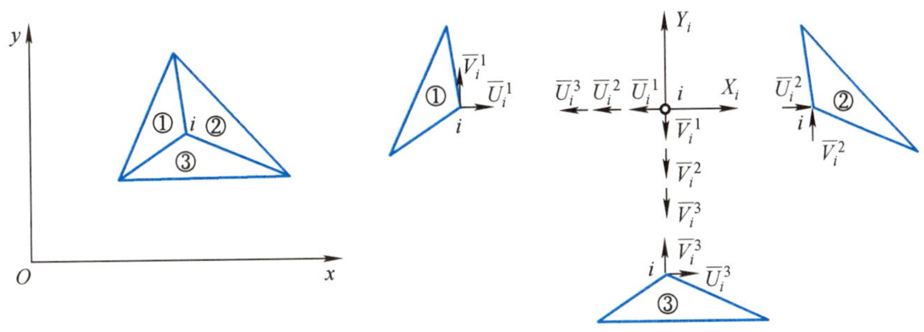

图　3-18

将结构所有 N 个单元刚度方程进行叠加得到

$$\sum_{e=1}^{N} \{R\}^e = \left(\sum_{e=1}^{N} [k]^e\right) \{\delta\}^e$$

这里还只能是数值意义上的叠加，真正意义上的叠加要在一定的框架和规则下进行，因此还要做两方面工作。

1）统一使用整体结点编号。如图 3-19 所示，结构中的结点编码 1、2、3、4、5、6 称为结点的总码，各个单元的三个结点按逆时针方向编为 i、j、m，称为结点的局部码。

以单元②为例，局部码 i、j、m 对应于总码 5、2、4。单元刚度矩阵中的子块是按结点的局部码排列的，而结构总体刚度矩阵中的子块是按结点的总码排列的。在单元刚度矩阵中，需要把结点的局部码换成总码，并把其中的子块按照总码次序重新排列。

2）依照结构总体的结点自由度数 $2n$ 扩展单元刚度矩阵与单元结点荷载列阵（n 为总结点数），使它们成为可以两两叠加的贡献阵 $[\overline{K}]^e$ 与 $\{\overline{R}\}^e$。

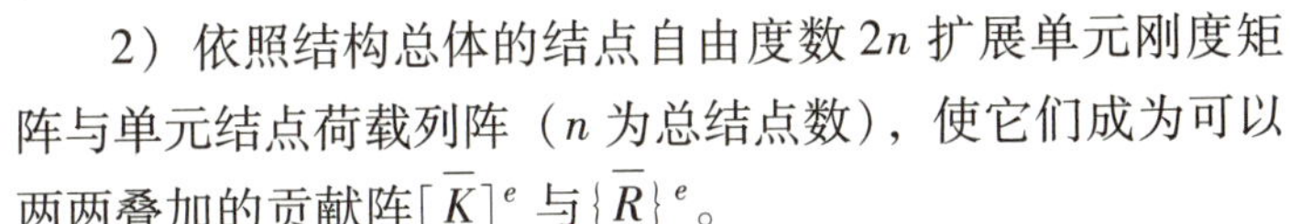

图　3-19

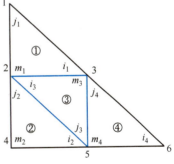

(i) 三角形单元的刚度矩阵为 3×3 子块，6×6 维，图 3-19 结构中共 6 个结点，因此扩展后的总体刚度矩阵应为 6×6 子块，12×12 维。

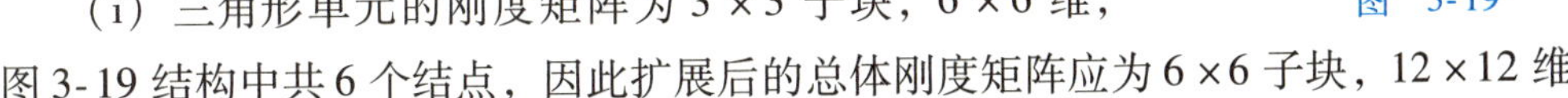

以单元②为例，局部码 i、j、m 对应于总码 5、2、4，因此单元刚度矩阵中的子块需要按照总码重新排列，即

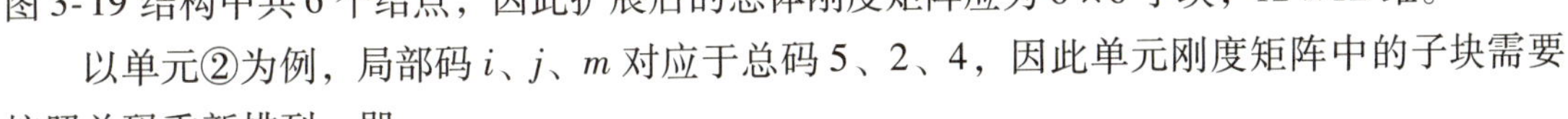

$$[k]^{(2)} = \begin{bmatrix} k_{ii} & k_{ij} & k_{im} \\ k_{ji} & k_{jj} & k_{jm} \\ k_{mi} & k_{mj} & k_{mm} \end{bmatrix} = \begin{bmatrix} k_{55} & k_{52} & k_{54} \\ k_{25} & k_{22} & k_{24} \\ k_{45} & k_{42} & k_{44} \end{bmatrix}$$

然后把单元刚度矩阵中各个子块对号入座，放入到 6×6 子块的总体刚度矩阵中，即

$[\overline{K}]^{(2)} =$

	1	2	3	4	5	6
1						
2		$k_{jj}^{(2)}$		$k_{jm}^{(2)}$	$k_{ji}^{(2)}$	
3						
4		$k_{mj}^{(2)}$		$k_{mm}^{(2)}$	$k_{mi}^{(2)}$	
5		$k_{ij}^{(2)}$		$k_{im}^{(2)}$	$k_{ii}^{(2)}$	
6						

以此类推，把所有单元刚度矩阵中的子块都放入总体刚度矩阵中，这个时候才能实现真正意义上的叠加，从而得到总体刚度矩阵 $[K]$。即

$[K] =$

局部码	总码	j_1	m_1 j_2 i_3	i_1 m_3 j_4	m_2	i_2 j_3 m_4	i_4
		1	2	3	4	5	6
j_1	1	$[K_{jj}]^{(1)}$	$[K_{jm}]^{(1)}$	$[K_{ji}]^{(1)}$			
m_1 j_2 j_3	2		$[K_{mm}]^{(1)}+[K_{jj}]^{(2)}+[K_{ii}]^{(3)}$	$[K_{mi}]^{(1)}+[K_{im}]^{(3)}$	$[K_{jm}]^{(2)}$	$[K_{ji}]^{(2)}+[K_{ij}]^{(3)}$	
i_1 m_3 j_4	3			$[K_{ii}]^{(1)}+[K_{mm}]^{(3)}+[K_{jj}]^{(4)}$		$[K_{mj}]^{(3)}+[K_{jm}]^{(4)}$	$[K_{ji}]^{(4)}$
m_2	4				$[K_{mm}]^{(2)}$	$[K_{mi}]^{(2)}$	
i_2 j_3 m_4	5					$[K_{ii}]^{(2)}+[K_{jj}]^{(3)}+[K_{mm}]^{(4)}$	$[K_{mi}]^{(4)}$
i_4	6						$[K_{ii}]^{(4)}$

（ii）单元等效结点荷载列阵扩展为 $2n\times1$ 列阵，如单元②

$$\{R\}^2 = \begin{bmatrix} \{R_i\}^2 \\ \{R_j\}^2 \\ \{R_m\}^2 \end{bmatrix} = \begin{bmatrix} \{R_5\}^2 \\ \{R_2\}^2 \\ \{R_4\}^2 \end{bmatrix}$$

扩展为

$$\{\overline{R}\}^2 = [0 \quad 0 \quad X_j^2 \quad Y_j^2 \quad 0 \quad 0 \quad X_m^2 \quad Y_m^2 \quad X_i^2 \quad Y_i^2 \quad 0 \quad 0]^{\mathrm{T}}$$

由于结点位移是未知量，且相关单元在公共结点具有相同的位移，结点位移向量可直接写成 $2n\times1$ 维向量 $\{\delta\}_{2n\times1}$。

至此方能实现单元刚度方程叠加，得到方程组

$$\sum_m \{\delta^*\}^{\mathrm{T}}_{2n\times1}\,[\overline{K}]^e_{2n\times2n}\,\{\delta\}_{2n\times1} - \sum_m \{\delta^*\}^{\mathrm{T}}_{2n\times1}\,\{\overline{R}\}^e_{2n\times1} = 0$$

由于$\{\delta^*\}^{\mathrm{T}}$、$\{\delta\}$与求和号无关，故上式成为

$$\{\delta^*\}^{\mathrm{T}}\left[\left(\sum_m [\overline{K}]^e\right)\{\delta\} - \sum_m \{\overline{R}\}^e\right] = 0$$

由$\{\delta^*\}^{\mathrm{T}}$的任意性可知，要求

$$\left(\sum_m [\overline{K}]^e\right)\{\delta\} = \sum_m \{\overline{R}\}^e$$

写成

$$[K]\{\delta\} = \{R\} \tag{3-33}$$

称为总体刚度方程（或总体劲度方程）。其中，

$$[K] = \sum_m [\overline{K}]^e \tag{3-34}$$

称为总体刚度矩阵，

$$\{R\} = \sum_m \{\overline{R}\}^e$$

称为总体结点荷载向量，

$$\{\delta\}$$

称为总体结点位移向量。

2. 总体刚度矩阵的性质

由前述可知，总体刚度矩阵［K］是由单元刚度矩阵［k］集合形成的，类似地，［K］中元素的物理意义是欲使弹性体的某一结点在坐标轴方向发生单位位移，而其他结点都保持为零的变形状态，在各结点上所需要施加的结点力。

例如，K_{ij}表示的是由于第j个自由度（对应第j个自由度序号的结点和方向）产生单位位移引起的第i个自由度（对应第i个自由度序号的结点和方向）的整体结点力，它等于与上述结点相连的各个单元相应结点力的总和。总体刚度矩阵具有下述重要性质。

（1）对称性　和单元的刚度矩阵一样，总体刚度矩阵也是对称矩阵，这是因为根据反力互等定理$K_{pq}=K_{qp}$，故［K］是对称方阵，编程时可以充分利用这一特点。

（2）［K］的主对角线元素K_{pp}总是正的　该性质可以从刚度矩阵中元素的物理意义来理解，比如K_{pp}^{xx}表示结点p在x方向产生单位位移，而其他位移均为零时，在结点p的x方向上必须施加的力，它自然应顺着位移方向，因为结构上同一点处产生的位移与所引起的结点力不会是反向的，因而为正号，即$K_{pp}>0$。

（3）稀疏性　在离散化后的结构中，任一结点只与绕它的相连单元发生联系，其他单元的结点位移不会引起该结点处的结点力，所以互不相关的结点在总体刚度矩阵中产生零元，网格划分越细，结点越多，这种互不相关的结点也越多，［K］中零元素就越多，总体刚度矩阵稀疏性就越突出。因此［K］是稀疏矩阵。有限元分析中，同一结点的相关结点通常最多为6～8个，如果以8个计，当结构划分有100个结点时，总体刚度矩阵中一行的零子块与该行子块总数之比为8:100；200个结点时为8:200。

（4）带状性　总体刚度矩阵中的非零元素分布在以主对角线为中心的带形区域内，描

述带状性的一个重要物理量是半带宽 D，定义为包括主对角线元素在内的半个带状区域中每行具有的元素个数。其计算式为

$$D=(\text{相关结点号最大差值}+1)\times\text{结点自由度数} \tag{3-35}$$

对于平面问题三角形单元，即

$$D=(\text{相邻结点号最大差值}+1)\times 2$$

如图 3-20 所示平面问题，总体刚度矩阵的带状性就很典型，图中黑点表示非零元素。

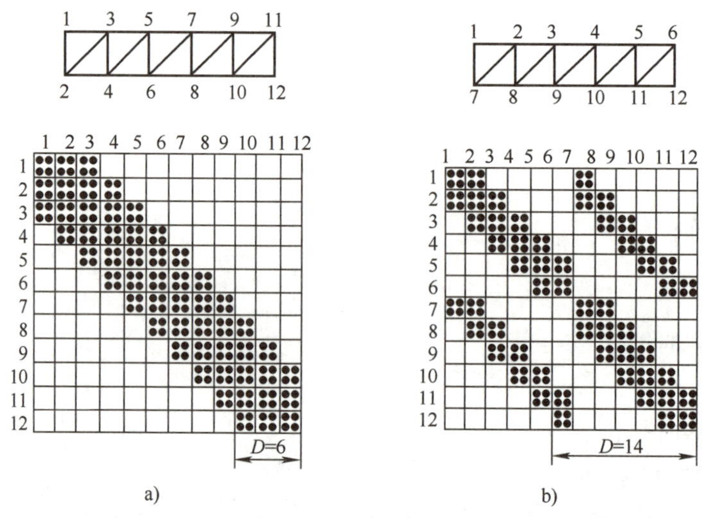

图 3-20

带状区域中非零元素的集中程度与结点编号方式有关，图 3-20a 所示网格的总体刚度矩阵半带宽

$$D=(2+1)\times 2=6$$

将总体结点编码改为如图 3-20b 所示，则半带宽变为

$$D=(6+1)\times 2=14$$

显然，半带宽与结构总体结点编码密切相关，为了节省计算机的存储量与计算时间，应使半带宽尽可能小，因此图 3-20a 的编码方式优于图 3-20b 的。

再如图 3-21 所示是同一网格的三种不同结点编码方式。图 3-21a 所示网格的相邻结点码最大差值为 4，半带宽 $D=10$；图 3-21b 所示网格的相邻结点码最大差值为 6，半带宽 $D=14$；图 3-21c 所示网格的相邻结点码最大差值为 8，半带宽 $D=18$。因此图 3-21a 的编码方式要优于图 3-21b、c 的。

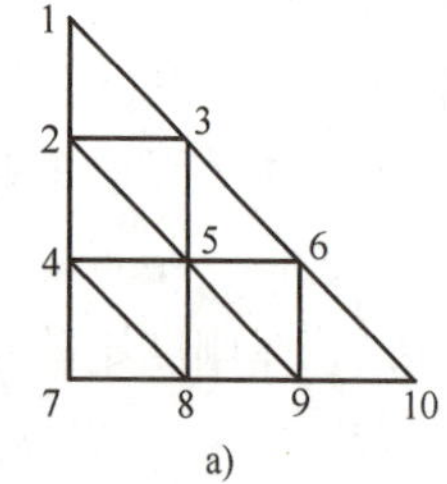

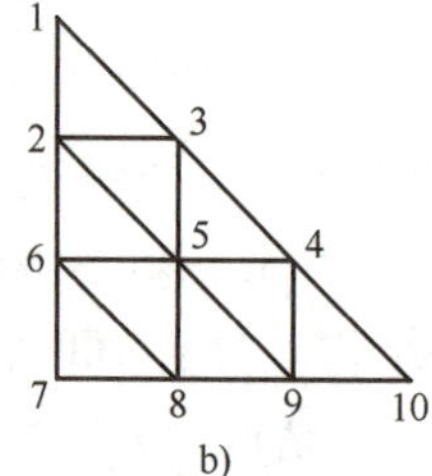

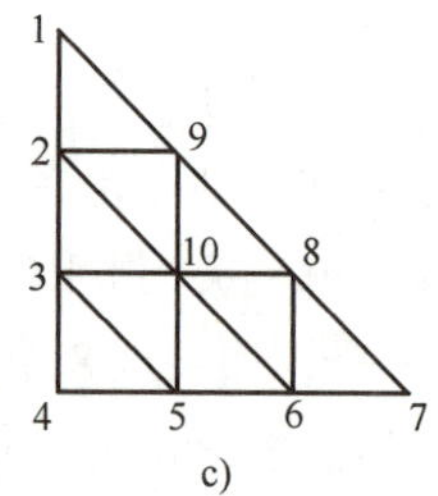

图 3-21

显然，采用不同的结点编号方式，带的形状是不同的，为了提高计算效率，应尽量使［K］的每一行带宽趋于相近和减小。为此，在进行整体结点编号时，应使所编结点的点号与其相邻结点的点号最大差值尽可能小。例如图 3-21，对于两个方向尺寸不一样的结构，总体编号应该沿短边、结点数少的方向进行，尽量使相邻结点差值最小。

（5）奇异性　与单元刚度矩阵相类似，总体刚度矩阵［K］中每行元素之和与每列元素之和均为零，故［K］亦为奇异矩阵，即$|K|=0$，$[K]^{-1}$不存在，其物理意义是整体结构在无约束情况下存在刚体位移，只有引入结构的约束条件，对总体刚度矩阵进行修改，才可以由式（3-33）解得结构未知结点位移。

3.7　位移边界条件的处理

如前所述，总体刚度矩阵［K］是奇异的，只有引入位移边界条件对刚度矩阵加以修改，即约束结构的刚体位移后，才能求解总体刚度方程。

位移边界条件处理

位移边界条件指给定已知的某些结点的位移分量。通常结构受位移约束的情况有两种，即零位移约束和非零已知位移约束，在求解时对它们的处理方法有所不同。程序上较易实现的引进位移边界条件的方法有两种：对角元素改 1 法与乘大数法。此外，还有比较适合手算的直接代入法。

1. 对角元素改 1 法（零位移约束）

设已知总体刚度方程

$$[K]\{\delta\}=\{R\}$$

依自由度展开为

$$\begin{bmatrix} K_{11} & K_{12} & \cdots & K_{1r} & \cdots & K_{1n} \\ K_{21} & K_{22} & \cdots & K_{2r} & \cdots & K_{2n} \\ \vdots & \vdots & & \vdots & & \vdots \\ K_{r1} & K_{r2} & \cdots & K_{rr} & \cdots & K_{rn} \\ \vdots & \vdots & & \vdots & & \vdots \\ K_{n1} & K_{n2} & \cdots & K_{nr} & \cdots & K_{nn} \end{bmatrix} \begin{Bmatrix} \delta_1 \\ \delta_2 \\ \vdots \\ \delta_r \\ \vdots \\ \delta_n \end{Bmatrix} = \begin{Bmatrix} R_1 \\ R_2 \\ \vdots \\ R_r \\ \vdots \\ R_n \end{Bmatrix} \tag{3-36}$$

当给定位移值是零位移时，例如无移动的铰支座、链杆支座等，可以在式（3-36）矩阵［K］中将与零结点位移相对应的行列中的主对角元素改为 1，其他元素改为 0，并在荷载列阵中将与零结点位移相对应的元素也改为 0 即可。

例如，有已知结点位移 $\delta_r=0$，则对式（3-36）中左边系数矩阵［K］的第 r 行、第 r 列及右边荷载列阵第 r 个元素做如下修改：

$$\begin{bmatrix} K_{11} & K_{12} & \cdots & 0 & \cdots & K_{1n} \\ K_{21} & K_{22} & \cdots & 0 & \cdots & K_{2n} \\ \vdots & \vdots & & \vdots & & \vdots \\ 0 & 0 & \cdots & 1 & \cdots & 0 \\ \vdots & \vdots & & \vdots & & \vdots \\ K_{n1} & K_{n2} & \cdots & 0 & \cdots & K_{nn} \end{bmatrix} \begin{Bmatrix} \delta_1 \\ \delta_2 \\ \vdots \\ \delta_r \\ \vdots \\ \delta_n \end{Bmatrix} = \begin{Bmatrix} R_1 \\ R_2 \\ \vdots \\ 0 \\ \vdots \\ R_n \end{Bmatrix} \tag{3-37}$$

对多个给定零位移则依次修正，全都修正完毕后再求解。用这种方法引入强制边界条件比较简单，不改变原来方程的阶数和结点未知量的顺序编号。但这种方法只能用于给定零位移的情况。对于平面问题来说，要消除刚体位移，至少要有三个位移约束条件。某些已知位移不为零的所谓支座移动问题，则采用下面的乘大数法更为方便。

2. 对角元素乘大数法（非零已知位移约束）

例如，有已知结点位移 $\delta_r = c_r$，则首先将整体刚度矩阵中与被约束的位移分量 δ_r 对应的主元素 K_{rr} 乘一个大数 N（一般取 $10^8 \sim 10^{10}$），即将主元素改写成 NK_{rr}，并将荷载向量中与被约束位移分量 δ_r 对应的元素改为乘积 $NK_{rr}c_r$，则整体刚度方程成为

$$\begin{bmatrix} K_{11} & K_{12} & \cdots & K_{1r} & \cdots & K_{1n} \\ K_{21} & K_{22} & \cdots & K_{2r} & \cdots & K_{2n} \\ \vdots & \vdots & & \vdots & & \vdots \\ K_{r1} & K_{r2} & \cdots & NK_{rr} & \cdots & K_{rn} \\ \vdots & \vdots & & \vdots & & \vdots \\ K_{n1} & K_{n2} & \cdots & K_{nr} & \cdots & K_{nn} \end{bmatrix} \begin{Bmatrix} \delta_1 \\ \delta_2 \\ \vdots \\ \delta_r \\ \vdots \\ \delta_n \end{Bmatrix} = \begin{Bmatrix} R_1 \\ R_2 \\ \vdots \\ NK_{rr}c_r \\ \vdots \\ R_n \end{Bmatrix} \tag{3-38}$$

这里只改变了整体刚度方程（3-36）中的第 r 个方程的写法，使之成为

$$K_{r1}\delta_1 + K_{r2}\delta_2 + \cdots + NK_{rr}\delta_r + \cdots + K_{rn}\delta_n = NK_{rr}c_r$$

将方程左右两边同除以大数 NK_{rr} 可知，左边只近似保留 δ_r，其余各项均微小可略去，方程近似变为

$$\delta_r = c_r$$

从而近似地实现了规定的位移边界条件。对于多个给定位移时，则按序将每个给定位移都做上述修正，得到全部进行修正后的 $[K]$ 和 $\{R\}$，然后解方程则可得到包括给定位移在内的全部结点位移值。

这个方法使用简单，对任何给定位移（零值或非零值）都适用。采用这种方法引入强制边界条件时方程阶数不变，结点位移顺序不变，编制程序十分方便，因此在有限单元法中经常采用。

3. 直接代入法

直接代入法也称为降阶法，在方程组 $[K]\{\delta\} = \{R\}$ 中将已知结点位移的自由度消去，得到一组降阶的修正方程，用以求解其他待定的结点位移。其原理是按结点位移是已知还是待定重新组合方程为

$$\begin{bmatrix} [K_{aa}] & [K_{ab}] \\ [K_{ba}] & [K_{bb}] \end{bmatrix} \begin{Bmatrix} \{\delta_a\} \\ \{\delta_b\} \end{Bmatrix} = \begin{Bmatrix} \{R_a\} \\ \{R_b\} \end{Bmatrix}$$

其中，$\{\delta_a\}$ 为待定结点位移向量，$\{\delta_b\}$ 为已知结点位移向量。

最后得到可求解的降阶方程

$$[K^*]\{\delta^*\} = \{R^*\} \tag{3-39}$$

其中，$[K^*] = [K_{aa}]$，$\{\delta^*\} = \{\delta_a\}$，$\{R^*\} = \{R_a\} - [K_{ab}]\{\delta_b\}$

若总结点位移为 n 个，其中有已知结点位移 m 个，则得到一组求解 $n-m$ 个待定结点位移的修正方程组，$[K^*]$ 为 $n-m$ 阶方阵。修正方程组的意义是在原来 n 个方程中，只保留与待定（未知的）结点位移相应的 $n-m$ 个方程，并将方程中左端的已知位移和相应刚度系

数的乘积（是已知值）移至方程右端作为荷载修正项。这种方法要重新组合方程，组成的新方程阶数降低了，但结点位移的顺序性已被破坏，这给编制程序带来一些麻烦，一般只用于手算。

用上述几种方法引入位移边界条件后，原刚度方程$[K]\{\delta\}=\{R\}$就变为一个修正后的刚度方程$[\overline{K}]\{\delta\}=\{\overline{R}\}$，这是一个关于结点位移分量的线性方程组，利用适当的数值方法就能求出$\{\delta\}$，即模型中所有结点的位移分量。有关线性方程组的数值解法，目前主要有高斯法、波前法、带宽法等。

知识拓展

整体刚度矩阵组装要求半带宽尽量窄，这是因为半带宽越小，计算机的存储量和计算时间越短。而位移边界条件引入的三种方法中，有两种是在程序上较易实现的，第三种降阶法是一般用于手算的。在计算机已经达到高水平发展的今天，似乎前面第三种情况的考虑有点多余，但在科技发展的过程中，这些方法都起到过很大的作用。

例如1973年，大连理工大学承担了我国第一个现代化原油输出港——大连新港的设计和自主研发工作。接受任务后，钱令希教授立即领着中青年教师投入到紧张的工程设计中。当时的计算机硬件水平极低，很大一部分工作是通过优化后用手算方法完成的。

通过回顾这些科技理论发展到今天所经历的历程，我们要懂得科技的进步不是一蹴而就的，是一代又一代科技工作者在实践中摸索出来的，青年学子要有工匠精神和创新意识。

3.8　计算成果的后处理

计算成果包括位移与应力两个方面。位移计算成果一般无须进行什么整理工作，利用计算成果中的结点位移分量，就可以利用位移函数求解单元内任一点位移值，从而画出结构的位移图线。而应力计算成果则需要通过一定的方法进行处理，因为在单元与单元的公共结点以及公共边处，有可能存在应力值的突变，下面讨论应力计算成果的整理。

应力计算结果的性质和处理

简单三角形单元是常应力单元，作为一种规定，算出的这个常量应力一般被当作单元形心处的应力。由此得到一个图示应力的通用办法：在每个单元的形心，沿着应力主向，以一定的比例尺标出主应力的大小，拉应力用箭头表示，压应力用平头表示，如图3-22所示。

为了由计算成果推出结构内某一点的接近实际的应力，必须通过某种平均计算，通常可采用绕结点平均法或两单元平均法。边界点的应力则可以用插值法推求。

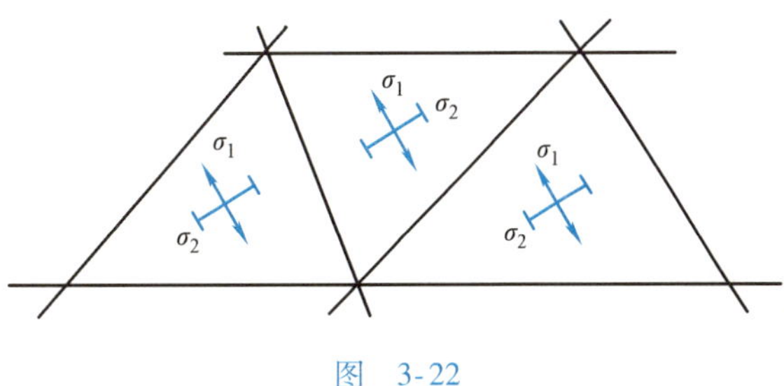

图　3-22

1. 共用结点上应力的直接平均法

所谓共用结点上应力的直接平均

法，就是把环绕某一结点的各单元常应力加以平均，并用该平均值表示该结点的应力。以图 3-23中结点 0 及结点 1 处的 σ_x 为例，就是取该结点的应力

$$(\sigma_x)_0=\frac{1}{2}[(\sigma_x)_A+(\sigma_x)_B]$$

$$(\sigma_x)_1=\frac{1}{6}[(\sigma_x)_A+(\sigma_x)_B+(\sigma_x)_C+(\sigma_x)_D+(\sigma_x)_E+(\sigma_x)_F]$$

为了这样得到的应力能较好地表征该结点处的实际应力，环绕该结点的各个单元的面积不能相差太大，它们在该结点所张的角度也不能相差太大，否则会使单元交界面上的力可能出现不连续。

用绕结点平均法计算出来的结点应力，在内结点处具有较好的表征性，但在边界结点处则可能表征性很差。所以边界结点处的应力宜用插值法由内结点的应力推算。以图 3-23 中边界结点 0 处的应力为例，要先用共用结点上应力的直接平均法算出内点 1、2、3 处的应力，再用以下的抛物线公式推算出 0 处的应力值：

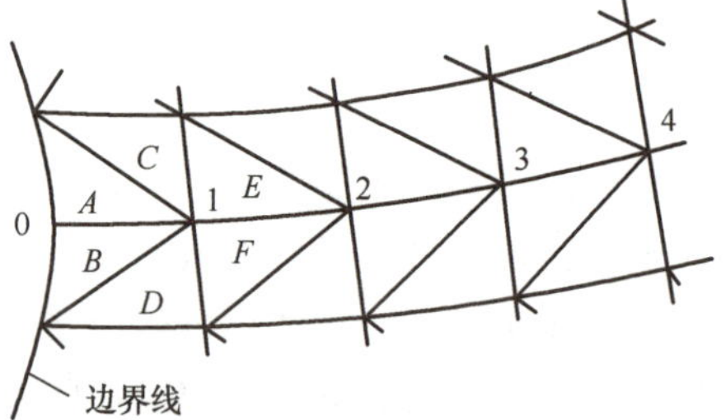

图 3-23

$$f=\frac{(x-x_2)(x-x_3)}{(x_1-x_2)(x_1-x_3)}f_1+\frac{(x-x_1)(x-x_3)}{(x_2-x_1)(x_2-x_3)}f_2+\frac{(x-x_1)(x-x_2)}{(x_3-x_1)(x_3-x_2)}f_3$$

其中，x、x_1、x_2、x_3分别为点 0、1、2、3 处的坐标。

这样可以大大改进它的表征性，优于 A、B 两单元平均所得到的结果。据此可知，为了整理某一截面上的应力，至少要在该截面上布置五个结点。

2. 两单元平均法

两单元平均就是将两个相邻单元的常量应力加以平均，并用该平均值表示公共边中点的应力。以图 3-24 为例，图中

$$\sigma_1=(\sigma^1+\sigma^2)/2$$

$$\sigma_2=(\sigma^3+\sigma^4)/2$$

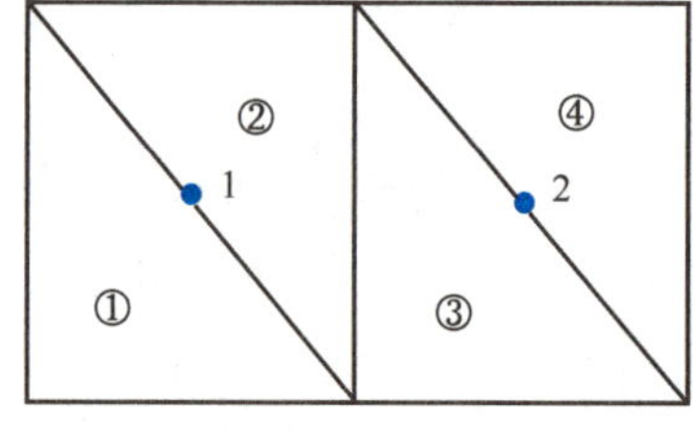

图 3-24

为了这样得到的应力具有较好的表征性，两相邻单元的面积不能相差太大。用有限单元法计算弹性力学问题时，特别是采用常应力单元时，应当在计算之前精心划分网格，在计算之后精心整理成果。这样来提高所得应力的精度，往往比简单加密网格更为有效。

3. 共用结点应力的加权平均法

由于围绕共用结点周围的各个单元的形状和大小都不一定相同，一种更合理的处理方法是进行加权平均，如果按单元的面积或体积进行加权，则有以下计算公式：

$$\hat{\sigma}_{kl}(i)=\sum_{e=1}^{r}\eta^e\sigma_{kl}^e(i)$$

二维情况：

$$\eta^e=\frac{A^e}{\sum_{e=1}^{r}A^e}$$

三维情况：
$$\eta^e=\frac{V^e}{\sum\limits_{e=1}^{r}V^e}$$

其中，A 为单元面积，V 为单元体积。

以上的处理只是计算结果后处理的一种局部改善，并不能从根本上解决结点应力精度差的问题。

4. 结果显示、打印、分析

将计算得出的各种物理量以一定方式显示出来，研究结果的合理性和可靠性，评估结构性能和设计方案的优劣，做出相应的改进措施。目前数据显示方式有：等值线图、变形图、箭头图（向量图）、二维或三维曲线以及动画显示等。

3.9　算例分析

算例一　高深悬臂梁平面问题的有限元分析

自由端受均布力作用的悬臂梁（图 3-25），梁厚 $t=1$，弹性模量为 E，泊松比 $\mu=1/3$，试用有限单元法分析此问题。

算例及总结

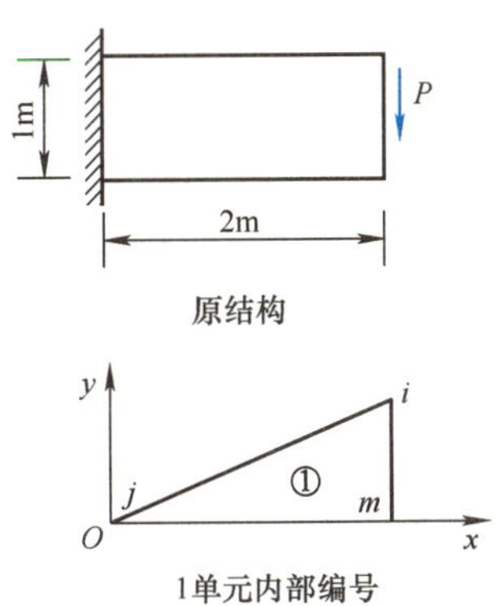

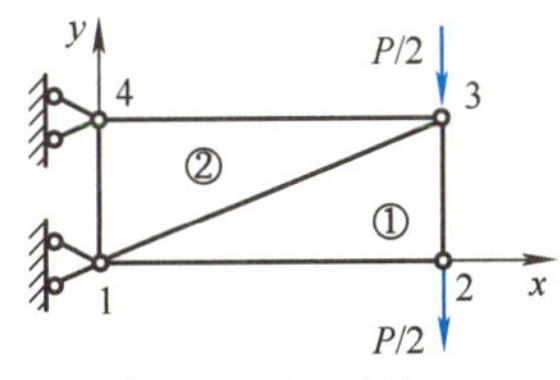

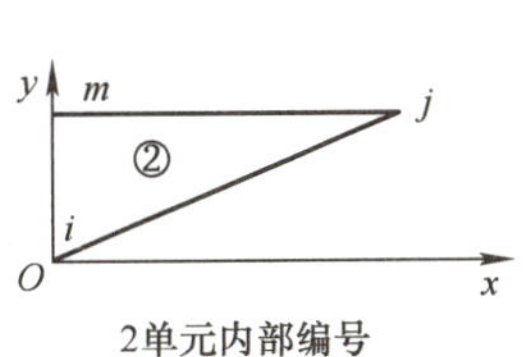

图　3-25

1. 划分单元并准备原始数据

划分为两个三角形单元，单元的局部结点编号与整体结点编号对应关系见表 3-1。

表 3-1　单元的局部结点编号对应的整体结点编号

局部结点编号	单元	
	①	②
i	3	1
j	1	3
m	2	4

结点坐标值见表 3-2。

表 3-2 结点坐标值

坐标	结点			
	1	2	3	4
x	0	2	2	0
y	0	0	1	1

2. 计算单元刚度矩阵

单元①：$b_i=0$，$b_i=-1$，$b_i=1$

$c_i=2$，$c_i=0$，$c_i=-2$

单元②：$b_i=0$，$b_i=1$，$b_i=-1$

$c_i=-2$，$c_i=0$，$c_i=2$

代入式（3-29）求单元刚度矩阵，由单元刚度矩阵的物理意义可以判断，对应于前面采用的局部编号，两个单元的刚度矩阵是相同的：

$$
[k]^1=[k]^2=\frac{3E}{32}\left(\begin{array}{cc|cc|cc}
4 & 0 & 0 & -2 & -4 & 2 \\
0 & 12 & -2 & 0 & 2 & -12 \\
\hline
0 & -2 & 3 & 0 & -3 & 2 \\
-2 & 0 & 0 & 1 & 2 & -1 \\
\hline
-4 & 2 & -3 & 2 & 7 & -4 \\
2 & -12 & 2 & -1 & -4 & 13
\end{array}\right)
\begin{array}{c}
(3)\quad(1) \\ \\ (1)\quad(3) \\ \\ (2)\quad(4) \\ \uparrow\quad\ \uparrow
\end{array}
$$

(3)　　(1)　　(2)←①　②

(1)　　(3)　　(4)←②　整体编号

3. 集成总体刚度矩阵

依照各单元局部编号与整体编号的对应关系，两个单元的扩展矩阵分别为

$$
[\overline{K}]^1=\frac{3E}{32}\left(\begin{array}{cc|cc|cc|cc}
3 & 0 & -3 & 2 & 0 & -2 & & \\
0 & 1 & 2 & -1 & -2 & 0 & & \\
\hline
-3 & 2 & 7 & -4 & -4 & 2 & & \\
2 & -1 & -4 & 13 & 2 & -12 & & \\
\hline
0 & -2 & -4 & 2 & 4 & 0 & & \\
-2 & 0 & 2 & -12 & 0 & 12 & & \\
\hline
 & & & & & & & \\
 & & & & & & &
\end{array}\right)
\begin{array}{c}
(1) \\ \\ (2) \\ \\ (3) \\ \\ (4) \\ \uparrow
\end{array}
$$

(1)　　(2)　　(3)　　(4)　←整体编号

$$
[\overline{K}]^2=\frac{3E}{32}\left(\begin{array}{cc|cc|cc|cc}
4 & 0 & & & 0 & -2 & -4 & 2 \\
0 & 12 & & & -2 & 0 & 2 & -12 \\
\hline
 & & & & & & & \\
 & & & & & & & \\
\hline
0 & -2 & & & 3 & 0 & -3 & 2 \\
-2 & 0 & & & 0 & 1 & 2 & -1 \\
\hline
-4 & 2 & & & -3 & 2 & 7 & -4 \\
2 & -12 & & & 2 & -1 & -4 & 13
\end{array}\right)
\begin{array}{c}
(1) \\ \\ (2) \\ \\ (3) \\ \\ (4) \\ \uparrow
\end{array}
$$

(1)　　(2)　　(3)　　(4)　←整体编号

再集成总体刚度矩阵

$$[K]=[\overline{K}]^1+[\overline{K}]^2=\frac{3E}{32}\left(\begin{array}{cc|cc|cc|cc} 7 & 0 & -3 & 2 & 0 & -4 & -4 & 2 \\ 0 & 13 & 2 & -1 & -4 & 0 & 2 & -12 \\ \hline -3 & 2 & 7 & -4 & -4 & 2 & & \\ 2 & -1 & -4 & 13 & 2 & -12 & & \\ \hline 0 & -4 & -4 & 2 & 7 & 0 & -3 & 2 \\ -4 & 0 & 2 & -12 & 0 & 13 & 2 & -1 \\ \hline -4 & 2 & & & -3 & 2 & 7 & -4 \\ 2 & -12 & & & 2 & -1 & -4 & 13 \end{array}\right)$$

4. 处理荷载，生成总体刚度方程

结点外荷载列阵

$$\{R\}=\{R\}^1+\{R\}^2=\left[0\quad 0\quad 0\quad -\frac{P}{2}\quad 0\quad -\frac{P}{2}\quad 0\quad 0\right]^{\mathrm{T}}$$

约束的支座反力列阵

$$\{F\}=[F_{x1}\quad F_{y1}\quad 0\quad 0\quad 0\quad 0\quad F_{x4}\quad F_{y4}]^{\mathrm{T}}$$

总的结点荷载列阵

$$\{Q\}=\{R\}+\{F\}=\left[F_{x1}\quad F_{y1}\quad 0\quad -\frac{P}{2}\quad 0\quad -\frac{P}{2}\quad F_{x4}\quad F_{y4}\right]^{\mathrm{T}}$$

总体刚度方程

$$\frac{3E}{32}\begin{pmatrix} 7 & 0 & -3 & 2 & 0 & -4 & -4 & 2 \\ & 13 & 2 & -1 & -4 & 0 & 2 & -12 \\ & & 7 & -4 & -4 & 2 & 0 & 0 \\ & & & 13 & 2 & -12 & 0 & 0 \\ & & & & 7 & 0 & -3 & 2 \\ & \text{对} & & & & 13 & 2 & -1 \\ & & \text{称} & & & & 7 & -4 \\ & & & & & & & 13 \end{pmatrix}\begin{Bmatrix} u_1 \\ v_1 \\ u_2 \\ v_2 \\ u_3 \\ v_3 \\ u_4 \\ v_4 \end{Bmatrix}=\begin{Bmatrix} F_{x1} \\ F_{y1} \\ 0 \\ -P/2 \\ 0 \\ -P/2 \\ F_{x4} \\ F_{y4} \end{Bmatrix} \tag{a}$$

5. 引进位移边界条件求解结点位移

用降阶法处理边界条件，将式（a）中零位移所对应的第 1、2、7、8 行与第 1、2、7、8 列划去，得到

$$\frac{3E}{32}\begin{bmatrix} 7 & -4 & -4 & 2 \\ -4 & 13 & 2 & -12 \\ -4 & 2 & 7 & 0 \\ 2 & -12 & 0 & 13 \end{bmatrix}\begin{Bmatrix} u_2 \\ v_2 \\ u_3 \\ v_3 \end{Bmatrix}=\begin{Bmatrix} 0 \\ -P/2 \\ 0 \\ -P/2 \end{Bmatrix} \tag{b}$$

解方程组（b）得到不为零的结点位移

$$\begin{Bmatrix} u_2 \\ v_2 \\ u_3 \\ v_3 \end{Bmatrix} = \frac{P}{E}\begin{Bmatrix} -1.88 \\ -8.99 \\ 1.50 \\ -8.42 \end{Bmatrix} \tag{c}$$

6. 应力计算

在整体分析中求得结点位移之后，为了计算结构上任意一点的应变或应力，应该又返回单元分析中去。

现在利用式（c）的位移，计算结构的应力。因为结构只划分为 2 个常应力单元，所以结构上的应力以这两个单元的应力来描述。由于单元划分得很少，误差可能比较大，不过这只是为了算例的简明。

由式（3-22）计算单元①的应力矩阵

$$[S]^1 = \frac{3E}{16}\begin{bmatrix} 0 & 2 & -3 & 0 & 3 & -2 \\ 0 & 6 & -1 & 0 & 1 & -6 \\ 2 & 0 & 0 & -1 & -2 & 1 \end{bmatrix}$$

对于前面采用的局部编号，由物理意义不难判断单元②的应力矩阵为

$$[S]^2 = -[S]^1$$

由整体结点位移向量获取单元结点位移向量

$$\{\delta\}^1 = \begin{Bmatrix} u_3 \\ v_3 \\ 0 \\ 0 \\ u_2 \\ v_2 \end{Bmatrix} = \frac{P}{E}\begin{Bmatrix} 1.50 \\ -8.42 \\ 0 \\ 0 \\ -1.88 \\ -8.99 \end{Bmatrix}, \quad \{\delta\}^2 = \begin{Bmatrix} 0 \\ 0 \\ u_3 \\ v_3 \\ 0 \\ 0 \end{Bmatrix} = \frac{P}{E}\begin{Bmatrix} 0 \\ 0 \\ 1.50 \\ -8.42 \\ 0 \\ 0 \end{Bmatrix}$$

用式（3-21）计算应力

$$\{\sigma\}^1 = [S]^1\{\delta\}^1 = \frac{3E}{16}\begin{bmatrix} 0 & 2 & -3 & 0 & 3 & -2 \\ 0 & 6 & -1 & 0 & 1 & -6 \\ 2 & 0 & 0 & -1 & -2 & 1 \end{bmatrix}\begin{Bmatrix} u_3 \\ v_3 \\ 0 \\ 0 \\ u_2 \\ v_2 \end{Bmatrix} = \begin{Bmatrix} -0.844 \\ +0.289 \\ -0.418 \end{Bmatrix}P$$

$$\{\sigma\}^2 = [S]^2\{\delta\}^2 = \frac{3E}{16}\begin{bmatrix} 0 & -2 & 3 & 0 & -3 & 2 \\ 0 & -6 & 1 & 0 & -1 & 6 \\ -2 & 0 & 0 & 1 & 2 & -1 \end{bmatrix}\begin{Bmatrix} 0 \\ 0 \\ u_3 \\ v_3 \\ 0 \\ 0 \end{Bmatrix} = \begin{Bmatrix} +0.844 \\ +0.281 \\ -1.580 \end{Bmatrix}P$$

7. 求支座反力

将所求得的结点位移代入总体刚度方程（a），即可求得支座反力如下：

$$F_{x1}=\frac{3E}{32}(-3u_2+2v_2-4v_3)=2E,\ F_{y1}=\frac{3E}{32}(2u_2-v_2-4u_3)=-0.07E$$

$$F_{x4}=\frac{3E}{32}(-3u_3+2v_3)=-2E,\ F_{y4}=\frac{3E}{32}(2u_3-v_3)=1.07E$$

上述支座反力与外荷载构成了一个平衡力系。

算例二　结构具有对称性问题的有限元分析

如图3-26a所示，两端固支的矩形深梁，跨度为$2a$，梁高为a，厚度为t，已知弹性模量为E，泊松比$\mu=0$，承受均布压力q，试用有限元法求解此平面应力问题。

通过合理地划分单元，此结构的几何形状、受力情况、受约束情况均具有对称性，因此可取梁的一半进行分析，例如右半部分，注意要对隔离出的部分加上正确的位移约束和结点力，根据对称性，结点1、3在x方向上位移约束为0，结点2、4固定，均布外荷载等效到结点3、4上，力学模型如图3-26b所示。

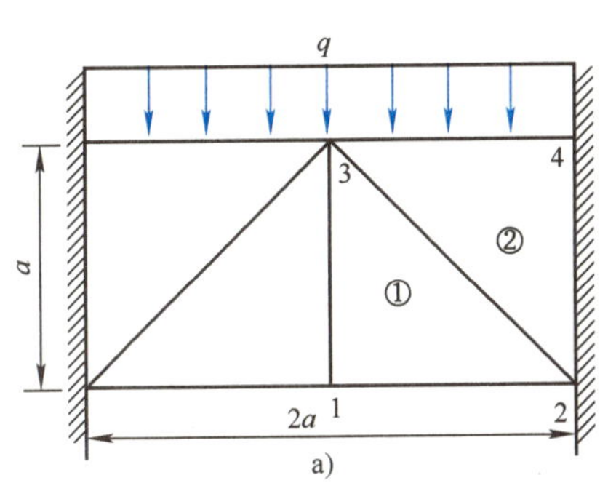

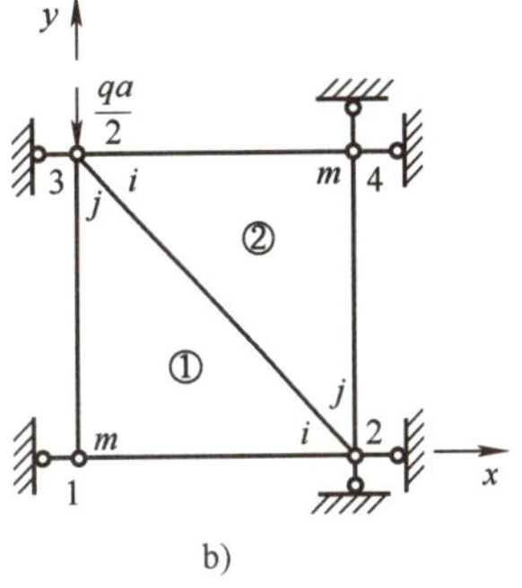

图　3-26

1. 划分单元并准备原始数据

划分为两个三角形单元，4个结点。单元①的局部节点编号i、j、m，对应于整体结点编号2、3、1；单元②可看作单元①旋转π角度的结果，单元②的局部结点编号i、j、m对应于整体结点编号为3、2、4。

2. 计算单元刚度矩阵

单元刚度矩阵可计算得到（取$\mu=0$）

$$[k]^1=\frac{Et}{2}\begin{array}{c}\begin{array}{cccccc}\ \ (2) & & \ \ (3) & & \ \ (1) & \end{array}\\ \left(\begin{array}{cc|cc|cc}1 & 0 & 0 & 0 & -1 & 0\\ 0 & \frac{1}{2} & \frac{1}{2} & 0 & -\frac{1}{2} & -\frac{1}{2}\\ \hline 0 & 0 & \frac{1}{2} & 0 & -\frac{1}{2} & -\frac{1}{2}\\ 0 & \frac{1}{2} & 0 & 1 & 0 & -1\\ \hline -1 & -\frac{1}{2} & -\frac{1}{2} & 0 & \frac{3}{2} & \frac{1}{2}\\ 0 & -\frac{1}{2} & -\frac{1}{2} & -1 & \frac{1}{2} & \frac{3}{2}\end{array}\right)\begin{array}{c}\\ 2\\ \\ 3\\ \\ 1\end{array}\end{array}$$

单元②可以看作单元①旋转 π 角度，因此 k 保持不变，但对应的结点号不同。即

$$[k]^2=\frac{Et}{2}\begin{array}{c} \begin{array}{cccccc} \quad & (3) & \quad & (2) & \quad & (4) \end{array} \\ \left(\begin{array}{cc|cc|cc} 1 & 0 & 0 & 0 & -1 & 0 \\ 0 & \frac{1}{2} & \frac{1}{2} & 0 & -\frac{1}{2} & -\frac{1}{2} \\ \hline 0 & 0 & \frac{1}{2} & 0 & -\frac{1}{2} & -\frac{1}{2} \\ 0 & \frac{1}{2} & 0 & 1 & 0 & -1 \\ \hline -1 & -\frac{1}{2} & -\frac{1}{2} & 0 & \frac{3}{2} & \frac{1}{2} \\ 0 & -\frac{1}{2} & -\frac{1}{2} & -1 & \frac{1}{2} & \frac{3}{2} \end{array}\right)\begin{array}{c} 3 \\ \\ 2 \\ \\ 4 \\ \end{array} \end{array}$$

3. 处理荷载，形成整体平衡方程

整体结点荷载列阵为

$$\{F\}=\begin{bmatrix} F_{x1} & 0 & F_{x2} & F_{y2} & F_{x3} & -\frac{qa}{2} & F_{x4} & F_{y4} \end{bmatrix}^{\mathrm{T}}$$

组成结构总体平衡方程

$$\frac{Et}{2}\begin{pmatrix} \frac{3}{2} & \frac{1}{2} & -1 & -\frac{1}{2} & -\frac{1}{2} & 0 & 0 & 0 \\ & \frac{3}{2} & 0 & -\frac{1}{2} & -\frac{1}{2} & -1 & 0 & 0 \\ & & \frac{3}{2} & 0 & 0 & \frac{1}{2} & -\frac{1}{2} & -\frac{1}{2} \\ & & & \frac{3}{2} & \frac{1}{2} & 0 & 0 & -1 \\ & & & & \frac{3}{2} & 0 & -1 & 0 \\ & \text{对} & & & & \frac{3}{2} & -\frac{1}{2} & -\frac{1}{2} \\ & & \text{称} & & & & \frac{3}{2} & \frac{1}{2} \\ & & & & & & & \frac{3}{2} \end{pmatrix}\begin{Bmatrix} u_1 \\ v_1 \\ u_2 \\ v_2 \\ u_3 \\ v_3 \\ u_4 \\ v_4 \end{Bmatrix}=\begin{Bmatrix} F_{x1} \\ 0 \\ F_{x2} \\ F_{y2} \\ F_{x3} \\ -\frac{qa}{2} \\ F_{x4} \\ F_{y4} \end{Bmatrix}$$

4. 引入位移边界条件，求结点位移

由于 $u_1=u_2=v_2=u_3=u_4=v_4=0$，采用降阶法引入位移边界条件，得

$$\frac{Et}{2}\begin{bmatrix} \frac{3}{2} & -1 \\ -1 & \frac{3}{2} \end{bmatrix}\begin{Bmatrix} v_1 \\ v_3 \end{Bmatrix}=\begin{Bmatrix} 0 \\ -qa/2 \end{Bmatrix}$$

解得

$$v_1=-\frac{4qa}{5Et},\ v_3=-\frac{6qa}{5Et}$$

5. 应力计算

在整体分析中求得结点位移之后，再返回单元分析中去计算结构上任意一点的应变或应力。

由式（3-22）计算单元①的应力矩阵

$$[S]^1=[D][B]^1=\frac{E}{2a}\begin{bmatrix}2&0&0&0&-2&0\\0&0&0&2&0&-2\\0&1&1&0&-1&-1\end{bmatrix}$$

对于前面采用的局部编号，由物理意义不难判断单元②的应力矩阵为

$$[S]^2=-[S]^1$$

由整体结点位移向量获取单元节点位移向量

$$\{\delta\}^1=\begin{Bmatrix}0\\0\\0\\-\frac{6}{5}\frac{qa}{Et}\\0\\-\frac{4}{5}\frac{qa}{Et}\end{Bmatrix},\quad \{\delta\}^2=\begin{Bmatrix}0\\-\frac{6}{5}\frac{qa}{Et}\\0\\0\\0\\0\end{Bmatrix}$$

用式（3-21）计算应力

$$\{\sigma\}^1=[S]^1\{\delta\}^1=\frac{E}{2a}\begin{bmatrix}2&0&0&0&-2&0\\0&0&0&2&0&-2\\0&1&1&0&-1&-1\end{bmatrix}\begin{Bmatrix}0\\0\\0\\-\frac{6}{5}\frac{qa}{Et}\\0\\-\frac{4}{5}\frac{qa}{Et}\end{Bmatrix}=-\frac{2q}{5t}\begin{Bmatrix}0\\1\\1\end{Bmatrix}$$

$$\{\sigma\}^2=[S]^2\{\delta\}^2=-\frac{E}{2a}\begin{bmatrix}2&0&0&0&-2&0\\0&0&0&2&0&-2\\0&1&1&0&-1&-1\end{bmatrix}\begin{Bmatrix}0\\-\frac{6}{5}\frac{qa}{Et}\\0\\0\\0\\0\end{Bmatrix}=-\frac{3q}{5t}\begin{Bmatrix}0\\0\\1\end{Bmatrix}$$

3.10　有限单元法步骤总结

有限单元法的解题思路是把结构看作由有限个单元组成的集合体。在弹性力学问题中，需要经过离散化，才能使结构变成有限个单元的组合体。其分析步骤总结如下：

结构的对称性

1. 力学模型的选取

首先分析要研究的问题，是属于平面问题、平面应变问题、平面应力问题、轴对称问题，还是空间问题，又或者是板、梁、杆或组合体等；研究对象是否具有对称或反对称特征；确定是取整个物体，还是部分物体作为计算模型；等等。例如，图 3-27a 所示为一平面应力问题，由于对称性可取结构的 1/4 进行研究，其受力及约束情况如图 3-27b 所示，这样可简化计算工作量，提高有限元分析效率。

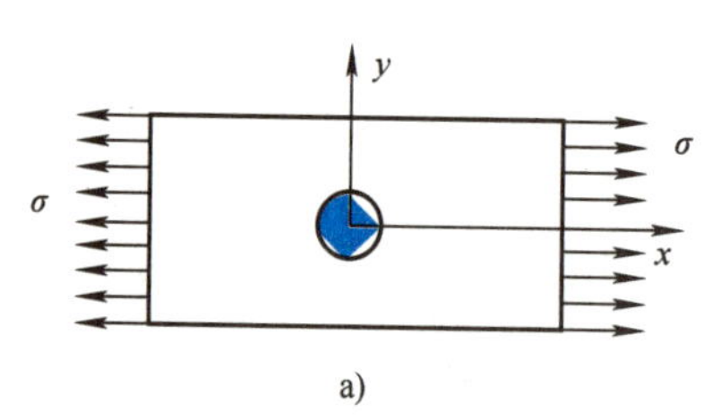

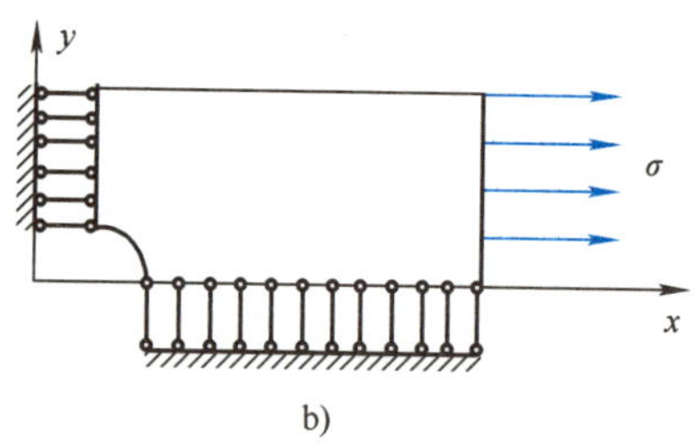

图 3-27

单元选取与网格划分

2. 单元的选取、结构的离散化

划分网格时应注意以下几点：

1）网格的疏密。结点的多少及其分布的疏密程度（即单元的大小），一般要根据所要求的计算精度等方面来综合考虑。从计算结果的精度上讲，当然是单元越小越好，但计算所需要的时间也要大大增加，且占用计算机的内存也就越多，而且网格加密到一定程度后计算精度的提高就不明显了。因此，实际应用中要兼顾时机、费用与效果，在保证计算精度的前提下，应尽量采用较少的单元。在划分单元时，对于应力变化梯度较大的部位单元可小一些，而在应力变化比较平缓的区域可以划分得粗一些，“中间地带”以大小逐渐变化的单元来过渡。

2）根据误差分析，应力及位移的误差都和单元的最小内角的正弦成反比，所以单元的边长力求接近相等，也就是说单元的三条边长尽量不要悬殊太大，以免出现过大的计算误差或出现病态矩阵。形状尽可能接近正多边形或正多面体，如三角形单元尽量接近正三角形，且不要出现钝角，如图 3-28a 所示；矩阵单元长宽比不宜过大，如图 3-28b 所示。

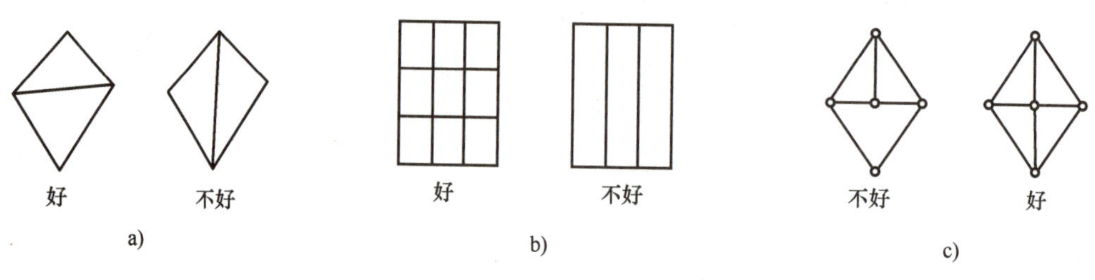

图 3-28

3）单元结点应与相邻单元结点相连接，不能置于相邻单元边界上，如图 3-28c 所示。通常，集中荷载的作用点、分布荷载强度的突变点、分布荷载与自由边界的分界点及支承点等都应该取为结点。另外，任意一个三角形单元的顶点，必须同时也是其相邻三角形单元的顶点，而不能是相邻三角形单元的边上点。

4）结点的编号，应注意尽量使同一单元的相邻结点的号码差值尽可能小，以便缩小刚度矩阵的带宽，节约计算机存储。

5）同一单元由同一种材料构成。当物体是由不同的材料组成时，厚度不同或材料不同的部分，也应该划分为不同的单元。

6）网格划分应尽可能有规律，以利于计算机自动生成网格。

3. 选择单元的位移模式

结构离散化后，用单元内结点的位移通过插值来获得单元内各点的位移。在有限单元法中，通常都是假定单元的位移模式是多项式

$$\{u\} = [N]\{\delta\}^e$$

4. 单元的力学特性分析

（1）单元应变矩阵 $[B]$　根据弹性力学中的几何方程（应变分量和位移分量之间的关系），得出用单元应变矩阵 $[B]$ 表示出的结点位移 $\{\delta\}^e$与单元应变之间的关系。

（2）单元应力矩阵 $[S]$　利用物理方程（应力与应变的关系），得出用单元应力矩阵 $[S]$ 表示出的结点位移 $\{\delta\}^e$与单元应力之间的关系。

（3）单元刚度矩阵 $[k]^e$　根据虚功原理建立作用在单元上的结点力 $\{F\}^e$和结点位移之间的关系式，即单元的刚度方程

$$\{F\}^e = [k]^e\{\delta\}^e$$

5. 建立整体结构的刚度方程

1）计算等效结点力，集成整体结点荷载向量$\{R\}$。

利用虚功等效原理，将各种作用力换算为作用在结点上的等效结点力。作用在单元上的集中力、体积力及表面力都必须静力等效地移置到结点上，形成等效结点荷载。最后，将所用结点荷载按照整体结点编码顺序组集成整体结点荷载向量$\{R\}$。

2）集成整体刚度矩阵 $[K]$，建立整个结构的平衡方程

$$[K]\{\delta\} = \{R\}$$

6. 求解修改后的整体结构刚度方程

引入位移边界条件，求解修改后的刚度方程，即可求出结点位移。

7. 由单元的结点位移列阵计算单元应变、应力

求解出整体结构的结点位移列阵后，再根据单元结点的编号找出对应于单元的位移列阵，就可求出各单元的应变、应力分量值。

8. 计算结果输出、分析

通过有限元计算的步骤可以看出，从物理角度看，有限单元法将连续体问题转化成了离散体问题；从数学角度看，有限单元法将微分方程问题转化为代数方程问题。因此，无限自由度问题变成了有限自由度问题。必须指出，单元刚度方程、单元刚度矩阵、体力等效结点荷载、面力等效结点荷载以及总体刚度方程均具有普遍性。

3.11　平面问题高次单元

在前面几节中，介绍了最简单的三结点三角形单元。即在每个单元范围内，设位移是线性变化的，应变和应力作为位移的一阶导数则是不变的常量。这样的单元通常称为低阶

平面问题高次单元

（低次）元或称为常应变（常应力）元。它的公式简单，计算省时，但由于应变与应力在单元内都是常量，而弹性体实际的应力场是随坐标而变化的，因此精度较差。当弹性体内的应力急剧变化时，除非把网格划分得很密，否则难以逼近实际情况。可是划分很密时，相应单元的数目大大增加，总计算工作量相应增大，以至于可能不如采用较复杂的形状函数更为合算。为了更好地逼近实际的应变与应力状态，提高单元本身的计算精度，可以增加单元结点而采用更高阶次的位移模式，称为平面问题高次单元，如矩形单元与六结点三角形单元，可以更好地逼近那种变化陡峭的应力场，达到工程上令人满意的精度。

1. 六结点三角形单元

（1）位移模式　如图 3-29 所示，在三角形单元 *ijm* 的各边中点处增加一个结点，则每个单元有六个结点，共有 12 个自由度。位移模式的项数应与自由度数相当，阶次应选得对称以保证几何各向同性。仍利用帕斯卡三角形来选取。很明显，在图 3-12 中以 1、x^2、y^2 为顶点的三角形所包含的六项为 1、x、y、x^2、xy、y^2，可见六结点三角形单元的位移模式应取完全二次多项式

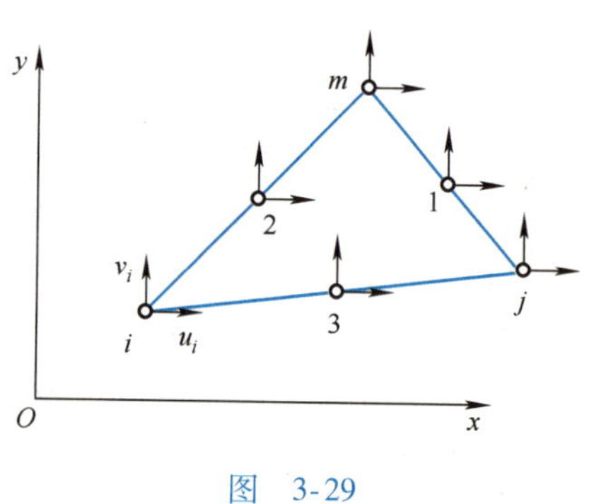

图　3-29

$$\begin{cases} u = \alpha_1 + \alpha_2 x + \alpha_3 y + \alpha_4 x^2 + \alpha_5 xy + \alpha_6 y^2 \\ v = \alpha_7 + \alpha_8 x + \alpha_9 y + \alpha_{10} x^2 + \alpha_{11} xy + \alpha_{12} y^2 \end{cases} \tag{3-40}$$

由于位移函数次数高，待定系数较多，若按照前面的方法去求位移插值函数和形函数，计算非常复杂。为运算简便，下面引入面积坐标的概念来代替直角坐标。

（2）面积坐标　设三角形的顶点为 i、j、m，三角形中任一点 P 的位置可以用面积坐标来表示。如图 3-30 所示，三角形中任一点 P 的面积坐标（L_i, L_j, L_m）定义为

$$L_i = \frac{A_i}{A},\ L_j = \frac{A_j}{A},\ L_m = \frac{A_m}{A} \tag{a}$$

式中，A 为三角形 *ijm* 的面积；A_i、A_j、A_m 分别为三角形 *Pjm*、*Pmi*、*Pij* 的面积。式（a）的三个面积比值就定义为 P 点的面积坐标。

由于
$$A_i + A_j + A_m = A$$
所以
$$L_i + L_j + L_m = 1 \tag{b}$$

图　3-30

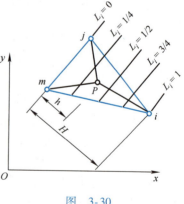

根据面积坐标的定义，从图 3-30 可以看出，在平行于 *jm* 边的任一直线上的所有各点都具有相同的面积坐标 L_i 值，且

$$L_i = \frac{A_i}{A} = \frac{(jm)h/2}{(jm)H/2} = \frac{h}{H}$$

图中的平行线表示 L_i 的等值线。显然，三角形的三个结点的面积坐标为

$$\begin{cases}\text{结点 } i\text{：} L_i=1,\ L_j=0,\ L_m=0\\ \text{结点 } j\text{：} L_i=0,\ L_j=1,\ L_m=0\\ \text{结点 } m\text{：} L_i=0,\ L_j=0,\ L_m=1\end{cases} \tag{c}$$

结点 i、j、m 的面积坐标分别记为（1,0,0）、(0,1,0)、(0,0,1)。

将结点 i、j、m 的面积坐标与 3.3 节中形函数的性质比较，显然有

$$L_i=N_i,\ L_j=N_j,\ L_m=N_m \tag{3-41}$$

这表明三角形单元的面积坐标就是三结点三角形单元的形函数。这个结论对以后的许多运算都很有用。

面积坐标与直角坐标之间存在如下关系：

1）用直角坐标表示面积坐标。单元内三个小三角形 Pjm、Pmi、Pij 的面积 A_i、A_j、A_m 可以用结点的直角坐标来表示，即

$$A_i=\frac{1}{2}\begin{vmatrix}1 & x & y\\ 1 & x_j & y_j\\ 1 & x_m & y_m\end{vmatrix}=\frac{1}{2}[(x_jy_m-x_my_j)+(y_j-y_m)x+(x_m-x_j)y]\quad (i,j,m)$$

采用前面同样的记号

$$a_i=x_jy_m-x_my_j,\ b_i=y_j-y_m,\ c_i=-x_j+x_m\quad (i,j,m)$$

则面积表示为

$$A_i=\frac{1}{2}(a_i+b_ix+c_iy)\quad (i,j,m)$$

代入式（a），得到用直角坐标表示面积坐标的关系式

$$\begin{cases}L_i=\dfrac{1}{2A}(a_i+b_ix+c_iy)\\ L_j=\dfrac{1}{2A}(a_j+b_jx+c_jy)\\ L_m=\dfrac{1}{2A}(a_m+b_mx+c_my)\end{cases} \tag{3-42}$$

对照式（3-12）也说明面积坐标 L_i、L_j、L_m与简单三角形单元的形函数 N_i、N_j、N_m等价。

2）用面积坐标表示直角坐标。用 x_i、x_j、x_m分别乘以式（3-42）中的三个关系式，得

$$\begin{cases}x_iL_i=\dfrac{1}{2A}(a_i+b_ix+c_iy)x_i\\ x_jL_j=\dfrac{1}{2A}(a_j+b_jx+c_jy)x_j\\ x_mL_m=\dfrac{1}{2A}(a_m+b_mx+c_my)x_m\end{cases}$$

再将　$a_i=x_jy_m-x_my_j,\ b_i=y_j-y_m,\ c_i=-x_j+x_m\quad (i,j,m)$

代入并三式相加，整理后得到

$$x=x_iL_i+x_jL_j+x_mL_m$$

同样

$$y=y_iL_i+y_jL_j+y_mL_m \tag{3-43}$$

（3）六结点三角形单元的位移插值函数　为使运算方便，这里利用面积坐标来推导。单元共有 6 个结点，12 个位移分量，若能得知形函数，则可直接写出位移插值函数

$$\begin{cases} u = N_i u_i + N_j u_j + N_m u_m + N_1 u_1 + N_2 u_2 + N_3 u_3 \\ v = N_i v_i + N_j v_j + N_m v_m + N_1 v_1 + N_2 v_2 + N_3 v_3 \end{cases} \tag{3-44}$$

其中，六个形函数用面积坐标表示。

如图 3-31 所示，结点 i、j、m 的面积坐标分别为 (1,0,0)、(0,1,0)、(0,0,1)，结点 1、2、3 的面积坐标分别为 (0,1/2,1/2)、(1/2,0,1/2)、(1/2,1/2,0)。根据形函数的性质，形函数 N_i 在结点 i 等于 1，在其他结点则等于 0。

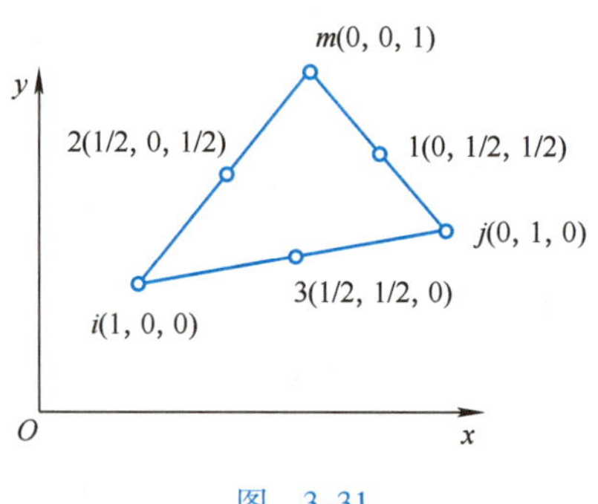

图　3-31

1）考察直线 $j1m$ 与 23 可知，要使形函数 N_i 在结点 j、1、m 为零，N_i 应该包含 L_i 因子；要使形函数 N_i 在结点 2、3 为零，N_i 应该包含（$L_i - 1/2$）因子。

2）要满足形函数 N_i 在结点 i 为 1 的条件，可设

$$N_i = \beta L_i \left(L_i - \frac{1}{2} \right) = 1$$

将结点 i 的面积坐标（1,0,0），即 $L_i = 1$ 代入上式，得到 $\beta = 2$。

于是，归纳出用面积坐标表示形函数 N_i 的表达式为

$$N_i = 2L_i(L_i - 1/2) = L_i(2L_i - 1)$$

同样有

$$N_j = L_j(2L_j - 1)$$

$$N_m = L_m(2L_m - 1)$$

类似地，可求得结点 1、2、3 的形函数为

$$N_1 = 4L_jL_m, \quad N_2 = 4L_iL_m, \quad N_3 = 4L_iL_j$$

六个形函数表达式简记为

$$\begin{cases} N_i = L_i(2L_i - 1) & (i,j,m) \\ N_1 = 4L_jL_m & (1,2,3)(i,j,m) \end{cases} \tag{3-45}$$

（4）六结点三角形单元的力学特性分析　有了形函数和位移插值函数，就可以依次导出应变矩阵 [B]、应力矩阵 [S] 以及单元刚度矩阵$[k]^e$。

1）应变矩阵。把位移插值函数（3-44）代入几何方程

$$\varepsilon_x = \frac{\partial u}{\partial x}, \ \varepsilon_y = \frac{\partial v}{\partial y}, \ \gamma_{xy} = \frac{\partial u}{\partial y} + \frac{\partial v}{\partial x}$$

需做求偏导运算，下面分析 ε_x 的运算过程，其余类推。

$$\varepsilon_x = \frac{\partial u}{\partial x} = \frac{\partial N_i}{\partial x}u_i + \frac{\partial N_j}{\partial x}u_j + \frac{\partial N_m}{\partial x}u_m + \frac{\partial N_1}{\partial x}u_1 + \frac{\partial N_2}{\partial x}u_2 + \frac{\partial N_3}{\partial x}u_3$$

由于 N_i 是面积坐标 L_i 的函数，N_1 是面积坐标 L_j、L_m 的函数，而面积坐标又是 x、y 的函数，上式中的求偏导是复合函数求偏导问题，运算如下：

$$\frac{\partial N_i}{\partial x}=\frac{\partial L_i}{\partial x}\frac{\partial N_i}{\partial L_i}$$

$$=\frac{\partial}{\partial x}\left[\frac{1}{2A}(a_i+b_ix+c_iy)\right]\frac{\partial}{\partial L_i}[L_i(2L_i-1)]$$

$$=\frac{b_i(4L_i-1)}{2A}\qquad(i,j,m)$$

$$\frac{\partial N_1}{\partial x}=\frac{\partial L_j}{\partial x}\frac{\partial N_1}{\partial L_j}+\frac{\partial L_m}{\partial x}\frac{\partial N_1}{\partial L_m}$$

$$=\frac{\partial}{\partial x}\left[\frac{1}{2A}(a_j+b_jx+c_jy)\right]\frac{\partial}{\partial L_j}(4L_jL_m)+\frac{\partial}{\partial x}\left[\frac{1}{2A}(a_m+b_mx+c_my)\right]\frac{\partial}{\partial L_m}(4L_jL_m)$$

$$=\frac{b_j}{2A}4L_m+\frac{b_m}{2A}4L_j=\frac{4(b_jL_m+b_mL_j)}{2A}\qquad(i,j,m)(1,2,3)$$

则

$$\varepsilon_x=\frac{1}{2A}[b_i(4L_i-1)u_i+b_j(4L_j-1)u_j+b_m(4L_m-1)u_m+4(b_jL_m+b_mL_j)u_1+4(b_mL_i+b_iL_m)u_2+4(b_iL_j+b_jL_i)u_3]\tag{3-46}$$

同样可导出用结点位移表示 ε_y 和 γ_{xy} 的表达式，并由此得到

$$\{\varepsilon\}=\begin{Bmatrix}\varepsilon_x\\\varepsilon_y\\\gamma_{xy}\end{Bmatrix}=[B]\{\delta\}^e=[B_i\quad B_j\quad B_m\quad B_1\quad B_2\quad B_3]\{\delta\}^e\tag{3-47}$$

其中，

$$[B_i]=\frac{1}{2A}\begin{bmatrix}b_i(4L_i-1)&0\\0&c_i(4L_i-1)\\c_i(4L_i-1)&b_i(4L_i-1)\end{bmatrix}\qquad(i,j,m)\tag{3-48}$$

$$[B_1]=\frac{1}{2A}\begin{bmatrix}4(b_jL_m+b_mL_j)&0\\0&4(c_jL_m+c_mL_j)\\4(c_jL_m+c_mL_j)&4(b_jL_m+b_mL_j)\end{bmatrix}\qquad(1,2,3)(i,j,m)\tag{3-49}$$

由式（3-48）、式（3-49）可看出，该应变矩阵$[B]$中的元素是面积坐标的一次式，因而也是直角坐标的一次式。也就是说该应变是按线性变化的，它比常应变三角形单元的精度要高。

2）应力矩阵。

单元中的应力与单元结点位移的关系式为

$$\{\sigma\}=\begin{Bmatrix}\sigma_x\\\sigma_y\\\tau_{xy}\end{Bmatrix}=[D]\{\varepsilon\}=[D][B]\{\delta\}^e=[S]\{\delta\}^e$$

只需将平面问题的弹性矩阵乘上应变矩阵，就很容易导出应力矩阵。将［S］写成分块形式

$$[S]=[S_i\quad S_j\quad S_m\quad S_1\quad S_2\quad S_3]$$

对于平面应力问题，

$$[S_i]=\frac{Et(4L_i-1)}{4(1-\mu^2)A}\begin{bmatrix}2b_i & 2\mu c_i\\ 2\mu b_i & 2c_i\\ (1-\mu)c_i & (1-\mu)b_i\end{bmatrix}\quad (i,j,m) \tag{3-50}$$

$$[S_1]=\frac{Et}{4(1-\mu^2)A}\begin{bmatrix}8(b_jL_m+b_mL_j) & 8\mu(c_jL_m+c_mL_j)\\ 8\mu(b_jL_m+b_mL_j) & 8(c_jL_m+c_mL_j)\\ 4(1-\mu)(c_jL_m+c_mL_j) & 4(1-\mu)(b_jL_m+b_mL_j)\end{bmatrix}\quad (1,2,3)(i,j,m) \tag{3-51}$$

由式（3-50）、式（3-51）也可以看出，［S］中的元素是面积坐标的一次式，也是直角坐标的一次式，所以单元中的应力沿 x 和 y 方向都是线性变化，而不是常量。

3）单元刚度矩阵$[k]^e$为

$$[k]^e=\iint[B]^{\mathrm{T}}[D][B]t\mathrm{d}x\mathrm{d}y=\iint[B]^{\mathrm{T}}[S]t\mathrm{d}x\mathrm{d}y$$

先把前面已导出的矩阵$[B]$和$[S]$代入上式，经矩阵乘法运算后，对各元素进行积分。矩阵相乘后所得到的元素是面积坐标的幂函数，而积分是对坐标 x 和 y 积分，因此，对各元素积分是求面积坐标的幂函数在三角形单元上的积分值，需利用下列积分公式：

$$\begin{cases}\iint L_i^{\alpha}L_j^{\beta}L_m^{\gamma}\mathrm{d}x\mathrm{d}y=\dfrac{\alpha!\beta!\gamma!}{(\alpha+\beta+\gamma+2)!}2A\\ \iint L_i^{1}L_j^{0}L_m^{0}\mathrm{d}x\mathrm{d}y=\dfrac{1!0!0!}{(1+0+0+2)!}2A=\dfrac{A}{3}\\ \iint L_i^{2}L_j^{0}L_m^{0}\mathrm{d}x\mathrm{d}y=\dfrac{2!0!0!}{(2+0+0+2)!}2A=\dfrac{A}{6}\\ \iint L_i^{1}L_j^{1}L_m^{0}\mathrm{d}x\mathrm{d}y=\dfrac{1!1!0!}{(1+1+0+2)!}2A=\dfrac{A}{12}\end{cases} \tag{3-52}$$

对各元素逐项积分后，再做整理就得到单元刚度矩阵

$$[k]^e=\frac{Et}{24(1-\mu^2)A}\begin{bmatrix}A_i & G_{ij} & G_{im} & 0 & -4G_{im} & -4G_{ij}\\ G_{ji} & A_j & G_{jm} & -4G_{jm} & 0 & -4G_{ji}\\ G_{mi} & G_{mj} & A_m & -4G_{jm} & -4G_{mi} & 0\\ 0 & -4G_{mj} & -4G_{jm} & B_i & D_{ij} & D_{im}\\ -4G_{mi} & 0 & -4G_{im} & D_{ji} & B_j & D_{jm}\\ -4G_{ji} & -4G_{ij} & 0 & D_{mi} & D_{mj} & B_m\end{bmatrix} \tag{3-53}$$

对平面应力问题：$[A_i]=\begin{bmatrix}6b_i^2+3(1-\mu)c_i^2 & 3(1+\mu)b_ic_i\\ 3(1+\mu)b_ic_i & 6c_i^2+3(1-\mu)b_i^2\end{bmatrix}\quad (i,j,m)$

$$[B_i]=\begin{bmatrix}16(b_i^2-b_jb_m)+8(1-\mu)(c_i^2-c_jc_m) & 4(1+\mu)(b_ic_i+b_jc_j+b_mc_m)\\ 4(1+\mu)(b_ic_i+b_jc_j+b_mc_m) & 16(c_i^2-c_jc_m)+8(1-\mu)(b_i^2-b_jb_m)\end{bmatrix}\quad (i,j,m)$$

$$[G_{rs}]=\begin{bmatrix}-2b_rb_s-(1-\mu)c_rc_s & -2\mu b_rc_s-(1-\mu)c_rb_s\\ -2\mu c_rb_s-(1-\mu)b_rc_s & -2c_rc_s-(1-\mu)b_rb_s\end{bmatrix}\quad \begin{pmatrix}r=i,j,m\\ s=i,j,m\end{pmatrix}$$

$$[D_{rs}]=\begin{bmatrix}16b_rb_s+8(1-\mu)c_rc_s & 4(1+\mu)(c_rb_s+b_rc_s)\\ 4(1+\mu)(c_rb_s+b_rc_s) & 16c_rc_s+8(1-\mu)b_rb_s\end{bmatrix}\quad\begin{pmatrix}r=i,j,m\\ s=i,j,m\end{pmatrix}$$

在分析同一弹性结构时，选择结点数目大致相同的情况下，用六结点三角形单元计算，计算精度不但远比常应变三角形单元要高，而且也高于矩形单元。换言之，它们达到大致相同的计算精度。用六结点三角形单元时，单元数可以取得少，但是，由于这种单元一个结点的平衡方程与较多的结点位移有关，从总体刚度矩阵的元素叠加规律可知，在结点数相同的情况下，总体刚度矩阵的带宽比常应变三角形单元的要大，计算也更复杂。

从理论上说，我们还可以采用更高次的多项式函数作为假设的位移函数。为此，要相应地增加结点的数量，除了在边上加点之外，在单元内部也可以设置结点。例如，当采取三次多项式时，除了三角形的三个顶点外，还可以在每个边有两个结点，在三角形的形心还可以设有一个结点，共计 10 个结点，正好与双变量的三次多项式所包含的项数相等。但由于计算量过大，在实际中更高次的单元应用得很少。

2. 矩形单元

三角形单元的优点之一是它的“适应性”，任何复杂边界的弹性体，总是可以划分成三角形。可是在规则边界的情况下，显然划分成矩形更加方便。另外，许多计算实例已经证明，矩形单元的计算精度也比三角形单元好。这是因为在每个小矩形范围内，矩形单元有连续变化的应力场，而对应的两个三角形单元的应力场变化却是不连续的。所以，在复杂边界的情况下，同时使用三角形和矩形单元将是可取的计算方案。

在图 3-32 所示矩形单元中，其边长分别为 $2a$ 和 $2b$，厚度为 t。取整体坐标系 xOy 的原点 O 位于矩形形心，矩形的两对边分别与 x、y 轴平行，并取四个角点作为结点，分别用 1、2、3、4 来表示。

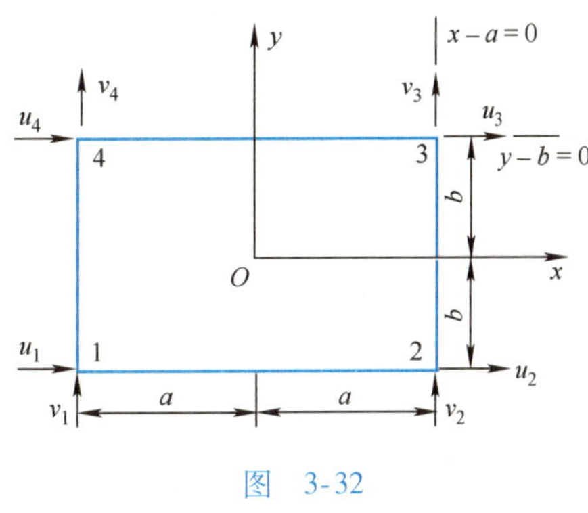

图　3-32

与三角形单元不同，矩形单元有 4 个结点，8 个自由度，不可能采用完全的多项式作为位移函数。因为一次的完全多项式只有 3 个待定系数，而矩形单元却有 4 个结点，因此位移模式可取 4 项。依据帕斯卡三角形，可在二次的多项式中选取补充项，假设补充 x^2 项，则在矩形的上、下边界，位移曲线是二次的，一个二次函数不可能由两个角点处的位移来唯一地确定，因而是不相容的。同理，也不可以取 y^2 项。所以，应取位移模式为

$$\begin{cases}u=\alpha_1+\alpha_2x+\alpha_3y+\alpha_4xy\\ v=\alpha_5+\alpha_6x+\alpha_7y+\alpha_8xy\end{cases}\tag{3-54}$$

式中，常数项与一次项的系数 α_1、α_2、α_3、α_5、α_6、α_7 反映了单元的刚体位移与常量应变，满足收敛性必要条件；此外，这个函数虽然含有二次项 xy，但在单元边界上，x 或者 y 为一定值，因此 u、v 位移均为 x 或 y 坐标的线性函数，只要两个结点就可以唯一地确定位移，因而满足相容条件。这种函数称为双线性函数，显然满足连续性条件。经过同前面类似的分析得到其插值函数形式

$$\begin{cases}u=N_1u_1+N_2u_2+N_3u_3+N_4u_4\\ v=N_1v_1+N_2v_2+N_3v_3+N_4v_4\end{cases}\tag{3-55}$$

即 $$\{u\}=\begin{Bmatrix}u\\v\end{Bmatrix}=[N]\{\delta\}^e=[IN_1\quad IN_2\quad IN_3\quad IN_4]^{\mathrm{T}}\{\delta\}^e$$

其中，
$$\begin{cases}N_1=\dfrac{1}{4}\left(1-\dfrac{x}{a}\right)\left(1-\dfrac{y}{b}\right)\\N_2=\dfrac{1}{4}\left(1+\dfrac{x}{a}\right)\left(1-\dfrac{y}{b}\right)\\N_3=\dfrac{1}{4}\left(1+\dfrac{x}{a}\right)\left(1+\dfrac{y}{b}\right)\\N_4=\dfrac{1}{4}\left(1-\dfrac{x}{a}\right)\left(1+\dfrac{y}{b}\right)\end{cases}\tag{3-56}$$

其他单元特性矩阵的分析与前述单元是类似的，不再阐述。从式（3-56）可以看出，在单元内部，应力（应变）不再是常数，而是一种线性变化的规律，若在弹性体中采用相同数目的结点，则矩形单元比三结点三角形单元能更好地反映应力急剧变化情况，所以计算精度较高。

但矩形单元也存在明显的缺点，从单元的几何形状看，矩形单元比三角形单元的适应性差，不能适应曲线边界和斜边界，也不能随意改变大小，适用性非常有限。为了弥补这些缺点，可以把矩形单元和三角形单元混合使用（图3-33），当然这样做将使计算程序的编制和信息的准备更复杂一些。

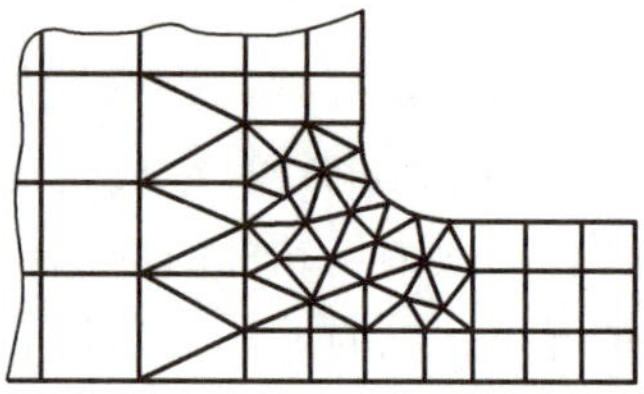

图 3-33

如果想用矩形单元逼近更加复杂的应力场，可以采用更复杂的位移模式，例如8结点的矩形单元，具体的建立方法在等参单元章节中再详细介绍。

通过以上推导可见，高次单元的计算公式较低次单元复杂，故计算每个单元的特性时，花费的工作量亦较大。不过在同等精度要求下高次单元所对应的网格却比较粗，即总的单元个数较少，所以总的计算工作量可能比采用低次单元更节省。

知识拓展

重温《终结者2：审判日》：有一幕约翰·康纳教T-800机器人学习微笑的镜头。T-800笑得特别假，很多观众以为是AI机器学习能力不够完善，其实不是AI的问题。T-800其实是用有限单元法进行反算（back analysis），即通过人类微笑时面部组织的变形来推算出内部应力分布，进一步推导出初始边界条件——肌肉的发力控制。但分析过程中存在如下不妥之处：

首先，T-800是未来机器人，居然还在用三角形单元（triangular element）分析，而不是高次单元，比如四边形单元（quadrilateral element），这样就无法反映单元内部真实的应力梯度，缺乏准确性和适应性。

其次，由于采用的是三角形单元，故有限元网格划分特别少，虽然这样能够节省算力，但是大大降低了精度，尤其在应变梯度较大的地方。这就导致了它后来“笑”起来特别假。这不是AI的问题，而是数值模拟精度不高导致的。

通过分析低次单元与高次单元的优点和缺点，引导学生探究更先进的理论和方法，从而告诉学生要善于观察，敢于剖析，勇于创新。

T-800回头看

观测到微笑

数值模拟结果

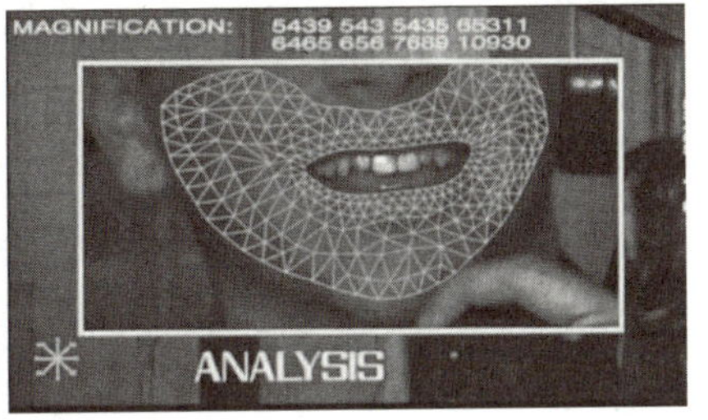

有限元back analysis

习题

3-1 利用前面学过的知识，定性判断一下有限元求得的位移近似解比真实解小还是大，为什么？有限元仿真，是不是网格单元越多，结果越接近于真实值？

3-2 按位移求解的有限单元法中：

（1）应用了哪些弹性力学的基本方程？

（2）应力边界条件及位移边界条件是如何反映的？

（3）力的平衡条件是如何满足的？

（4）变形协调条件是如何满足的？

3-3 对题3-3图所示8结点矩形单元，位移模式采用如下的插值函数：

$$\phi = \alpha_1 + \alpha_2\xi + \alpha_3\eta + \alpha_4\xi^2 + \alpha_5\xi\eta + \alpha_6\eta^2 + \alpha_7\xi^3 + \alpha_8\eta^3$$

（1）请分析该位移模式的收敛性；

（2）若将插值多项式写成

$$\phi = \alpha_1 + \alpha_2\xi + \alpha_3\eta + \alpha_4\xi^2 + \alpha_5\xi\eta + \alpha_6\eta^2 + \alpha_7\xi^2\eta + \alpha_8\xi\eta^2$$

收敛情况怎样？

3-4 正方形薄板受力与约束如题3-4图所示，划分为两个三角形单元，$\mu = 1/4$，板厚为t，求各结点位移与应力。

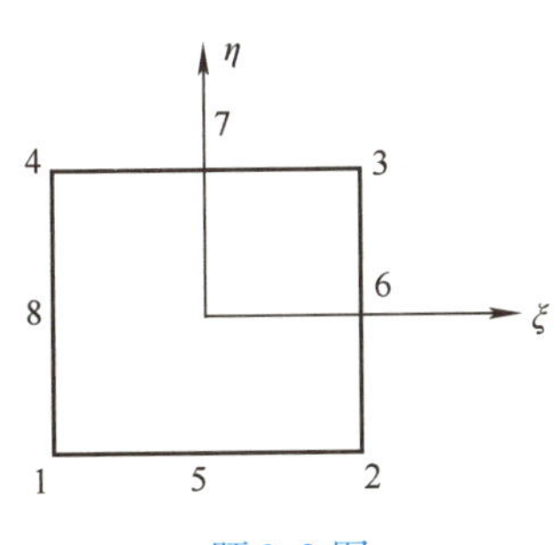

题3-3图

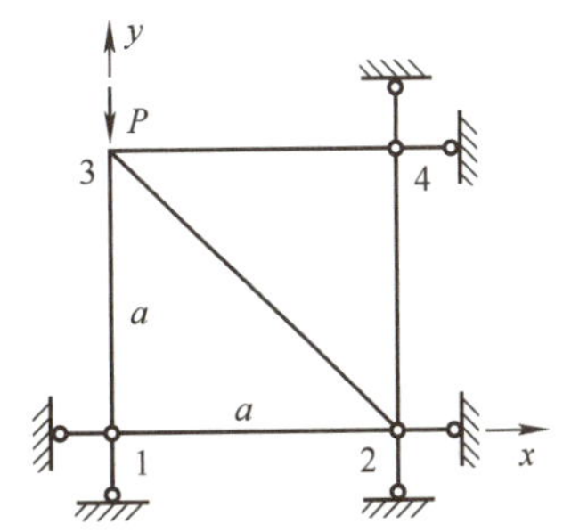

题3-4图

3-5　三角形单元 ijm 的 jm 边作用有如题 3-5 图所示的线性分布面荷载，求结点荷载向量。

3-6　题 3-6 图所示为二次三角形单元，试计算 $\partial N_4/\partial x$ 和 $\partial N_4/\partial y$ 在点 $P(1.5, 2.0)$ 的数值。

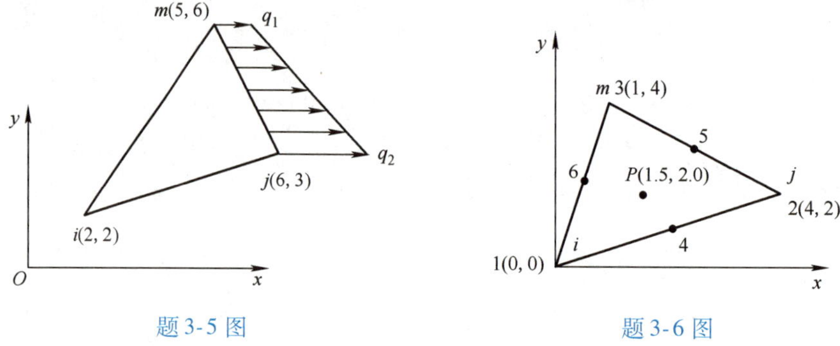

题 3-5 图　　题 3-6 图

3-7　题 3-7 图所示为一刚性基础上的三角形坝，受齐顶水压力作用，取一个单元，按平面应变考虑，设水的容重 $\gamma_w = 10\text{kN/m}^3$，土的容重 $\gamma_s = 20\text{kN/m}^3$，土的弹性模量 E 已知，泊松比 $\mu = \dfrac{1}{6}$。计算结点位移和坝体应力。

3-8　题 3-8 图所示为三角形截面简支梁，底边中点受荷载 P 作用，已知 E，$\mu = 0$，厚度 $h = 1$，按平面应力考虑，用尽可能简单的有限单元法计算荷载作用点位移。

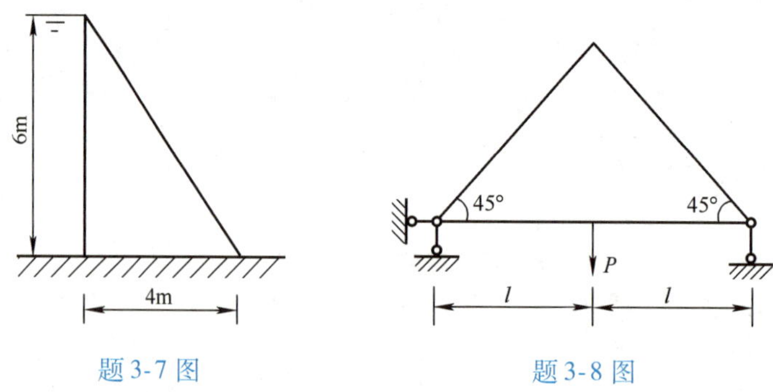

题 3-7 图　　题 3-8 图

3-9　证明六结点三角形单元 $ijm123$ 的插值函数满足

$$N_i + N_j + N_m + N_1 + N_2 + N_3 = 1$$

3-10　题 3-10 图所示 6 结点三角形单元的 142 边作用有均布侧压力 q，单元厚度为 t，求单元的等效结点荷载。

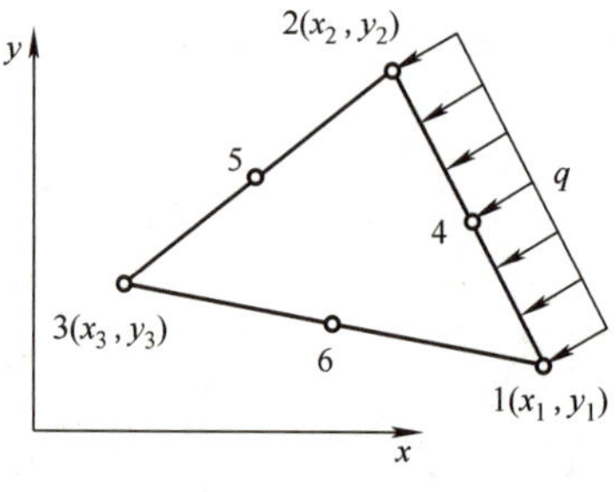

题 3-10 图

第4章 空间问题有限单元法

4.1 引言

前面我们分析了弹性力学平面问题的有限单元法，只有当所研究的问题满足平面问题的假定时，才可以应用平面问题的有限单元法得到满足工程需要的解答。但在实际工程中，有些结构由于形体复杂，不能满足平面问题的简化条件，就必须按三维空间问题来考虑。对空间问题来说，由于结构形状或受力的复杂性，用经典弹性理论去求它们的解析解困难更大，甚至是不可能的，过去多依靠模型试验，而目前应用有限单元法，这些问题都可迎刃而解。因此，空间问题有限单元法意义更大。本章将介绍用于处理一般弹性空间问题的四面体常应变单元、空间高次单元和空间轴对称问题的有限单元法。

把有限单元法分析平面应力问题的原理和技巧推广到空间弹性体的分析上去，没有什么原则上的困难，不需要新的原理或新的假定。空间问题与平面问题相比主要是问题的“规模”大增。例如，每个结点的位移增加为3个，即

$$\{u_i\}^{\mathrm{T}}=[u_i \quad v_i \quad w_i]$$

应力和应变分量分别增加到6个，即

$$\{\varepsilon\}^{\mathrm{T}}=[\varepsilon_x \quad \varepsilon_y \quad \varepsilon_z \quad \gamma_{xy} \quad \gamma_{yz} \quad \gamma_{zx}]$$

$$\{\sigma\}^{\mathrm{T}}=[\sigma_x \quad \sigma_y \quad \sigma_z \quad \tau_{xy} \quad \tau_{yz} \quad \tau_{zx}]$$

相应地，几何方程为

$$\{\varepsilon\}^{\mathrm{T}}=\left[\frac{\partial u}{\partial x} \quad \frac{\partial v}{\partial y} \quad \frac{\partial w}{\partial z} \quad \frac{\partial v}{\partial x}+\frac{\partial u}{\partial y} \quad \frac{\partial w}{\partial y}+\frac{\partial v}{\partial z} \quad \frac{\partial u}{\partial z}+\frac{\partial w}{\partial x}\right]$$

物理方程为

$$\begin{Bmatrix}\sigma_x\\ \sigma_y\\ \sigma_z\\ \tau_{xy}\\ \tau_{yz}\\ \tau_{zx}\end{Bmatrix}=\frac{E(1-\mu)}{(1+\mu)(1-2\mu)}\begin{bmatrix}1 & & & \text{对} & & \\ \frac{\mu}{1-\mu} & 1 & & & & \\ \frac{\mu}{1-\mu} & \frac{\mu}{1-\mu} & 1 & & & \text{称}\\ 0 & 0 & 0 & \frac{1-2\mu}{2(1+\mu)} & & \\ 0 & 0 & 0 & 0 & \frac{1-2\mu}{2(1+\mu)} & \\ 0 & 0 & 0 & 0 & 0 & \frac{1-2\mu}{2(1+\mu)}\end{bmatrix}\begin{Bmatrix}\varepsilon_x\\ \varepsilon_y\\ \varepsilon_z\\ \gamma_{xy}\\ \gamma_{yz}\\ \gamma_{zx}\end{Bmatrix}$$

所以，空间问题的具体算式不同于平面问题，它是比较繁复的。特别是用同样大小的单元分析这两类问题时，空间问题的总未知数要比平面问题大得多。当弹性体的尺寸相当并且单元尺寸也相当的情况下，一维、二维和三维问题所需要的总未知数个数相差悬殊。若一维问题要求 10 个结点和 10 个未知数，则二维问题将有 100 个结点和 200 个未知数，对应的三维问题则猛增至 1000 个结点和 3000 个未知数。由此可以想到，空间问题的规模往往大得惊人。它要求机器有很大的存储量、较长的计算时间和较高的计算费用。另外，空间问题所需要的原始数据是大量的，需要输出或显示的计算结果也是大量的。这一切都给有限单元法的具体运用带来许多困难。为了克服这些困难，可以从各方面采取措施。例如：

1）采用高效率、高精度的单元，从而在较小的机器容量和较短的计算时间内可以获得精度适宜的解答。常用的有二次和三次的单元。其中，以位移导数为结点自由度的高次单元因为具有较高的“结点效率”，受到人们的重视。另外，采用高次单元的同时，希望相应地放大单元的尺寸，从而必须考虑曲边的单元边界，此时等参单元的应用就显得更加重要了。

2）充分利用具体问题的具体特点，将需要求解的方程规模减至最低程度。例如，利用结构的对称性、相似性和重复性等，可以大大降低总未知数的个数。另一方面，选用合适的方法，例如所谓“子结构法”或“波前法”等，去组集和求解总刚度方程，在许多情况下可以减少对机器容量或计算时间的需求。

3）为了减少人工准备原始数据的劳动量，应尽量使用单元网格的“自动生成”。即根据少量必需的原始讯息由机器计算出全部有限单元模型的数据，包括结点号码、坐标、单元号码及有关结点序号等。同时也可以把计算结果用一定形式（打印或图像显示）输出，供校对或修改之用。这方面的工作，日益成为有限单元法付诸实施的关键问题之一，越来越受到人们的关切。这些问题不是我们要讨论的内容，需要了解这方面的情况时可以查阅专门的文献。

知识拓展

通过线上调研，发现很多同学对生物力学很感兴趣。比如有的同学想对人体器官进行有限元仿真，探究生命运动规律；有的同学想把有限单元法应用在医疗领域；有的同学想优化跑鞋等。同学们可从这些兴趣点出发，探讨有限单元法在生物力学领域的应用实例，比如骨折医疗钢板受力分析、肺癌诱因力学机理分析等。而平面有限元是解决不了像生物力学这么精细的计算分析的，必须进行三维建模计算。这里给出了数值仿真在生物力学中的研究进展，供感兴趣的同学课下阅读学习。

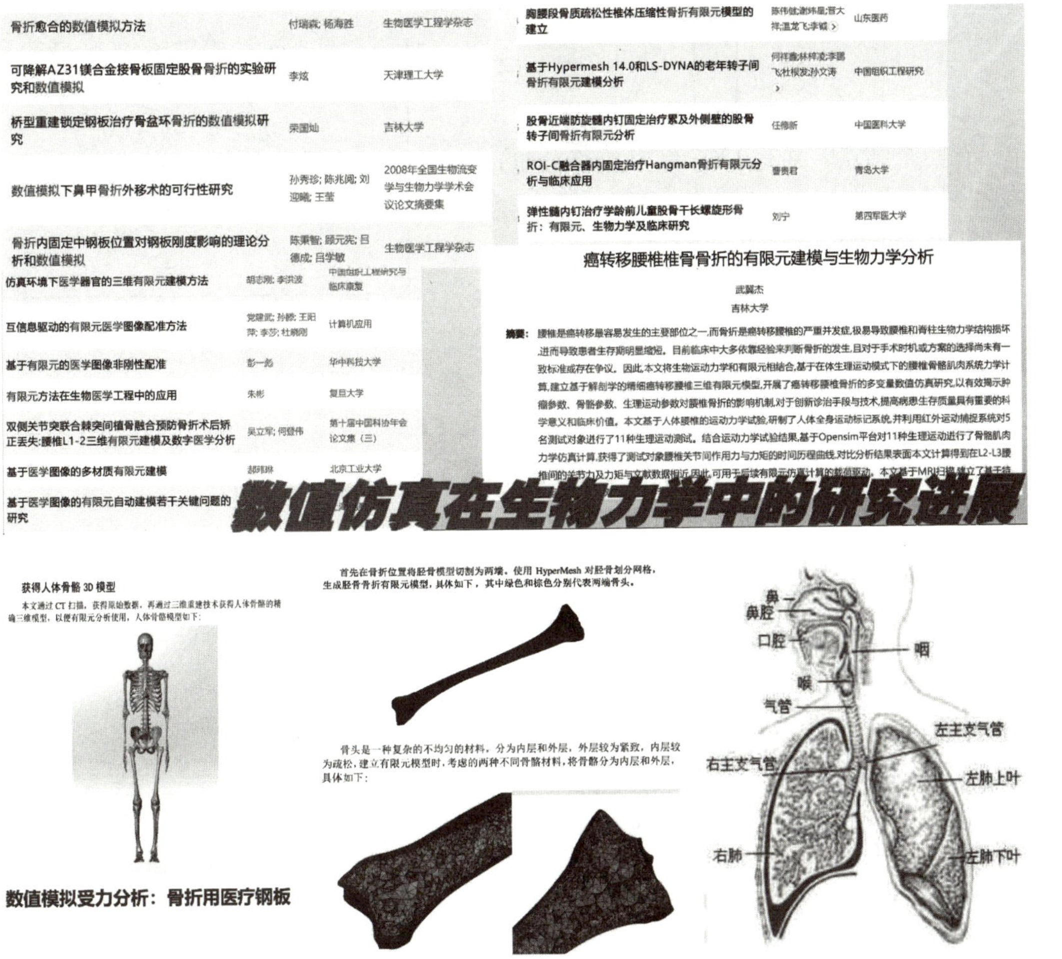

骨折愈合的数值模拟方法	付瑞森; 杨海胜	生物医学工程学杂志
可降解AZ31镁合金接骨板固定股骨骨折的实验研究和数值模拟	李炫	天津理工大学
桥型重建锁定钢板治疗骨盆环骨折的数值模拟研究	荣国灿	吉林大学
数值模拟下鼻甲骨折外移术的可行性研究	孙秀珍; 陈兆闽; 刘迎曦; 王莹	2008年全国生物流变学与生物力学学术会议论文摘要集
骨折内固定中钢板位置对钢板刚度影响的理论分析和数值模拟	陈秉智; 顾元宪; 吕德成; 吕学敏	生物医学工程学杂志

仿真环境下医学器官的三维有限元建模方法	胡志刚; 李洪波	中国组织工程研究与临床康复
互信息驱动的有限元医学图像配准方法	党建武; 孙滕; 王阳萍; 李莎; 杜晓刚	计算机应用
基于有限元的医学图像非刚性配准	彭一彪	华中科技大学
有限元方法在生物医学工程中的应用	朱彬	复旦大学
双侧关节突联合棘突间植骨融合预防骨折术后矫正丢失:腰椎L1-2三维有限元建模及数字医学分析	吴立军; 何登伟	第十届中国科协年会论文集（三）
基于医学图像的多材质有限元建模	郝翔琳	北京工业大学
基于医学图像的有限元自动建模若干关键问题的研究		

胸腰段骨质疏松性椎体压缩性骨折有限元模型的建立	陈伟健;谢炜星;曾大祥;温龙飞;李铖 ›	山东医药
基于Hypermesh 14.0和LS-DYNA的老年转子间骨折有限元建模分析	何祥鑫;林梓凌;李锡飞;杜根发;孙文涛 ›	中国组织工程研究
股骨近端防旋髓内钉固定治疗累及外侧壁的股骨转子间骨折有限元分析	任傳新	中国医科大学
ROI-C融合器内固定治疗Hangman骨折有限元分析与临床应用	曹贵君	青岛大学
弹性髓内钉治疗学龄前儿童股骨干长螺旋形骨折：有限元、生物力学及临床研究	刘宁	第四军医大学

癌转移腰椎椎骨骨折的有限元建模与生物力学分析

武翼杰

吉林大学

摘要：腰椎是癌转移最容易发生的主要部位之一,而骨折是癌转移腰椎的严重并发症,极易导致腰椎和脊柱生物力学结构损坏,进而导致患者生存期明显缩短。目前临床中大多依靠经验来判断骨折的发生,且对于手术时机或方案的选择尚未有一致标准或存在争议。因此,本文将生物运动力学和有限元相结合,基于在体生理运动模式下的腰椎骨骼肌肉系统力学计算,建立基于解剖学的精细癌转移腰椎三维有限元模型,开展了癌转移腰椎骨折的多变量数值仿真研究,以有效揭示肿瘤参数、骨骼参数、生理运动参数对腰椎骨折的影响机制,对于创新诊治手段与技术,提高病患生存质量具有重要的科学意义和临床价值。本文基于人体腰椎的运动力学试验,研制了人体全身运动标记系统,并利用红外运动捕捉系统对5名测试对象进行了11种生理运动测试。结合运动力学试验结果,基于Opensim平台对11种生理运动进行了骨骼肌肉力学仿真计算,获得了测试对象腰椎关节间作用力与力矩的时间历程曲线,对比分析结果表面本文计算得到在L2-L3腰椎间的关节力及力矩与文献数据相近,因此,可用于后续有限元仿真计算的载荷驱动。本文基于MRI扫描,建立了基于精

数值仿真在生物力学中的研究进展

获得人体骨骼 3D 模型

本文通过 CT 扫描，获得原始数据，再通过三维重建技术获得人体骨骼的精确三维模型，以便有限元分析使用，人体骨骼模型如下：

数值模拟受力分析：骨折用医疗钢板

首先在骨折位置将胫骨模型切割为两端，使用 HyperMesh 对胫骨划分网格，生成胫骨骨折有限元模型，具体如下，其中绿色和棕色分别代表两端骨头。

骨头是一种复杂的不均匀的材料，分为内层和外层，外层较为紧致，内层较为疏松，建立有限元模型时，考虑的两种不同骨骼材料，将骨骼分为内层和外层，具体如下：

鼻
鼻腔
口腔
咽
喉
气管
左主支气管
右主支气管
左肺上叶
右肺
左肺下叶

4.2 空间问题常应变四面体单元

在平面问题中，最简单、也比较实用的单元是三角形。在空间问题中，最简单的单元是四结点四面体单元，也就是把连续的弹性体离散成有限个四面体的组合。这些四面体单元在顶点处以空间铰相互连接，称为空间铰结点。单元间通过结点相互作用，进行力的传递。根据约束情况，在相应的结点处设置空间铰支座或连杆支座。单元所受的外载荷，可以按虚功等效原则移置到结点上。基本未知量仍然是结点位移，其分析思路和平面问题完全相似，并且得到标准形式的公式，如应变、应力、刚度矩阵、平衡方程等。

空间问题有限单元

图 4-1 所示为四面体单元，以四个角点 i、j、m、p 为结点，这是最早提出的、也是最简单的空间单元，目前仍在应用。

1. 位移模式

每个结点有三个位移分量

$$\{\delta_i\} = \begin{Bmatrix} u_i \\ v_i \\ w_i \end{Bmatrix} \tag{4-1}$$

每单元有四个结点，共有 12 个结点位移分量，单元结点位移分量为

$$\{\delta\}^e = [\,\{\delta_i\}^{\mathrm{T}} \quad \{\delta_j\}^{\mathrm{T}} \quad \{\delta_m\}^{\mathrm{T}} \quad \{\delta_p\}^{\mathrm{T}}\,]^{\mathrm{T}} \tag{4-2}$$

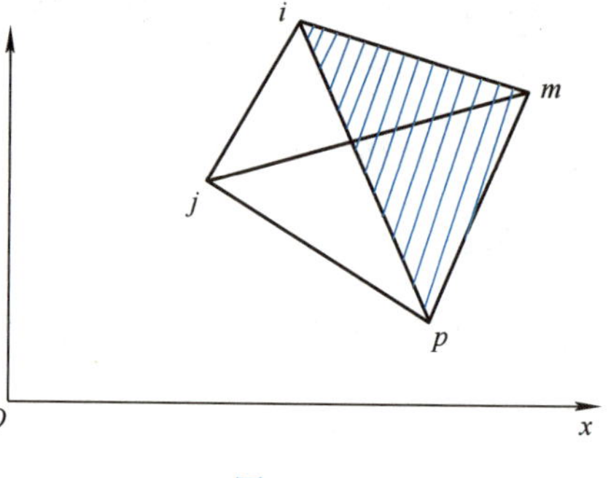

图 4-1

假定单元内任一点的位移分量是坐标的线性函数，即

$$\begin{cases} u = \alpha_1 + \alpha_2 x + \alpha_3 y + \alpha_4 z \\ v = \alpha_5 + \alpha_6 x + \alpha_7 y + \alpha_8 z \\ w = \alpha_9 + \alpha_{10} x + \alpha_{11} y + \alpha_{12} z \end{cases} \tag{a}$$

以 i、j、m、p 四个结点的坐标代入式（a）中的第一式，得到

$$\begin{cases} u_i = \alpha_1 + \alpha_2 x_i + \alpha_3 y_i + \alpha_4 z_i \\ u_j = \alpha_1 + \alpha_2 x_j + \alpha_3 y_j + \alpha_4 z_j \\ u_m = \alpha_1 + \alpha_2 x_m + \alpha_3 y_m + \alpha_4 z_m \\ u_p = \alpha_1 + \alpha_2 x_p + \alpha_3 y_p + \alpha_4 z_p \end{cases} \tag{b}$$

由式（b）求出系数 α_1、α_2、α_3、α_4，再代入式（a），得到

同样

$$\begin{cases} u = N_i u_i + N_j u_j + N_m u_m + N_p u_p \\ v = N_i v_i + N_j v_j + N_m v_m + N_p v_p \\ w = N_i w_i + N_j w_j + N_m w_m + N_p w_p \end{cases} \tag{4-3}$$

式中，

$$\begin{cases} N_i = \dfrac{a_i + b_i x + c_i y + d_i z}{6V} \quad (i,m) \\ N_j = -\dfrac{a_j + b_j x + c_j y + d_j z}{6V} \quad (j,p) \end{cases} \tag{4-4}$$

其中，

$$\left.\begin{aligned} a_i = \begin{vmatrix} x_j & y_j & z_j \\ x_m & y_m & z_m \\ x_p & y_p & z_p \end{vmatrix},\ b_i = -\begin{vmatrix} 1 & y_j & z_j \\ 1 & y_m & z_m \\ 1 & y_p & z_p \end{vmatrix} \\ c_i = \begin{vmatrix} 1 & x_j & z_j \\ 1 & x_m & z_m \\ 1 & x_p & z_p \end{vmatrix},\ d_i = -\begin{vmatrix} 1 & x_j & y_j \\ 1 & x_m & y_m \\ 1 & x_p & y_p \end{vmatrix} \end{aligned}\right\} \quad (i,j,m,p) \tag{4-5}$$

而

$$V = \frac{1}{6}\begin{vmatrix} 1 & x_i & y_i & z_i \\ 1 & x_j & y_j & z_j \\ 1 & x_m & y_m & z_m \\ 1 & x_p & y_p & z_p \end{vmatrix} \tag{4-6}$$

为四面体 $ijmp$ 的体积。

为了使四面体的体积 V 不致成为负值，单元结点的标号 i、j、m、p 必须依照一定的顺序，在右手坐标系中，当按照 $i \to j \to m$ 的方向转动时，右手螺旋应向 p 的方向前进，如图 4-1所示。

由式（4-3），单元位移可用结点位移向量表示如下：

$$\{u\} = \begin{Bmatrix} u \\ v \\ w \end{Bmatrix} = [N]\{\delta\}^e = [IN_i \quad IN_j \quad IN_m \quad IN_p]\{\delta\}^e \tag{4-7}$$

式中，I 是三阶单位矩阵。

由于位移模式是线性的，在相邻单元的接触面上，位移显然是连续的，满足完备性准则。

2. 单元应变

在空间应力问题中，每点具有六个应变分量。由空间问题几何方程写出其向量表达为

$$\begin{aligned}\{\varepsilon\} &= [\varepsilon_x \quad \varepsilon_y \quad \varepsilon_z \quad \gamma_{xy} \quad \gamma_{yz} \quad \gamma_{zx}]^{\mathrm{T}} \\ &= \left[\frac{\partial u}{\partial x} \quad \frac{\partial v}{\partial y} \quad \frac{\partial w}{\partial z} \quad \frac{\partial u}{\partial y}+\frac{\partial v}{\partial x} \quad \frac{\partial v}{\partial z}+\frac{\partial w}{\partial y} \quad \frac{\partial w}{\partial x}+\frac{\partial u}{\partial z}\right]^{\mathrm{T}}\end{aligned} \tag{4-8}$$

将式（4-3）代入式（4-8），得到

$$\{\varepsilon\} = [B]\{\delta\}^e = [B_i \quad -B_j \quad B_m \quad -B_p]\{\delta\}^e \tag{4-9}$$

其中，几何矩阵$[B]$的子矩阵$[B_i]$等于如下的 6×3 矩阵：

$$[B_i] = \frac{1}{6V}\begin{bmatrix} b_i & 0 & 0 \\ 0 & c_i & 0 \\ 0 & 0 & d_i \\ c_i & b_i & 0 \\ 0 & d_i & c_i \\ d_i & 0 & b_i \end{bmatrix} \quad (i,j,m,p) \tag{4-10}$$

显然，应变矩阵是常数矩阵，单元应变分量为常量，四面体单元是常应变单元。

由式（a）和式（4-8）可知，式（a）中系数 α_1、α_5、α_9 代表刚体平移，系数 α_2、α_7、α_{12}代表常量正应变；其余 6 个系数反映了常量剪应变和刚体转动。因此式（a）中 12 个系数充分反映了单元的刚体位移和常量应变。另外，由于位移模式是线性的，可以保证相邻单元之间位移的连续性，所以位移模式（a）满足了收敛条件。

3. 单元应力

单元应力

$$\{\sigma\} = [\sigma_x \quad \sigma_y \quad \sigma_z \quad \tau_{xy} \quad \tau_{yz} \quad \tau_{zx}]^{\mathrm{T}}$$

可用结点位移表示为

$$\{\sigma\} = [D][B]\{\delta\}^e \tag{4-11}$$

弹性矩阵$[D]$用式（2-7）计算如下：

$$[D]=\frac{E(1-\mu)}{(1+\mu)(1-2\mu)}\begin{bmatrix} 1 & \frac{\mu}{1-\mu} & \frac{\mu}{1-\mu} & 0 & 0 & 0 \\ & 1 & \frac{\mu}{1-\mu} & 0 & 0 & 0 \\ & & 1 & 0 & 0 & 0 \\ & \text{对} & & \frac{1-2\mu}{2(1-\mu)} & 0 & 0 \\ & & \text{称} & & \frac{1-2\mu}{2(1-\mu)} & 0 \\ & & & & & \frac{1-2\mu}{2(1-\mu)} \end{bmatrix}$$

在这种单元中，由于应变是常量，应力自然也是常量，所以和平面三结点三角形单元相似，四面体单元也是一种常应变和常应力单元。

4. 单元刚度矩阵

类似于平面问题中的分析，将$\{\varepsilon^*\}=[B]\{\delta\}^e$与$\{\sigma\}=[D][B]\{\delta\}^e$代入空间问题的虚功方程（2-35）

$$\{\delta^*\}^{\mathrm{T}}\{F\}=\iiint\{\varepsilon^*\}^{\mathrm{T}}\{\sigma\}\mathrm{d}x\mathrm{d}y\mathrm{d}z$$

得到

$$[K]^e\{\delta\}^e=\{F\}^e$$

其中，单元刚度矩阵

$$[K]^e=\iiint[B]^{\mathrm{T}}[D][B]\mathrm{d}x\mathrm{d}y\mathrm{d}z \tag{4-12}$$

由于矩阵［B］的元素是常量，计算是简单的：

$$[K]^e=[B]^{\mathrm{T}}[D][B]V \tag{4-13}$$

或

$$[K]^e=\begin{bmatrix} K_{ii} & -K_{ij} & K_{im} & -K_{ip} \\ -K_{ji} & K_{jj} & -K_{jm} & K_{jp} \\ K_{mi} & -K_{mj} & K_{mm} & -K_{mp} \\ -K_{pi} & K_{pj} & -K_{pm} & K_{pp} \end{bmatrix} \tag{4-14}$$

式中，子矩阵$[K_{rs}]$由下式计算：

$$[K_{rs}]=[B_r]^{\mathrm{T}}[D][B_s]V$$

展开即

$$[K_{rs}]=\frac{E(1-\mu)}{36(1+\mu)(1-2\mu)V}\begin{bmatrix} b_rb_s+A_2(c_rc_s+d_rd_s) & A_1b_rc_s+A_2c_rb_s & A_1b_rd_s+A_2d_rb_s \\ A_1c_rb_s+A_2b_rc_s & c_rc_s+A_2(b_rb_s+d_rd_s) & A_1c_rd_s+A_2d_rc_s \\ A_1d_rb_s+A_2b_rd_s & A_1d_rc_s+A_2c_rd_s & d_rd_s+A_2(b_rb_s+c_rc_s) \end{bmatrix}$$

$$(r,s=i,j,m,p)$$

其中，
$$A_1=\frac{\mu}{1-\mu},\ A_2=\frac{1-2\mu}{2(1-\mu)}$$

5. 结点荷载

通过与平面问题同样的推导，得到空间问题的结点荷载计算公式：

(1)集中力$\{P\}=[P_x \quad P_y \quad P_z]^{\mathrm{T}}$的移置

$$\{R\}^e=[N]^{\mathrm{T}}\{P\} \tag{4-15}$$

(2) 体力$\{p\}=[X \quad Y \quad Z]^{\mathrm{T}}$的移置

$$\{R\}^e=\iiint[N]^{\mathrm{T}}\{p\}\mathrm{d}V \tag{4-16}$$

(3) 面力$\{\bar{p}\}=[\bar{X} \quad \bar{Y} \quad \bar{Z}]^{\mathrm{T}}$的移置

$$\{R\}^e=\iint[N]^{\mathrm{T}}\{\bar{p}\}\mathrm{d}A \tag{4-17}$$

以上是普遍适用的计算式，对于四结点四面体单元的线性位移模式，可以按照静力学中力的分解原理直接求出等效结点荷载。

4.3 高次四面体单元

实际工程结构中的应力场，往往是随着坐标而急剧变化的，常应变四面体单元中的应力分量都是常量，难以适应急剧变化的应力场，为了保证必要的计算精度，必须采用密集的计算网格。这样一来，结点数量将很多，方程组十分庞大。如果采用高次位移模式，单元中的应力是变化的，就可以用较少的单元、较少的自由度而得到要求的计算精度，从而降低方程组的规模。当然，高次单元的刚度矩阵比较复杂，形成刚度矩阵要花费较多的计算时间。但在保持同样计算精度的条件下，采用高次单元，在总的计算时间上还是节省的。

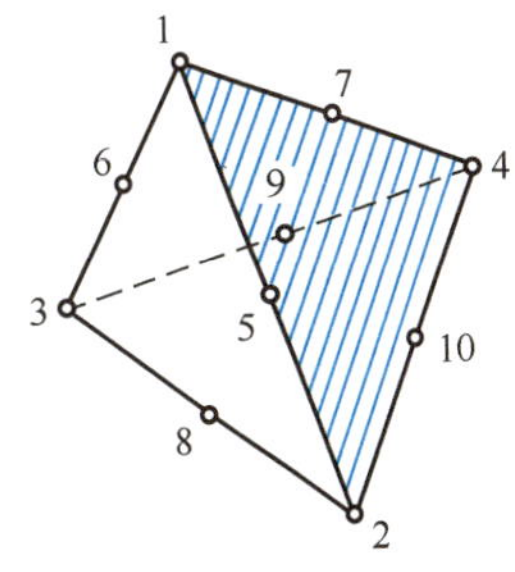

图 4-2

1. 10 结点线性应变四面体单元

取四面体四个角点，然后再加上六条棱边的中点，共 10 个结点，如图 4-2 所示。

(1) 位移模式 用直角坐标表示的完全二次多项式共有 10 项，依此将四面体单元位移模式取为

$$u=\alpha_1+\alpha_2x+\alpha_3y+\alpha_4z+\alpha_5x^2+\alpha_6y^2+\alpha_7z^2+\alpha_8xy+\alpha_9yz+\alpha_{10}zx$$

$$v=\alpha_{11}+\alpha_{12}x+\alpha_{13}y+\alpha_{14}z+\alpha_{15}x^2+\alpha_{16}y^2+\alpha_{17}z^2+\alpha_{18}xy+\alpha_{19}yz+\alpha_{20}zx$$

$$w=\alpha_{21}+\alpha_{22}x+\alpha_{23}y+\alpha_{24}z+\alpha_{25}x^2+\alpha_{26}y^2+\alpha_{27}z^2+\alpha_{28}xy+\alpha_{29}yz+\alpha_{30}zx$$

由上式求导数，可得到单元中的应变分量为

$$\varepsilon_x=\frac{\partial u}{\partial x}=\alpha_2+2\alpha_5x+\alpha_8y+\alpha_{10}z$$

$$\vdots$$

$$\gamma_{xy}=\frac{\partial u}{\partial y}+\frac{\partial v}{\partial x}=(\alpha_3+\alpha_{12})+(\alpha_8+2\alpha_{15})x+(2\alpha_6+\alpha_{18})y+(\alpha_9+\alpha_{20})z$$

$$\vdots$$

可见，单元中应变分量是坐标的线性函数，同理，应力分量也是坐标的线性函数，因此 10 结点四面体单元不再是常应变和常应力单元，精度要高于四结点四面体单元。

但可以看到位移模式中包含30个系数，为确定这些系数，需要30个自由度。取10个结点，每个结点有3个位移分量作为参数，理论上正好可以决定位移模式中的系数。但由于位移函数次数高，待定系数较多，若按照前面的方法去求位移插值函数和形函数，计算非常复杂。为运算简便，下面引入体积坐标的概念来代替直角坐标。

（2）体积坐标　空间问题的高次四面体单元，如果采用体积坐标，计算公式的推导与表达都可得到简化。如图4-3所示，在四面体单元1234中，任意一点 P 的位置可用下列四个比值来确定：

$$L_1=\frac{V_1}{V},\ L_2=\frac{V_2}{V},\ L_3=\frac{V_3}{V},\ L_4=\frac{V_4}{V} \tag{4-18}$$

其中，V 为四面体1234的体积：

$$V=\frac{1}{6}\begin{vmatrix}1 & 1 & 1 & 1\\ x_1 & x_2 & x_3 & x_4\\ y_1 & y_2 & y_3 & y_4\\ z_1 & z_2 & z_3 & z_4\end{vmatrix} \tag{a}$$

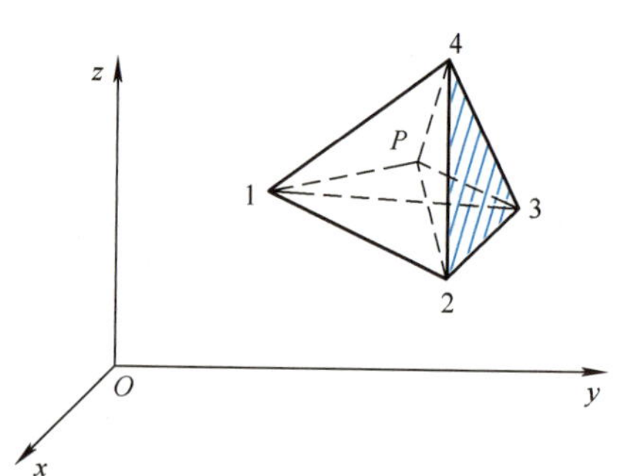

图　4-3

而 V_1、V_2、V_3、V_4 分别是四面体 $P234$、$P341$、$P412$、$P123$ 的体积，这四个比值称为 P 点的体积坐标。由于 $V_1+V_2+V_3+V_4=V$，因此

$$L_1+L_2+L_3+L_4=1 \tag{b}$$

直角坐标与体积坐标之间符合下列关系：

$$\begin{Bmatrix}1\\ x\\ y\\ z\end{Bmatrix}=\begin{bmatrix}1 & 1 & 1 & 1\\ x_1 & x_2 & x_3 & x_4\\ y_1 & y_2 & y_3 & y_4\\ z_1 & z_2 & z_3 & z_4\end{bmatrix}\begin{Bmatrix}L_1\\ L_2\\ L_3\\ L_4\end{Bmatrix} \tag{4-19}$$

对式（4-19）求逆，可用直角坐标表示体积坐标如下：

$$\begin{Bmatrix}L_1\\ L_2\\ L_3\\ L_4\end{Bmatrix}=\frac{1}{6V}\begin{bmatrix}a_1 & b_1 & c_1 & d_1\\ a_2 & b_2 & c_2 & d_2\\ a_3 & b_3 & c_3 & d_3\\ a_4 & b_4 & c_4 & d_4\end{bmatrix}\begin{Bmatrix}1\\ x\\ y\\ z\end{Bmatrix} \tag{c}$$

a_r、b_r、c_r、d_r 的定义类似式（4-5）。显然，体积坐标即常应变四面体单元的形函数

$$N_1=L_1,\ N_2=L_2,\ N_3=L_3,\ N_4=L_4$$

（3）10结点四面体单元的位移插值函数　单元位移模式可写为

$$u=\sum_{i=1}^{10}N_iu_i,\ v=\sum_{i=1}^{10}N_iv_i,\ w=\sum_{i=1}^{10}N_iw_i$$

其中，u_i、v_i、w_i 为结点 i 的位移分量；N_i 为形函数。根据形函数的性质，N_i 在结点 i 等于1，在其他结点则等于0，归纳出用面积坐标表示形函数 N_i 的表达式为

$$\begin{cases}\text{角点：}N_1=(2L_1-1)L_1 & (1,2,3,4)\\ \text{边中点：}N_2=4L_1L_2 & (5,6,7,8,9,10)(1,2,3,4)\end{cases} \tag{4-20}$$

可以看出，形函数 N_i 是用体积坐标表示的二次函数。由式（4-12）以及式（4-15）~式（4-17）不难求出单元刚度矩阵及结点荷载的算式。

2. 20 结点四面体单元

今取四面体的顶点 4 个，六条棱边的三分点 12 个及四个表面的形心 4 个，共 20 个结点，如图 4-4 所示。在直角坐标系中，完全的三次多项式共有 20 项，四面体单元的位移模式如取完全的三次多项式，也有 20 项，因此需要 20 个结点。由于位移模式是三次多项式，单元应变和应力将是坐标的二次函数。

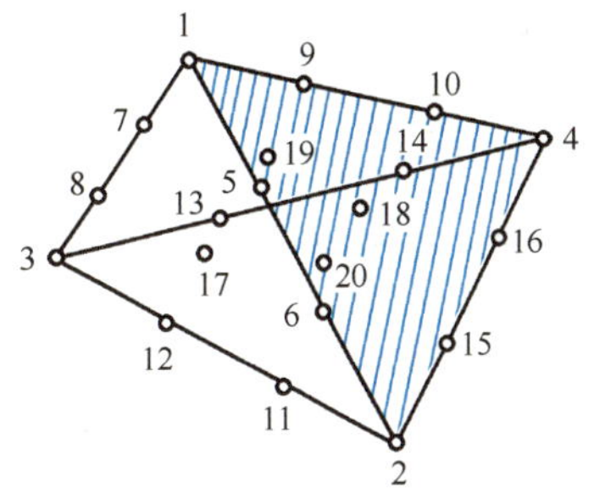

图 4-4

用体积坐标表示的形函数为

$$\begin{cases}\text{角点：} N_1 = \dfrac{1}{2}(3L_1-1)(3L_1-2)L_1 \quad (1,2,3,4)\\ \text{边三分点：} N_5 = \dfrac{9}{2}L_1L_2(3L_1-1) \quad (5,6,\cdots,16)\\ \text{表面形心：} N_{18} = 27L_1L_2L_3 \quad (17,18,19,20)\end{cases} \tag{4-21}$$

4.4 正六面体单元

正如在平面问题中采用矩形单元一样，在空间问题中也可以采用正六面体单元。正六面体单元是研究任意六面体和曲六面体单元的基础，因为通过几何映射，可以把它变成任意六面体和曲六面体。

1. 24 自由度的六面体单元

图 4-5a 表示了以 8 个角点为结点的六面体单元，每个结点有 u、v、w 三个自由度，一个单元共有 24 个自由度。

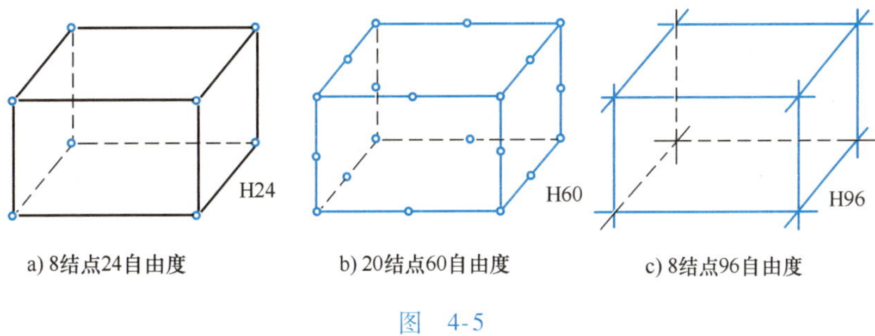

a) 8结点24自由度　b) 20结点60自由度　c) 8结点96自由度

图 4-5

为使单元具有相容性，8 结点 24 自由度的正六面体单元位移多项式亦不可能是完全的，可包含下列 8 项：

$$1, x, y, z, xy, xz, yz, xyz$$

即位移模式可写为

$$u = \alpha_1 + \alpha_2 x + \alpha_3 y + \alpha_4 z + \alpha_5 xy + \alpha_6 xz + \alpha_7 yz + \alpha_8 xyz$$

它包括了完全一次多项式，因而具备刚体位移和常应变状态。它有四个附加的高次项，但对每一个坐标来说，其最高次幂仍为 1。另外它对三个坐标来说也是“均衡的”。总项数为 8，以便与 8 个结点的位移相匹配。最后，在正六面体的任何一个边界面上，该函数退化为一个二维的二次多项式，含有四个独立的待定常数，它们由该边界面上的四个结点处的位移来唯一地确定。由此可知，这个位移函数是相容的。

2. 60 自由度的六面体单元

除了 8 个角点之外，再在六面体各个棱边的中点引入 12 个结点，就得到图 4-5b 所示的 20 结点六面体单元，每个结点以三个位移分量作为结点自由度，一个单元共有 60 个自由度，位移模式采用多项式，可以包括下列 20 项：

$$1,x,y,z,x^2,xy,xz,y^2,yz,z^2,x^2y,x^2z,$$
$$xy^2,xyz,xz^2,y^2z,yz^2,x^2yz,xy^2z,xyz^2$$

3. 96 自由度的六面体单元（N12 单元）

以上单元构造时均取结点位移为线位移函数的基本未知量，这种取法可保证相邻结点处位移连续，但并不能保证转角连续，转角相关于某个位移的一阶导数，基于此，每个结点除了 3 个位移分量外，再引进位移分量的 9 个一阶导数（相当于应变）作为自由度，每个结点共 12 个自由度，这种单元统称为 N12 单元，采用此种单元可以大大提高计算精度。仍以六面体单元的 8 个角点为结点，每个结点取 12 个自由度，就得到图 4-5c 所示的 8 结点 96 自由度六面体单元，即 H96 单元。类似地，还有 4 结点 48 自由度四面体单元（T48 单元）。

8 结点 96 自由度的六面体单元位移函数可以包括下列 32 项：

$$1,x,y,z,x^2,xy,xz,y^2,yz,z^2,x^3,x^2y,x^2z,xy^2,$$
$$xyz,xz^2,y^3,y^2z,yz^2,z^3,x^2yz,xy^2z,xyz^2,x^3y,x^3z,xy^3,$$
$$y^3z,xz^3,yz^3,x^3yz,xy^3z,xyz^3$$

图 4-6 所示为用几种不同空间单元计算一个悬臂梁弯曲问题的结果。所用的单元是 T12（四面体 12 自由度）、T48（四面体 48 自由度）、H24（六面体 24 自由度）及 H96（六面体 96 自由度）。该图以结构总自由度数为横坐标，以计算挠度与正确挠度的比值为纵坐标，在每个点旁边注明了所用的单元数目。由图 4-6 可见，高次单元的精度优于简单单元，而且六面体单元的精度优于四面体单元。

但必须注意，在结构自由度总数相同的条件下，高次单元刚度矩阵的计算要花费较多的时间。另外，六面体单元由于形状过于规则，在应用上受到较多限制，因此可以通过几何映射，把它变成任意六面体或曲六面体单元，这将在后面等参数单元一章中介绍。

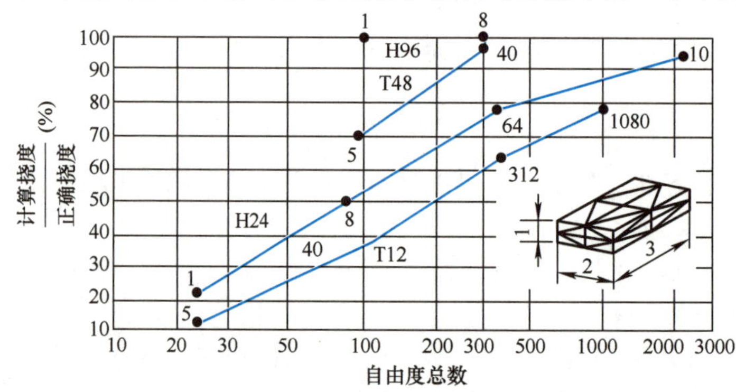

图 4-6

知识拓展

空间问题高次单元的精度优于简单单元，而且六面体单元的精度优于四面体单元。比如汽车公司进行汽车模型剖分，要求剖分全部为六面体单元，剖分出来的单元网格有时候看起来不好看、不整齐，但质量还好，计算结果可达到精度要求。而有些看起来好看，但质量不行，计算结果可能不收敛。这些都需要较长时间的工作积累进行经验的沉淀，同学们从现在开始可以利用业余时间进行一些实际案例的训练，如在工业制造领域、航空航天领域、动漫设计领域等进行网格剖分的训练和实践，增加自己知识的厚重感，同时培养自己的工匠精神、实践意识及职业素养。

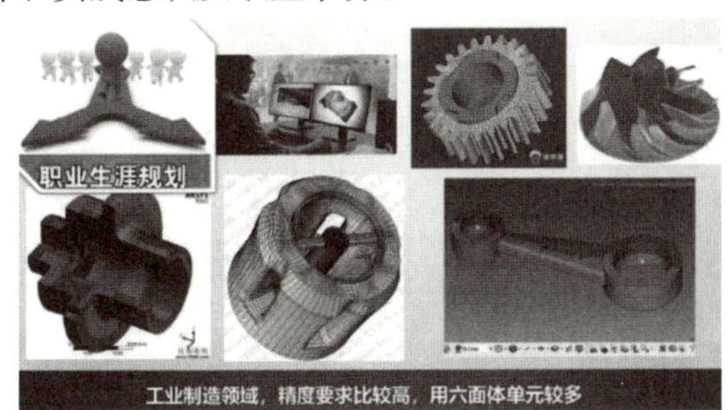
职业生涯规划
工业制造领域，精度要求比较高，用六面体单元较多

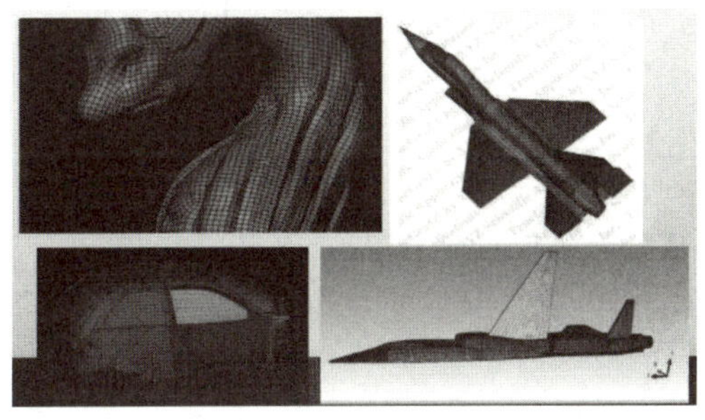

4.5　空间轴对称问题有限单元法

轴对称问题是弹性空间问题的一个特殊问题，这类问题的特点是物体为一平面绕其中心轴旋转而成的回转体。采用有限单元法对其进行应力分析得到的数值解，在工程上近似程度也较好。当分析结构同时满足以下三个条件时，可认为是轴对称问题。

轴对称问题有限单元

1）几何形状轴对称：要求结构是相对对称轴的旋转体。

2）边界条件轴对称：要求结构受到荷载和位移约束条件具有轴对称性。

3）材料轴对称：要求结构的材料特性具有轴对称性。

用有限单元法分析这种问题时，须将结构离散成有限个圆环单元。圆环单元的截面常用的有三角形或矩形，也可以是其他形式，如图 4-7 所示为三角形环状单元。这种环形单元之间由圆环形铰相连，称为结圆。各单元在 rz 平面内（子午面）形成网格，因此圆环单元实际上是由 rz 平面内形成网格的各多边形环绕对称轴 z 回转一周而成的。

与平面问题的平板单元不同，轴对称问题的单元是空间圆环体，但由于对称性，可以任取一个 rz 平面进行分析，其方法与第 3 章平面问题有限元分析方法相似。解轴对称问题通常采用圆柱坐标 (r,θ,z)。以对称轴作为 z 轴，所有的应力、应变、位移都将与 θ 无关，而只是 r 和 z 的函数。任一点的位移只有两个方向的分量，也就是沿 r 方向的径向位移 u 和沿 z 方向的轴向位移 w。由于轴对称，沿 θ 方向的位移等于零，因此该问题转化为二维问题。与二维问题不同之处是：轴对称问题的单元为圆环体，单元之间由结圆铰接，结点力为结圆上的均布力，单元边界为回转面。

本节以三结点三角形环状单元为例进行讨论（图4-8）。这种单元适应性好、计算简单，是一种常用的简单单元。

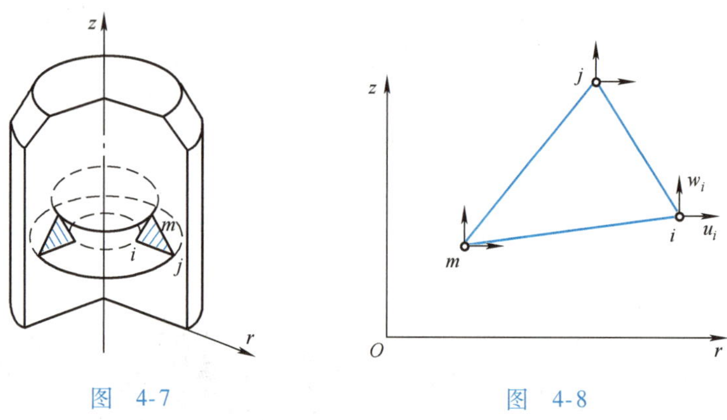

图 4-7　　　图 4-8

知识拓展

轴对称是一个数学概念，但轴对称现象却无处不在。从自然景观到分子结构，从建筑物到艺术作品，甚至诗词歌赋，都可以轻而易举地找到轴对称的例子，轴对称与我们的生活和工作息息相关。一方面通过自然界大多数结构呈现的对称美，如花瓣等，给同学们带来美感；另一方面讨论生活及工程中遇到具有轴对称特性的事物，分析轴对称问题特殊的形状和承载特征，可将这一特殊的空间问题简化为平面问题，在减少工作量的同时满足精度要求。

由此可获得启示，在面对工作、生活中遇到的问题时，要善于发现问题关键所在，即抓住主要矛盾，进一步利用自身知识和经验对问题进行适当简化，降低问题难度并予以解决。

1. 位移模式与插值函数

取出环状单元的一个截面 ijm，如图4-8所示。单元结点位移与结点力分别为

$$\{\delta\}^e = [u_i \quad w_i \quad u_j \quad w_j \quad u_m \quad w_m]^{\mathrm{T}}$$

$$\{F\}^e = [U_i \quad W_i \quad U_j \quad W_j \quad U_m \quad W_m]^{\mathrm{T}}$$

取线性位移模式

$$\begin{cases} u = \alpha_1 + \alpha_2 r + \alpha_3 z \\ w = \alpha_4 + \alpha_5 r + a_6 z \end{cases} \tag{4-22}$$

通过与平面问题相同的推导过程，得到类似的位移模式

$$\begin{cases} u = N_i u_i + N_j u_j + N_m u_m \\ w = N_i w_i + N_j w_j + N_m w_m \end{cases} \tag{4-23}$$

式中，N_i、N_j、N_m 是插值函数，且

$$N_i = \frac{1}{2A}(a_i + b_i r + c_i z) \qquad (i,j,m) \tag{4-24}$$

其中，

$$2A = \begin{vmatrix} 1 & r_i & z_i \\ 1 & r_j & z_j \\ 1 & r_m & z_m \end{vmatrix} \quad \text{（三角形环状单元截面积的 2 倍）}$$

$$\begin{cases} a_i = r_j z_m - r_m z_j \\ b_i = z_j - z_m \\ c_i = -(r_j - r_m) \end{cases} \qquad (i,j,m) \tag{4-25}$$

位移模式（4-23）的矩阵表达式是

$$\{u\} = \begin{Bmatrix} u \\ w \end{Bmatrix} = [N]\{\delta\}^e = \begin{bmatrix} N_i & 0 & N_j & 0 & N_m & 0 \\ 0 & N_i & 0 & N_j & 0 & N_m \end{bmatrix} \{\delta\}^e \tag{4-26}$$

2. 单元应变和应力

（1）单元应变　将位移表达式（4-26）代入几何关系，则得到单元应变

$$\{\varepsilon\} = \begin{Bmatrix} \varepsilon_r \\ \varepsilon_z \\ \gamma_{rz} \\ \varepsilon_\theta \end{Bmatrix} = \begin{Bmatrix} \dfrac{\partial u}{\partial r} \\ \dfrac{\partial w}{\partial z} \\ \dfrac{\partial u}{\partial z} + \dfrac{\partial w}{\partial r} \\ \dfrac{u}{r} \end{Bmatrix} = [B]\{\delta\}^e = [B_i \quad B_j \quad B_m]\{\delta\}^e \tag{4-27}$$

其中，

$$[B_i] = \frac{1}{2A} \begin{bmatrix} b_i & 0 \\ 0 & c_i \\ c_i & b_i \\ f_i & 0 \end{bmatrix} \quad (i,j,m) \tag{4-28}$$

$$f_i = \frac{a_i}{r} + b_i + \frac{c_i z}{r} \quad (i,j,m) \tag{4-29}$$

由以上两式可见，单元中的应变分量 ε_r、ε_z、γ_{rz} 都是常量；但环向应变 ε_θ 不是常量，f_i、f_j、f_m 与单元各点的位置 (r,z) 有关。由于在对称轴上 $r=0$ 会引起奇异性，因此为了简化计算和消除由于结点落在对称轴上而引起的奇异性，通常采用单元的形心值，即令

$$r \approx \bar{r} = \frac{1}{3}(r_i + r_j + r_m)$$

$$z \approx \bar{z} = \frac{1}{3}(z_i + z_j + z_m)$$

于是有

$$f_i \approx \bar{f}_i = \frac{a_i}{\bar{r}} + b_i + \frac{c_i \bar{z}}{\bar{r}} \quad (i,j,m) \tag{4-30}$$

因此轴对称问题的各单元可看成是常应变单元，所求得的应变是形心处的应变值。

知识拓展

在对单元进行应力、应变分析时，讨论当结点落在对称轴上使 $r=0$ 而引起的奇异性，通常采用单元的形心值进行代替，钱伟长院士曾在《应用数学和力学》期刊上对这个问题提出了一种新的解决方式。而两个月后，浙江大学的丁浩江教授也在同一期刊发表了对这个问题的看法，并与钱伟长院士展开了讨论。通过这个事例，一方面大家对奇异点的处理方式有了进一步的了解，另一方面希望培养大家科学研究的怀疑和批判精神。对待任何事情，要坚持以科学的态度进行分析，做到不唯上，不唯书，只唯实，敢于确立新观念。

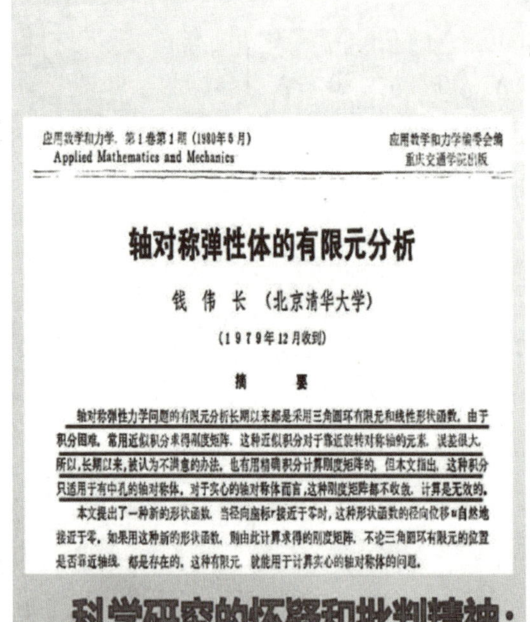

应用数学和力学，第1卷第1期（1980年5月）
Applied Mathematics and Mechanics

应用数学和力学编委会编
重庆交通学院出版

轴对称弹性体的有限元分析

钱 伟 长 （北京清华大学）

（1979年12月收到）

摘　要

轴对称弹性力学问题的有限元分析长期以来都是采用三角圆环有限元和线性形状函数，由于积分困难，常用近似积分来得刚度矩阵，这种近似积分对于靠近旋转对称轴的元素，误差很大，所以，长期以来，被认为不满意的办法，也有用精确积分计算刚度矩阵的，但本文指出，这种积分只适用于有中孔的轴对称体，对于实心的轴对称体而言，这种刚度矩阵都不收敛，计算是无效的。

本文提出了一种新的形状函数，当径向座标 r 接近于零时，这种形状函数的径向位移 u 自然地接近于零，如果用这种新的形状函数，则由此计算求得的刚度矩阵，不论三角圆环有限元的位置是否靠近轴线，都是存在的，这种有限元，就能用于计算实心的轴对称体的问题。

两个月后，同一期刊《应用数学和力学》

讨论栏

对于"轴对称弹性体的有限元分析"一文的讨论（注）

丁浩江（浙江大学）：

关于线性三角形单元精确刚度矩阵的计算，确实存在有不收敛的项，但是与这些项相对应的行列，最终都是要处理掉的，因为这些项只发生于节点在对称轴上的时候，而此时总有 $u_i=0$，因此只需在程序编制上预先作一次判断就行。我曾作过大量的精确矩阵的计算，结果表明是良好的。Zienkiewicz的错误结论，主要在于 I_1 的错误公式，从而引起计算结果偏离实际。

应变计算公式中，对应 e_θ 的项有奇异性（$r=0$），但是当 $r=0$ 时，显然有 $e_\theta=e_r$，用 e_r 代替 e_θ，所以只要程序中作一点改动即可解决。

75—76年间我从事过轴对称问题有限元计算的工作，并写成一篇短文"轴对称固体有限元法的两个问题"，76年被"力学"杂志以"本刊不宜登载此文"为由而退稿，于是我只好把油印稿散发给许多单位。

钱伟长（清华大学、本文作者）：

丁浩江同志所提各点，都是正确的，可惜当年"力学"，以"本刊不宜登载"而枪毙掉了，以致作者并没有读到丁浩江同志的文稿。

作者文章中所述方法，已经不是一般的位移有限元，而是位移（u）和应变（e_θ）的混合有限元，这样做的优点，在于不论计算点在不在轴上，都可以用统一的同一个计算程序进[illegible]无须在程序[illegible]预先作[illegible]的，无需在轴上[illegible]计算程序[illegible]只[illegible]文(2.3)[illegible]数矩阵就可以求得，这样做显然比一般位移有限元法要简单一些。

科学研究的怀疑和批判精神：不唯上，不唯书，只唯实

(2) 单元应力　单元应力可用应变代入物理方程得到，即

$$\sigma = \begin{Bmatrix} \sigma_r \\ \sigma_z \\ \tau_{rz} \\ \sigma_\theta \end{Bmatrix} = [D][B]\{\delta\}^e = [S]\{\delta\}^e = [S_i \quad S_j \quad S_m]\{\delta\}^e \tag{4-31}$$

式中，[D] 是轴对称问题的弹性矩阵，由式（2-25）确定，即

$$[D]=\frac{E(1-\mu)}{(1+\mu)(1-2\mu)}\begin{bmatrix}1 & & \text{对} & \\ \frac{\mu}{1-\mu} & 1 & & \text{称} \\ \frac{\mu}{1-\mu} & \frac{\mu}{1-\mu} & 1 & \\ 0 & 0 & 0 & \frac{1-2\mu}{2(1-\mu)}\end{bmatrix}$$

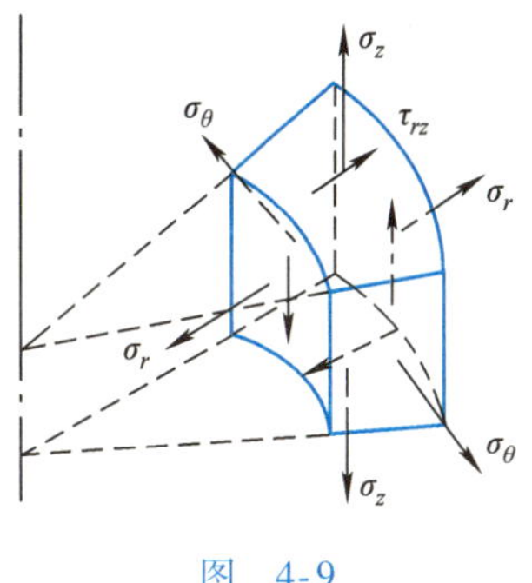

图　4-9

轴对称体的应力分量如图 4-9 所示。

应力矩阵子块

$$[S_i]=\frac{E(1-\mu)}{2A(1+\mu)(1-2\mu)}\begin{bmatrix}b_i+A_1f_i & A_1c_i \\ A_1(b_i+f_i) & c_i \\ A_2c_i & A_2b_i \\ A_1b_i+f_i & A_1c_i\end{bmatrix}\quad(i,j,m) \tag{4-32}$$

其中，

$$A_1=\frac{\mu}{1-\mu},\ A_2=\frac{1-2\mu}{2(1-\mu)} \tag{4-33}$$

由式（4-31）、式（4-32）可以看出，单元中只有 τ_{rz} 是常量，其他应力都是变量，与单元各点的位置（r,z）有关。为了计算方便，同样可以采用形心坐标值来代替，每个单元近似地被当作常应力单元，所求得的应力是单元形心处的应力近似值。

3. 单元刚度矩阵

由式（2-37），轴对称问题的虚功方程为

$$(\{\delta^*\}^e)^{\mathrm{T}}\{F\}^e=2\pi\iint_A\{\varepsilon^*\}^{\mathrm{T}}\{\sigma\}r\mathrm{d}r\mathrm{d}z$$

将

$$\{\varepsilon^*\}=[B]\{\delta^*\}^e\quad 与\quad \{\sigma\}=[D][B]\{\delta\}^e$$

代入整理，最后得到单元刚度方程

$$\{F\}^e=[K]^e\{\delta\}^e$$

其中，单元刚度矩阵

$$[K]^e=2\pi\iint_A[B]^{\mathrm{T}}[D][B]r\mathrm{d}r\mathrm{d}z \tag{4-34}$$

仍取单元形心处的坐标$\bar{r}$和$\bar{z}$来近似，把式（4-30）代入式（4-34）很快可以得到一个近似的单元刚度矩阵

$$[K]=2\pi\bar{r}[B]^{\mathrm{T}}[D][B]A=\begin{bmatrix}K_{ii} & K_{ij} & K_{im} \\ K_{ji} & K_{jj} & K_{jm} \\ K_{mi} & K_{mj} & K_{mm}\end{bmatrix} \tag{4-35}$$

式中，A 是三角形环状单元的截面积。对于式（4-35）中每一子块

$$[K_{rs}]=2\pi\bar{r}[B_r]^{\mathrm{T}}[D][B_s]A \tag{4-36}$$

展开得到

$$[K_{rs}]=\frac{\pi E(1-\mu)\bar{r}}{2A(1+\mu)(1-2\mu)}\begin{bmatrix}K_1 & K_3\\ K_2 & K_4\end{bmatrix}\quad (r,s=i,j,m) \tag{4-37}$$

式中，

$$\begin{cases}K_1=b_rb_s+f_rf_s+A_1(b_rf_s+f_rb_s)+A_2c_rc_s\\ K_2=A_1c_r(b_s+f_s)+A_2b_rc_s\\ K_3=A_1c_s(b_r+f_r)+A_2c_rb_s\\ K_4=c_rc_s+A_2b_rb_s\\ A_1=\dfrac{\mu}{1-\mu},\ A_2=\dfrac{1-2\mu}{2(1-\mu)}\end{cases} \tag{4-38}$$

实际计算表明，采用近似积分不仅计算方便，而且其精度也是足够满意的。因此对于三结点三角形环状单元，一般多采用近似积分来计算刚度矩阵。

4. 等效结点荷载移置

作用在环形单元上的荷载，包括体力、面力、集中力，都应移置到单元的结圆上，形成沿整个结圆均匀分布的结圆荷载。即

体力 $\{p\}=[R\quad Z]^{\mathrm{T}}$

面力 $\{\bar{p}\}=[\bar{R}\quad \bar{Z}]^{\mathrm{T}}$

集中力 $\{P\}=[P_r\quad P_z]^{\mathrm{T}}$

由于轴对称，单元的结点力是作用在单元的结圆上的，形成沿整个结圆均匀分布的荷载，这与平面问题不同，经过推导，可得单元的等效结点力移置计算公式如下：

(1) 体力的移置

(2) 面力的移置

(3) 集中力的移置

$$\begin{cases}\{R\}^e=2\pi\iint_A[N]^{\mathrm{T}}\{p\}r\mathrm{d}r\mathrm{d}z\\ \{R\}^e=2\pi\int[N]^{\mathrm{T}}\{\bar{p}\}r\mathrm{d}s\\ \{R\}^e=2\pi r[N]^{\mathrm{T}}\{P\}\end{cases} \tag{4-39}$$

下面就推导几种常见荷载的等效结点力计算公式。

(1) 体积力向量

1) 离心力。当体积力是物体绕 z 轴旋转产生的离心力时，设旋转的角速度为 ω，材料的密度为 ρ，则单位体积的离心力为

$$\{p\}=\begin{Bmatrix}p_r\\ p_z\end{Bmatrix}=\begin{Bmatrix}\rho\omega^2r\\ 0\end{Bmatrix}$$

因此

$$\{p\}^e=2\pi\iint_A\begin{bmatrix}N_i & 0 & N_j & 0 & N_m & 0\\ 0 & N_i & 0 & N_j & 0 & N_m\end{bmatrix}\begin{Bmatrix}\rho\omega^2r\\ 0\end{Bmatrix}r\mathrm{d}r\mathrm{d}z \tag{4-40}$$

注意到整体坐标与面积坐标的关系式

$$r=r_iL_i+r_jL_j+r_mL_m$$

利用积分公式

$$\iint L_i^aL_j^bL_m^c\mathrm{d}x\mathrm{d}y=\frac{a!b!c!}{(a+b+c+2)!}\cdot 2A$$

可得到面积坐标的幂函数在三角形单元上的积分

$$\iint_A N_i r^2 \mathrm{d}r\mathrm{d}z = \iint_A L_i\,(r_iL_i + r_jL_j + r_mL_m)^2 \mathrm{d}r\mathrm{d}z$$

$$= \frac{A}{30}[\,(r_i + r_j + r_m)^2 + 2r_i^2 - r_jr_m\,]$$

$$= \frac{A}{30}(9\bar{r}^2 + 2r_i^2 - r_jr_m) \quad (i,j,m)$$

代入式（4-40）得到移置到结点 i、j、m 上的离心力的等效结点荷载为

$$\{p_i\}^e = \begin{Bmatrix} p_{ir} \\ p_{iz} \end{Bmatrix}^e = 2\pi\begin{Bmatrix} \dfrac{\rho\omega^2 A}{30}(9\bar{r}^2 + 2r_i^2 - r_jr_m) \\ 0 \end{Bmatrix} \quad (i,j,m) \tag{4-41}$$

2）自重。设物体的容重为 $\gamma(=\rho g)$，于是

$$p = \begin{Bmatrix} p_r \\ p_z \end{Bmatrix} = \begin{Bmatrix} 0 \\ -\gamma \end{Bmatrix}$$

此时移置到结点 i、j、m 上的体积力向量为

$$\{p_i\}^e = \begin{Bmatrix} p_{ir} \\ p_{iz} \end{Bmatrix}^e = 2\pi\iint_A N_i \begin{Bmatrix} 0 \\ -\gamma \end{Bmatrix} r\mathrm{d}r\mathrm{d}z \quad (i,j,m)$$

注意到

$$\iint_A N_i r\mathrm{d}r\mathrm{d}z = \iint_A L_i(r_iL_i + r_jL_j + r_mL_m)\mathrm{d}r\mathrm{d}z$$

利用积分公式（3-52）可得

$$\iint_A N_i r\mathrm{d}r\mathrm{d}z = \left(\frac{r_i}{6} + \frac{r_j}{12} + \frac{r_m}{12}\right)A = \frac{A}{12}(3\bar{r} + r_i) \quad (i,j,m)$$

最后得

$$\{p_i\}^e = 2\pi\begin{Bmatrix} 0 \\ -\dfrac{\gamma A}{12}(3\bar{r} + r_i) \end{Bmatrix} \quad (i,j,m) \tag{4-42}$$

如果单元离对称轴较远（$\bar{r} \approx r_i \approx r_j \approx r_m$），式（4-42）可认为是将单元重力的 1/3 移置到每个结点上。

（2）表面力向量

1）均布面力。如图 4-10 所示，假设单元的 im 边作用有均布侧压 q，以压向单元边界为正，则面力为

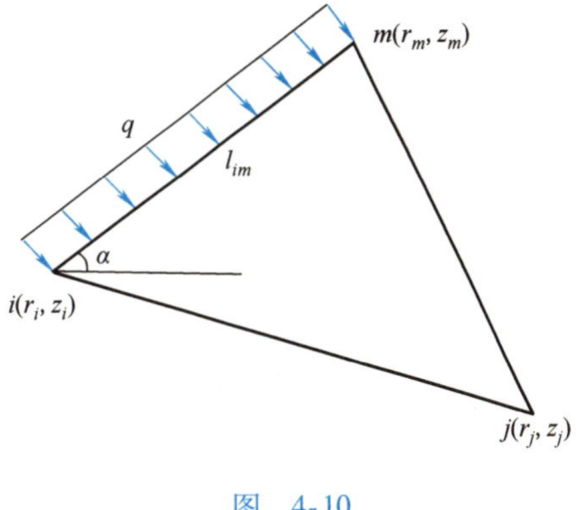

图 4-10

$$\{\bar{p}\} = \begin{Bmatrix} \bar{R} \\ \bar{Z} \end{Bmatrix} = \begin{Bmatrix} q\sin\alpha \\ -q\cos\alpha \end{Bmatrix} = \begin{Bmatrix} q\dfrac{z_m - z_i}{l_{im}} \\ q\dfrac{r_i - r_m}{l_{im}} \end{Bmatrix} \tag{4-43}$$

(r_i, z_i)、(r_m, z_m) 为结点 i 和结点 m 的坐标，l_{im} 为 im 边的边长。根据式（4-39）的第二式

$$\{R_i\} = 2\pi\int N_i\begin{Bmatrix} q\dfrac{z_m - z_i}{l_{im}} \\ q\dfrac{r_i - r_m}{l_{im}} \end{Bmatrix} r\mathrm{d}s \tag{4-44}$$

式中，积分

$$\int N_i r\mathrm{d}s = \int L_i(r_iL_i + r_jL_j + r_mL_m)\mathrm{d}s$$

注意到沿边界 im 积分时 $L_j=0$，对上式积分有

$$\int N_i r\mathrm{d}s = \frac{1}{6}(2r_i + r_m)l_{im} \tag{4-45}$$

代入式（4-44）得到

$$\{R_i\} = \begin{Bmatrix} R_{ir} \\ R_{iz} \end{Bmatrix} = \frac{1}{3}\pi q(2r_i + r_m)\begin{Bmatrix} z_m - z_i \\ r_i - r_m \end{Bmatrix} \tag{4-46}$$

同理可得

$$\{R_m\} = \begin{Bmatrix} P_{mr} \\ P_{mz} \end{Bmatrix} = \frac{1}{3}\pi q(r_i + 2r_m)\begin{Bmatrix} z_m - z_i \\ r_i - r_m \end{Bmatrix} \tag{4-47}$$

由于沿 im 边 $L_j=0$，所以

$$\{R_j\} = \{0\}$$

2）三角形分布面力。如果单元 jm 边上在 x 方向作用了三角形分布的面力，如图 4-11 所示，经同样推导得

$$\{Q\}^e = \frac{\pi ql}{6}[0 \quad 0 \quad 3r_j + r_m \quad 0 \quad r_j + r_m \quad 0]^{\mathrm{T}} \tag{4-48}$$

如果单元离对称轴较远，可近似认为 $r \approx r_j \approx r_m$，于是

$$\{Q\}^e = \pi lqr\left[0 \quad 0 \quad \frac{2}{3} \quad 0 \quad \frac{1}{3} \quad 0\right]^{\mathrm{T}} \tag{4-49}$$

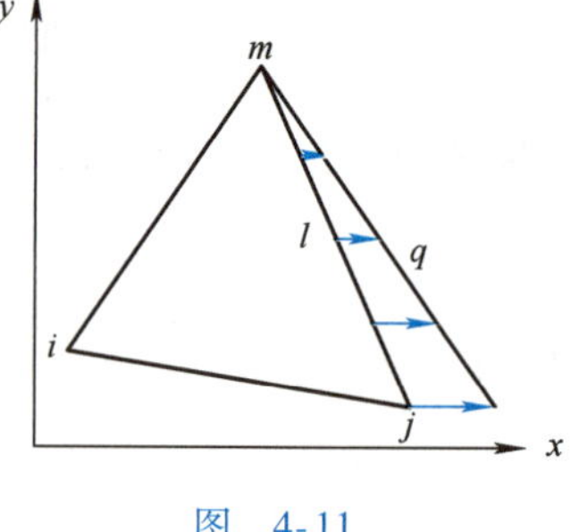

图 4-11

例题分析： 轴对称问题，离散化厚壁圆球受外压，圆球外壁半径 R_0 = 10.4cm，内壁半径 R_1 = 9.1cm，外压 p = 1500N/cm²。由于对称可取 1/4 球体进行计算，网格划分及对称面条件表示方式如图 4-12a 所示。沿球壁厚度划分 8 个三角形单元，全部共计 160 个单元。计算结果如图 4-12b 所示。取相邻单元的平均值则达到相当满意的计算精度，对于主要应力 σ_θ 最大相对误差小于 2%。

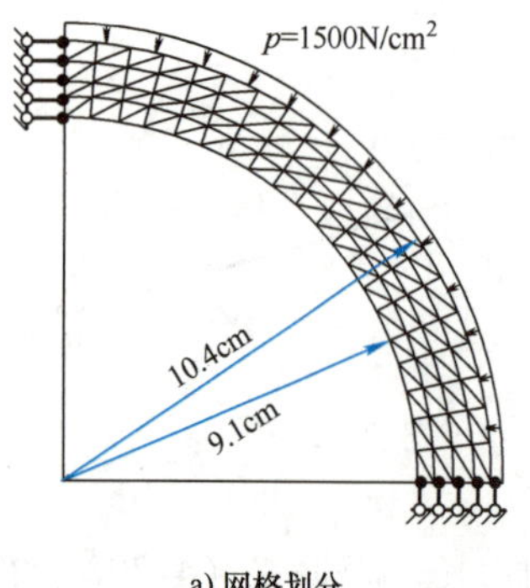

a) 网格划分

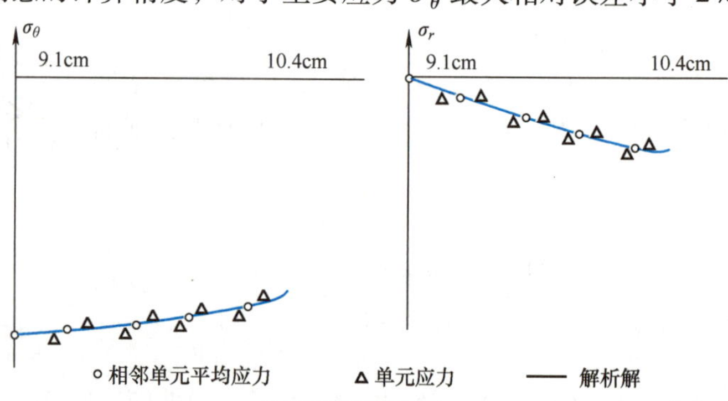

b) 应力计算结果

图 4-12

4-1　轴对称问题有限单元法中的结点位移向量是什么？当采用三角形环状单元时，其分析程序与什么问题的程序相同？其中要修改、补充哪些矩阵？

4-2　三结点三角形环状单元是不是常应变单元？为什么？

4-3　试验证四面体单元中二次多项式插值的形函数为

$$N_1 = (2L_1 - 1)L_1 \quad (1,2,3,4)$$

$$N_5 = 4L_1L_2 \quad (5,6,7,8,9,10)(1,2,3,4)$$

4-4　两个轴对称等边直角三角形单元，形状、大小、方位都相同，位置如题 4-4 图所示，弹性模量为 E，泊松比 $\nu = 0.15$，试分别计算它们的单元刚度矩阵。

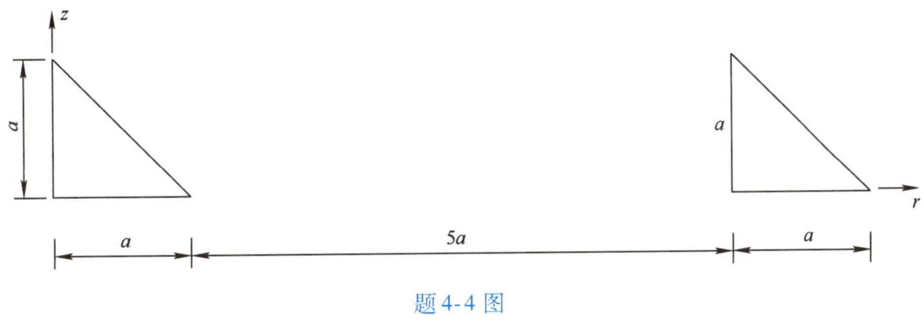

题 4-4 图

4-5　求题 4-5 图所示轴对称单元在荷载 q 作用下的等效结点荷载。

4-6　题 4-6 图所示八结点空间单元，各棱边长 2 个单位，在 $\zeta = 1$ 的表面沿铅直方向作用均布载荷 q，求等效结点荷载。

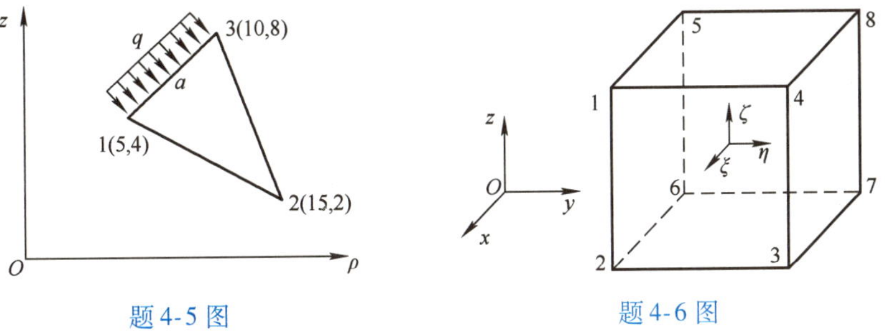

题 4-5 图　　题 4-6 图

第5章 等参数单元

5.1 等参数单元的概念

等参变换的概念

前面已讨论了一些常用的单元形式。比如三角形单元具有适用性强的优点，能适应复杂的几何边界、分布不均匀的材料类型和梯度不等的应力区域，但它的计算精度低；而矩形单元具有精度较高、形状规整、便于计算自动化等优点，但适应性较差，实际问题中遇到曲线边界或非正交直线边界时很难模拟，对于材料分布不均匀的结构或是应力梯度不等的区域难以布置大小不等的网格，这是矩形单元的致命弱点。那么，能否构造出本身形状任意、边界适应性强的高精度四结点任意四边形单元呢？构造这样的单元存在两个方面的困难：一是难以构造出满足连续性条件的单元插值函数；二是单元分析中出现的积分难以确定积分限。

为了解决上述矛盾，人们提出了等参数单元。等参数单元是位移型单元中应用最广的一种单元，它最早是由泰格（I. C. Taig）和埃昂期（B. M. Irons）提出和推广的，这种单元的引入使得非矩形四边形单元的存在成为可能，由于其可以对一般的任意几何形状的工程问题和物理问题方便地进行有限元离散，等参数单元的提出为有限单元法成为现代工程实际领域最有效的数值分析方法迈出了极为重要的一步。

等参数单元最明显的特点是单元可以有曲边，并且它们有特殊的坐标系（称为自然坐标系）。等参数单元在模拟具有曲线边界的结构和从粗网格到细网格做的单元过渡时是很有用的，并具有多方面的适用性。在二维和三维弹性分析、壳体分析等应用中已被证明是有效的。

等参变换利用规整单元（如三角形单元、矩形单元、正六面体单元）的原理来研究推导所对应的不规整单元的表达式。这其中涉及几何形状映射、坐标系变换（等参变换、非等参变换）等问题。数学上，可以通过解析函数给出的变换关系，将一个坐标系下形状复杂的几何边界映射到另一个坐标系下，生成形状简单的几何边界，反过来也一样。那么，将满足收敛条件的形状规则的单元作为基本单元（母单元），定义于局部坐标系中，如图 5-1a 所示，通过坐标变换把其映射到总体坐标系中生成几何边界任意的单元，作为实际单元，如图 5-1b 所示。只要变换使实际单元与基本单元之间的点一一对应，即满足坐标变换的相容性，实际单元同样满足收敛条件。这样构造的单元具有双重特性：作为实际单元，其几何特性、受力情况、力学性能都来自真实结构，充分反映了它的属性；作为基本单元，其形状规则，便于计算与分析。

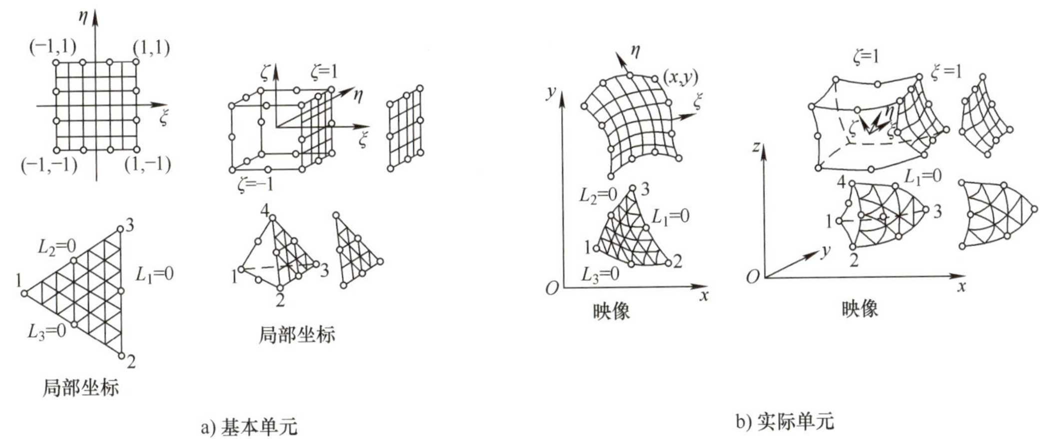

a) 基本单元

b) 实际单元

图 5-1

以四边形单元为例来说明等参数单元的坐标变换方法。对于一个任意四边形单元，如图 5-2a 所示，此时若仍然采用矩形单元的位移模式，即

$$\begin{cases} u = \alpha_1 + \alpha_2 x + \alpha_3 y + \alpha_4 xy \\ v = \alpha_5 + \alpha_6 x + \alpha_7 y + \alpha_8 xy \end{cases}$$

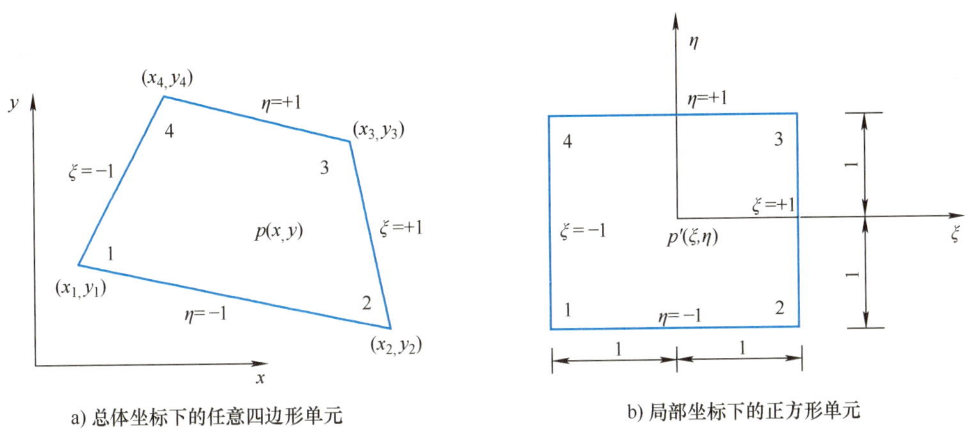

a) 总体坐标下的任意四边形单元

b) 局部坐标下的正方形单元

图 5-2

虽然这个位移模式反映了刚体位移和常应变，但它不能满足位移连续性条件。如取 23 边来考察，23 边是一条斜线，其直线方程可写为 $y = Ax + B$，代入上式得

$$\begin{cases} u_{23} = (\alpha_1 + \alpha_3 B) + (\alpha_2 + \alpha_3 A + \alpha_4 B)x + \alpha_4 A x^2 \\ v_{23} = (\alpha_5 + \alpha_7 B) + (\alpha_6 + \alpha_7 A + \alpha_8 B)x + \alpha_8 A x^2 \end{cases}$$

可见 23 边上的位移函数是二次曲线分布，但此边上只有两个结点，因此不能唯一地确定出位移函数。也就是说，若 23 边为两单元的公共边界，则不能保证边界上的位移相协调，也就是不能满足位移在单元边界上的协调条件。

为解决这个矛盾，可采用坐标变换，将 x-y 平面内（总体坐标）的任意四边形单元变换为ξ-η平面内（局部坐标）的正方形单元，如图5-2b所示。这里ξ、η一般取为从-1到+1变化，这种局部坐标系下形状规则的单元称为基本单元或母单元，而图5-2a中x-y总体坐标系中的四边形单元称为实际单元或子单元，它可视为基本单元的映象。只要实际单元不是畸变的四边形（图5-3），基本单元和实际单元之间将存在着点的一一对应关系，如实际单元中的一点$p(x,y)$对应基本单元中的一点$p'(\xi,\eta)$。显然，整体坐标系x-y与局部坐标系ξ-η间存在着一定的变换关系，若能找到这种变换关系，那么关于实际单元的特性分析就可借用很规整的基本单元进行了。

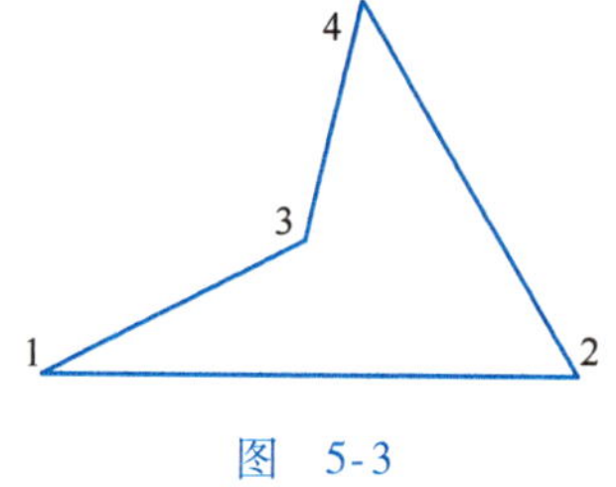

图 5-3

1. 坐标变换

如何描述单元在不同坐标系上几何形状的变换呢？我们将局部坐标ξ-η平面上的基本单元，又称“母单元”，一般取边长为2的正方形单元或边长为2的立方体单元，经坐标变换成x-y平面上的曲边或曲面单元（又称“子单元”），建立两个单元上点的一一对应关系。为了得到这种映射的数学表达式，最方便的方法是将坐标变换也表示成插值函数的形式，即单元上任意一点（ξ,η）在实际单元中对应点（x,y）的坐标可写为

$$x=\alpha_1+\alpha_2\xi+\alpha_3\eta+\alpha_4\xi\eta$$
$$y=\alpha_5+\alpha_6\xi+\alpha_7\eta+\alpha_8\xi\eta$$

代入结点的坐标（x_i,y_i）整理得到

$$\begin{cases}x=\sum\limits_{i=1}^{4}N_ix_i=N_1(\xi,\eta)x_1+N_2(\xi,\eta)x_2+N_3(\xi,\eta)x_3+N_4(\xi,\eta)x_4\\ y=\sum\limits_{i=1}^{4}N_iy_i=N_1(\xi,\eta)y_1+N_2(\xi,\eta)y_2+N_3(\xi,\eta)y_3+N_4(\xi,\eta)y_4\end{cases}\tag{5-1}$$

其中形函数为

$$\begin{cases}N_1=\dfrac{1}{4}(1-\xi)(1-\eta)\\ N_2=\dfrac{1}{4}(1+\xi)(1-\eta)\\ N_3=\dfrac{1}{4}(1+\xi)(1+\eta)\\ N_4=\dfrac{1}{4}(1-\xi)(1+\eta)\end{cases}\tag{5-2}$$

不难看出，式（5-1）是用ξ、η表示x、y的关系式，一旦知道母单元某一点的局部坐标ξ、η值，便可找出实际单元对应点的整体坐标x、y值，从而保证实际单元和母单元之间存在有一一对应的关系。通过这种方式建立了两种坐标系之间的关系，从而将局部坐标下形状规则的单元变换为整体坐标内形状扭曲的单元。注意，一个母单元与一族子单元相对应。

2. 位移模式

由于任意四边形单元在母单元中的位移模式插值公式可以参照矩形单元的位移模式，即

$$\begin{cases}u=\sum\limits_{i=1}^{4}N_iu_i=N_1(\xi,\eta)u_1+N_2(\xi,\eta)u_2+N_3(\xi,\eta)u_3+N_4(\xi,\eta)u_4\\ v=\sum\limits_{i=1}^{4}N_iv_i=N_1(\xi,\eta)v_1+N_2(\xi,\eta)v_2+N_3(\xi,\eta)v_3+N_4(\xi,\eta)v_4\end{cases}\tag{5-3}$$

其中的形函数 $N_i(\xi,\eta)$ 与式（5-2）相同。通过比较可以看出，位移模式（5-3）与坐标变换式（5-1）彼此相似。位移模式是根据结点的位移（u_i,v_i）采用形函数 $N_i(\xi,\eta)$ 来确定单元的位移场；坐标变换式是根据结点的坐标（x_i,y_i）采用形函数 $N_i(\xi,\eta)$ 来确定单元的几何形状。位移模式与坐标变换式具有完全相同的构造，即采用了相同的结点以及相同的插值函数，因此这种单元称为等参数单元（等参元）。

如果在坐标变换中采用结点的个数多于位移函数插值采用的结点个数，这种单元称为超参数单元；相反，若在坐标变换中采用结点的个数少于位移函数插值采用的结点个数，则称为亚参数单元。本章仅讨论等参数单元。

知识拓展

等参化蕴含着映射的思想，对于简单的、“标准的”单元，其形函数形式也很简单，非常容易得到，所以我们将其定义为标准形。因此，对于任意一个形状的单元（同类别），无非就是没有标准形那么标准，毕竟还是属于同类别的，可以用标准形的形函数做某种变换，从而得到其形函数。这种变换有点类似坐标变换。等参化与标准形是“万变不离其宗”的关系。

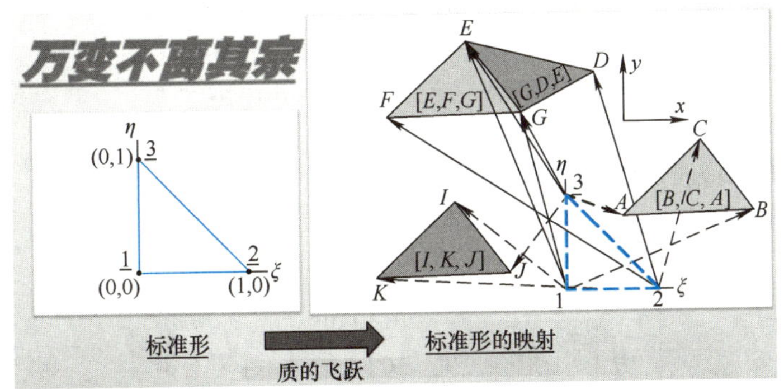

所以，这样的好处是什么呢？因为标准形的形函数只有一个，通过等参化的这番操作（一种流程化的方法），就可以得到任意形状单元的形函数，而不用一对一特地针对某个形状来求形函数。《荀子·儒效》中说：“千举万变，其道一也。”《庄子·天下》中说：“不离于宗，谓之天人。”从我国古人的大智慧当中领悟学习专业知识的共通共融性，从而树立文化自信及爱国情怀。

5.2　等参数单元矩阵的变换

由于等参数变换的采用使等参数单元的各种特性矩阵计算在规则域内进行，因此不管各积分形式的矩阵中的被积函数如何复杂，都可以方便地采用标准化的数值积分方法计算，从而使各类不同工程实际问题的有限元分析纳入了统一的通用化程序的轨道，现在的有限元分析大多采用等参数单元。

单元矩阵的变换

在有限元分析中，为建立求解方程，需要进行各个单元体积内和面积

上的积分，以描述在 x、y、z 坐标系下出现的物理量，它们的一般形式可表示为

$$\begin{cases} \iiint_{V_e} G(x,y,z)\,\mathrm{d}x\mathrm{d}y\mathrm{d}z \\ \iint_{S_e} g(x,y,z)\,\mathrm{d}S \end{cases} \tag{5-4}$$

但实际单元是由局部坐标下的基本单元映射生成的，位移模式（5-3）是局部坐标 ξ、η、ζ 的函数，因此需要建立两个坐标系内体积微元、面积微元之间的变换关系。

另一方面，单元力学特性分析过程中，还常包含着场函数对于总体坐标 x、y、z 的导数，例如求应变时，要计算位移对总体坐标 x、y、z 的导数，而位移模式（5-3）是局部坐标 ξ、η、ζ 的函数，因此还要建立两个坐标系内导数之间的变换关系。

1. 导数之间的变换

按照偏微分规则，函数 N_i 对 ξ 的偏导数可表示成

$$\frac{\partial N_i}{\partial \xi} = \frac{\partial N_i}{\partial x}\frac{\partial x}{\partial \xi} + \frac{\partial N_i}{\partial y}\frac{\partial y}{\partial \xi} + \frac{\partial N_i}{\partial z}\frac{\partial z}{\partial \xi}$$

同理，对于 η、ζ 的偏导可写为

$$\frac{\partial N_i}{\partial \eta} = \frac{\partial N_i}{\partial x}\frac{\partial x}{\partial \eta} + \frac{\partial N_i}{\partial y}\frac{\partial y}{\partial \eta} + \frac{\partial N_i}{\partial z}\frac{\partial z}{\partial \eta}$$

$$\frac{\partial N_i}{\partial \zeta} = \frac{\partial N_i}{\partial x}\frac{\partial x}{\partial \zeta} + \frac{\partial N_i}{\partial y}\frac{\partial y}{\partial \zeta} + \frac{\partial N_i}{\partial z}\frac{\partial z}{\partial \zeta}$$

将上面三个式子统一写成矩阵形式，则有

$$\begin{Bmatrix} \dfrac{\partial N_i}{\partial \xi} \\ \dfrac{\partial N_i}{\partial \eta} \\ \dfrac{\partial N_i}{\partial \zeta} \end{Bmatrix} = \begin{bmatrix} \dfrac{\partial x}{\partial \xi} & \dfrac{\partial y}{\partial \xi} & \dfrac{\partial z}{\partial \xi} \\ \dfrac{\partial x}{\partial \eta} & \dfrac{\partial y}{\partial \eta} & \dfrac{\partial z}{\partial \eta} \\ \dfrac{\partial x}{\partial \zeta} & \dfrac{\partial y}{\partial \zeta} & \dfrac{\partial z}{\partial \zeta} \end{bmatrix} \begin{Bmatrix} \dfrac{\partial N_i}{\partial x} \\ \dfrac{\partial N_i}{\partial y} \\ \dfrac{\partial N_i}{\partial z} \end{Bmatrix} = [J] \begin{Bmatrix} \dfrac{\partial N_i}{\partial x} \\ \dfrac{\partial N_i}{\partial y} \\ \dfrac{\partial N_i}{\partial z} \end{Bmatrix} \tag{5-5}$$

式中，$[J]$ 称为雅可比（Jacobi）矩阵，可记作 $\partial(x,y,z)/\partial(\xi,\eta,\zeta)$，利用式（5-1），$[J]$ 可以表示为局部坐标 ξ、η、ζ 的函数

$$\begin{aligned} [J] &\equiv \frac{\partial(x,y,z)}{\partial(\xi,\eta,\zeta)} \\ &= \begin{bmatrix} \sum\limits_{i=1}^{m} \dfrac{\partial N_i}{\partial \xi} x_i & \sum\limits_{i=1}^{m} \dfrac{\partial N_i}{\partial \xi} y_i & \sum\limits_{i=1}^{m} \dfrac{\partial N_i}{\partial \xi} z_i \\ \sum\limits_{i=1}^{m} \dfrac{\partial N_i}{\partial \eta} x_i & \sum\limits_{i=1}^{m} \dfrac{\partial N_i}{\partial \eta} y_i & \sum\limits_{i=1}^{m} \dfrac{\partial N_i}{\partial \eta} z_i \\ \sum\limits_{i=1}^{m} \dfrac{\partial N_i}{\partial \zeta} x_i & \sum\limits_{i=1}^{m} \dfrac{\partial N_i}{\partial \zeta} y_i & \sum\limits_{i=1}^{m} \dfrac{\partial N_i}{\partial \zeta} z_i \end{bmatrix} = \begin{bmatrix} \dfrac{\partial N_1}{\partial \xi} & \dfrac{\partial N_2}{\partial \xi} & \cdots & \dfrac{\partial N_m}{\partial \xi} \\ \dfrac{\partial N_1}{\partial \eta} & \dfrac{\partial N_2}{\partial \eta} & \cdots & \dfrac{\partial N_m}{\partial \eta} \\ \dfrac{\partial N_1}{\partial \zeta} & \dfrac{\partial N_2}{\partial \zeta} & \cdots & \dfrac{\partial N_m}{\partial \zeta} \end{bmatrix} \begin{bmatrix} x_1 & y_1 & z_1 \\ x_2 & y_2 & z_2 \\ \vdots & \vdots & \vdots \\ x_m & y_m & z_m \end{bmatrix} \end{aligned} \tag{5-6}$$

则式（5-5）可以表示为

$$\begin{Bmatrix} \dfrac{\partial N_i}{\partial x} \\ \dfrac{\partial N_i}{\partial y} \\ \dfrac{\partial N_i}{\partial z} \end{Bmatrix} = [J]^{-1} \begin{Bmatrix} \dfrac{\partial N_i}{\partial \xi} \\ \dfrac{\partial N_i}{\partial \eta} \\ \dfrac{\partial N_i}{\partial \zeta} \end{Bmatrix} \tag{5-7}$$

其中，$[J]^{-1}$是 $[J]$ 的逆矩阵，可按下式计算：

$$[J]^{-1} = \frac{1}{|J|}[J^*] \tag{5-8}$$

式中，$|J|$是 $[J]$ 的行列式，称为雅可比行列式，$[J^*]$ 是 $[J]$ 的伴随矩阵，它的元素 J_{ij}^* 是 $[J]$ 的元素 J_{ij}的代数余子式。

2. 体积微元、面积微元的变换

由图 5-4 可以看到，$\mathrm{d}\boldsymbol{\xi}$、$\mathrm{d}\boldsymbol{\eta}$、$\mathrm{d}\boldsymbol{\zeta}$ 在直角坐标系内所形成的体积微元是

$$\mathrm{d}V = \mathrm{d}\boldsymbol{\xi} \cdot (\mathrm{d}\boldsymbol{\eta} \times \mathrm{d}\boldsymbol{\zeta}) \tag{5-9}$$

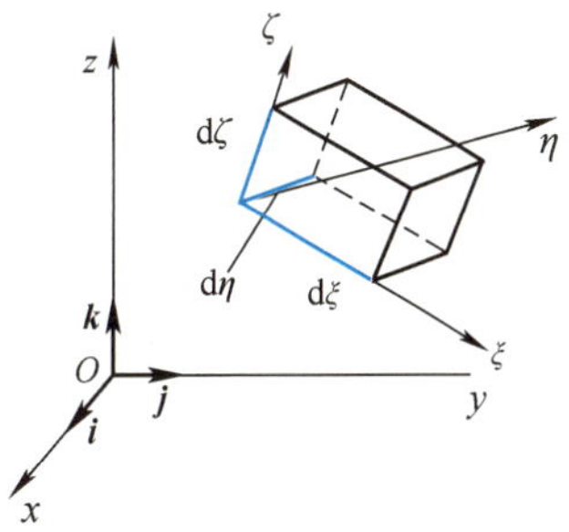

而

$$\begin{cases} \mathrm{d}\boldsymbol{\xi} = \dfrac{\partial x}{\partial \xi}\mathrm{d}\xi \boldsymbol{i} + \dfrac{\partial y}{\partial \xi}\mathrm{d}\xi \boldsymbol{j} + \dfrac{\partial z}{\partial \xi}\mathrm{d}\xi \boldsymbol{k} \\ \mathrm{d}\boldsymbol{\eta} = \dfrac{\partial x}{\partial \eta}\mathrm{d}\eta \boldsymbol{i} + \dfrac{\partial y}{\partial \eta}\mathrm{d}\eta \boldsymbol{j} + \dfrac{\partial z}{\partial \eta}\mathrm{d}\eta \boldsymbol{k} \\ \mathrm{d}\boldsymbol{\zeta} = \dfrac{\partial x}{\partial \zeta}\mathrm{d}\zeta \boldsymbol{i} + \dfrac{\partial y}{\partial \zeta}\mathrm{d}\zeta \boldsymbol{j} + \dfrac{\partial z}{\partial \zeta}\mathrm{d}\zeta \boldsymbol{k} \end{cases} \tag{5-10}$$

图 5-4

其中 $\boldsymbol{i}$、$\boldsymbol{j}$ 和 $\boldsymbol{k}$ 是直角坐标 x、y 和 z 方向的单位向量。将式（5-10）代入式（5-9），得到

$$\mathrm{d}V = \begin{vmatrix} \dfrac{\partial x}{\partial \xi} & \dfrac{\partial y}{\partial \xi} & \dfrac{\partial z}{\partial \xi} \\ \dfrac{\partial x}{\partial \eta} & \dfrac{\partial y}{\partial \eta} & \dfrac{\partial z}{\partial \eta} \\ \dfrac{\partial x}{\partial \zeta} & \dfrac{\partial y}{\partial \zeta} & \dfrac{\partial z}{\partial \zeta} \end{vmatrix} \mathrm{d}\xi\mathrm{d}\eta\mathrm{d}\zeta = |J|\mathrm{d}\xi\mathrm{d}\eta\mathrm{d}\zeta \tag{5-11}$$

对于面积微元，例如在 $\xi = c$（常数）的面上，

$$\begin{aligned} \mathrm{d}S &= |\mathrm{d}\boldsymbol{\eta} \times \mathrm{d}\boldsymbol{\zeta}|_{\xi=c} \\ &= \left[\left(\frac{\partial y}{\partial \eta}\frac{\partial z}{\partial \zeta} - \frac{\partial y}{\partial \zeta}\frac{\partial z}{\partial \eta}\right)^2 + \left(\frac{\partial z}{\partial \eta}\frac{\partial x}{\partial \zeta} - \frac{\partial z}{\partial \zeta}\frac{\partial x}{\partial \eta}\right)^2 + \left(\frac{\partial x}{\partial \eta}\frac{\partial y}{\partial \zeta} - \frac{\partial x}{\partial \zeta}\frac{\partial y}{\partial \eta}\right)^2\right]^{\frac{1}{2}} \mathrm{d}\eta\mathrm{d}\zeta \\ &= A\mathrm{d}\eta\mathrm{d}\zeta \end{aligned} \tag{5-12}$$

有了以上变换关系式后，积分式（5-4）最终可以在局部坐标下的规则化域内进行，可表示成

$$\iiint_{V_e} G(x,y,z)\mathrm{d}x\mathrm{d}y\mathrm{d}z = \int_{-1}^{1}\int_{-1}^{1}\int_{-1}^{1} G(x(\xi,\eta,\zeta),y(\xi,\eta,\zeta),z(\xi,\eta,\zeta))|J|\mathrm{d}\xi\mathrm{d}\eta\mathrm{d}\zeta \tag{5-13}$$

$$\iint_{S_e} g(x,y,z)\mathrm{d}S = \int_{-1}^{1}\int_{-1}^{1} g(x(c,\eta,\zeta),y(c,\eta,\zeta),z(c,\eta,\zeta))A\mathrm{d}\eta\mathrm{d}\zeta,\cdots \quad (\xi = \pm 1\text{ 的面上}, c = \pm 1) \tag{5-14}$$

对于二维情况，以上各式将相应降维，这时雅可比矩阵是

$$[J]=\frac{\partial(x,y)}{\partial(\xi,\eta)}=\begin{bmatrix}\sum_{i=1}^{m}\frac{\partial N_i}{\partial\xi}x_i & \sum_{i=1}^{m}\frac{\partial N_i}{\partial\xi}y_i\\ \sum_{i=1}^{m}\frac{\partial N_i}{\partial\eta}x_i & \sum_{i=1}^{m}\frac{\partial N_i}{\partial\eta}y_i\end{bmatrix}$$

$$=\begin{bmatrix}\frac{\partial N_1}{\partial\xi} & \frac{\partial N_2}{\partial\xi} & \cdots & \frac{\partial N_m}{\partial\xi}\\ \frac{\partial N_1}{\partial\eta} & \frac{\partial N_2}{\partial\eta} & \cdots & \frac{\partial N_m}{\partial\eta}\end{bmatrix}\begin{bmatrix}x_1 & y_1\\ x_2 & y_2\\ \vdots & \vdots\\ x_m & y_m\end{bmatrix} \tag{5-15}$$

两个坐标之间的偏导数关系为

$$\begin{Bmatrix}\frac{\partial N_i}{\partial x}\\ \frac{\partial N_i}{\partial y}\end{Bmatrix}=[J]^{-1}\begin{Bmatrix}\frac{\partial N_i}{\partial\xi}\\ \frac{\partial N_i}{\partial\eta}\end{Bmatrix} \tag{5-16}$$

$\mathrm{d}\boldsymbol{\xi}$ 和 $\mathrm{d}\boldsymbol{\eta}$ 在直角坐标内形成的面积微元是

$$\mathrm{d}A=|J|\mathrm{d}\xi\mathrm{d}\eta \tag{5-17}$$

$\xi=c$ 的曲线上，$\mathrm{d}\eta$ 在直角坐标内的线段微元的长度是

$$\mathrm{d}s=\left[\left(\frac{\partial x}{\partial\eta}\right)^2+\left(\frac{\partial y}{\partial\eta}\right)^2\right]^{\frac{1}{2}}\mathrm{d}\eta=s\mathrm{d}\eta \tag{5-18}$$

3. 面积（或体积）坐标与直角坐标之间的变换

当单元是高次单元时，形函数一般是用面积坐标或者体积坐标表示的，因此位移模式也是面积坐标或者体积坐标的函数。此时前面推导出的 $[J]$、$\mathrm{d}V$、$\mathrm{d}A$，$\mathrm{d}s$ 等用直角坐标表示出的公式原则上也都是适用的，但由于以上转换公式都是 ξ、η、ζ 的函数，所以面积坐标或者体积坐标也要做一下相应的变换。

（1）导数的变换　体积坐标或者面积坐标都不是完全独立的，存在如下关系式：

体积坐标　　$L_1+L_2+L_3+L_4=1$

面积坐标　　$L_1+L_2+L_3=1$

因此对于三维情况，可令体积坐标为

$$\xi=L_1,\ \eta=L_2,\ \zeta=L_3 \tag{5-19}$$

且有

$$1-\xi-\eta-\zeta=L_4$$

因此前面推导的式（5-5）~式（5-12）形式上都保持不变，只是对 ξ、η、ζ 的导数做如下替换：

$$\begin{cases}\frac{\partial N_i}{\partial\xi}=\frac{\partial N_i}{\partial L_1}\frac{\partial L_1}{\partial\xi}+\frac{\partial N_i}{\partial L_2}\frac{\partial L_2}{\partial\xi}+\frac{\partial N_i}{\partial L_3}\frac{\partial L_3}{\partial\xi}+\frac{\partial N_i}{\partial L_4}\frac{\partial L_4}{\partial\xi}=\frac{\partial N_i}{\partial L_1}-\frac{\partial N_i}{\partial L_4}\\ \frac{\partial N_i}{\partial\eta}=\frac{\partial N_i}{\partial L_2}-\frac{\partial N_i}{\partial L_4}\\ \frac{\partial N_i}{\partial\zeta}=\frac{\partial N_i}{\partial L_3}-\frac{\partial N_i}{\partial L_4}\end{cases} \tag{5-20}$$

同理对于二维情况，令面积坐标为

$$\xi = L_1,\ \eta = L_2,\ 1-\xi-\eta = L_3 \tag{5-21}$$

因此有

$$\frac{\partial N_i}{\partial \xi} = \frac{\partial N_i}{\partial L_1} - \frac{\partial N_i}{\partial L_3},\quad \frac{\partial N_i}{\partial \eta} = \frac{\partial N_i}{\partial L_2} - \frac{\partial N_i}{\partial L_3} \tag{5-22}$$

（2）积分的变换　由于体积坐标和面积坐标的取值范围为（0,1），则式（5-13）、式（5-14）中的积分限应根据体积坐标或者面积坐标的特点进行改变，积分公式变换为

$$\int_0^1 \int_0^{1-L_3} \int_0^{1-L_2-L_3} G^*(L_1, L_2, L_3)\,\mathrm{d}L_1\mathrm{d}L_2\mathrm{d}L_3 \tag{5-23}$$

和

$$\int_0^1 \int_0^{1-L_3} g^*(0, L_2, L_3)\,\mathrm{d}L_2\mathrm{d}L_3, \cdots \tag{5-24}$$

式（5-24）用于 $L_1=0$ 的表面，类似也可以得到用于 $L_2=0$、$L_3=0$ 和 $L_4=0$ 表面的表达式。

由前面推导可知，利用不同坐标系下的矩阵变换可以将总体坐标下的一切计算都转化到局部坐标系下进行，由此得到的被积函数较为复杂，因此一般采用数值积分方法计算，在有限元分析中，高斯积分已经被证明是最有效的。

知识拓展

辩证法是关于自然、社会和思维发展的一般规律的科学。“天人合一”“祸兮福所倚，福兮祸所伏”“过犹不及”“一阴一阳之谓道”等生活哲理就是哲学思想在传统文化影响下的产物。有限单元中的坐标变换问题也充满着辩证法思想。每个单元都可以有自己的局部坐标，在局部坐标系下单元是一个形状规则、便于计算的形式，但所有单元要进行整合就必须变换到统一的坐标系下。这其中就蕴含了“一般”与“特殊”、“对立”与“统一”、“简单”与“复杂”等辩证关系。

用哲学思维将学习中的思想和方法内化为一种理性精神、批判精神，从而可进行并保持深度学习；同时还可迁移到工作和生活中，能正确看待和处理身边的一切事物，创造智慧、健康的人生。

5.3　等参数变换的条件及等参数单元的收敛性

1. 等参数变换的条件

等参数变换为一种坐标变换，必须满足两套坐标系下的一一对应关系以及各种计算变换关系的可实现性。

等参数变换的条件和等参数单元的收敛性

一方面，由上节推导可知体积微元和面积微元分别表示为

$$dV = dx dy dz = |J| d\xi d\eta d\zeta$$

$$dA = |J| d\xi d\eta$$

若$|J|=0$，则表明整体直角坐标中体积微元或面积微元为0，即在局部坐标中的体积微元 $d\xi d\eta d\zeta$（或面积微元 $d\xi d\eta$）对应直角坐标中的一个点，这种变换显然不满足一一对应的关系。

另一方面，上节推导出的两个坐标之间偏导数的变换关系为

$$\begin{Bmatrix} \dfrac{\partial N_i}{\partial x} \\ \dfrac{\partial N_i}{\partial y} \\ \dfrac{\partial N_i}{\partial z} \end{Bmatrix} = [J]^{-1} \begin{Bmatrix} \dfrac{\partial N_i}{\partial \xi} \\ \dfrac{\partial N_i}{\partial \eta} \\ \dfrac{\partial N_i}{\partial \zeta} \end{Bmatrix}$$

如果$|J|=0$，$[J]^{-1}$将不存在，因此就意味着上面偏导数之间的变换关系不可能实现。

所以等参数变换的条件为雅可比行列式$|J|$不为0，这样既保证了总体坐标与局部坐标下点的一一对应关系，也保证了两个坐标系间偏导数变换关系能够实现。

2. 如何防止雅可比行列式为0

有限元中如何防止$|J|=0$的情况产生呢？以二维情况为例，由上节推导可知

$$dA = |J| d\xi d\eta, \cdots \tag{5-25}$$

又由于在直角坐标中，面积微元可直接表示成

$$dA = |d\boldsymbol{\xi} \times d\boldsymbol{\eta}| = |d\boldsymbol{\xi}||d\boldsymbol{\eta}|\sin\langle d\boldsymbol{\xi}, d\boldsymbol{\eta}\rangle \tag{5-26}$$

所以由式（5-25）、式（5-26）可得

$$|J| = \frac{|d\boldsymbol{\xi}||d\boldsymbol{\eta}|\sin\langle d\boldsymbol{\xi}, d\boldsymbol{\eta}\rangle}{d\xi d\eta} \tag{5-27}$$

由式（5-27）可看出$|J|=0$的可能情形有

$$|d\boldsymbol{\xi}|=0，或|d\boldsymbol{\eta}|=0，或\sin\langle d\boldsymbol{\xi}, d\boldsymbol{\eta}\rangle=0 \tag{5-28}$$

因此在划分单元时，要注意防止式（5-28）中三种情况的发生。

图5-5a所示单元是正常情况，而图5-5b、c、d都属于应防止出现的不正常情况。

1）如图5-5b所示，单元结点2、3退化为一个结点，在该点$|d\boldsymbol{\xi}|=0$；

2）如图5-5c所示，单元结点3、4退化为一个结点，在该点$|d\boldsymbol{\eta}|=0$；

3）如图5-5d所示，单元在结点1、2、3处角度均为锐角，因此$\sin\langle d\boldsymbol{\xi}, d\boldsymbol{\eta}\rangle>0$，而在

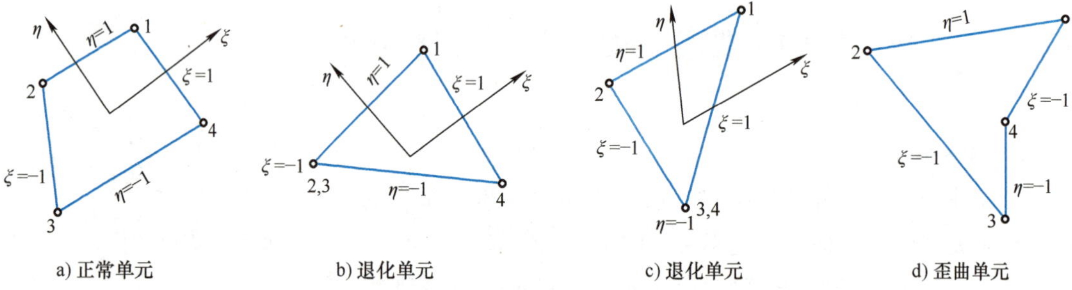

图 5-5

结点 4 处，$\sin\langle d\boldsymbol{\xi},d\boldsymbol{\eta}\rangle<0$。因为 $\sin\langle d\boldsymbol{\xi},d\boldsymbol{\eta}\rangle$ 在单元内连续变化，所以单元内肯定会存在 $\sin\langle d\boldsymbol{\xi},d\boldsymbol{\eta}\rangle=0$ 的情况，即 $d\boldsymbol{\xi}$ 和 $d\boldsymbol{\eta}$ 共线的情况。这是由于单元过分歪曲而发生的。

以上讨论可以推广到三维情况，即为了防止雅可比行列式 $|J|=0$ 的产生，应防止任意两个结点退化为一个结点而导致 $|d\boldsymbol{\xi}|$、$|d\boldsymbol{\eta}|$、$|d\boldsymbol{\zeta}|$ 中的任一个为 0，还应防止因单元过分歪曲而导致 $d\boldsymbol{\xi}$、$d\boldsymbol{\eta}$、$d\boldsymbol{\zeta}$ 中的任何两个发生共线的情况。

3. 等参数单元的收敛性

有限元解收敛性条件有两个，一个是协调性条件：要求单元边界上位移连续；另一个是完备性条件：要求位移模式包含完全的线性项。

（1）协调性条件　研究单元集合体的连续性，需要考虑单元之间的公共边界。为了保证位移连续，相邻单元在这些公共边界上应有完全相同的结点，同时每一单元沿这些边界的坐标和未知函数应采用相同的插值函数加以确定。显然，只要适当划分网格和选择单元，等参数单元是完全能满足连续性条件的。

如图 5-6a 所示，在单元交界面上坐标和位移都是二次变化的，变量是协调的，因此是协调单元；而 5-6b 所示在单元交界面上，左边的单元按照二次变化，右边的单元按照线性变化，因此是非协调单元，不满足连续性条件。

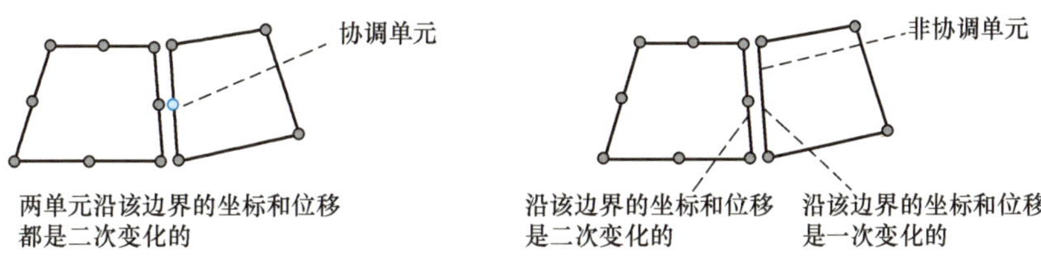

a) 协调单元　　b) 非协调单元

图 5-6

（2）完备性条件　关于单元的完备性，要求插值函数中包括完全的线性项（即一次完全多项式），这样的单元可以表示出函数及其一次导数为常数的情况。显然，所讨论的单元在局部坐标中均满足此要求。现在要研究经等参数变换后，在总体坐标中此要求是否仍然满足。

考察一个三维等参数单元，坐标和函数的插值表示是

$$\begin{cases} x=\sum_{i=1}^{n}N_ix_i,\ y=\sum_{i=1}^{n}N_iy_i,\ z=\sum_{i=1}^{n}N_iz_i \\ u=\sum_{i=1}^{n}N_iu_i \end{cases} \tag{5-29}$$

现假设位移函数为

$$u=a+bx+cy+dz\quad（完全一次多项式位移） \tag{5-30}$$

则由式（5-29）、式（5-30）推导得出

$$\begin{aligned} u&=\sum_{i=1}^{n}N_iu_i=\sum_{i=1}^{n}N_i(a+bx_i+cy_i+dz_i) \\ &=a\sum_{i=1}^{n}N_i+b\sum_{i=1}^{n}N_ix_i+c\sum_{i=1}^{n}N_iy_i+d\sum_{i=1}^{n}N_iz_i \\ &=a\sum_{i=1}^{n}N_i+bx+cy+dz \end{aligned} \tag{5-31}$$

当 $\sum_{i=1}^{n} N_i = 1$ 时，式（5-30）与式（5-31）完全一致，这说明在单元内确实得到了原来给予各个结点的线性变化的位移函数，即满足完备性要求。

5.4 平面问题等参数单元

平面问题等参数单元

等参单元的构造过程初看起来似乎生疏，但并不复杂。一旦掌握了一种类型单元的构造过程，就很容易应用到大多数其他类型的等参单元上。

1. 四结点四边形等参数单元

矩形单元最大的不足在于其对边界的要求高，即只能是规则的、平行于整体坐标轴的。对于不规则的区域，必须用任意四边形单元来代替矩形单元进行有限单元分割，但任意的四边形单元形函数的构造却不容易，等参单元能够很好地解决这样的困难。

（1）位移模式　如图 5-7 所示任意四边形单元 1234，取其四顶点为结点，坐标记为 $(x_i, y_i)(i=1,2,3,4)$。

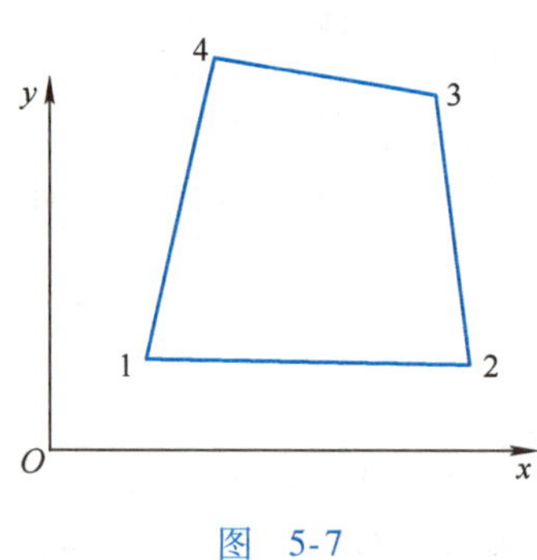

图　5-7

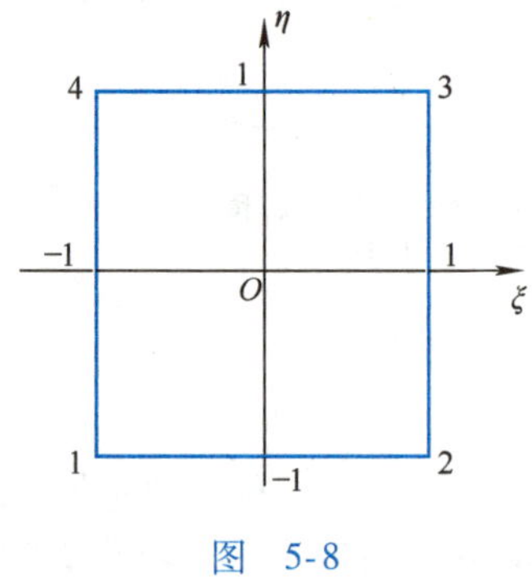

图　5-8

5.1 节已阐述了任意四边形单元不能直接采用矩形单元的双线性插值位移模式，因为一般不能满足连续性条件。由于双线性插值构造的位移插值函数对矩形单元是可行的，故将任意四边形单元转化为图 5-8 所示在 ξ-η 平面上以坐标原点为中心、边长为 2 的正方形区域，而 x-y 平面上的结点 1、2、3、4 分别对应于 ξ-η 平面上的结点 1、2、3、4。这里 (x, y) 为整体坐标，适用于所有单元，即适用于整个求解区域；而 (ξ, η) 为局部坐标，只适用于某一个单元。

由于在局部坐标 (ξ, η) 下的单元是前面介绍过的矩形单元，于是由（3-55）式、式（3-56）给出局部坐标 (ξ, η) 下的插值函数为

$$\begin{cases} u = \sum_{i=1}^{4} N_i(\xi, \eta) u_i \\ v = \sum_{i=1}^{4} N_i(\xi, \eta) v_i \end{cases} \tag{5-32}$$

其中，$N_i(\xi, \eta)$ 为局部坐标下的形函数

$$\begin{cases} N_1(\xi,\eta)=\dfrac{1}{4}(1-\xi)(1-\eta),\ N_2(\xi,\eta)=\dfrac{1}{4}(1+\xi)(1-\eta) \\ N_3(\xi,\eta)=\dfrac{1}{4}(1+\xi)(1+\eta),\ N_4(\xi,\eta)=\dfrac{1}{4}(1-\xi)(1+\eta) \end{cases} \tag{5-33}$$

式（5-32）也可改写为

$$\{u\}=[N]\{\delta\}^e \tag{5-34}$$

其中，

$$[N]=\begin{bmatrix} N_1 & 0 & N_2 & 0 & N_3 & 0 & N_4 & 0 \\ 0 & N_1 & 0 & N_2 & 0 & N_3 & 0 & N_4 \end{bmatrix}^{\mathrm{T}}$$

由于式（5-32）是ξ、η的双线性函数，在单元的每一条边上它是ξ（或η）的线性函数，其值由此边上两结点的变量值完全决定，因此，在局部坐标系下插值函数满足连续性条件。

式（5-32）仅是插值函数u对局部坐标（ξ,η）的表达式，而实际计算所需要的是插值函数对整体坐标（x,y）的表达式，例如由位移求应变与应力。因此，必须给出整体坐标（x,y）与局部坐标（ξ,η）之间的坐标变换式，采用等参数变换有

$$\begin{cases} x=\sum\limits_{i=1}^{4}N_i(\xi,\eta)x_i=N_1(\xi,\eta)x_1+N_2(\xi,\eta)x_2+N_3(\xi,\eta)x_3+N_4(\xi,\eta)x_4 \\ y=\sum\limits_{i=1}^{4}N_i(\xi,\eta)y_i=N_1(\xi,\eta)y_1+N_2(\xi,\eta)y_2+N_3(\xi,\eta)y_3+N_4(\xi,\eta)y_4 \end{cases} \tag{5-35}$$

下面验证这个变换是否一一对应。以图5-9a中（局部坐标）3、4结点所在边中点A（0,1）为例，验证映射后在5-9b中（整体坐标）是否仍然对应34边的中点A'。

根据式（5-33），代入A点坐标值（0，1），可得A点的形函数值

$N_1=0$，$N_2=0$，$N_3=1/2$，$N_4=1/2$

代入式（5-35），得到A点对应的整体坐标为

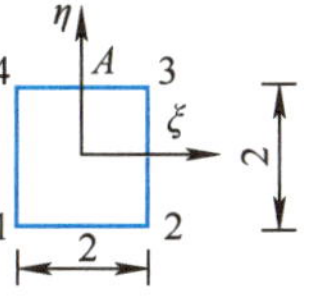

a) 局部坐标

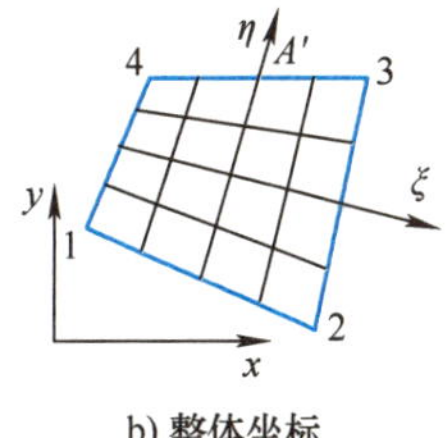

b) 整体坐标

图　5-9

$$\begin{cases} x=\sum\limits_{i=1}^{4}N_i(\xi,\eta)x_i=N_1x_1+N_2x_2+N_3x_3+N_4x_4=\dfrac{1}{2}(x_3+x_4) \\ y=\sum\limits_{i=1}^{4}N_i(\xi,\eta)y_i=\dfrac{1}{2}(y_3+y_4) \end{cases}$$

由以上推导可以看出，局部坐标下3、4结点所在边中点A，映射后在整体坐标中也是3、4结点所在边中点A'。这说明该映射可以将x-y坐标系下任意四边形单元转换成为ξ-η平面上以原点为中心、边长为2的正方形单元。这种四结点的任意四边形单元称为四结点四边形等参数单元，简称为四结点等参数单元。

由插值函数（5-32）在局部坐标下的连续性，可以推得坐标变换（5-35）的连续性，即在两个相邻的任意四边形单元的公共边上坐标变换是连续的，两单元公共边上的公共点在变换下仍保持为公共点，不会出现重叠或破缺的现象。由此，就可得出插值函数（5-32）

在整体坐标下也满足连续性条件的结论。也就是说，插值函数（5-32）在局部坐标下的连续性自然保证了坐标变换（5-35）的合理性以及插值函数在整体坐标下的连续性，因此等参数单元的收敛性得到了保证。

（2）单元力学特性分析

1）应变矩阵

$$[B]=[B_1\quad B_2\quad B_3\quad B_4]$$

子块

$$[B_i]=\begin{bmatrix}\dfrac{\partial N_i}{\partial x} & 0\\ 0 & \dfrac{\partial N_i}{\partial y}\\ \dfrac{\partial N_i}{\partial y} & \dfrac{\partial N_i}{\partial x}\end{bmatrix}\quad (i=1,2,3,4)$$

上式中形函数对整体坐标（x,y）的偏导数$\partial N_i/\partial x$、$\partial N_i/\partial y$，需变换为对局部坐标（ξ,η）的导数，由式（5-16）确定，使应变矩阵表达成ξ、η、ζ的函数矩阵。

2）应力矩阵

$$[S]=[D][B]=[S_1\quad S_2\quad S_3\quad S_4]$$

子块

$$[S_i]=[D][B_i]\quad (i=1,2,3,4)$$

由于单元的应力公式是通过［B_i］用局部坐标（ξ,η）为变量表示的，因此欲求单元内某点的应力，必须指定应力点的局部坐标才能求出应力值。因此在计算应力的同时，还必须根据坐标变换式（5-1）由应力点的局部坐标算出它的整体坐标值，以便知道所求应力点的实际位置。或者，由指定点的整体坐标算出局部坐标，代入应力公式，才能求得指定点应力。

3）单元刚度矩阵

$$[K]^e=\iint_{\Omega_e}[B]^{\mathrm{T}}[D][B]t\mathrm{d}x\mathrm{d}y=\int_{-1}^{1}\int_{-1}^{1}[B]^{\mathrm{T}}[D][B]t|J|\mathrm{d}\xi\mathrm{d}\eta$$

式中，$|J|$为式（5-15）的行列式

$$|J|=\begin{vmatrix}\sum\limits_{i=1}^{m}\dfrac{\partial N_i}{\partial \xi}x_i & \sum\limits_{i=1}^{m}\dfrac{\partial N_i}{\partial \xi}y_i\\ \sum\limits_{i=1}^{m}\dfrac{\partial N_i}{\partial \eta}x_i & \sum\limits_{i=1}^{m}\dfrac{\partial N_i}{\partial \eta}y_i\end{vmatrix}$$

（3）等效结点荷载

1）集中力的等效结点荷载

$$\{R\}^e=[N]^{\mathrm{T}}\{P\}$$

假设集中力的作用点为（ξ_0,η_0,ζ_0），则

$$\{R\}^e=[N]^{\mathrm{T}}_{(\xi_0,\eta_0,\zeta_0)}\{P\}$$

其中，

$$\{P\}=\{X\quad Y\}^{\mathrm{T}}$$

2）体力的等效结点荷载

$$\begin{aligned}\{R\}^e&=\iint_{\Omega_e}[N]^{\mathrm{T}}\{p\}t\mathrm{d}x\mathrm{d}y\\&=\int_{-1}^{1}\int_{-1}^{1}[N]^{\mathrm{T}}\{p\}t|J|\mathrm{d}\xi\mathrm{d}\eta\end{aligned}$$

3）面力的等效结点荷载

$$\{R\}^e = \int_{s_\sigma} [N]^{\mathrm{T}} \{\bar{p}\} t\mathrm{d}s$$

其中，

$$\{\bar{p}\} = \{\bar{X} \quad \bar{Y}\}^{\mathrm{T}}$$

当单元在某一边界上，例如在 $\xi = \pm 1$ 面上，受有面力 $\{\bar{p}\}$ 时，则等效结点荷载为

$$\{R\}^e = \int_{-1}^{1} [N]^{\mathrm{T}} \{\bar{p}\} ts\mathrm{d}\eta$$

其中，s 由式（5-18）给出，则

$$\{R\}^e = \int_{-1}^{1} [N]^{\mathrm{T}}_{\xi=\pm 1} \{\bar{p}\} \left(\sqrt{\left(\frac{\partial x}{\partial \eta}\right)^2 + \left(\frac{\partial y}{\partial \eta}\right)^2} \right)_{\xi = \pm 1} t\mathrm{d}\eta$$

对于 $\eta = \pm 1$ 面上的分布面力的等效荷载列，只需将上式中 $\xi = \pm 1$ 换为 $\eta = \pm 1$，η 换为 ξ 就可得到。

例题分析：有一个受均匀分布荷载作用的薄板结构，几何尺寸及受力情况如图 5-10a 所示，本节将采用四结点矩形等参元对其求解。设该结构的弹性模量 $E = 210\text{GPa}$，泊松比 $\mu = 0.3$，板厚度 $t = 0.025\text{m}$，均布荷载 $q = 3000\text{kN/m}^2$，试对该结构进行静力学分析。

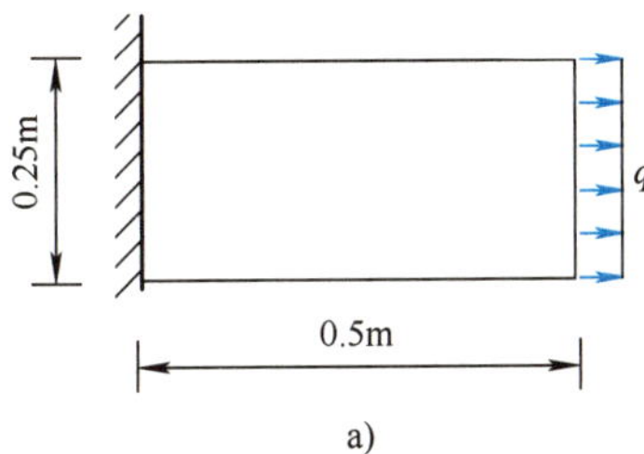

a)

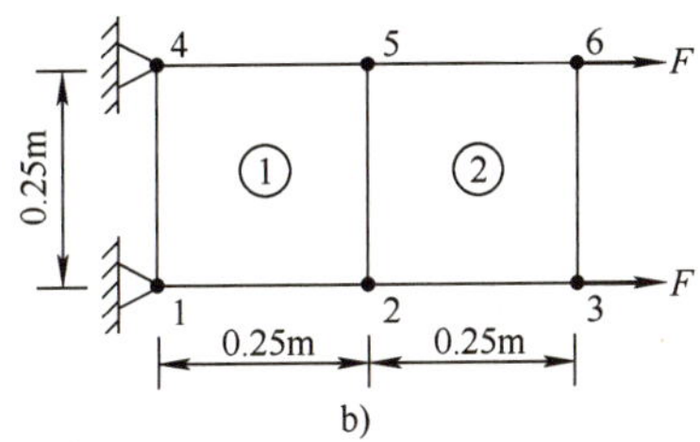

b)

图 5-10

解：1）对结构进行离散化。

将平板仅分解为两个单元，6 个结点，如图 5-10b 所示。分布荷载的总作用力平均分给结点 3 和结点 6。每个结点力为

$$F = \frac{3000 \times 0.025 \times 0.25}{2}\text{kN} = 9.375\text{kN}$$

建立整体坐标系，结点坐标见表 5-1。

表 5-1 整体坐标系下的结点坐标

结点坐标值	1	2	3	4	5	6
x	0	0.25	0.5	0	0.25	0.5
y	0	0	0	0.25	0.25	0.25

2）求解单元的刚度矩阵。

四结点四边形单元的单元刚度矩阵为

$$[k]^e = t\int_{-1}^{1}\int_{-1}^{1} [B]^{\mathrm{T}}[D][B]\,|J|\,\mathrm{d}\xi\mathrm{d}\eta$$

其中，

$$[J]=\begin{bmatrix}J_{11} & J_{12}\\ J_{21} & J_{22}\end{bmatrix}$$

而

$$J_{11}=\frac{\partial x}{\partial \xi}=\frac{1}{4}[-x_1(1-\eta)+x_2(1-\eta)+x_3(1+\eta)-x_4(1+\eta)]$$

$$J_{12}=\frac{\partial y}{\partial \xi}=\frac{1}{4}[-y_1(1-\eta)+y_2(1-\eta)+y_3(1+\eta)-y_4(1+\eta)]$$

$$J_{21}=\frac{\partial x}{\partial \eta}=\frac{1}{4}[-x_1(1-\xi)-x_2(1+\xi)+x_3(1+\xi)+x_4(1-\xi)]$$

$$J_{22}=\frac{\partial y}{\partial \eta}=\frac{1}{4}[-y_1(1-\xi)-y_2(1+\xi)+y_3(1+\xi)+y_4(1-\xi)]$$

应变矩阵

$$[B]=\frac{1}{|J|}[B_1\quad B_2\quad B_3\quad B_4]$$

应变矩阵中的每一项为

$$[B_i]=\begin{bmatrix}J_{22}\frac{\partial N_i}{\partial \xi}-J_{12}\frac{\partial N_i}{\partial \eta} & 0\\ 0 & J_{11}\frac{\partial N_i}{\partial \eta}-J_{21}\frac{\partial N_i}{\partial \xi}\\ J_{11}\frac{\partial N_i}{\partial \eta}-J_{21}\frac{\partial N_i}{\partial \xi} & J_{22}\frac{\partial N_i}{\partial \xi}-J_{12}\frac{\partial N_i}{\partial \eta}\end{bmatrix}\quad (i=1,2,3,4)$$

弹性矩阵为

$$[D]=\frac{E}{1-\mu^2}\begin{bmatrix}1 & \mu & 0\\ \mu & 1 & 0\\ 0 & 0 & \frac{1-\mu}{2}\end{bmatrix}$$

由此可以求得两个单元的刚度矩阵，分别为

$$[k_1]^e=1.0\times10^6\begin{bmatrix}2.5962 & 0.9375 & -1.5865 & -0.0721 & -1.2981 & -0.9375 & 0.2885 & 0.0721\\ 0.9375 & 2.5962 & 0.0721 & 0.2885 & -0.9375 & -1.2981 & -0.0721 & -1.5865\\ -1.5865 & 0.0721 & 2.5962 & -0.9375 & 0.2885 & -0.0721 & -1.2981 & 0.9375\\ -0.0721 & 0.2885 & -0.9375 & 2.5962 & 0.0721 & -1.5865 & 0.9375 & -1.2981\\ -1.2981 & -0.9375 & 0.2885 & 0.0721 & 2.5962 & 0.9375 & -1.5865 & -0.0721\\ -0.9375 & -1.2981 & -0.0721 & -1.5865 & 0.9375 & 2.5962 & 0.0721 & 0.2885\\ 0.2885 & -0.0721 & -1.2981 & 0.9375 & -1.5865 & 0.0721 & 2.5962 & -0.9375\\ 0.0721 & -1.5865 & 0.9375 & -1.2981 & -0.0721 & 0.2885 & -0.9375 & 2.5962\end{bmatrix}$$

$$[k_2]^e = 1.0\times10^6\left[\begin{array}{cccccccc}
2.5962 & 0.9375 & -1.5865 & -0.0721 & -1.2981 & -0.9375 & 0.2885 & 0.0721\\
0.9375 & 2.5962 & 0.0721 & 0.2885 & -0.9375 & -1.2981 & -0.0721 & -1.5865\\
-1.5865 & 0.0721 & 2.5962 & -0.9375 & 0.2885 & -0.0721 & -1.2981 & 0.9375\\
-0.0721 & 0.2885 & -0.9375 & 2.5962 & 0.0721 & -1.5865 & 0.9375 & -1.2981\\
-1.2981 & -0.9375 & 0.2885 & 0.0721 & 2.5962 & 0.9375 & -1.5865 & -0.0721\\
-0.9375 & -1.2981 & -0.0721 & -1.5865 & 0.9375 & 2.5962 & 0.0721 & 0.2885\\
0.2885 & -0.0721 & -1.2981 & 0.9375 & -1.5865 & 0.0721 & 2.5962 & -0.9375\\
0.0721 & -1.5865 & 0.9375 & -1.2981 & -0.0721 & 0.2885 & -0.9375 & 2.5962
\end{array}\right]$$

3）组集整体刚度矩阵。

利用直接组集法，可以将上述单元组集成整体刚度矩阵，由于共有 6 个结点，整体刚度矩阵是一个 12×12 的方阵，具体值为

$$[K] = 1.0\times10^6\left[\begin{array}{cccccccccccc}
2.5962 & 0.9375 & -1.5865 & -0.0721 & 0 & 0 & 0.2885 & 0.0721 & -1.2981 & -0.9375 & 0 & 0\\
0.9375 & 2.5962 & 0.0721 & 0.2885 & 0 & 0 & -0.0721 & -1.5865 & -0.9375 & -1.2981 & 0 & 0\\
-1.5865 & 0.0721 & 5.1923 & 0 & -1.5865 & -0.0721 & -1.2981 & 0.9375 & 0.5769 & 0 & -1.2981 & -0.9375\\
-0.0721 & 0.2885 & 0 & 5.1923 & 0.0721 & 0.2885 & 0.9375 & -1.2981 & 0 & -3.1731 & -0.9375 & -1.2981\\
0 & 0 & -1.5865 & 0.0721 & 2.5962 & -0.9375 & 0 & 0 & -1.2981 & 0.9375 & 0.2885 & -0.0721\\
0 & 0 & -0.0721 & 0.2885 & -0.9375 & 2.5962 & 0 & 0 & 0.9375 & -1.2981 & 0.0721 & -1.5865\\
0.2885 & -0.0721 & -1.2981 & 0.9375 & 0 & 0 & 2.5962 & -0.9375 & -1.5865 & 0.0721 & 0 & 0\\
0.0721 & -1.5865 & 0.9375 & -1.2981 & 0 & 0 & -0.9375 & 2.5962 & -0.0721 & 0.2885 & 0 & 0\\
-1.2981 & -0.9375 & 0.5769 & 0 & -1.2981 & 0.9375 & -1.5865 & -0.0721 & 5.1923 & 0 & -1.5865 & 0.0721\\
-0.9375 & -1.2981 & 0 & -3.1731 & 0.9375 & -1.2981 & 0.0721 & 0.2885 & 0 & 5.1923 & -0.0721 & 0.2885\\
0 & 0 & -1.2981 & -0.9375 & 0.2885 & 0.0721 & 0 & 0 & -1.5865 & -0.0721 & 2.5962 & 0.9375\\
0 & 0 & -0.9375 & -1.2981 & -0.0721 & -1.5865 & 0 & 0 & 0.0721 & 0.2885 & 0.9375 & 2.5962
\end{array}\right]$$

4）引入边界条件。

结点位移列阵为

$$\{U\} = [U_{1x}\quad U_{1y}\quad U_{2x}\quad U_{2y}\quad U_{3x}\quad U_{3y}\quad U_{4x}\quad U_{4y}\quad U_{5x}\quad U_{5y}\quad U_{6x}\quad U_{6y}]^{\mathrm{T}}$$

结点力列阵为

$$\{F\}=[F_{1x}\quad F_{1y}\quad F_{2x}\quad F_{2y}\quad F_{3x}\quad F_{3y}\quad F_{4x}\quad F_{4y}\quad F_{5x}\quad F_{5y}\quad F_{6x}\quad F_{6y}]^{\mathrm{T}}$$

由图 5-10b 可知

$$U_{1x}=U_{1y}=U_{4x}=U_{4y}=0$$

$$F_{2x}=F_{2y}=F_{5x}=F_{5y}=0$$

$$F_{3x}=9.375\mathrm{kN},F_{3y}=0,F_{6x}=9.375\mathrm{kN},F_{6y}=0$$

静力学的求解方程为

$$[K]_{12\times 12}\{U\}=\{F\}$$

将边界条件代入上述方程，得到降阶后新的求解方程

$$[K']_{8\times 8}\{U'\}=\{F'\}$$

$$\{U'\}=[U_{2x}\quad U_{2y}\quad U_{3x}\quad U_{3y}\quad U_{5x}\quad U_{5y}\quad U_{6x}\quad U_{6y}]^{\mathrm{T}}$$

$$\{F'\}=[0\quad 0\quad 9.375\quad 0\quad 0\quad 0\quad 9.375\quad 0]^{\mathrm{T}}$$

5）解方程。

引入边界条件后，采用高斯消元法进行求解，则得结果为

$$\{U'\}=1.0\times 10^{-5}\begin{Bmatrix}0.3440\\0.0632\\0.7030\\0.0503\\0.3440\\-0.0632\\0.7030\\-0.0503\end{Bmatrix}$$

接下来可以求出 1、4 的结点力，用几何方程及物理方程求出单元应变和应力等。

2. 八结点四边形等参数单元

如果四结点等参元的计算精度不够，可以再增加单元的边结点，提高插值多项式的次数，得到等参族较高次的单元，从而进一步提高精度，通常多采用八结点四边形等参数单元。

图 5-11 所示为局部坐标（ξ,η）下边长为 2 的八结点正方形单元，四个顶点与四边的中点为结点。

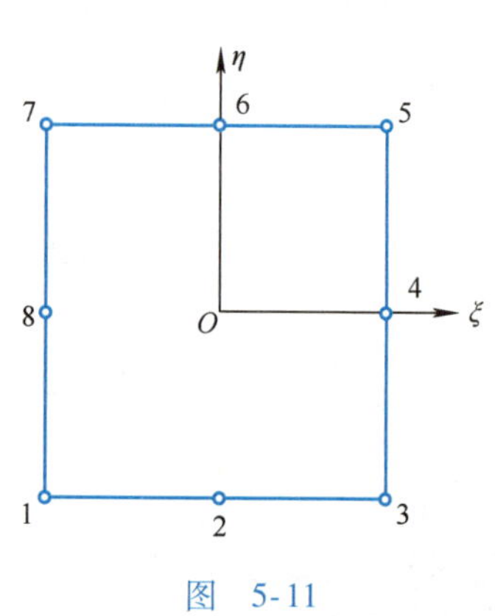

图 5-11

8 个结点共 16 个自由度，因此位移模式可取为

$$\begin{cases}u=\alpha_1+\alpha_2\xi+\alpha_3\eta+\alpha_4\xi^2+\alpha_5\xi\eta+\alpha_6\eta^2+\alpha_7\xi^2\eta+\alpha_8\xi\eta^2\\ v=\alpha_9+\alpha_{10}\xi+\alpha_{11}\eta+\alpha_{12}\xi^2+\alpha_{13}\xi\eta+\alpha_{14}\eta^2+\alpha_{15}\xi^2\eta+\alpha_{16}\xi\eta^2\end{cases}\tag{5-36}$$

为不完全三次多项式。在单元边界上，当 ξ 固定时，此位移模式为 η 的二次函数，而当 η 固定时则是 ξ 的二次函数，称为双二次函数，可完全由边界上的三个结点唯一确定。显然，局部坐标下位移模式满足连续性条件。

将位移模式写成插值函数形式

$$\begin{cases} u = \sum_{i=1}^{8} N_i(\xi,\eta)u_i \\ v = \sum_{i=1}^{8} N_i(\xi,\eta)v_i \end{cases} \tag{5-37}$$

其中，形函数 $N_i(\xi,\eta)$ 要满足本点为1，它点为0，即在结点 i 的值为1，而在其余结点 j（$j\neq i$）的值为0，即

$$N_i(\xi_i,\eta_i)=1,\ N_i(\xi_j,\eta_j)=0\quad (j\neq i;j=1,2,\cdots,8)$$

下面分析形函数的表达式。以 $N_1(\xi,\eta)$ 为例说明。在结点1其值为1，在结点2～8其值为0。由图5-11可以看出，直线35、57与28通过2～8这7个结点，它们的方程分别为

$$\xi-1=0,\ \eta-1=0,\ \xi+\eta+1=0$$

如果形函数中包括（$\xi-1$）、（$\eta-1$）、（$\xi+\eta+1$）这三项，则保证了其在结点2～8的值为0，另外还要求 $N_1(\xi,\eta)$ 在结点1（$-1,-1$）的值为1，则

$$N_1(\xi,\eta)=\beta[(\xi-1)(\eta-1)(\xi+\eta+1)]_{(-1,-1)}=1$$

代入得

$$\beta=-\frac{1}{4}$$

因此

$$N_1(\xi,\eta)=\frac{1}{4}(1-\xi)(1-\eta)(-\xi-\eta-1)$$

其余分析类似，得

$$N_3(\xi,\eta)=\frac{1}{4}(1+\xi)(1-\eta)(\xi-\eta-1)$$

$$N_5(\xi,\eta)=\frac{1}{4}(1+\xi)(1+\eta)(\xi+\eta-1)$$

$$N_7(\xi,\eta)=\frac{1}{4}(1-\xi)(1+\eta)(-\xi+\eta-1)$$

$$N_2(\xi,\eta)=\frac{1}{2}(1-\xi^2)(1-\eta)$$

$$N_4(\xi,\eta)=\frac{1}{2}(1-\eta^2)(1+\xi)$$

$$N_6(\xi,\eta)=\frac{1}{2}(1-\xi^2)(1+\eta)$$

$$N_8(\xi,\eta)=\frac{1}{2}(1-\eta^2)(1-\xi)$$

整理可得形函数的表达式

$$N_i(\xi,\eta)=\begin{cases} \frac{1}{4}(1+\xi_i\xi)(1+\eta_i\eta)(\xi_i\xi+\eta_i\eta-1)(i=1,3,5,7) \\ \frac{1}{2}(1-\xi^2)(1+\eta_i\eta)(i=2,6) \\ \frac{1}{2}(1-\eta^2)(1+\xi_i\xi)(i=4,8) \end{cases} \tag{5-38}$$

位移模式（5-36）包含有完全的一次多项式，且可以验证 $\sum_{i=1}^{8} N_i(\xi,\eta)=1$，因此在整体坐标中也满足收敛的完备性条件。

坐标变换式也取插值函数同样的形式，即

$$\begin{cases} x=\sum_{i=1}^{8} N_i(\xi,\eta)x_i \\ y=\sum_{i=1}^{8} N_i(\xi,\eta)y_i \end{cases} \tag{5-39}$$

而插值函数的相容性就保证了坐标变换的相容性。

根据式（5-39）就可以将局部坐标下基本单元的边界方程转化为整体坐标中实际单元的边界方程。比如局部坐标下187边方程为 $\xi=-1$，代入式（5-38）可知，形函数最高为 η 的二次函数，因此在整体坐标下的参数方程可表示为

$$\begin{cases} x=a\eta^2+b\eta+c \\ y=d\eta^2+e\eta+f \end{cases} \tag{5-40}$$

消去参数 η 后就得到整体坐标下 x 和 y 的关系为二次抛物线方程，因此等参变换把母单元的4条直线边界映射为实际单元中的4条二次抛物线边界，实际单元为4条二次曲线围成的曲边四边形，如图5-12所示。

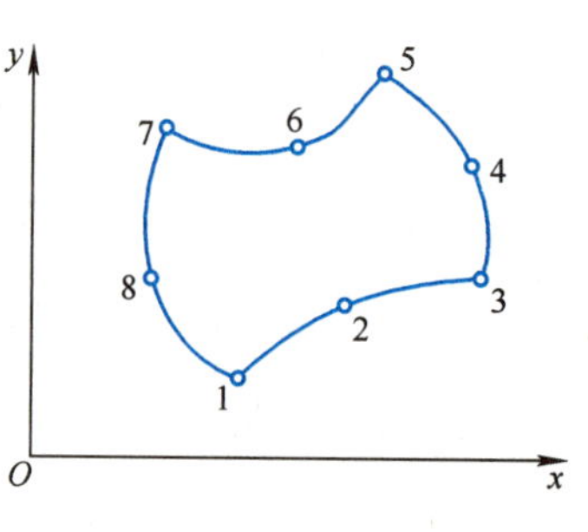

图 5-12

八结点等参数单元的引进，一方面提高了单元内部插值的计算精度，另一方面对曲边边界问题具有更好的拟合效果。

例题分析： 如图5-13a所示八结点等参数单元，在567边上作用均布荷载 p_y，求其等效结点力。

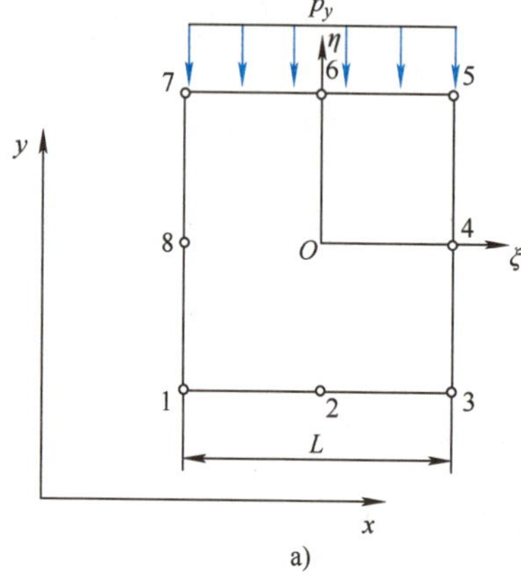

a)

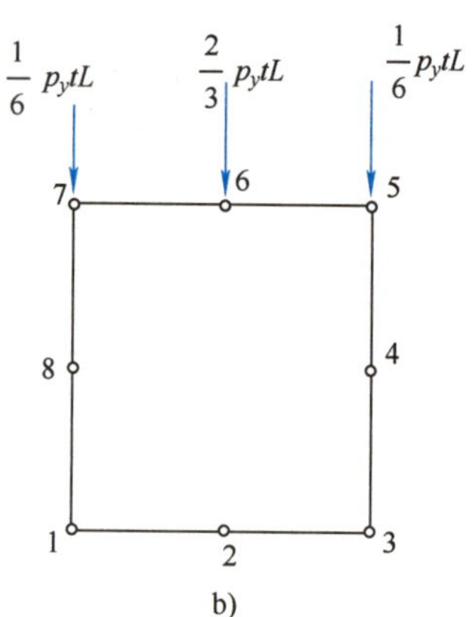

b)

图 5-13

解： 根据面力的等效结点力公式

$$\{R\}^e=\int_{s_\sigma}[N]^{\mathrm{T}}\{\bar{p}\}t\mathrm{d}s$$

等效到结点5上的结点力为

$$\{R_{5y}\}^e=\int_{s_\sigma}N_5p_yt\mathrm{d}s=p_yt\int_{s_\sigma}N_5\mathrm{d}s \tag{5-41}$$

由式（5-38）得

$$N_5(\xi,\eta)=\frac{1}{4}(1+\xi)(1+\eta)(\xi+\eta-1) \tag{5-42}$$

则

$$\begin{aligned}\{R_{5y}\}^e &= p_y t\int_{s_\sigma} N_5 \mathrm{d}s = p_y t\int_{s_\sigma}\frac{1}{4}(1+\xi)(1+\eta)(\xi+\eta-1)\Big|_{\eta=1}\mathrm{d}s\\ &= p_y t\int_{s_\sigma}\frac{1}{2}(1+\xi)\xi\mathrm{d}s = \frac{p_y t}{2}\frac{L}{2}\int_{-1}^{1}(\xi^2+\xi)\mathrm{d}\xi = \frac{1}{6}p_y tL\end{aligned}$$

同理，等效到结点 6 和结点 7 上的结点力可分别计算出，如图 5-13b 所示。

5.5　空间问题等参数单元

4.2 节中介绍的空间问题四结点四面体线性单元，除去和三角形线性单元一样具有精度差、不能很好地处理弯曲边界的缺点外，还有一个致命的缺点，就是使相应的空间有限单元分割变得十分困难。如果用六面体来进行有限单元分割，就要方便得多，各个单元位置之间的相互关系也变得比较清楚。对于不规则的区域，这种六面体不可能都取成正六面体，而必须建立任意六面体的单元，这可以通过相应的等参数单元得到实现。

空间问题等参数单元

1. 八结点六面体等参数单元

先在局部坐标（ξ,η,ζ）下考察八结点正六面体单元，此正六面体的边长为 2，中心在原点，取 8 个顶点为结点，如图 5-14 所示。

取位移模式为

$$\begin{cases}u=\alpha_1+\alpha_2\xi+\alpha_3\eta+\alpha_4\zeta+\alpha_5\xi\eta+\alpha_6\eta\zeta+\alpha_7\xi\zeta+\alpha_8\xi\eta\zeta\\ v=\alpha_9+\alpha_{10}\xi+\alpha_{11}\eta+\alpha_{12}\zeta+\alpha_{13}\xi\eta+\alpha_{14}\eta\zeta+\alpha_{15}\xi\zeta+\alpha_{16}\xi\eta\zeta\\ w=\alpha_{17}+\alpha_{18}\xi+\alpha_{19}\eta+\alpha_{20}\zeta+\alpha_{21}\xi\eta+\alpha_{22}\eta\zeta+\alpha_{23}\xi\zeta+\alpha_{24}\xi\eta\zeta\end{cases} \tag{5-43}$$

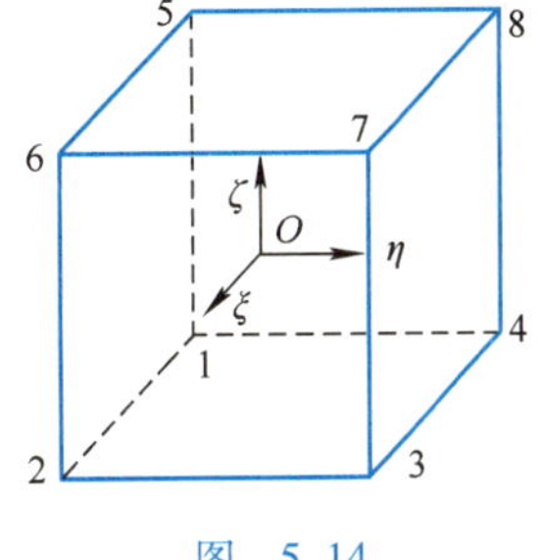

图　5-14

其中，待定常数 $\alpha_1\sim\alpha_{24}$将由结点上的位移分量值唯一决定。

当一个自变量固定时，位移模式式（5-43）是另外两个自变量的双线性函数。因此，在立方体单元的每一侧面上，位移模式完全由侧面上的四个结点的位移分量值所唯一决定。这样，在相邻单元的公共面上，只要在其四结点上有相同的函数值，插值函数就能满足连续性的要求，因此，在局部坐标下的连续性成立。

将位移模式式（5-43）写成

$$\begin{cases}u=\sum\limits_{i=1}^{8}N_i(\xi,\eta,\zeta)u_i\\ v=\sum\limits_{i=1}^{8}N_i(\xi,\eta,\zeta)v_i\\ w=\sum\limits_{i=1}^{8}N_i(\xi,\eta,\zeta)w_i\end{cases} \tag{5-44}$$

的形式，其中形函数 $N_i(\xi,\eta,\zeta)$（$i=1,2,\cdots,8$）由下述两条件所唯一决定：

1）$N_i(\xi,\eta,\zeta)$ 是形如式（5-43）的多项式函数；

2）$N_i(\xi,\eta,\zeta)$ 在结点 i 的值为 1，而在其余结点 j（$j\neq i$）的值为 0，即

$$N_i(\xi_i,\eta_i,\zeta_i)=1,\ N_j(\xi_j,\eta_j,\zeta_j)=0\quad(j\neq i;j=1,2,\cdots,8)$$

各结点的局部坐标为

$$\begin{cases}(\xi_1,\eta_1,\zeta_1)=(-1,-1,-1),\ (\xi_5,\eta_5,\zeta_5)=(-1,-1,1)\\(\xi_2,\eta_2,\zeta_2)=(1,-1,-1),\ (\xi_6,\eta_6,\zeta_6)=(1,-1,1)\\(\xi_3,\eta_3,\zeta_3)=(1,1,-1),\ (\xi_7,\eta_7,\zeta_7)=(1,1,1)\\(\xi_4,\eta_4,\zeta_4)=(-1,1,-1),\ (\xi_8,\eta_8,\zeta_8)=(-1,1,1)\end{cases}\tag{5-45}$$

下面具体分析形函数 $N_i(\xi,\eta,\zeta)$（$i=1,2,\cdots,8$）。

以 $N_1(\xi,\eta,\zeta)$ 为例来说明。它在结点 1 取值为 1，而在结点 2 ~ 8 取值为 0。注意到平面 2376、3487 与 5678 分别通过这些结点，其方程分别为

$$\xi-1=0,\ \eta-1=0,\ \zeta-1=0$$

容易求得

$$\begin{aligned}N_1(\xi,\eta,\zeta)&=\frac{(\xi-1)(\eta-1)(\zeta-1)}{[(\xi-1)(\eta-1)(\zeta-1)]_{(-1,-1,-1)}}\\&=\frac{1}{8}(1-\xi)(1-\eta)(1-\zeta)\end{aligned}$$

类似地，可得 $N_2(\xi,\eta,\zeta)$ 至 $N_8(\xi,\eta,\zeta)$ 的表达式。注意到式（5-45），可知能够将这些形函数的表达式统一写成

$$N_i(\xi,\eta,\zeta)=\frac{1}{8}(1+\xi_i\xi)(1+\eta_i\eta)(1+\zeta_i\zeta)\quad(i=1,2,\cdots,8)\tag{5-46}$$

位移模式（5-43）包含有完全的一次多项式，且不难验证形函数之和等于 1 成立，即

$$\sum_{i=1}^{8}N_i=1\tag{5-47}$$

由此可知，在整体坐标下形函数满足收敛的完备性条件。

按等参数变换的思想，由局部坐标到整体坐标的坐标变换将用与式（5-44）完全类似的公式表达，即

$$\begin{cases}x=\sum\limits_{i=1}^{8}N_i(\xi,\eta,\zeta)x_i\\y=\sum\limits_{i=1}^{8}N_i(\xi,\eta,\zeta)y_i\\z=\sum\limits_{i=1}^{8}N_i(\xi,\eta,\zeta)z_i\end{cases}\tag{5-48}$$

由插值公式（5-44）的相容性，同样可以保证坐标变换式（5-48）的相容性，同时可保证在整体坐标下插值函数的相容性。

利用坐标变换式（5-48），就可以具体看到局部坐标下的立方体单元经过变换后在整体

坐标下具有怎样的形状。

由形函数 N_i 的性质可知，局部坐标下的结点 1 至 8 在经过变换式（5-48）后一定变为整体坐标下的对应结点。

至于棱边，以 37 边为例，它在局部坐标系下的方程为 $\xi=1$，$\eta=1$。由式（5-48）可知 x、y、z 沿此棱边都是 ξ 的线性函数，因而它在整体坐标下表示一条直线，这说明经过变换在局部坐标下的直棱边 37 对应于整体坐标下以结点 3、7 为端点的直线。因此，在整体坐标系下的单元也具有直的棱边。

但是在局部坐标下的每一侧面经过变换后在整体坐标下不一定表示为平面。这是因为按照上述类似的理由，在局部坐标下，对应于同一侧面上的两对边，其对应等分点的连线也必对应于整体坐标下相应两棱边上对应等分点的连线，如图 5-15 所示。因此，局部坐标下的每一侧面经过变换在整体坐标下变为由两族直线所组成的直纹面，此直纹面可由四结点在整体坐标中的位置所完全决定。只有在此四个结点共面时，此直纹面才退化为平面。

这样，我们看到在整体坐标下，八结点六面体等参数单元的形状完全由其 8 个结点的位置或坐标所决定，其棱边是直线，其侧面是由两族直线所构成的直纹面（双曲抛物面）。当然，为使等参数的方法可行，单元的形状不能过分歪斜。

2. 20 结点六面体等参数单元

前节所述的八结点六面体等参数单元，在计算空间问题时是经常采用的，但其计算精度有时还嫌不够，而且还不能很好地迫近物体的弯曲边界，因而在应用上还常采用 20 结点的曲六面体等参数单元，简称为 20 结点空间等参数单元。

仍首先在局部坐标下进行考察，在局部坐标（ξ,η,ζ）下，考察一中心在原点、边长为 2 的立方体单元，不仅其 8 个顶点取为结点，而且其 12 条棱边的中点都取为结点，共有 20 个结点，如图 5-16 所示。

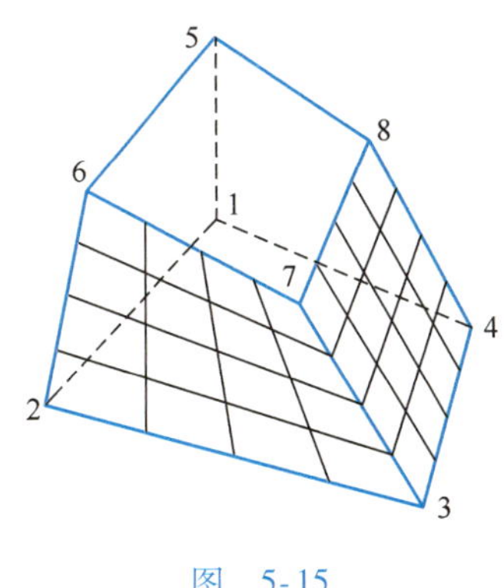

图　5-15

图　5-16

以 u 为例说明位移模式的形式

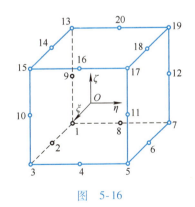

$$u=\alpha_1+\alpha_2\xi+\alpha_3\eta+\alpha_4\zeta+\alpha_5\xi^2+\alpha_6\eta^2+\alpha_7\zeta^2+\alpha_8\xi\eta+\alpha_9\eta\zeta+\alpha_{10}\xi\zeta+\alpha_{11}\xi^2\eta+\alpha_{12}\xi^2\zeta+\alpha_{13}\eta^2\xi+\alpha_{14}\eta^2\zeta+\alpha_{15}\zeta^2\xi+\alpha_{16}\zeta^2\eta+\alpha_{17}\xi\eta\zeta+\alpha_{18}\xi^2\eta\zeta+\alpha_{19}\eta^2\xi\zeta+\alpha_{20}\zeta^2\xi\eta \tag{5-49}$$

其中，待定常数 α_1 至 α_{20} 将由结点函数值 u_i（$i=1,2,\cdots,20$）所唯一决定。

位移模式仍取式（5-44）所示形式为

$$\begin{cases} u = \sum_{i=1}^{20} N_i(\xi,\eta,\zeta)u_i \\ v = \sum_{i=1}^{20} N_i(\xi,\eta,\zeta)v_i \\ w = \sum_{i=1}^{20} N_i(\xi,\eta,\zeta)w_i \end{cases} \tag{5-50}$$

其中的形函数为

$$\begin{cases} N_i = \frac{1}{8}(1+\xi_0)(1+\eta_0)(1+\zeta_0)(\xi_0+\eta_0+\zeta_0-2)(i=1,3,5,7,13,15,17,19) \\ N_i = \frac{1}{4}(1-\xi^2)(1+\eta_0)(1+\zeta_0)(i=2,6,14,18) \\ N_i = \frac{1}{4}(1-\eta^2)(1+\zeta_0)(1+\xi_0)(i=4,8,16,20) \\ N_i = \frac{1}{4}(1-\zeta^2)(1+\xi_0)(1+\eta_0)(i=9,10,11,12) \end{cases} \tag{5-51}$$

其中，$\xi_0=\xi_i\xi,\ \eta_0=\eta_i\eta,\ \zeta_0=\zeta_i\zeta$

例题分析：空间问题等参数单元计算实例，分析图 5-17a 所示的厚壁筒。该筒的内半径 $a=4\text{m}$，外半径 $b=7\text{m}$，高度 $l=9\text{m}$，弹性模量 $E=10\text{GPa}$，泊松比 $\mu=0.2$，容重 $\rho=5\text{kN/m}^3$，内外壁上承受的分布荷载的集度 $q=90\text{kN/m}^3$。

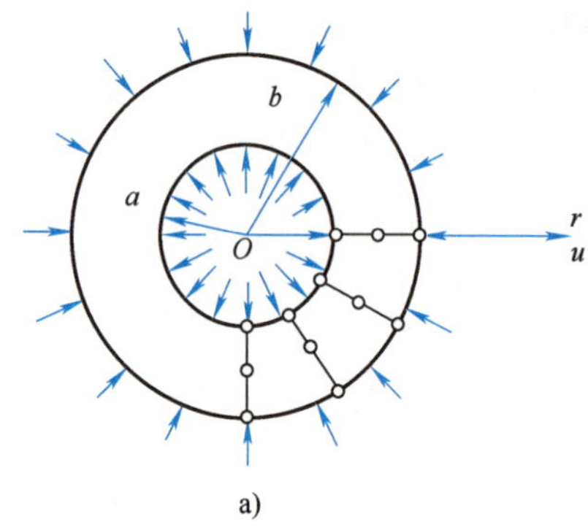

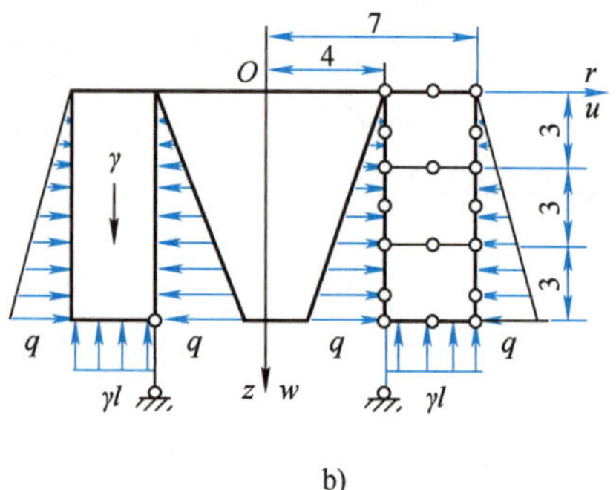

图 5-17

解：在弹性力学中，对于这一轴对称空间问题的函数解为

径向位移：$u=(\mu\gamma-\frac{1-\mu}{l}q)\frac{rz}{E}$

轴向位移：$w=\left(\gamma-\frac{2\mu}{l}q\right)\frac{l^2-z^2}{2E}+\left(\mu\gamma-\frac{1-\mu}{l}q\right)\frac{a^2-r^2}{2E}$

径向及环向正应力：$\sigma_r=\sigma_\theta=-\frac{q}{l}z$

轴向正应力：$\sigma_z=-\gamma z$

剪应力：$\tau_{rz}=\tau_{zr}=0$

选用 20 结点六面体的等参单元进行计算。由于是轴对称的，可以取该筒的 1/4，并划

分为 9 个单元，如图 5-17b 所示。由该图可看出，所用单元的形态很好，各向棱边的长度近乎相等，棱边的夹角全是直角。棱边上的结点取在棱边的中点。现在，将 $r=b=7\text{m}$ 计算所得的结点位移和应力列入表 5-2。

表 5-2 $r=b=7\text{m}$ 时的结点位移和应力数据表

结点的 z 坐标/m		0	3	6	9
$u/10^{-6}\text{m}$	有限单元解	0.000	-6.298	-12.599	-18.902
	函数解	0.000	-6.300	-12.600	-18.900
$w/10^{-6}\text{m}$	有限单元解	4.954	52.198	80.549	89.990
	函数解	4.950	52.200	80.550	90.000
$\sigma_r=\sigma_\theta/\text{kPa}$	有限单元解	0.000	-30.000	-59.999	-89.999
	函数解	0.000	-30.000	-60.000	-90.000
σ_z/kPa	有限单元解	0.000	-75.001	-149.999	-224.998
	函数解	0.000	-75.000	-150.000	-225.000

由表 5-2 看出，由于采用了高阶等参数单元，而且单元的形态很好，所以，虽然只用了 9 个单元，却得出了非常精确的结果。

5.6 等参数单元的评价

1. 等参数单元的优点

1）等参数单元形状、方位任意，容易构造高阶单元，适应性好，精度高。

2）等参数单元列式具有统一的形式，规律性强，采用数值积分计算，程序处理方便。

3）高阶等参数单元精度高，描述复杂边界和形状的能力强，所需单元少，在结构应力分析中应用最广泛。

2. 等参数单元划分时需注意的问题

由于等参数单元涉及单元几何形状的变换，对实际单元的形态有一定要求，单元形态好坏影响计算结果的精度。划分的单元形态应满足：

1）单元各方向的尺寸尽量接近，防止任意的两个结点退化为一个结点。

2）单元边界不能过于曲折，不能有拐点和折点，尽量接近直线或抛物线。

3）对于曲线边，最好保持其半径大于单元的最长边，因为曲率太大容易出错。

4）防止单元过分歪曲，边之间夹角接近直角最好，从经验看，控制在 30°～150°之间为宜。

5）避免细长的单元，因为横向自由度对应的刚度跟纵向差得太多的话，计算容易出问题，越接近正方形的单元越好，长宽比最大也不要超过 5:1。

知识拓展

由于等参数单元是有限单元法中应用最为广泛的单元形式，最新的研究中也有很多关于等参数单元的研究与应用，这里给出了最新的研究文献，供有能力感兴趣的同学课下阅读学习。

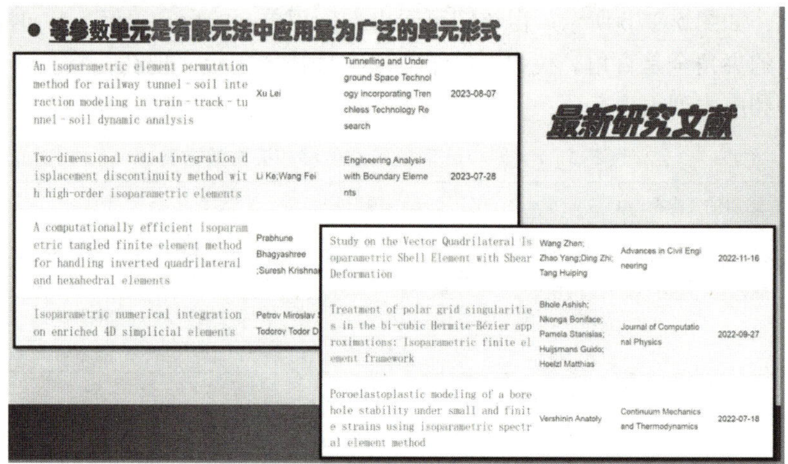

5.7 数值积分

对于等参数单元推导荷载列阵和刚度矩阵时，需计算如下形式的积分：

$$\int_{-1}^{1} f(\xi)\,\mathrm{d}\xi,\ \int_{-1}^{1}\int_{-1}^{1} f(\xi,\eta)\,\mathrm{d}\xi\mathrm{d}\eta,\ \int_{-1}^{1}\int_{-1}^{1}\int_{-1}^{1} f(\xi,\eta,\zeta)\,\mathrm{d}\xi\mathrm{d}\eta\mathrm{d}\zeta$$

数值积分方法

其中被积函数一般比较复杂，甚至得不到显式表达。因此，通常采用数值积分代替函数积分，即在单元内部选取 n 个点，先计算被积函数在这些点的函数值，然后通过 n 个点的函数值以及它们的加权组合来计算，从而得到近似积分值，即

$$\int_{-1}^{1} f(\xi)\,\mathrm{d}\xi \approx \sum_{k=1}^{n} A_k f(\xi_k) \tag{5-52}$$

其中，$f(\xi)$ 为被积函数，n 为积分点数，A_k 为积分权系数，ξ_k 为积分点位置，当 n 确定时，A_k 和 ξ_k 也为对应的确定值。下面介绍几种常用的数值积分方法。

1. 牛顿-柯特斯（Newton-Cotes）积分

常用的梯形与抛物线积分公式就是牛顿-柯特斯型数值积分的两种简单情况。所有牛顿-柯特斯积分的积分点（基点）都是等间距布置的。设以多项式 $\Psi(\xi)$ 作为被积函数 $f(\xi)$ 的近似，共取 n 个积分基点，要求在积分点上满足

$$\Psi(\xi_i) = f(\xi_i) \quad (i=1,2,\cdots,n)$$

取拉格朗日（Lagrange）多项式为近似多项式 $\Psi(\xi)$ 可满足这些条件，则

$$\Psi(\xi) = \sum_{i=1}^{n} l_i^{(n-1)}(\xi) f(\xi_i)$$

其中的拉格朗日基函数

$$\begin{aligned} l_i^{(n-1)}(\xi) &= \prod_{j=1,j\neq i}^{n} \frac{\xi-\xi_j}{\xi_i-\xi_j} \\ &= \frac{(\xi-\xi_1)(\xi-\xi_2)\cdots(\xi-\xi_{i-1})(\xi-\xi_{i+1})\cdots(\xi-\xi_n)}{(\xi_i-\xi_1)(\xi_i-\xi_2)\cdots(\xi_i-\xi_{i-1})(\xi_i-\xi_{i+1})\cdots(\xi_i-\xi_n)} \end{aligned}$$

显然

$$l_i^{(n-1)}(\xi_j)=\delta_{ij}=\begin{cases}1 & (i=j)\\ 0 & (i\neq j)\end{cases}$$

将原积分近似表达为函数 $\Psi(\xi)$ 的积分

$$\int_a^b \Psi(\xi)\,\mathrm{d}\xi=\int_a^b \sum_{i=1}^{n} l_i^{(n-1)}(\xi)f(\xi_i)\,\mathrm{d}\xi$$

$$=\sum_{i=1}^{n}\left(\int_a^b l_i^{(n-1)}(\xi)\,\mathrm{d}\xi\right)f(\xi_i)$$

记

$$H_i=\int_a^b l_i^{(n-1)}(\xi)\,\mathrm{d}\xi \qquad \text{（称为柯特斯系数）}$$

则

$$\int_a^b \Psi(\xi)\,\mathrm{d}\xi=\sum_{i=1}^{n} H_i f(\xi_i)$$

显然牛顿-柯特斯积分的代数精确度为 $n-1$ 阶。

原积分的精确表述为

$$\int_a^b f(\xi)\,\mathrm{d}\xi=\sum_{i=1}^{n} H_i f(\xi_i)+R_{n-1} \tag{5-53}$$

除代数精确度不甚高外，牛顿-柯特斯积分的收敛性有时也不一定得到保证，当基点过多（超过8）时，柯特斯系数可能出现负值，误差增大。

2. 高斯（Gauss）积分

在有限元分析中，高斯积分已经被证明是最有效的。牛顿-柯特斯积分总是在积分区间取等间距基点，如果采用不等间距基点，适当选择基点的位置，可使同样形式求积公式的代数精确度提高到 $2n-1$ 阶，这就是高斯积分。

（1）1 点高斯积分　当 $n=1$ 时，被积函数在（-1，1）内是一条直线，如图 5-18 所示。显然，该积分就是梯形的面积，即

$$\int_{-1}^{1} f(\xi)\,\mathrm{d}\xi=2f(0) \tag{5-54}$$

这里高斯积分点在中间 $x=0$ 的位置，确定的权重是 2，积分点的函数值是 $f(0)$。

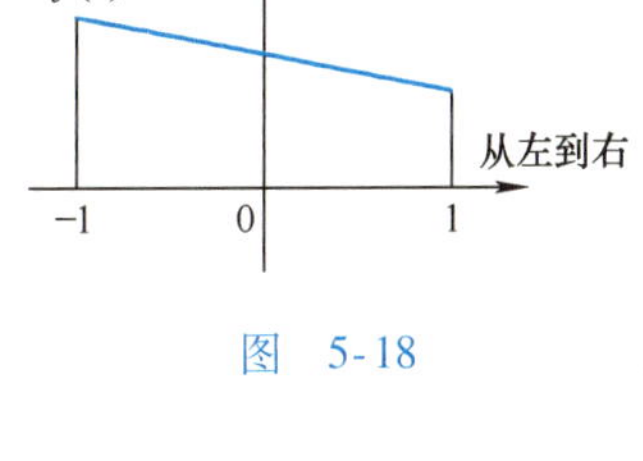

图　5-18

（2）2 点高斯积分　若 $n=2$ 时，被积函数为二次函数，即

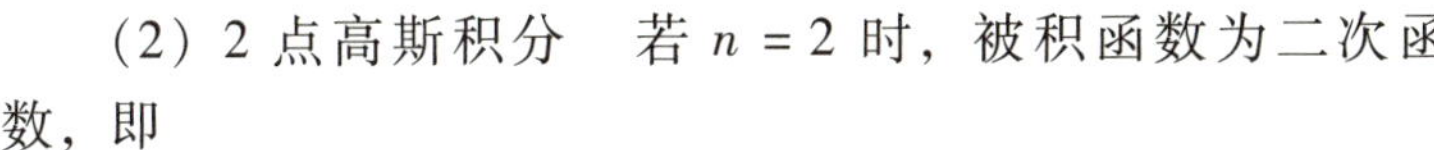

$$f(\xi)=a\xi^2+b\xi+c$$

$$\int_{-1}^{1} f(\xi)\,\mathrm{d}x=\int_{-1}^{1}(a\xi^2+b\xi+c)\,\mathrm{d}\xi=\frac{2}{3}a+2c$$

$$\frac{2}{3}a+2c=1\times f\left(\frac{1}{-\sqrt{3}}\right)+1\times f\left(\frac{1}{\sqrt{3}}\right) \tag{5-55}$$

即有 2 个高斯积分点，分别为 $\xi_{1,2}=\dfrac{1}{\pm\sqrt{3}}$，权重各为 1。

（3）3 点高斯积分　若 $n=3$，被积函数为三次函数，即

$$\int_{-1}^{1} f(\xi)\mathrm{d}\xi = \int_{-1}^{1}(a\xi^3 + b\xi^2 + c\xi + d)\mathrm{d}\xi = \frac{2}{3}b + 2d = 1 \times f\left(\frac{1}{-\sqrt{3}}\right) + 1 \times f\left(\frac{1}{\sqrt{3}}\right) \tag{5-56}$$

显然，其高斯积分点位置和权重与二次函数一样。

（4）多点高斯积分　当 $n=4$、5 时，能得到相似的结论：四次曲线有 3 个高斯积分点，分别是 $\xi_1=0$（权重为$\frac{8}{9}$），$\xi_{2,3}=\pm\sqrt{\frac{3}{5}}$（权重均为$\frac{5}{9}$），五次曲线与四次曲线一致，即

$$\int_{-1}^{1} f(\xi)\mathrm{d}\xi = \frac{8}{9} \times f(0) + \frac{5}{9} \times f\left(\sqrt{\frac{3}{5}}\right) + \frac{5}{9} \times f\left(-\sqrt{\frac{3}{5}}\right) \tag{5-57}$$

同理，六次曲线和七次曲线则需要 4 个高斯积分点，规律也是一样。也就是说：n 个高斯积分点可以应付 $2n-1$ 次及以下的曲线积分。例如：有一条七次曲线，不需要知道它的函数表达式就能算出积分，即

$$\begin{aligned}\int_{-1}^{1} f(\xi)\mathrm{d}\xi &= \int_{-1}^{1}(a\xi^7 + b\xi^6 + c\xi^5 + d\xi^4 + e\xi^3 + f\xi^2 + g\xi + h)\mathrm{d}\xi \\ &= A_1 f(\xi_1) + A_2 f(\xi_2) + A_3 f(\xi_3) + A_4 f(\xi_4)\end{aligned} \tag{5-58}$$

4 个高斯积分点分别是 $\xi_{1,2} = \pm\sqrt{\frac{525-70\sqrt{30}}{35}}$ $\left(\text{权重均为}\frac{18+\sqrt{30}}{36}\right)$，$\xi_{3,4} = \pm\sqrt{\frac{525+70\sqrt{30}}{35}}$ $\left(\text{权重均为}\frac{18-\sqrt{30}}{36}\right)$。有限元分析中常用高斯数值积分，表 5-3 列出了高斯积分中部分积分点坐标与加权系数值。

表 5-3　高斯积分中部分积分点坐标与加权系数值

n	$\pm\xi_i$（积分点）	A_i（权重系数）
2	0. 577 350 229 189 626	1. 000 000 000 000 000
3	0. 774 596 669 241 483 0. 000 000 000 000 000	0. 555 555 555 555 556 0. 888 888 888 888 889
4	0. 861 136 311 594 053 0. 339 981 043 584 856	0. 347 854 845 137 454 0. 652 145 154 862 546
5	0. 906 179 845 938 664 0. 538 469 310 105 683 0. 000 000 000 000 000	0. 236 926 885 056 189 0. 478 628 670 499 366 0. 568 888 888 888 889

在绝大多数情况下，用五次曲线去模拟应力分布就绰绰有余了，只需要用 3 个高斯积分点就够了（即 $n=3$）。因而只要在母单元每个方向上布置 3 个高斯积分点就可以获得精确的五次函数曲线的积分，如图 5-19 所示。

（5）二维和三维问题的高斯积分　可将一维高斯积分直接推广到二维和三维积分情形。即

二维积分为

$$\int_{-1}^{1}\int_{-1}^{1} f(\xi,\eta)\mathrm{d}\xi\mathrm{d}\eta = \sum_{j=1}^{n}\sum_{i=1}^{n} A_i A_j f(\xi_i,\eta_j) \tag{5-59}$$

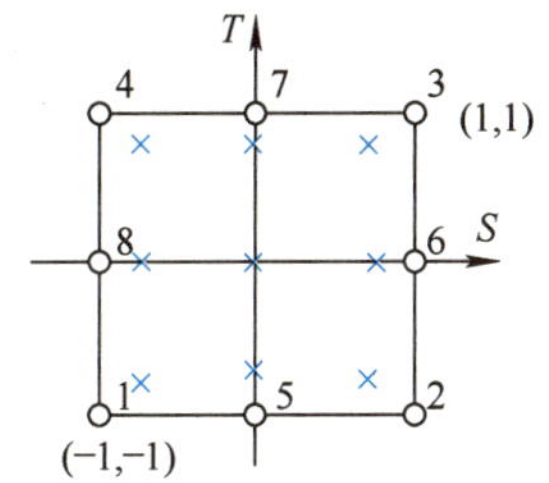

八结点四边形单元高斯点布置，共9个

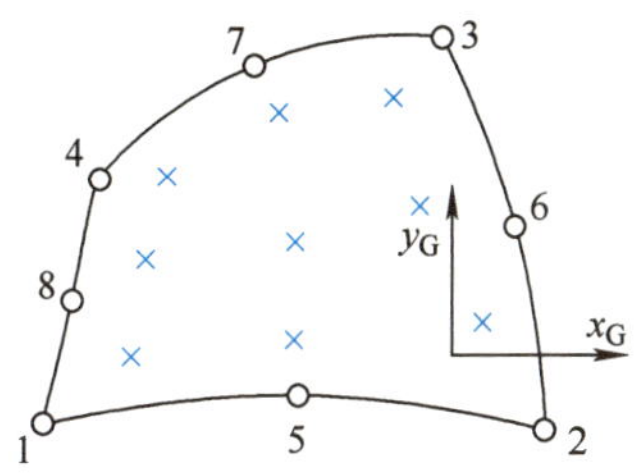

整体坐标中高斯点的布置

图 5-19

三维积分为

$$\int_{-1}^{1}\int_{-1}^{1}\int_{-1}^{1} f(\xi,\eta,\zeta)\,\mathrm{d}\xi\mathrm{d}\eta\mathrm{d}\zeta = \sum_{m=1}^{n}\sum_{j=1}^{n}\sum_{i=1}^{n} A_iA_jA_m f(\xi_i,\eta_j,\zeta_m) \tag{5-60}$$

高斯积分虽然与牛顿-柯特斯积分形式相同，但实际上有着本质上的区别：牛顿-柯特斯积分区间取等间距基点，而高斯积分采用不等间距基点。

习题

5-1 简述等参数单元的概念，有限元法中等参数单元的主要优点是什么？

5-2 四结点任意四边形单元（Q_4）能否用与四结点矩形单元（R_4）相同的位移函数，即

$$u(x,y) = \alpha_1 + \alpha_2 x + \alpha_3 y + \alpha_4 xy, \quad v(x,y) = \alpha_5 + \alpha_6 x + \alpha_7 y + \alpha_8 xy$$

为什么？

5-3 实现等参数变换的基本条件是什么？哪些情况会使等参数变换不成立？划分等参数单元时应注意哪些问题？

5-4 由于等参数单元涉及单元几何形状的变换，单元形态好坏影响计算结果的精度，那么单元形态应满足哪些要求？

5-5 应用等参数单元时，为什么要采用高斯积分？高斯积分点的数目如何确定？

5-6 如题5-6图所示八结点等参数单元，计算在局部坐标（1/2，1/2）的 Q 点的导数$\partial N_1/\partial x$ 和$\partial N_2/\partial y$ 的值。

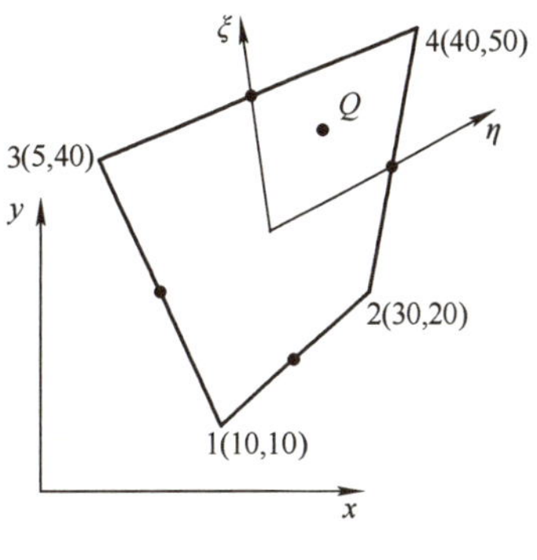

题5-6图

5-7 已知一个平面四结点等参数单元在整体坐标中的位置如题5-7图所示，试求出该单元局部坐标系原点（$\xi=0$，$\eta=0$）在整体坐标系中的位置 $O(x,y)$。

5-8 题5-8图所示平面应力问题，取 $t=1\text{m}$，$\mu=0$，试用一个四结点等参数单元计算其位移。

5-9 题5-9图所示的方板模型，利用四结点四边形插值函数证明点3（$x=7.0$，$y=6.0$）对应于局部坐标中的点（1,1）。另外，对于局部坐标系中的 $\xi=0$，$\eta=-0.5$，确定其在整体坐标系 x-y 下的坐标。

5-10 平面八结点等参数单元的位移模式取为

$$\alpha_1 + \alpha_2\xi + \alpha_3\eta + \alpha_4\xi^2 + \alpha_5\xi\eta + \alpha_6\eta^2 + \alpha_7\xi^2\eta + \alpha_8\xi\eta^2$$

不研究其形函数，能否推断单元的协调性质？试给出解释。

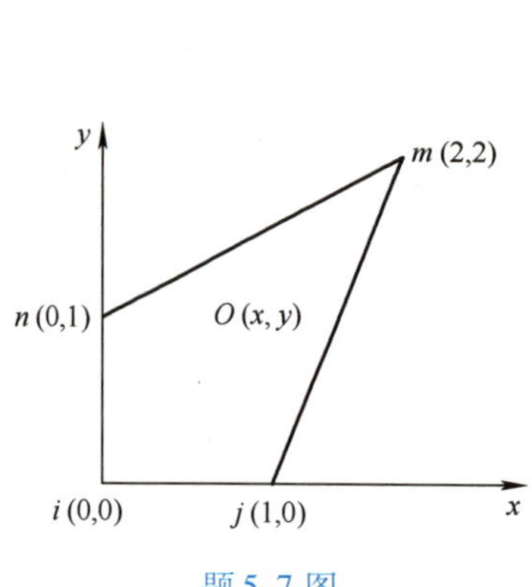

题 5-7 图

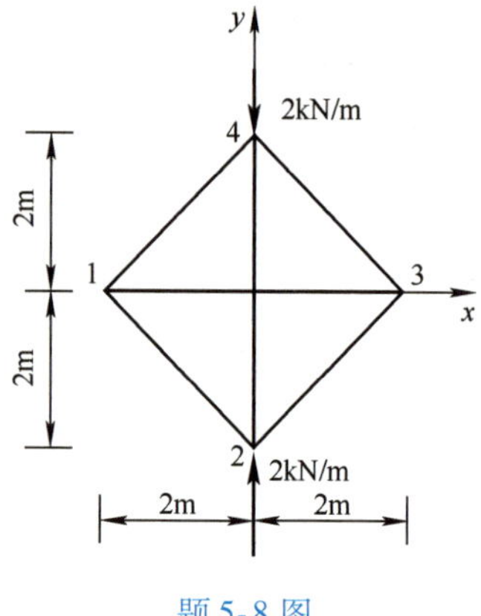

题 5-8 图

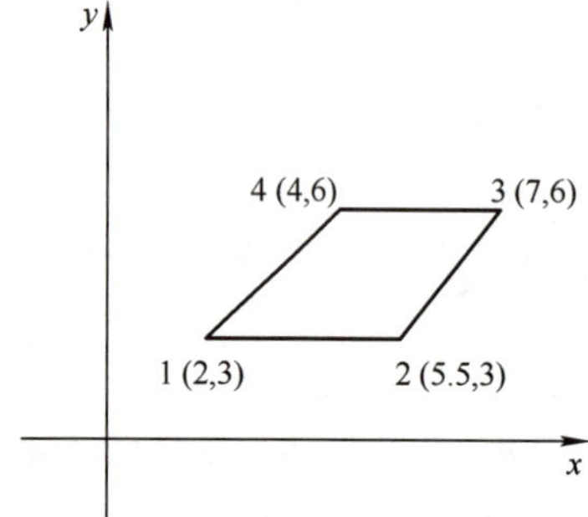

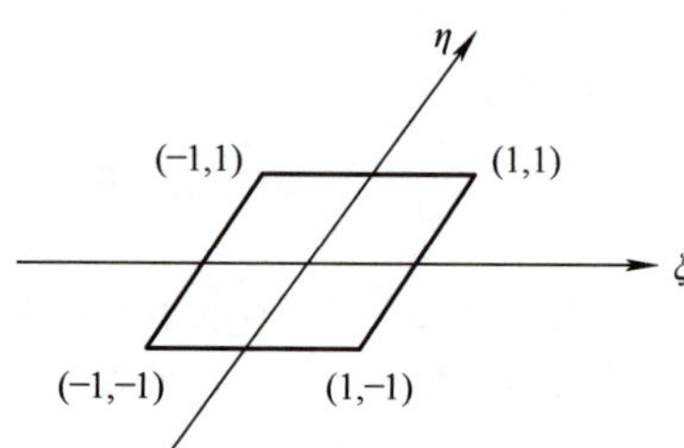

题 5-9 图

第6章　杆梁问题有限单元法

前面几章内容我们学习了连续体的有限单元法，连续体由于本身内部不存在自然的连接关系，因此是以连续介质的形式给出物质间的相互关联，所以必须人为地在连续体内部和边界上划分结点，从而以分片（单元）连续的形式来逼近原来复杂的几何形状，这种离散过程叫作逼近型离散（approximated discretization）。

杆梁结构是长度远大于其横截面尺寸的构件组成的杆件系统，例如机床中的传动轴、刚架与桁梁结构中的梁杆等。单根的杆梁作为杆梁结构的基本成分，材料力学与结构力学中已给出了其典型构件的解析解答。用有限单元法分析杆梁结构目前也已得到广泛应用，杆梁结构由于本身存在有自然的连接关系，即自然结点，所以它们的离散化叫作自然离散，这样的计算模型对原始结构具有很好的描述，如图 6-1 所示。

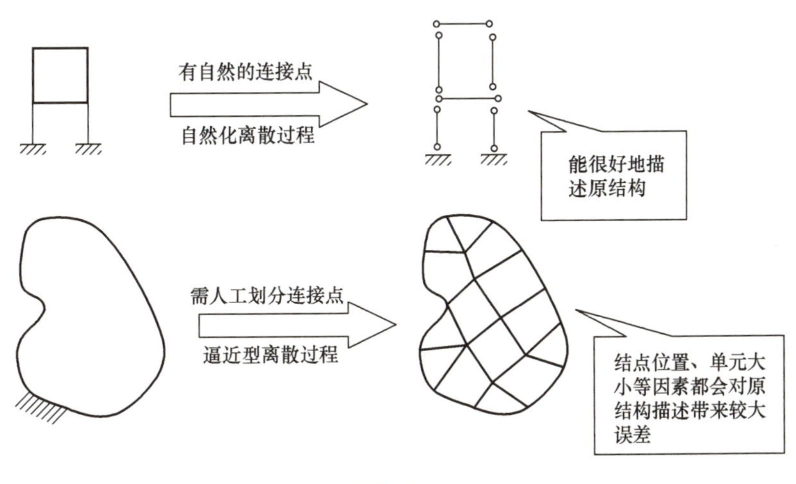

图　6-1

杆梁结构的共同点是它们本身含有有限个自然结点。对于桁架结构，这些结点就是二力杆端部的铰结点；对于刚架结构，这些自然结点或者是结构的转折点，或者是集中荷载作用点。全结构被这些自然结点离散化为有限个单元，桁架可以视为仅能承受轴向拉压的杆单元的集合，刚架可视为既承受弯、剪，又承受轴力及扭转的梁单元的集合。

由于杆梁单元本身具有解析解答，无须使用近似函数作为位移模式，因此杆梁问题有限元分析得到的是精确解。下面我们将运用材料力学和结构力学的解析解答对杆梁有限单元进行力学分析。

知识拓展

通过中国高铁、杭州亚运会等引出中国速度和中国力量，一座座宏伟的高铁桥梁及亚运会比赛场馆凝聚了中国工程师的智慧和创新。那么如何采用有限单元法计算这些桥梁、刚架结构、桁架结构中所涉及的杆梁问题的内力从而进行工程设计？在感受民族自豪的同时我们必须思考一个工程师的职业使命。

6.1 局部坐标系下的空间梁单元刚度矩阵

1. 杆梁单元有限元分析的一般规定

图 6-2 所示为一空间梁单元，单元的两个结点分别为结点 i 和结点 j，规定该单元的局部坐标系为 xyz，i 点为坐标原点，x 轴沿着梁轴线方向，且其正方向由 i 指向 j，其余各轴按右手螺旋法则确定。

对于空间梁来说，梁上每个点有 6 个位移分量，即沿 3 个坐标轴的线位移和绕 3 个坐标轴的角位移，因此单元的两个结点位移向量可表示为

$$\{\delta\}^e = \begin{Bmatrix} \{\delta\}_i \\ \{\delta\}_j \end{Bmatrix} \tag{a}$$

其中，

$$\{\delta\}_i = [u_i \quad v_i \quad w_i \quad \theta_{xi} \quad \theta_{yi} \quad \theta_{zi}]^{\mathrm{T}} \tag{b}$$

式中，u_i、v_i、w_i 分别为沿坐标轴 x、y、z 的 3 个线位移；θ_{xi}、θ_{yi}、θ_{zi} 分别为绕 x 轴的扭转角、绕 y 轴的截面转角以及绕 z 轴的截面转角。

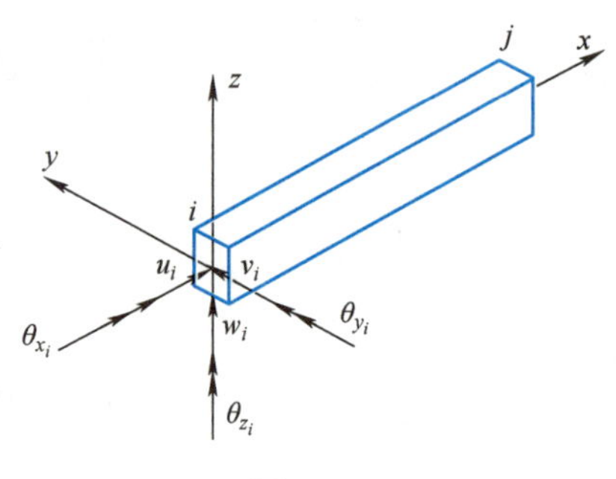

图　6-2

单元结点荷载向量为

$$\{F\}^e = \begin{Bmatrix} \{F\}_i \\ \{F\}_j \end{Bmatrix} \tag{c}$$

其中，

$$\{F\}_i = [U_i \quad V_i \quad W_i \quad M_{xi} \quad M_{yi} \quad M_{zi}]^{\mathrm{T}} \tag{d}$$

式中，U_i、V_i、W_i 分别为沿坐标轴 x 方向的轴力、沿 y 方向的剪力以及沿 z 方向的剪力；M_{xi}、M_{yi}、M_{zi} 分别为绕 x 轴的扭矩、绕 y 轴的弯矩以及绕 z 轴的弯矩。

注意：在有限元分析中，上述各分量的正负号规定不同于材料力学。其中线位移和对应的力，一律规定和坐标轴正向一致时为正；而角位移和对应的矩，则按照右手螺旋法则，四指弯曲的方向为正方向。

以下分析中设梁的长度为 l，弹性模量为 E，横截面面积为 A，横截面惯性矩为 I。

2. 空间梁单元的刚度矩阵

对于杆梁问题，其单元刚度方程可写为和连续体有限单元相同的形式，即

$$[K]^e\{\delta\}^e=\{F\}^e \tag{e}$$

其中，单元刚度矩阵

$$[K]^e=\begin{bmatrix} k_{1,1} & k_{1,2} & \cdots & k_{1,12} \\ k_{2,1} & k_{2,2} & \cdots & k_{2,12} \\ \vdots & \vdots & & \vdots \\ k_{12,1} & k_{12,2} & \cdots & k_{12,12} \end{bmatrix} \tag{f}$$

根据前面的讲述，单元刚度矩阵 $[k]^e$ 中的任一元素 k_{rs}^{xy} 的物理意义为：结点 s 沿 y 方向产生单位位移时引起的结点 r 沿 x 方向的结点力分量。显然，刚度矩阵中第 1 列元素的物理意义为使结点 i 在 x 方向发生单位位移（$u_i=1$）时而需在结点 i 和 j 上施加的结点力，第 2 列元素的物理意义为使结点 i 在 y 方向发生单位位移（$v_i=1$）时而需在结点 i 和 j 上施加的结点力。以此类推，可知 $[k]^e$ 中 12 列元素的物理意义，即单元的某结点沿某自由度产生单位位移引起的单元结点力向量，生成了单元刚度矩阵的对应列元素。

下面就根据单元刚度矩阵的物理意义，应用材料力学与结构力学的有关结论直接分析空间梁单元的单元刚度矩阵，而不用像前面分析连续体那样去首先假设近似的位移函数。

（1）第 1 列元素的生成　即 $u_i=1$ 时，其他结点自由度方向位移均为 0（图 6-3），为拉伸压缩基本变形情况，在结点处只引起轴向力，因此第 1 列元素中只有两个结点的轴力 U_i、U_j 不为 0，单元刚度矩阵第 1 列的其他元素为 0。

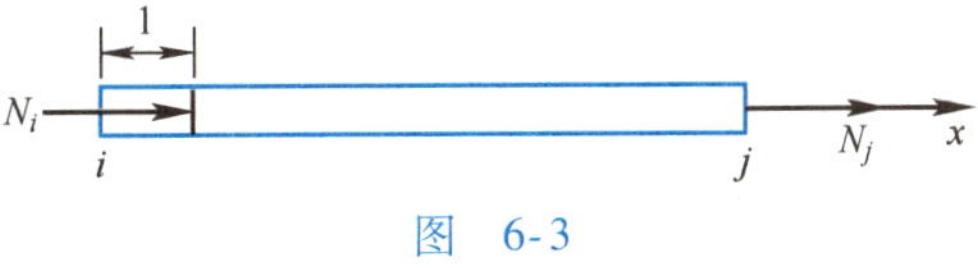

图　6-3

由于此时 $\Delta l=1$，则杆梁内力为

$$\sigma=E\varepsilon=E\frac{\Delta l}{l}=\frac{E}{l}$$

则在结点 i 引起的结点力为

$$U_i=\sigma A=\frac{EA}{l}(\text{沿 } x \text{ 轴正方向})$$

在结点 j 引起的结点力与 i 处大小相等、方向相反，即

$$U_j=-\frac{EA}{l}(\text{沿 } x \text{ 轴负方向})$$

即刚度矩阵中的第 1 列元素为

$$k_{1,1}=U_i=\frac{EA}{l},\ k_{7,1}=U_j=-\frac{EA}{l}$$

（2）第 2 列元素的生成　即 $v_i=1$ 时，其他结点自由度方向位移均为 0（图 6-4），为单跨超静定梁因杆端位移产生杆端力的基本情况之一，在结点处分别引起 y 方向的剪力 V_i、V_j 以及绕 z 轴的弯矩 M_{zi}、M_{zj}，单元刚度矩阵第 2 列的其他元素为 0。注意图中所标的弯矩方向为正方向，实际方向与之一致则为正，与之相反则为负（下同）。

查阅结构力学中单跨等截面超静定梁的杆端弯矩和杆端剪力表格可得

结点处剪力：$k_{2,2} = V_i = \dfrac{12EI_z}{l^3}$，$k_{8,2} = V_j = -\dfrac{12EI_z}{l^3}$

结点处弯矩：$k_{6,2} = M_{zi} = \dfrac{6EI_z}{l^2}$，$k_{12,2} = M_{zj} = \dfrac{6EI_z}{l^2}$

（3）第 3 列元素的生成　即 $w_i = 1$ 时，其他结点位移为 0（图 6-5），类似第（2）种情况，在结点处分别引起 z 方向的剪力 W_i、W_j 以及绕 y 轴的弯矩 M_{yi}、M_{yj}，单元刚度矩阵第 3 列的其他元素为 0。

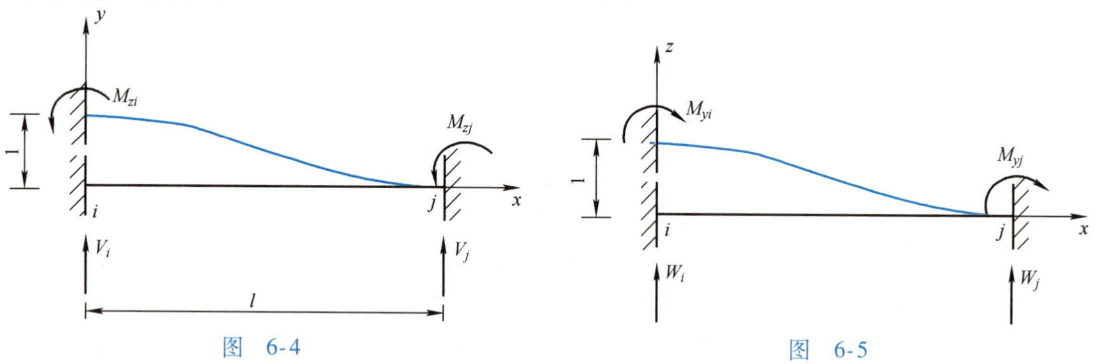

图　6-4　　　　图　6-5

查表得到结点处剪力：$k_{3,3} = W_i = \dfrac{12EI_y}{l^3}$，$k_{9,3} = W_j = -\dfrac{12EI_y}{l^3}$

结点处弯矩：$k_{5,3} = M_{yi} = -\dfrac{6EI_y}{l^2}$，$k_{11,3} = M_{yj} = -\dfrac{6EI_y}{l^2}$

（4）第 4 列元素的生成　即 $\theta_{xi} = 1$ 时，其他结点位移为 0（图 6-6），为杆件的扭转基本变形情况，在结点处只引起绕 x 轴的扭矩 M_{xi}、M_{xj}。

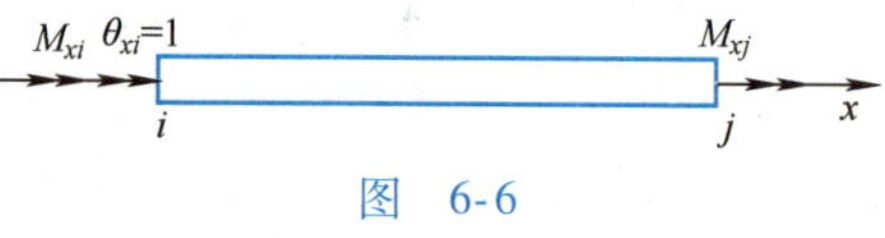

图　6-6

由于此时杆梁单元的截面扭转率（单位长度的转角变化）为

$$\gamma = \frac{\mathrm{d}\theta_x}{\mathrm{d}x} = \frac{1}{l}$$

则由材料力学公式可知，绕 x 轴的扭矩为

$$M_x = GJ\gamma = \frac{GJ}{l}$$

其中，G 为切变模量，J 为截面的扭转惯性矩，不同截面形状的 J 可在有关手册中查到。

在两个结点处的扭矩大小相等、方向相反，即

$$k_{4,4} = M_{xi} = \frac{GJ}{l},\quad k_{10,4} = M_{xj} = -\frac{GJ}{l}$$

单元刚度矩阵第 4 列的其他元素为 0。

（5）第 5 列元素的生成　即 $\theta_{yi} = 1$ 时，其他结点位移为 0（图 6-7），为单跨超静定梁因杆端位移产生杆端力的基本情况之一，在杆端两个结点处引起 z 方向的剪力 W_i、W_j 以及绕 y 轴的弯矩 M_{yi}、M_{yj}，单元刚度矩阵第 5 列的其他元素为 0。

查表得到结点处剪力：$k_{3,5} = W_i = -\dfrac{6EI_y}{l^2}$，$k_{9,5} = W_j = \dfrac{6EI_y}{l^2}$

结点处弯矩：$k_{5,5} = M_{yi} = \dfrac{4EI_y}{l}$，$k_{11,5} = M_{yj} = \dfrac{2EI_y}{l}$

（6）第 6 列元素的生成　即 $\theta_{zi}=1$ 时，其他结点位移为 0（图 6-8），为单跨超静定梁因杆端位移产生杆端力的基本情况之一，在杆端两个结点处引起 y 方向的剪力 V_i、V_j 以及绕 z 轴的弯矩 M_{zi}、M_{zj}，单元刚度矩阵第 6 列的其他元素为 0。

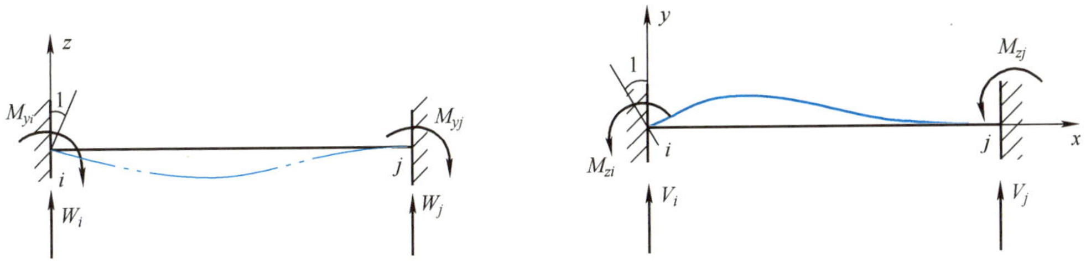

图　6-7　　　　图　6-8

查表得到结点处剪力：　$k_{2,6}=V_i=\dfrac{6EI_z}{l^2}$，$k_{8,6}=V_j=-\dfrac{6EI_z}{l^2}$

结点处弯矩：　$k_{6,6}=M_{zi}=\dfrac{4EI_z}{l}$，$k_{12,6}=M_{zj}=\dfrac{2EI_z}{l}$

至此，得到单元刚度矩阵 1 ~ 6 列对应的元素值，即结点 i 各自由度分别出现单位位移时引起的单元结点力向量。同理，对结点 j 进行类似分析，得到单元刚度矩阵 7 ~ 12 列对应的元素值。最后得到空间梁单元的刚度矩阵为 12 × 12 对称方阵，即

$$
[k]^e=\begin{bmatrix}
\frac{EA}{l} & & & & & & & & & & & \\
0 & \frac{12EI_z}{l^3} & & & & & & & & & & \\
0 & 0 & \frac{12EI_y}{l^3} & & & & & \text{对} & & & & \\
0 & 0 & 0 & \frac{GJ}{l} & & & & & & & & \\
0 & 0 & -\frac{6EI_y}{l^2} & 0 & \frac{4EI_y}{l} & & & & & & \text{称} & \\
0 & \frac{6EI_z}{l^2} & 0 & 0 & 0 & \frac{4EI_z}{l} & & & & & & \\
-\frac{EA}{l} & 0 & 0 & 0 & 0 & 0 & \frac{EA}{l} & & & & & \\
0 & -\frac{12EI_z}{l^3} & 0 & 0 & 0 & -\frac{6EI_z}{l^2} & 0 & \frac{12EI_z}{l^3} & & & & \\
0 & 0 & -\frac{12EI_y}{l^3} & 0 & \frac{6EI_y}{l^2} & 0 & 0 & 0 & \frac{12EI_y}{l^3} & & & \\
0 & 0 & 0 & -\frac{GJ}{l} & 0 & 0 & 0 & 0 & 0 & \frac{GJ}{l} & & \\
0 & 0 & -\frac{6EI_y}{l^2} & 0 & \frac{2EI_y}{l} & 0 & 0 & 0 & \frac{6EI_y}{l^2} & 0 & \frac{4EI_y}{l} & \\
0 & \frac{6EI_z}{l^2} & 0 & 0 & 0 & \frac{2EI_z}{l} & 0 & -\frac{6EI_z}{l^2} & 0 & 0 & 0 & \frac{4EI_z}{l}
\end{bmatrix}
\tag{6-1}
$$

6.2 局部坐标系下的其他梁单元刚度矩阵

杆单元

1. 轴力杆单元

工程中有许多结构中的杆件仅承受轴向拉伸或压缩，这一类杆件称为轴力杆件。对于轴力杆单元来说，其两端结点只发生 x 轴方向的位移，如图 6-9 所示。

单元结点位移向量为

$$\{\delta\}^e=\begin{Bmatrix}u_i\\u_j\end{Bmatrix} \tag{g}$$

图 6-9

由于每个结点只有 1 个轴向位移自由度，属于上节空间梁单元刚度矩阵分析中的情况（1），单元刚度矩阵为 2×2 对称方阵。从空间梁单元刚度矩阵（6-1）中取出对应自由度的元素 $k_{1,1}$、$k_{7,1}$、$k_{1,7}$、$k_{7,7}$得到

$$[k]^e=\begin{bmatrix}\dfrac{EA}{l} & -\dfrac{EA}{l}\\ -\dfrac{EA}{l} & \dfrac{EA}{l}\end{bmatrix} \tag{6-2}$$

2. 扭转杆单元

在结点处只有绕 x 轴的扭转角，属于上节空间梁单元刚度矩阵分析中的情况（4），如图 6-10 所示。

单元结点位移向量为

$$\{\delta\}^e=\begin{Bmatrix}\theta_{xi}\\\theta_{xj}\end{Bmatrix} \tag{h}$$

图 6-10

单元刚度矩阵为 2×2 对称方阵，从空间梁单元刚度矩阵中取出对应自由度的元素 $k_{4,4}$、$k_{10,4}$、$k_{4,10}$、$k_{10,10}$得到

$$[k]^e=\begin{bmatrix}\dfrac{GJ}{l} & -\dfrac{GJ}{l}\\ -\dfrac{GJ}{l} & \dfrac{GJ}{l}\end{bmatrix} \tag{6-3}$$

3. 平面弯曲梁单元

无轴向变形的等截面纯弯梁单元，长度为 l，横截面面积为 A，弹性模量为 E，横截面惯性矩为 I。

（1）xOy 坐标面内平面弯曲　若平面弯曲发生在 xOy 坐标面内，则在每个结点处会发生沿 y 轴的线位移以及绕 z 轴的角位移，即每个结点有 2 个自由度，属于上节空间梁单元刚度矩阵分析中的情况（2）和（6）的组合形式，如图 6-11 所示。

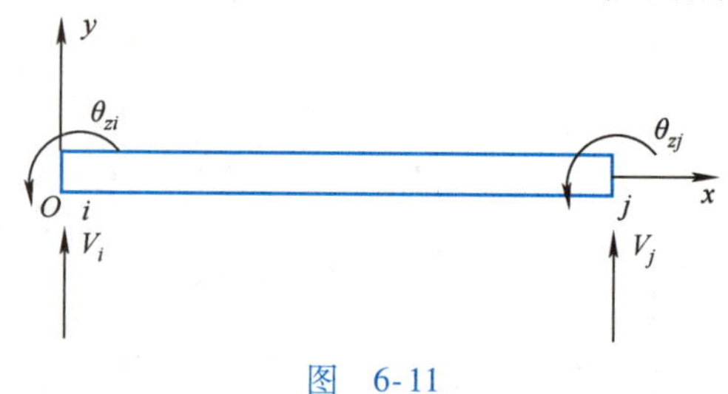

图 6-11

单元结点位移向量为

$$\{\delta\}^e = [v_i \quad \theta_{zi} \quad v_j \quad \theta_{zj}]^T \tag{i}$$

单元刚度矩阵为 4×4 对称方阵，从空间梁单元刚度矩阵中取出对应自由度元素，得到

$$[k]^e = \begin{bmatrix} \frac{12EI_z}{l^3} & & \text{对} & \\ \frac{6EI_z}{l^2} & \frac{4EI_z}{l} & & \text{称} \\ -\frac{12EI_z}{l^3} & -\frac{6EI_z}{l^2} & \frac{12EI_z}{l^3} & \\ \frac{6EI_z}{l^2} & \frac{2EI_z}{l} & -\frac{6EI_z}{l^2} & \frac{4EI_z}{l} \end{bmatrix} \tag{6-4}$$

（2）xOz 坐标面内的平面弯曲　若平面弯曲发生在 xOz 坐标面内，则在每个结点处会发生沿 z 轴的线位移以及绕 y 轴的角位移，即每个结点有 2 个自由度，属于上节空间梁单元刚度矩阵分析中的情况（3）和（5）的组合形式，如图 6-12 所示。

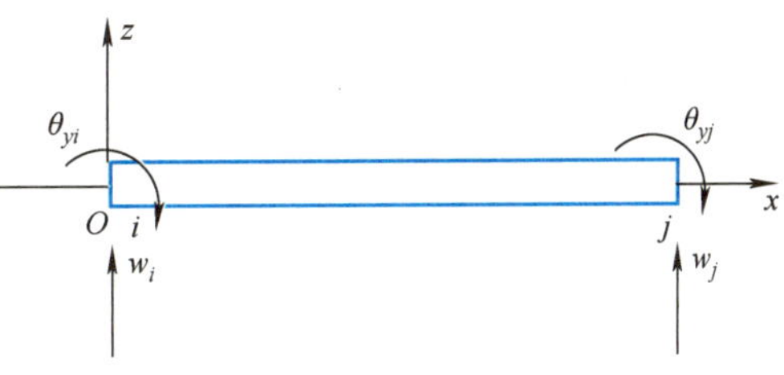

图　6-12

单元结点位移向量为

$$\{\delta\}^e = [w_i \quad \theta_{yi} \quad w_j \quad \theta_{yj}]^T \tag{j}$$

单元刚度矩阵为 4×4 对称方阵，从空间梁单元刚度矩阵中取出对应自由度元素，得到

$$[k]^e = \begin{bmatrix} \frac{12EI_y}{l^3} & & \text{对} & \\ -\frac{6EI_y}{l^2} & \frac{4EI_y}{l} & & \text{称} \\ -\frac{12EI_y}{l^3} & \frac{6EI_y}{l^2} & \frac{12EI_y}{l^3} & \\ -\frac{6EI_y}{l^2} & \frac{2EI_y}{l} & \frac{6EI_y}{l^2} & \frac{4EI_y}{l} \end{bmatrix} \tag{6-5}$$

4. 平面刚架梁单元

上述的平面弯曲梁单元，只承受力偶或者垂直于轴线的外力，不承受轴线方向外力，这种情况在工程中一般只有在连续梁结构中才会出现，而实际中更常见的是平面刚架（结点处刚接）与桁架（结点处铰接）混合结构，如图 6-13 所示。

这种结构中的梁单元，除了平面弯曲状态外，还承受轴线方向外力，因此还要包括拉压状态的变形，这时每个结点就有 3 个自由度。即若在 xOy 坐标面内，结点自由度包括 x 轴方向线位移、y 轴方向线位移以及绕 z 轴的角位移，属于上节空间梁单元刚度矩阵分析中的情况（1）（2）（6）的组合形式；若在 xOz 坐标面内，结点自由度包括 x 轴方向线位移、z 轴方向线位移以及绕 y 轴的角位移，属于上节空间梁单元刚度矩阵分析中的情况（1）（3）

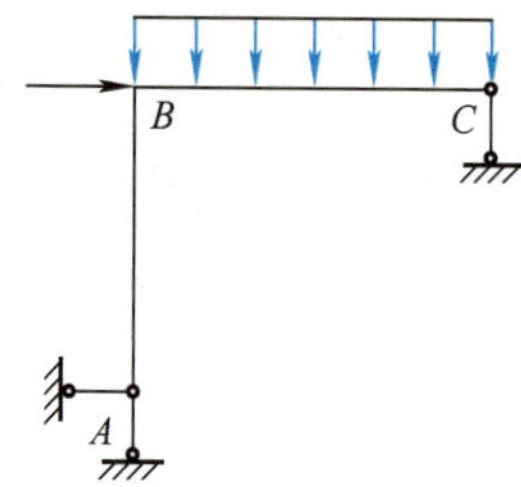

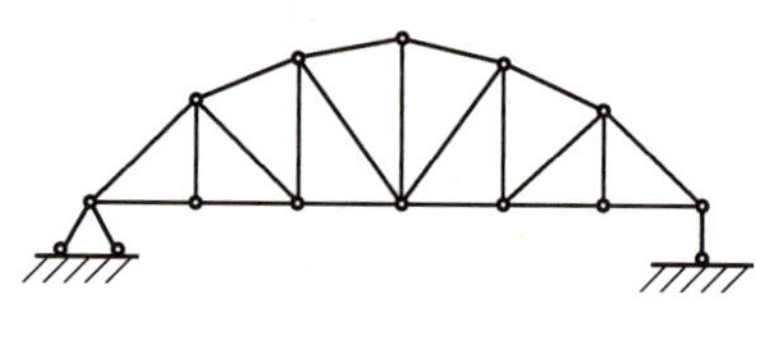

图 6-13

(5) 的组合形式。以 xOy 坐标平面为例，如图 6-14 所示。

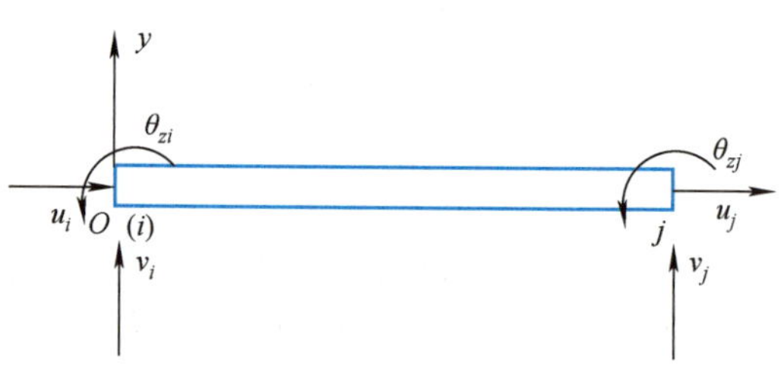

图 6-14

单元结点位移向量为

$$\{\delta\}^e = [u_i \quad v_i \quad \theta_{zi} \quad u_j \quad v_j \quad \theta_{zj}]^{\mathrm{T}} \qquad \text{(k)}$$

单元刚度矩阵为 6×6 对称方阵，从空间梁单元刚度矩阵中取出对应自由度元素，得到

$$[k]^e = \begin{bmatrix} \dfrac{EA}{l} & & & & & \\ 0 & \dfrac{12EI_z}{l^3} & & & & \\ 0 & \dfrac{6EI_z}{l^2} & \dfrac{4EI_z}{l} & & & \\ -\dfrac{EA}{l} & 0 & 0 & \dfrac{EA}{l} & & \\ 0 & -\dfrac{12EI_z}{l^3} & -\dfrac{6EI_z}{l^2} & 0 & \dfrac{12EI_z}{l^3} & \\ 0 & \dfrac{6EI_z}{l^2} & \dfrac{2EI_z}{l} & 0 & -\dfrac{6EI_z}{l^2} & \dfrac{4EI_z}{l} \end{bmatrix} \tag{6-6}$$

例题分析：用有限单元法求图 6-15 所示两段杆中的应力。

解：分 2 个杆单元，共 3 个结点，单元之间在结点 2 连接。各单元的刚度矩阵分别为

图 6-15

$$k_1 = \frac{2EA}{L}\begin{bmatrix} 1 & -1 \\ -1 & 1 \end{bmatrix}_{(u_1,\,u_2)}, \quad k_2 = \frac{EA}{L}\begin{bmatrix} 1 & -1 \\ -1 & 1 \end{bmatrix}_{(u_2,\,u_3)}$$

组集 2 杆系统的总体刚度方程（平衡方程）如下：

$$\frac{EA}{L}\begin{bmatrix} 2 & -2 & 0 \\ -2 & 3 & -1 \\ 0 & -1 & 1 \end{bmatrix}\begin{Bmatrix} u_1 \\ u_2 \\ u_3 \end{Bmatrix} = \begin{Bmatrix} F_1 \\ F_2 \\ F_3 \end{Bmatrix}$$

引入边界位移约束和荷载：$u_1 = u_3 = 0$，$F_2 = P$

则系统平衡方程化为

$$\frac{EA}{L}\begin{bmatrix} 2 & -2 & 0 \\ -2 & 3 & -1 \\ 0 & -1 & 1 \end{bmatrix}\begin{Bmatrix} 0 \\ u_2 \\ 0 \end{Bmatrix}=\begin{Bmatrix} F_1 \\ P \\ F_3 \end{Bmatrix}$$

$$\frac{3EA}{L}\{u_2\}=\{P\}$$

解得
$$u_2=\frac{PL}{3EA}$$

位移解为
$$\begin{Bmatrix} u_1 \\ u_2 \\ u_3 \end{Bmatrix}=\frac{PL}{3EA}\begin{Bmatrix} 0 \\ 1 \\ 0 \end{Bmatrix}$$

单元 1 应力为

$$\sigma_1=E\varepsilon_1=E\frac{\Delta_1}{L}=E\frac{u_2-u_1}{L}=\frac{E}{L}\left(\frac{PL}{3EA}-0\right)=\frac{P}{3A}$$

单元 2 应力为

$$\sigma_2=E\varepsilon_2=E\frac{\Delta_2}{L}=E\frac{u_3-u_2}{L}=\frac{E}{L}\left(0-\frac{PL}{3EA}\right)=-\frac{P}{3A}$$

提示：①对锥形杆，单元截面积可用平均值；②求应力之前需要求出结点位移——有限元位移法。

知识拓展

工程建设中会经常遇到杆梁系统的计算问题，如平面桁架和平面刚架问题。如臂架技术是混凝土泵车的一项关键技术，以前一直掌握在德国人、美国人手中。中国三一重工股份有限公司通过自主研发创新，终于在 1998 年成功研制出具有自主知识产权的首台国产臂架泵车，打破了国外品牌的垄断。2011 年，日本福岛核电站爆炸，急需往核反应堆上喷水降温，日本没有那么高的臂架车，应日本东京电力公司请求，三一重工派出臂架长 60 多米的泵车给予支援，并提供全方位技术支持。

也只有在中国特色社会主义制度下，我们才能在短短几十年的时间内赶超西方国家一二百年的建筑成就。要树立对中国特色社会主义制度优越性的自信心和强国有我的爱国情怀，不断创新计算力学在各个领域的工程应用。

6.3　杆梁单元的坐标变换

前面介绍的杆梁单元刚度矩阵、结点位移以及结点力均是在单元的局部坐标系中确定的，即如图 6-2 所示，x 轴沿着梁轴线方向，其余各轴按右手螺旋法则确定。但工程建设中经常遇到的是杆梁系统的整体计算问题（图 6-16），杆梁单元有可能处于整体坐标中的任意位置和任意方位，因此整体分析必须在统一的整体坐标下进行，这样不同位置的单元才会有公共的坐标基准，只有通过坐标变换，将所有的单元刚度矩阵、结点位移向量、结点荷载向量从局部坐标系转换到统一的整体坐标系下，才能组集整体刚度方程，进行整体分析。

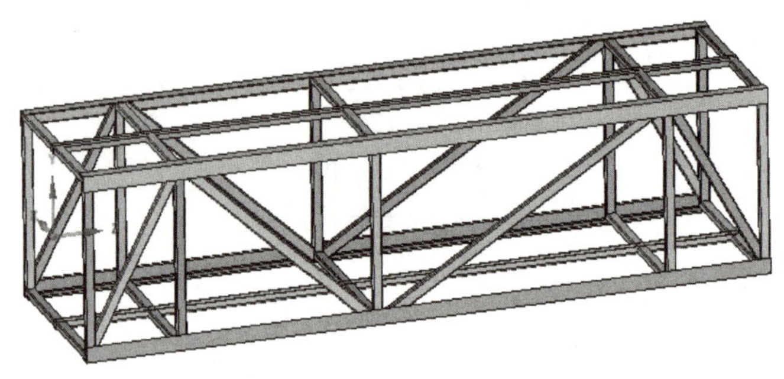

图 6-16

1. 局部坐标与整体坐标下的转换关系

在此前的分析中我们用 xyz 表示局部坐标系，用 $\{\delta\}^e$、$\{F\}^e$、$[k]^e$ 表示局部坐标系下的单元结点位移向量、单元结点力向量与单元刚度矩阵，下面就用 $\bar{x}\,\bar{y}\,\bar{z}$ 表示整体坐标系，用 $\{\bar{\delta}\}^e$、$\{\bar{F}\}^e$、$[\bar{k}]^e$ 表示整体坐标系下的单元结点位移向量、单元结点力向量与单元刚度矩阵。

在局部坐标系下的单元刚度方程为

$$\{F\}^e=[k]^e\{\delta\}^e \tag{6-7}$$

在整体坐标系下的单元刚度方程为

$$\{\bar{F}\}^e=[\bar{k}]^e\{\bar{\delta}\}^e \tag{6-8}$$

同一个单元的结点位移向量，在局部坐标系下的表达与在整体坐标系下的表达之间存在某种转换关系，用一个转换矩阵 $[T]$ 来表示它，于是有

$$\{\delta\}^e=[T]\{\bar{\delta}\}^e \tag{6-9}$$

由于力和位移之间是线性相关的，因此同样的转换关系也存在于单元结点力的表达中，即

$$\{F\}^e=[T]\{\bar{F}\}^e \tag{6-10}$$

式（6-9）、式（6-10）即为在整体坐标系下的单元结点位移向量、单元结点力向量向局部坐标系的转换公式。

将式（6-9）、式（6-10）两式代入局部坐标系下的单元刚度方程（6-7）中得

$$[T]\{\bar{F}\}^e=[k]^e[T]\{\bar{\delta}\}^e$$

两边同时乘逆矩阵 $[T]^{-1}$，得

$$\{\bar{F}\}^e=[T]^{-1}[k]^e[T]\{\bar{\delta}\}^e$$

对照式（6-8），则有

$$[\bar{k}]^e=[T]^{-1}[k]^e[T] \tag{6-11}$$

式（6-11）即是局部坐标系下的单元刚度矩阵 $[k]^e$ 向整体坐标系下转换为 $[\bar{k}]^e$ 的公式。因此，接下来就要推导出杆梁单元转换矩阵 $[T]$ 的表达式。

2. 空间梁单元的坐标转换

局部坐标系下结点的位移向量及整体坐标系下结点的位移向量分别表示为

$$\{\delta\}^e = [u_i \quad v_i \quad w_i \quad \theta_{xi} \quad \theta_{yi} \quad \theta_{zi} \quad u_j \quad v_j \quad w_j \quad \theta_{xj} \quad \theta_{yj} \quad \theta_{zj}]^{\mathrm{T}}$$

$$\{\overline{\delta}\}^e = [\overline{u}_i \quad \overline{v}_i \quad \overline{w}_i \quad \overline{\theta}_{xi} \quad \overline{\theta}_{yi} \quad \overline{\theta}_{zi} \quad \overline{u}_j \quad \overline{v}_j \quad \overline{w}_j \quad \overline{\theta}_{xj} \quad \overline{\theta}_{yj} \quad \overline{\theta}_{zj}]^{\mathrm{T}}$$

先分析 i 结点的线位移向量转换，如图 6-17 所示，总体坐标系下的线位移分量 $\overline{u}_i$、$\overline{v}_i$、$\overline{w}_i$ 分别向局部坐标轴 Ox 投影并叠加就可得到 u_i，即

$$u_i = \overline{u}_i\cos\langle x,\overline{x}\rangle + \overline{v}_i\cos\langle x,\overline{y}\rangle + \overline{w}_i\cos\langle x,\overline{z}\rangle$$

同理可得

$$v_i = \overline{u}_i\cos\langle y,\overline{x}\rangle + \overline{v}_i\cos\langle y,\overline{y}\rangle + \overline{w}_i\cos\langle y,\overline{z}\rangle$$

$$w_i = \overline{u}_i\cos\langle z,\overline{x}\rangle + \overline{v}_i\cos\langle z,\overline{y}\rangle + \overline{w}_i\cos\langle z,\overline{z}\rangle$$

线位移的这种转换关系如图 6-18 所示。

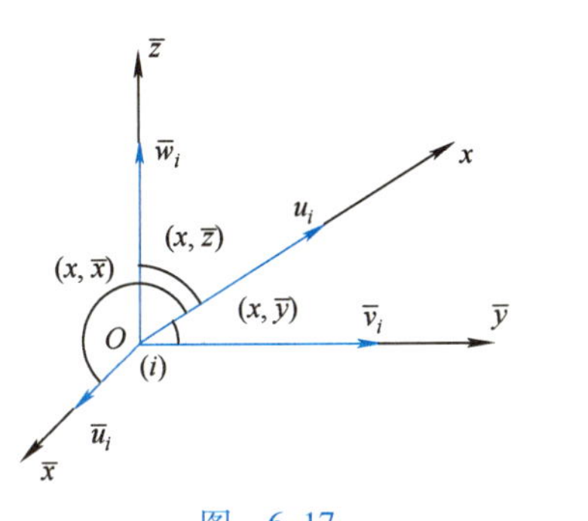

图　6-17

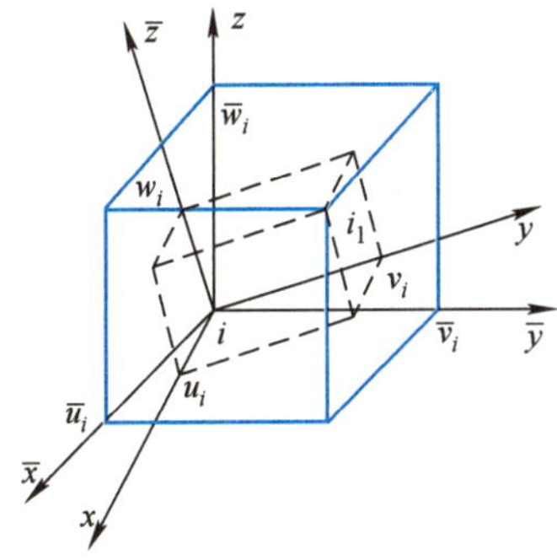

图　6-18

写成矩阵形式，即

$$\begin{Bmatrix} u_i \\ v_i \\ w_i \end{Bmatrix} = \begin{bmatrix} \cos\langle x,\overline{x}\rangle & \cos\langle x,\overline{y}\rangle & \cos\langle x,\overline{z}\rangle \\ \cos\langle y,\overline{x}\rangle & \cos\langle y,\overline{y}\rangle & \cos\langle y,\overline{z}\rangle \\ \cos\langle z,\overline{x}\rangle & \cos\langle z,\overline{y}\rangle & \cos\langle z,\overline{z}\rangle \end{bmatrix} \begin{Bmatrix} \overline{u}_i \\ \overline{v}_i \\ \overline{w}_i \end{Bmatrix} = [\lambda] \begin{Bmatrix} \overline{u}_i \\ \overline{v}_i \\ \overline{w}_i \end{Bmatrix} \tag{6-12}$$

同理，i 结点角位移向量的转换也可表示为

$$\begin{Bmatrix} \theta_{xi} \\ \theta_{yi} \\ \theta_{zi} \end{Bmatrix} = \begin{bmatrix} \cos\langle x,\overline{x}\rangle & \cos\langle x,\overline{y}\rangle & \cos\langle x,\overline{z}\rangle \\ \cos\langle y,\overline{x}\rangle & \cos\langle y,\overline{y}\rangle & \cos\langle y,\overline{z}\rangle \\ \cos\langle z,\overline{x}\rangle & \cos\langle z,\overline{y}\rangle & \cos\langle z,\overline{z}\rangle \end{bmatrix} \begin{Bmatrix} \overline{\theta}_{xi} \\ \overline{\theta}_{yi} \\ \overline{\theta}_{zi} \end{Bmatrix} = [\lambda] \begin{Bmatrix} \overline{\theta}_{xi} \\ \overline{\theta}_{yi} \\ \overline{\theta}_{zi} \end{Bmatrix} \tag{6-13}$$

对于 j 结点也有以下转换关系：

$$\begin{Bmatrix} u_j \\ v_j \\ w_j \end{Bmatrix} = [\lambda] \begin{Bmatrix} \overline{u}_j \\ \overline{v}_j \\ \overline{w}_j \end{Bmatrix} \tag{6-14}$$

$$\begin{Bmatrix} \theta_{xj} \\ \theta_{yj} \\ \theta_{zj} \end{Bmatrix} = [\lambda] \begin{Bmatrix} \overline{\theta}_{xj} \\ \overline{\theta}_{yj} \\ \overline{\theta}_{zj} \end{Bmatrix} \tag{6-15}$$

以上 $[\lambda]$ 为结点坐标转换矩阵，即

$$[\lambda]=\begin{bmatrix}\cos\langle x,\bar{x}\rangle & \cos\langle x,\bar{y}\rangle & \cos\langle x,\bar{z}\rangle\\ \cos\langle y,\bar{x}\rangle & \cos\langle y,\bar{y}\rangle & \cos\langle y,\bar{z}\rangle\\ \cos\langle z,\bar{x}\rangle & \cos\langle z,\bar{y}\rangle & \cos\langle z,\bar{z}\rangle\end{bmatrix}=\begin{bmatrix}l_1 & m_1 & n_1\\ l_2 & m_2 & n_2\\ l_3 & m_3 & n_3\end{bmatrix} \tag{6-16}$$

其中，l_1、m_1、n_1 为 x 轴在整体坐标系中的方向余弦；l_2、m_2、n_2 为 y 轴在整体坐标系中的方向余弦；l_3、m_3、n_3 为 z 轴在整体坐标系中的方向余弦。

将式（6-12）~式（6-15）写在一起即得单元的位移转换关系

$$\begin{aligned}&[u_i\quad v_i\quad w_i\quad \theta_{xi}\quad \theta_{yi}\quad \theta_{zi}\quad u_j\quad v_j\quad w_j\quad \theta_{xj}\quad \theta_{yj}\quad \theta_{zj}]^{\mathrm{T}}\\ &=T\cdot[\bar{u}_i\quad \bar{v}_i\quad \bar{w}_i\quad \bar{\theta}_{xi}\quad \bar{\theta}_{yi}\quad \bar{\theta}_{zi}\quad \bar{u}_j\quad \bar{v}_j\quad \bar{w}_j\quad \bar{\theta}_{xj}\quad \bar{\theta}_{yj}\quad \bar{\theta}_{zj}]^{\mathrm{T}}\end{aligned}$$

即

$$\{\delta\}^e=[T]\{\bar{\delta}\}^e$$

其中，$[T]$ 为单元的坐标转换矩阵，即

$$[T]=\begin{bmatrix}\lambda & 0 & 0 & 0\\ 0 & \lambda & 0 & 0\\ 0 & 0 & \lambda & 0\\ 0 & 0 & 0 & \lambda\end{bmatrix} \tag{6-17}$$

进一步可验证

$$\begin{aligned}[\lambda][\lambda]^{\mathrm{T}}&=\begin{bmatrix}l_1 & m_1 & n_1\\ l_2 & m_2 & n_2\\ l_3 & m_3 & n_3\end{bmatrix}\begin{bmatrix}l_1 & l_2 & l_3\\ m_1 & m_2 & m_3\\ n_1 & n_2 & n_3\end{bmatrix}\\ &=\begin{bmatrix}l_1^2+m_1^2+n_1^2 & l_1l_2+m_1m_2+n_1n_2 & l_1l_3+m_1m_3+n_1n_3\\ l_1l_2+m_1m_2+n_1n_2 & l_2^2+m_2^2+n_2^2 & l_2l_3+m_2m_3+n_2n_3\\ l_1l_3+m_1m_3+n_1n_3 & l_2l_3+m_2m_3+n_2n_3 & l_3^2+m_3^2+n_3^2\end{bmatrix}\end{aligned}$$

由于 (l_1,m_1,n_1)，(l_2,m_2,n_2) 与 (l_3,m_3,n_3) 实际上是用整体坐标表示的沿局部坐标系三个坐标轴方向的三个单位向量，它们两两相互垂直，由向量数量积的性质可知

$$[\lambda][\lambda]^{\mathrm{T}}=\begin{bmatrix}1 & 0 & 0\\ 0 & 1 & 0\\ 0 & 0 & 1\end{bmatrix}=[I]$$

则

$$[\lambda][\lambda]^{\mathrm{T}}=[\lambda][\lambda]^{-1}$$

故 $[\lambda]$ 为正交矩阵，由此又可得出转换矩阵 $[T]$ 也为正交矩阵，即

$$[T]^{\mathrm{T}}=[T]^{-1} \tag{6-18}$$

则式（6-11）成为

$$[\bar{k}]^e=[T]^{\mathrm{T}}[k]^e[T] \tag{6-19}$$

式（6-19）即为局部坐标系下的单元刚度矩阵 $[k]^e$ 向整体坐标系下转换为 $[\bar{k}]^e$ 的公式，其中单元坐标转换矩阵 $[T]$ 为 12×12 的正交矩阵，如式（6-17）所示。

3. 平面刚架梁单元的坐标转换

平面刚架结构的有限单元法分析，采用两端固结的平面固结单元，每个结点有 3 个自由度，在局部坐标系 xy 平面下结点的位移向量可表示为

$$\{\delta\}^e = [u_i \quad v_i \quad \theta_{zi} \quad u_j \quad v_j \quad \theta_{zj}]^{\mathrm{T}}$$

单元局部坐标系 xy 和整体坐标系 $\bar{x}\bar{y}$ 在同一平面上，如图 6-19 所示，两套坐标系之间的转角为 α（注意：从整体坐标系 $\bar{x}\bar{y}$ 到局部坐标系 xy，逆时针旋转 α 为正）。

平面刚架结构

因 x-y 平面和 $\bar{x}$-$\bar{y}$ 平面在同一平面上，因此结点自由度 θ_{zi}、θ_{zj}不随坐标系改变而改变，由图 6-19 可以看出，对于结点 i 有

$$u_i = \bar{u}_i\cos\langle x,\bar{x}\rangle + \bar{v}_i\cos\langle x,\bar{y}\rangle$$

$$v_i = \bar{u}_i\cos\langle y,\bar{x}\rangle + \bar{v}_i\cos\langle y,\bar{y}\rangle$$

$$\theta_{zi} = \bar{\theta}_{zi}$$

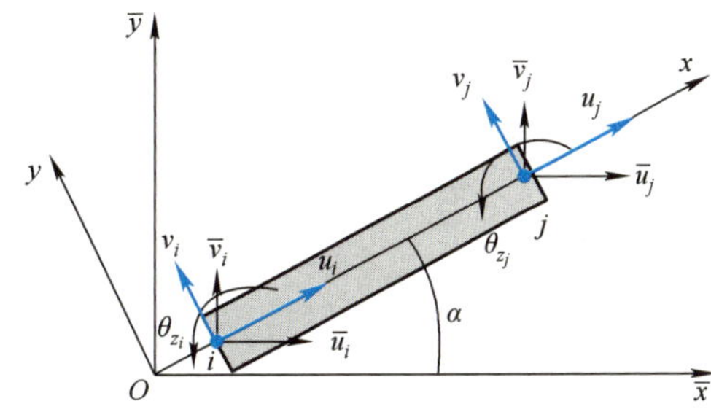

图　6-19

由于是平面问题，可知

$$\langle x,\bar{x}\rangle = \langle y,\bar{y}\rangle = \alpha,\ \langle x,\bar{y}\rangle = 90° - \alpha,$$

$$\langle y,\bar{x}\rangle = 90° + \alpha$$

因此有

$$\cos\langle x,\bar{y}\rangle = \sin\alpha,\ \cos\langle y,\bar{x}\rangle = -\sin\alpha$$

写成矩阵形式，即

$$\begin{Bmatrix} u_i \\ v_i \\ \theta_{zi} \end{Bmatrix} = \begin{bmatrix} \cos\alpha & \sin\alpha & 0 \\ -\sin\alpha & \cos\alpha & 0 \\ 0 & 0 & 1 \end{bmatrix} \begin{Bmatrix} \bar{u}_i \\ \bar{v}_i \\ \bar{\theta}_{zi} \end{Bmatrix} = [\lambda] \begin{Bmatrix} \bar{u}_i \\ \bar{v}_i \\ \bar{\theta}_{zi} \end{Bmatrix} \tag{6-20}$$

式中，

$$[\lambda] = \begin{bmatrix} \cos\alpha & \sin\alpha & 0 \\ -\sin\alpha & \cos\alpha & 0 \\ 0 & 0 & 1 \end{bmatrix}$$

同理，对于结点 j 有

$$\begin{Bmatrix} u_j \\ v_j \\ \theta_{zj} \end{Bmatrix} = \begin{bmatrix} \cos\alpha & \sin\alpha & 0 \\ -\sin\alpha & \cos\alpha & 0 \\ 0 & 0 & 1 \end{bmatrix} \begin{Bmatrix} \bar{u}_j \\ \bar{v}_j \\ \bar{\theta}_{zj} \end{Bmatrix} = [\lambda] \begin{Bmatrix} \bar{u}_j \\ \bar{v}_j \\ \bar{\theta}_{zj} \end{Bmatrix} \tag{6-21}$$

将式（6-20）、式（6-21）写在一起即得单元的位移转换关系

$$\begin{Bmatrix} u_i \\ v_i \\ \theta_{zi} \\ u_j \\ v_j \\ \theta_{zj} \end{Bmatrix} = [T] \begin{Bmatrix} \bar{u}_i \\ \bar{v}_i \\ \bar{\theta}_{zi} \\ \bar{u}_j \\ \bar{v}_j \\ \bar{\theta}_{zj} \end{Bmatrix}$$

则平面刚架梁单元的坐标转换矩阵 $[T]$ 为 6×6 正交矩阵，即

$$[T]=\begin{bmatrix}\cos\alpha & \sin\alpha & 0 & 0 & 0 & 0\\ -\sin\alpha & \cos\alpha & 0 & 0 & 0 & 0\\ 0 & 0 & 1 & 0 & 0 & 0\\ 0 & 0 & 0 & \cos\alpha & \sin\alpha & 0\\ 0 & 0 & 0 & -\cos\alpha & \sin\alpha & 0\\ 0 & 0 & 0 & 0 & 0 & 1\end{bmatrix}=\begin{bmatrix}\lambda & 0\\ 0 & \lambda\end{bmatrix} \tag{6-22}$$

平面桁架结构

4. 平面桁架杆单元的坐标转换

平面桁架结构的有限元分析采用两端铰接的平面铰接单元，每个结点有 2 个线位移自由度，由图 6-20 可以看出，结点 i 的位移转换关系可写为

$$u_i=\bar{u}_i\cos\langle x,\bar{x}\rangle+\bar{v}_i\cos\langle x,\bar{y}\rangle$$

$$v_i=\bar{u}_i\cos\langle y,\bar{x}\rangle+\bar{v}_i\cos\langle y,\bar{y}\rangle$$

写成矩阵形式，即

$$\begin{Bmatrix}u_i\\ v_i\end{Bmatrix}=\begin{bmatrix}\cos\alpha & \sin\alpha\\ -\sin\alpha & \cos\alpha\end{bmatrix}\begin{Bmatrix}\bar{u}_i\\ \bar{v}_i\end{Bmatrix}=[\lambda]\begin{Bmatrix}\bar{u}_i\\ \bar{v}_i\end{Bmatrix}$$

其中，

$$[\lambda]=\begin{bmatrix}\cos\alpha & \sin\alpha\\ -\sin\alpha & \cos\alpha\end{bmatrix}$$

则单元的位移转换关系可写为

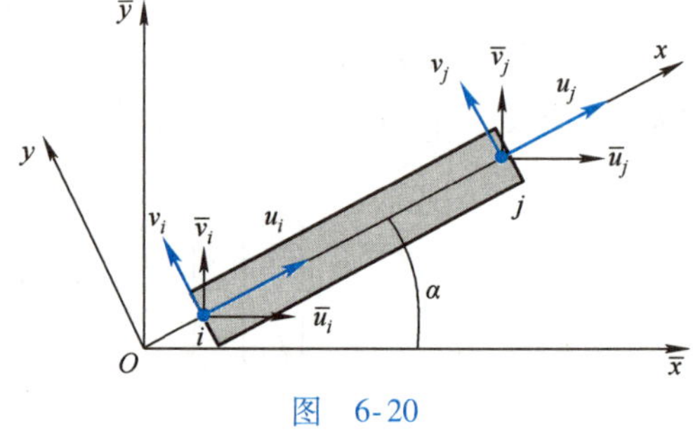

图 6-20

$$\begin{Bmatrix}u_i\\ v_i\\ u_j\\ v_j\end{Bmatrix}=\begin{bmatrix}\cos\alpha & \sin\alpha & 0 & 0\\ -\sin\alpha & \cos\alpha & 0 & 0\\ 0 & 0 & \cos\alpha & \sin\alpha\\ 0 & 0 & -\sin\alpha & \cos\alpha\end{bmatrix}\begin{Bmatrix}\bar{u}_i\\ \bar{v}_i\\ \bar{u}_j\\ \bar{v}_j\end{Bmatrix}=\begin{bmatrix}\lambda & 0\\ 0 & \lambda\end{bmatrix}\begin{Bmatrix}\bar{u}_i\\ \bar{v}_i\\ \bar{u}_j\\ \bar{v}_j\end{Bmatrix}=[T]\begin{Bmatrix}\bar{u}_i\\ \bar{v}_i\\ \bar{u}_j\\ \bar{v}_j\end{Bmatrix}$$

则平面桁架杆单元的坐标转换矩阵 $[T]$ 为 4×4 正交矩阵，即

$$[T]=\begin{bmatrix}\cos\alpha & \sin\alpha & 0 & 0\\ -\sin\alpha & \cos\alpha & 0 & 0\\ 0 & 0 & \cos\alpha & \sin\alpha\\ 0 & 0 & -\sin\alpha & \cos\alpha\end{bmatrix}=\begin{bmatrix}\lambda & 0\\ 0 & \lambda\end{bmatrix} \tag{6-23}$$

例题分析： 用有限元法求解图 6-21 所示结构的桁架位移，设各杆的 EA 为常数。

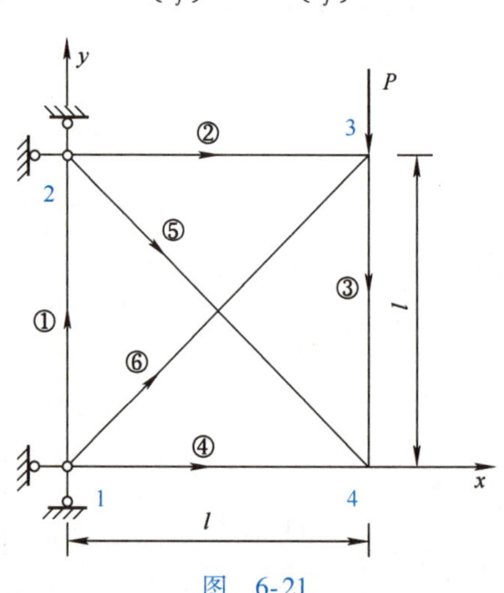

图 6-21

解： 1）单元和节点编码如图 6-21 所示，图中箭头的指向为局部坐标系的正向。

2）计算各单元的单元刚度矩阵 $[k]$。

单元①，$\alpha=90°$；单元②，$\alpha=0°$；单元③，$\alpha=-90°$；单元④，$\alpha=0°$；单元⑤，$\alpha=-45°$；单元⑥，$\alpha=45°$，则

$$[k]_1=[T]^{\mathrm{T}}[k]^e[T]=\frac{EA}{l}\begin{bmatrix}0&-1&0&0\\1&0&0&0\\0&0&0&-1\\0&0&1&0\end{bmatrix}\begin{bmatrix}1&0&-1&0\\0&0&0&0\\-1&0&1&0\\0&0&0&0\end{bmatrix}\begin{bmatrix}0&1&0&0\\-1&0&0&0\\0&0&0&1\\0&0&-1&0\end{bmatrix}$$

$$=\frac{EA}{l}\begin{bmatrix}0&0&0&0\\0&1&0&-1\\0&0&0&0\\0&-1&0&1\end{bmatrix}$$

$$[k]_3=\frac{EA}{l}\begin{bmatrix}0&0&0&0\\0&1&0&-1\\0&0&0&0\\0&-1&0&1\end{bmatrix},\quad [k]_2=[k]_4=\frac{EA}{l}\begin{bmatrix}1&0&-1&0\\0&0&0&0\\-1&0&1&0\\0&0&0&0\end{bmatrix}$$

$$[k]_5=\frac{EA}{2\sqrt{2}l}\begin{bmatrix}1&-1&-1&1\\-1&1&1&-1\\-1&1&1&-1\\1&-1&-1&1\end{bmatrix},\quad [k]_6=\frac{EA}{2\sqrt{2}l}\begin{bmatrix}1&1&-1&-1\\1&1&-1&-1\\-1&-1&1&1\\-1&-1&1&1\end{bmatrix}$$

3）形成整体刚度矩阵

$$[K]=\frac{EA}{l}\begin{bmatrix}1.35&0.35&0&0&-0.35&-0.35&-1&0\\0.35&1.35&0&-1&-0.35&-0.35&0&0\\0&0&1.35&-0.35&-1&0&-0.35&0.35\\0&-1&-0.35&1.35&0&0&0.35&-0.35\\-0.35&-0.35&-1&0&1.35&0.35&0&0\\-0.35&-0.35&0&0&0.35&1.35&0&-1\\-1&0&-0.35&0.35&0&0&1.35&-0.35\\0&0&0.35&-0.35&0&-1&-0.35&1.35\end{bmatrix}$$

4）形成整体荷载列阵

$$\{F\}=[R_{1x}\quad R_{1y}\quad R_{2x}\quad R_{2y}\quad 0\quad -P\quad 0\quad 0]^{\mathrm{T}}$$

其中，R_{1x}、R_{1y}、R_{2x}、R_{2y}为结点1、2所对应的支座反力。

5）建立整体平衡方程，求解位移分量

$$\begin{bmatrix}1.35&0.35&0&0&-0.35&-0.35&-1&0\\0.35&1.35&0&-1&-0.35&-0.35&0&0\\0&0&1.35&-0.35&-1&0&-0.35&0.35\\0&-1&-0.35&1.35&0&0&0.35&-0.35\\-0.35&-0.35&-1&0&1.35&0.35&0&0\\-0.35&-0.35&0&0&0.35&1.35&0&-1\\-1&0&-0.35&0.35&0&0&1.35&-0.35\\0&0&0.35&-0.35&0&-1&-0.35&1.35\end{bmatrix}\begin{Bmatrix}u_1\\v_1\\u_2\\v_2\\u_3\\v_3\\u_4\\v_4\end{Bmatrix}=\begin{Bmatrix}R_{1x}\\R_{1y}\\R_{2x}\\R_{2y}\\0\\-P\\0\\0\end{Bmatrix}$$

由结点 1 和结点 2 的约束条件，即 $u_1=v_1=u_2=v_2=0$，划去上式的第 1、2、3、4 行与第 1、2、3、4 列，得

$$\begin{bmatrix}1.35 & 0.35 & 0 & 0\\ 0.35 & 1.35 & 0 & -1\\ 0 & 0 & 1.35 & -0.35\\ 0 & -1 & -0.35 & 1.35\end{bmatrix}\begin{Bmatrix}u_3\\ v_3\\ u_4\\ v_4\end{Bmatrix}=\begin{Bmatrix}0\\ -P\\ 0\\ 0\end{Bmatrix}$$

解得结点位移为

$$\begin{Bmatrix}u_3\\ v_3\\ u_4\\ v_4\end{Bmatrix}=\frac{Pl}{EA}\begin{Bmatrix}0.5578\\ -2.1353\\ -0.4422\\ -1.6931\end{Bmatrix}$$

6.4 等效结点荷载

1. 转化等效结点荷载的力学原理

在 3.5 节中介绍了单元上的非结点荷载向结点移置时应遵循的静力等效原则，即：对任意变形体，转化后的结点荷载与原荷载在任意虚位移上的虚功相等。本章杆梁单元仍可以根据上述等效原则方便地构造出等效结点荷载，静力等效移置的结果是唯一的。若存在集中力或者集中力矩，则将作用点取为结点。

2. 转化等效结点荷载的方法

如图 6-22a 所示平面刚架，单元③上作用有非结点荷载，首先假定单元③的两端均固定，然后按照结构力学计算方法，求出该单元杆端约束力 V_1、V_2 和杆端力矩 M_1、M_2，如图 6-22b所示。

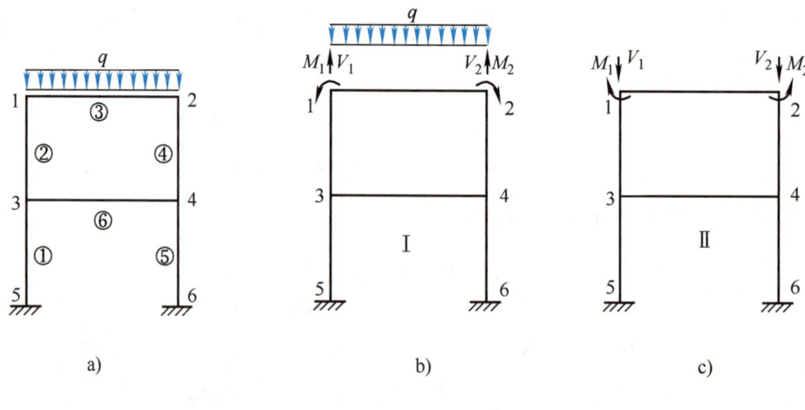

图 6-22

将这些固端力与固端力矩反方向作用于单元③的对应结点上，如图 6-22c 所示，即为该单元的等效结点荷载。几种常见的梁单元等效结点荷载见表 6-1。

表 6-1 梁单元的常用等效结点荷载

支撑与外荷载情况	等效结点荷载 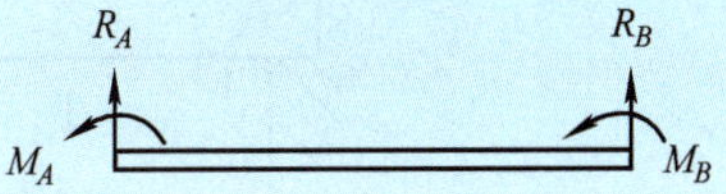
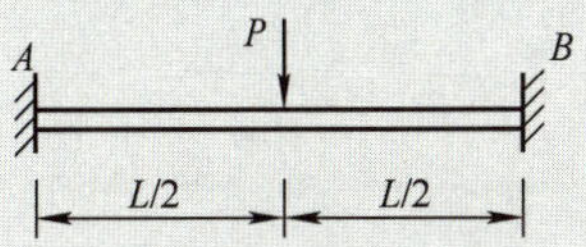 两端固定，跨中集中力 P（$L/2$，$L/2$）	$R_A = -P/2$ $R_B = -P/2$ $M_A = -PL/8$ $M_B = PL/8$
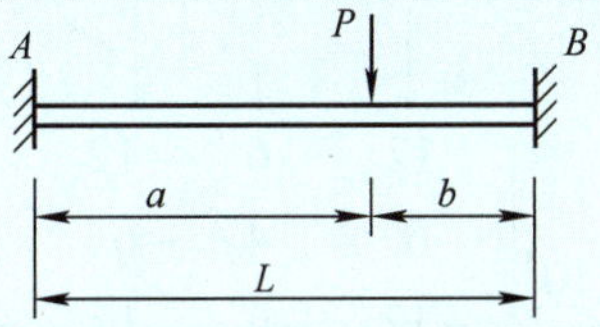 两端固定，集中力 P（a，b，L）	$R_A = -(Pb^2/L^3)(3a+b)$ $R_B = -(Pa^2/L^3)(a+3b)$ $M_A = -Pab^2/L^2$ $M_B = Pa^2b/L^2$
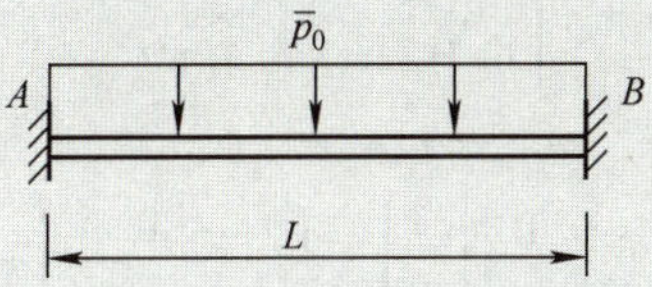 两端固定，全跨均布荷载 $\bar{p}_0$（L）	$R_A = -\bar{p}_0L/2$ $R_B = -\bar{p}_0L/2$ $M_A = -\bar{p}_0L^2/12$ $M_B = \bar{p}_0L^2/12$
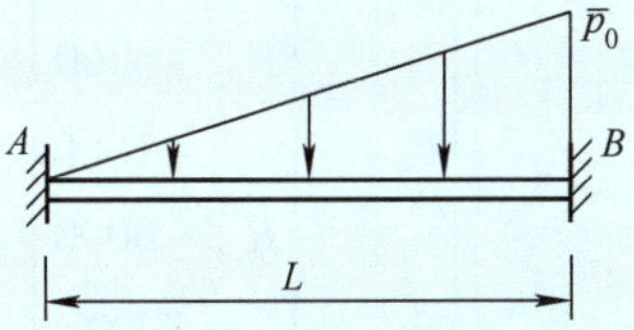 两端固定，三角形分布荷载（A 端为 0，B 端为 $\bar{p}_0$，L）	$R_A = -3\bar{p}_0L/20$ $R_B = -7\bar{p}_0L/20$ $M_A = -\bar{p}_0L^2/30$ $M_B = \bar{p}_0L^2/20$
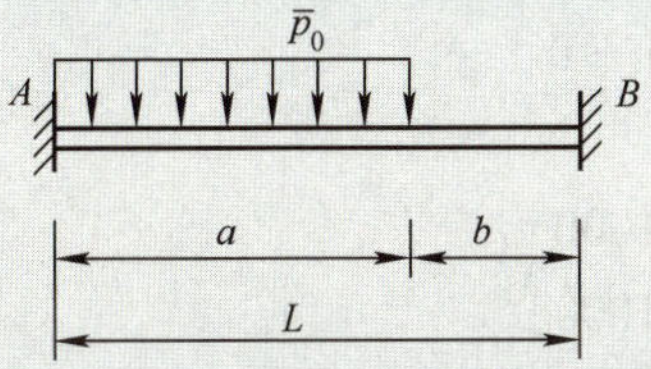 两端固定，左段 a 均布荷载 $\bar{p}_0$（a，b，L）	$R_A = -(\bar{p}_0a/2L^3)(a^3-2a^2L+2L^3)$ $R_B = -(\bar{p}_0a^3/2L^3)(2L-a)$ $M_A = -(\bar{p}_0a^2/12L^2)(3a^2-8aL+6L^2)$ $M_B = (\bar{p}_0a^3/12L^2)(4L-3a)$
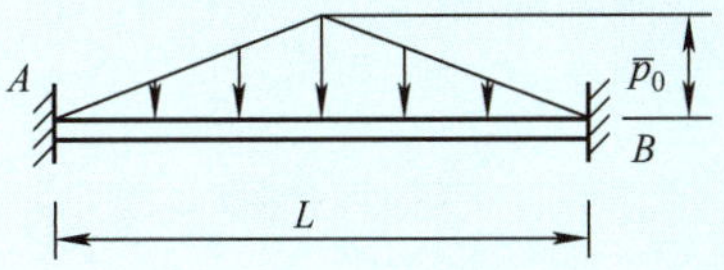 两端固定，跨中峰值为 $\bar{p}_0$ 的对称三角形分布荷载（L）	$R_A = -\bar{p}_0L/4$ $R_B = -\bar{p}_0L/4$ $M_A = -5\bar{p}_0L^2/96$ $M_B = 5\bar{p}_0L^2/96$
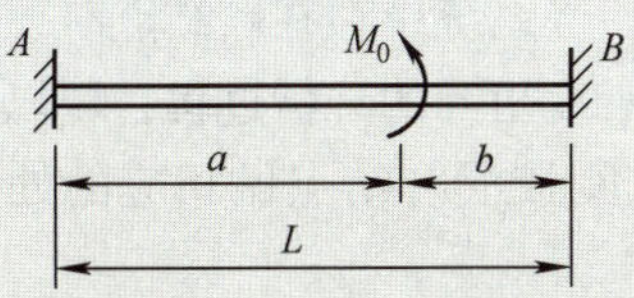 两端固定，集中力偶 M_0（a，b，L）	$R_A = -6M_0ab/L^3$ $R_B = 6M_0ab/L^3$ $M_A = -(M_0b/L^2)(3a-L)$ $M_B = -(M_0a/L^2)(3b-L)$

上述分析虽然是在平面刚架中进行的，对空间刚架也是同样适用的。

例题分析：如图 6-23 所示，一简支悬臂梁在右半部分受有均布外荷载作用，荷载 $q=12\text{kN/m}$，梁的参数为：$E=200\text{GPa}$，$I=4\times10^{-6}\text{m}^4$，试用有限元法计算三个结点的位移。

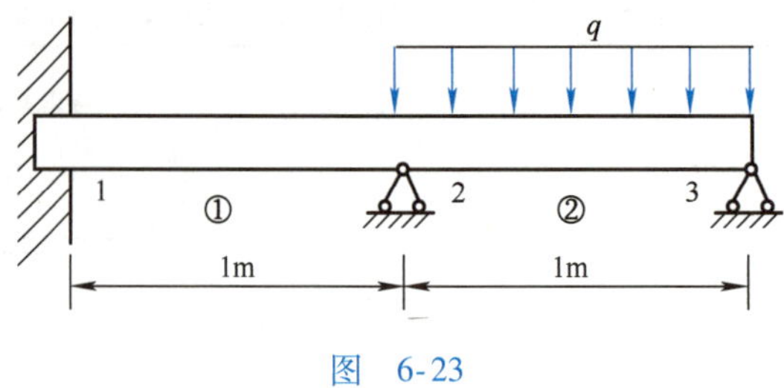

图 6-23

解：首先求出两个单元的刚度矩阵分别为

$$K^{(1)}=8\times10^5\begin{bmatrix}12&6&-12&6\\6&4&-6&2\\-12&-6&12&-6\\6&2&-6&4\end{bmatrix}\begin{matrix}\\ \\ \\ \\\end{matrix}\quad(\text{列依次对应 } v_1,\ \theta_1,\ v_2,\ \theta_2),\quad K^{(2)}=8\times10^5\begin{bmatrix}12&6&-12&6\\6&4&-6&2\\-12&-6&12&-6\\6&2&-6&4\end{bmatrix}\quad(\text{列依次对应 } v_2,\ \theta_2,\ v_3,\ \theta_3)$$

建立整体刚度方程如下：

$$8\times10^5\begin{bmatrix}12&6&-12&6&0&0\\6&4&-6&2&0&0\\-12&-6&12+12&-6+6&-12&6\\6&2&-6+6&4+4&-6&2\\0&0&-12&-6&12&-6\\0&0&6&2&-6&4\end{bmatrix}\begin{Bmatrix}v_1\\\theta_1\\v_2\\\theta_2\\v_3\\\theta_3\end{Bmatrix}=\begin{Bmatrix}R_{y1}\\R_{\theta1}\\R_{y2}-6000\\-1000\\R_{y3}-6000\\1000\end{Bmatrix}$$

该问题边界条件为 $v_1=0,\ \theta_1=0,\ v_2=0,\ v_3=0$

代入上式得降阶后的方程为

$$8\times10^5\begin{bmatrix}8&2\\2&4\end{bmatrix}\begin{Bmatrix}\theta_2\\\theta_3\end{Bmatrix}=\begin{Bmatrix}-1000\\1000\end{Bmatrix}$$

求解方程得 $\theta_2=-2.679\times10^{-4}$，$\theta_3=4.464\times10^{-4}$

6.5 铰结点的处理

在杆件系统中，单元之间会存在刚结点，也会出现铰结点。前面推导出的式（6-6）是针对结点均为刚接的平面刚架梁单元的刚度矩阵表达式。当系统中存在铰结点时，如桁梁混合结构与刚架中的铰结点以及刚铰混合结点，为了简化刚度矩阵的分析过程，可以统一使用刚架的单元刚度矩阵（6-6），但需要对其中的铰结点或刚铰混合结点做相应的处理。一般处理方法有两种：自由度释放法和矩阵位移法。

1. 自由度释放法

如图 6-24 所示，平面刚架中的结点 4，杆件③④⑥均刚接于结点 4，而杆件②与结点 4 铰接，因此杆件②在结点 4 具有与其他杆件不同的角位移，且铰接的杆端不承受弯矩，显然，杆件②不参与结点 4 的力矩平衡（因为铰接端的杆端弯矩为零）。也就是说，单元②的铰接端，只有线位移参加系统总体集成，而角位移不参加集成，其角位移自由度属于单元②的内部自由度，因此，为了算法上方便起见，在总体集成前，可以在单元层次上将此角位移自由度凝聚掉，结构力学中称自由度释放。

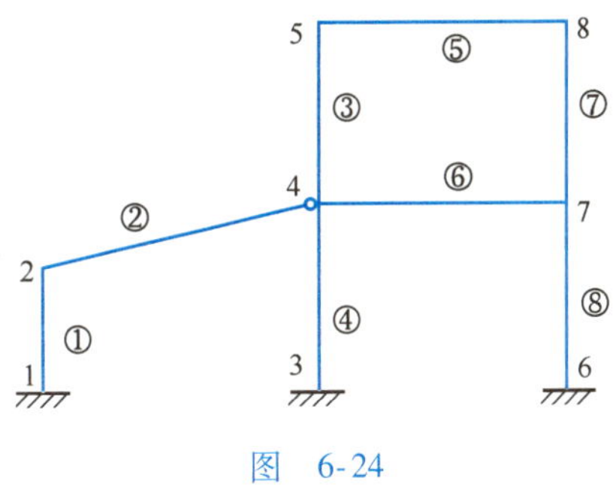

图　6-24

仍然以单元②为例，在单元层次上应释放掉的自由度为结点 4 的角位移，用 $\{\delta_c\}$ 表示，其他保留下的自由度为 $\{\delta_o\}$，则单元刚度方程可以写成分块的形式，即

$$\begin{bmatrix} K_1 & K_2 \\ K_3 & K_4 \end{bmatrix}^e \begin{Bmatrix} \{\delta_o\} \\ \{\delta_c\} \end{Bmatrix}^e = \begin{Bmatrix} \{R_o\} \\ \{R_c\} \end{Bmatrix}^e \tag{6-24}$$

对照式（6-6），式（6-24）刚度矩阵中的分块 K_1、K_2、K_3、K_4 可分别得到，把式（6-24）写成两个方程，即

$$[K_1]\{\delta_o\} + [K_2]\{\delta_c\} = \{R_o\} \tag{6-25}$$

$$[K_3]\{\delta_o\} + [K_4]\{\delta_c\} = \{R_c\} \tag{6-26}$$

则由式（6-26）可得

$$\{\delta_c\} = [K_4]^{-1}(\{R_c\} - [K_3]\{\delta_o\}) \tag{6-27}$$

把式（6-27）再代回到式（6-25）中，即可得到自由度 $\{\delta_c\}$ 被释放后的单元刚度方程

$$[K]^*\{\delta_o\} = \{R_o\}^* \tag{6-28}$$

其中，

$$[K]^* = [K_1] - [K_2][K_4]^{-1}[K_3] \tag{6-29}$$

$$\{R_o\}^* = \{R_o\} - [K_2][K_4]^{-1}\{R_c\} \tag{6-30}$$

根据式（6-29），得到单元②释放掉结点 4 的角位移后的单元刚度矩阵，释放前的单元刚度矩阵 $[K]^e$ 是 6×6 矩阵，由于释放掉了一个自由度，释放后的单元刚度矩阵 $[K]^*$ 是 5×5 矩阵，如下式所示：

$$[K]^* = \begin{bmatrix} \frac{EA}{l} & 0 & 0 & -\frac{EA}{l} & 0 \\ 0 & \frac{3EI}{l^3} & \frac{3EI}{l^2} & 0 & -\frac{3EI}{l^3} \\ 0 & \frac{3EI}{l^2} & \frac{3EI}{l} & 0 & -\frac{3EI}{l^2} \\ -\frac{EA}{l} & 0 & 0 & \frac{EA}{l} & 0 \\ 0 & -\frac{3EI}{l^3} & -\frac{3EI}{l^2} & 0 & \frac{3EI}{l^3} \end{bmatrix}$$

为编程方便，仍可保留原来的阶数 6×6，在 $[K]^*$ 中增加零元素组成的第 6 行与第 6 列，即

$$[K]^{*}=\left[\begin{array}{ccccc:c}\frac{EA}{l} & 0 & 0 & -\frac{EA}{l} & 0 & 0\\ 0 & \frac{3EI}{l^{3}} & \frac{3EI}{l^{2}} & 0 & -\frac{3EI}{l^{3}} & 0\\ 0 & \frac{3EI}{l^{2}} & \frac{3EI}{l} & 0 & -\frac{3EI}{l^{2}} & 0\\ -\frac{EA}{l} & 0 & 0 & \frac{EA}{l} & 0 & 0\\ 0 & -\frac{3EI}{l^{3}} & -\frac{3EI}{l^{2}} & 0 & \frac{3EI}{l^{3}} & 0\\ \hdashline 0 & 0 & 0 & 0 & 0 & 0\end{array}\right] \tag{6-31}$$

同理，由式（6-30）求得的释放自由度后的结点荷载列阵也以零元素为其第 6 个元素。如果杆件单元是两端都铰接的二力构件，则按照上述方法释放掉自由度后得到的单元刚度矩阵（保留原有阶数）为

$$[K]^{*}=\begin{bmatrix}\frac{EA}{l} & 0 & 0 & -\frac{EA}{l} & 0 & 0\\ 0 & 0 & 0 & 0 & 0 & 0\\ 0 & 0 & 0 & 0 & 0 & 0\\ -\frac{EA}{l} & 0 & 0 & \frac{EA}{l} & 0 & 0\\ 0 & 0 & 0 & 0 & 0 & 0\\ 0 & 0 & 0 & 0 & 0 & 0\end{bmatrix} \tag{6-32}$$

2. 矩阵位移法

另一种处理方法是矩阵位移法。矩阵位移法是以传统结构力学的位移法为理论基础，对结点位移作为基本未知量，利用矩阵在计算机上进行运算的一种方法，可视为有限单元法在杆系结构中的应用特例。当系统中存在铰结点时，其处理方法如下。

（1）对系统内的所有结点依次进行编号　在铰结点处，对应每一个单铰多产生一个结点编号。如图 6-25 所示，在同一个铰结点处产生 2、3 两个编码，单元①的两个结点编号为 1、2，单元②的两个结点编号为 3、4。

（2）给出所有结点的位移分量编号　边界约束产生的已知位移分量用零编号，铰结点处多编的两个结点号，取相同的线位移分量编号，但具有不同的角位移分量编号。如图 6-25 中的结点 2 和结点 3，两者的线位移分量同码，均为 1、2，但角位移分量采用异码，分别为 3 和 4。由此得到各单元两端结点位移分量编号组成的所谓单元定位向量。

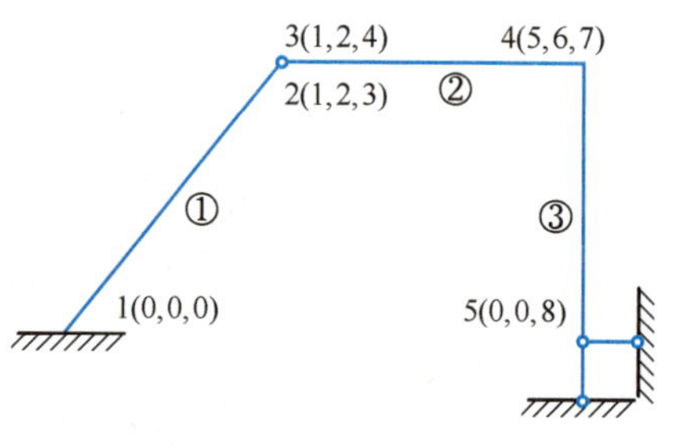

图 6-25

如图 6-25 所示结构，各单元的定位向量为

单元①（结点 1、2）：$[0\quad 0\quad 0\quad 1\quad 2\quad 3]^{T}$

单元②（结点 3、4）：$[1\quad 2\quad 4\quad 5\quad 6\quad 7]^{T}$

单元③（结点 4、5）：$[5\quad 6\quad 7\quad 0\quad 0\quad 8]^{T}$

（3）利用单元定位向量确定单元刚度矩阵各元素在总体刚度矩阵中的位置　按式（6-6）写出各个单元的刚度矩阵，矩阵中的所有元素按照上面的定位向量进行定位，如单元①在局部坐标下的刚度矩阵及定位向量为

$$
\begin{array}{c}
\begin{matrix} 0 & \quad 0 & \quad 0 & \quad 1 & \quad 2 & \quad 3 \end{matrix} \\
[k]^{①}=\begin{bmatrix}
\dfrac{EA}{l} & & & & & \\
0 & \dfrac{12EI_z}{l^3} & & & \text{对} & \\
0 & \dfrac{6EI_z}{l^2} & \dfrac{4EI_z}{l} & & & \text{称} \\
-\dfrac{EA}{l} & 0 & 0 & \dfrac{EA}{l} & & \\
0 & -\dfrac{12EI_z}{l^3} & -\dfrac{6EI_z}{l^2} & 0 & \dfrac{12EI_z}{l^3} & \\
0 & \dfrac{6EI_z}{l^2} & \dfrac{2EI_z}{l} & 0 & -\dfrac{6EI_z}{l^2} & \dfrac{4EI_z}{l}
\end{bmatrix}
\end{array}
$$

（4）整合总纲，形成整体刚度方程，求解未知位移分量　局部坐标下的单元刚度矩阵需转换到整体坐标下，然后把每个单刚中对应定位向量编号的元素值写入总体刚度矩阵中对应的位置，总体刚度矩阵的阶数为 8×8（系统内未知位移分量共 8 个），对应零编号的元素不再出现在整体刚度矩阵中，因为零编号对应的是已知约束，因此组合的总体刚度矩阵实际上是已经引进了位移边界条件的降阶后的总体刚度矩阵。然后形成整体刚度方程，求解出位移分量编号 1～8 的八个未知位移。

知识拓展

通过线上调查统计，很多同学对航空航天非常执着和热爱。我国航天事业近些年飞速发展并取得了瞩目成就，而航天器的许多主要部件都涉及杆系结构、梁结构、板结构、壳体结构等。所以一个航天器能否设计成功，很大一部分工作需要对杆系和梁结构进行力学分析，因此有限元可以作为一个强有力的计算工具，助力实现航天梦想。

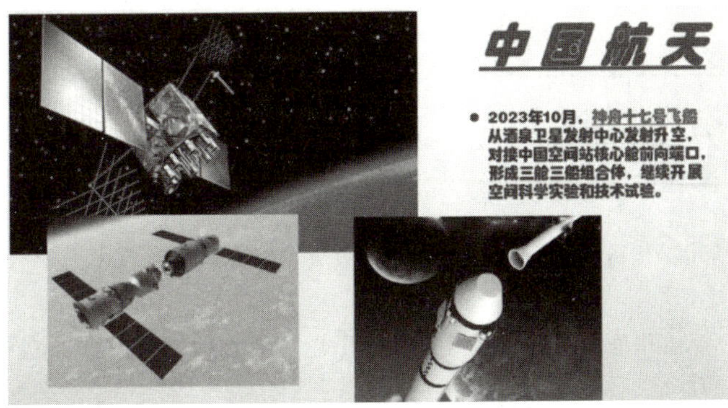

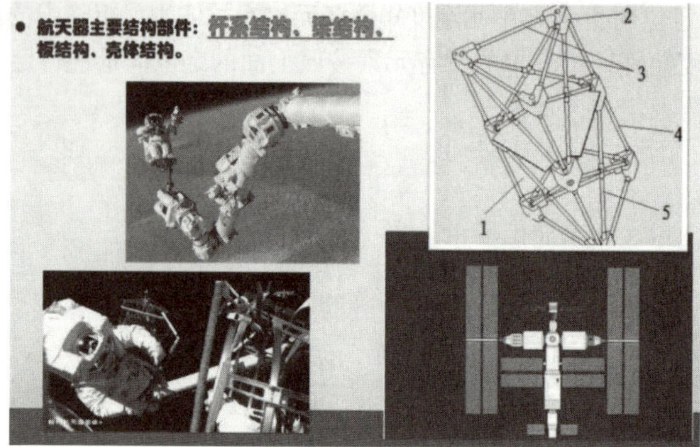

青年学子一方面要知道实现理想要以扎实的知识储备及技能训练为前提，培养职业素养，另一方面要对我们国家近些年在航空航天领域的发展有自豪感和使命感，从而增强制度自信和道路自信。

习题

6-1　对杆系结构单元，为什么要在局部坐标系内建立单元刚度矩阵，为什么还要坐标变换？

6-2　用杆系有限元分析不同类型杆件结构时，其主要区别有哪些？共同点又有哪些？

6-3　平面刚架结构如题6-3图所示，已知截面面积为0.5m^2，惯性矩为1/24m^4，弹性模量为30GPa，单元①的总体编码为2、1；单元②的总体编码为2、3，求刚架结构的结点位移。

6-4　利用平面梁单元计算题6-4图所示结构的内力。

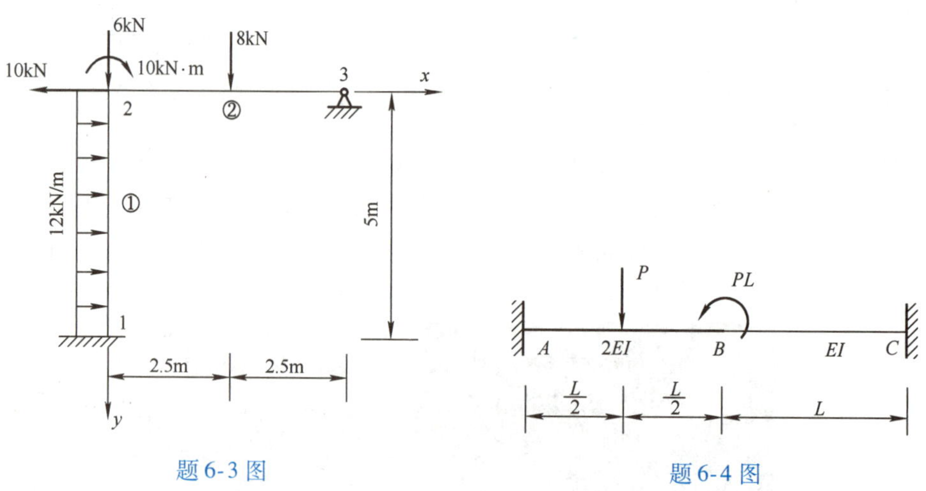

题6-3图

题6-4图

6-5　如题6-5图所示，悬臂梁的自由端由刚度系数为 k 的弹簧支承，求力 P 作用下梁中点的挠度和转角。

6-6　如题6-6图所示，平面桁架由两根相同的杆组成（E，A，L），在结点2处铰接。求：（1）结点2位移；（2）每根杆的应力。

6-7　题6-7图所示平面刚架，各杆面积 $A=76.3\text{cm}^2$，惯性矩 $I=15760\text{cm}^4$，弹性模量 $E=2\times10^5\text{MPa}$，求内力。

6-8 题 6-8 图所示三根杆组成的简单桁架结构，结点编号及单元的几何、物理参数如图所示，求结点 1 的位移、各杆内力及支座反力。

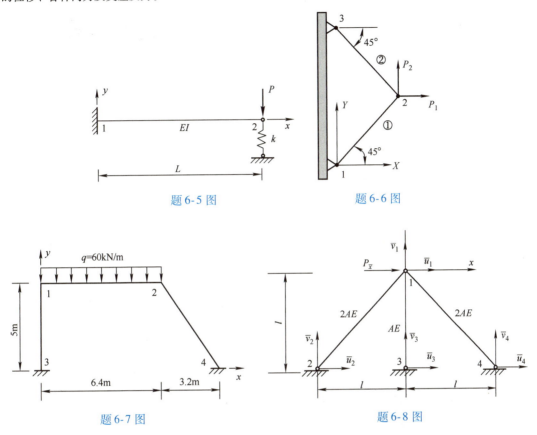

题 6-5 图

题 6-6 图

题 6-7 图

题 6-8 图

6-9 题 6-9 图所示桁架，各杆的拉压刚度 $EA=10^5\,\text{kN}$，斜杆在制作时比设计尺寸长了 $\delta=0.01\text{m}$，求由此产生的内力。

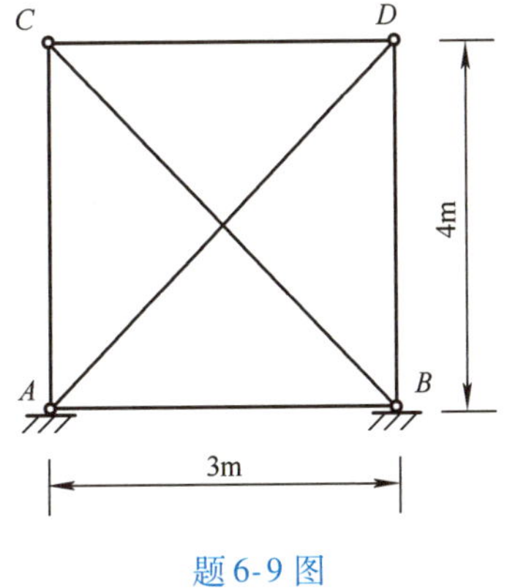

题 6-9 图

第7章　板壳问题有限单元法

板和壳是指厚度比其他尺寸要小得多的平面或曲面构件，在工程中应用广泛（图7-1）。由于它的这种几何特点，前面所述的三维空间单元并不十分适合用来分析它们的力学特性。因为三维空间单元在三个方向的尺寸应尽量接近，否则求解精度由于系统矩阵病态而大大降低。所以必须采用很细密的网格来适应板和壳的几何特征，但是这将导致有限元模型的自由度疯狂地增长，花费大量的计算和前后处理时间。因此开发适合于板壳结构的专用单元是十分必要的。事实上，20世纪六七十年代大量的关于有限元的研究中，很大一部分是在板壳方面的工作。

板结构

壳结构

图　7-1

板是重要的结构元件之一，作为承力的结构元件，板主要是通过弯曲起作用。如果垂直于板面的挠度与板的厚度相比很小的话，则由弯曲而引起的板中面的拉伸作用就可忽略不计，这是所谓的小挠度问题。当挠度与厚度比不断增加时，则由弯曲所引起中面的拉伸的影响将越来越大，就不能再略去不计而导致所谓的大挠度问题。描述小挠度问题的数学方程是线性的，而大挠度问题的方程是非线性的，本章仅限于讨论小挠度问题。

其次，在一般情况下，伴随弯曲变形一起发生的还有剪切变形。剪切作用的影响在很大程度上和板的厚度与跨度比有关，并随厚度与跨度比的增大而增大。通常，把不考虑剪切作用的板理论叫作薄板理论［也称为基尔霍夫（Kirchhoff）薄板理论］，把考虑剪切作用的板理论叫作厚板理论［也称为明德林（Mindlin）中厚板理论］。

本章主要介绍薄板小挠度弯曲问题的有限元分析、用板壳元解薄壳问题以及板梁组合问题。

薄板是实际工程结构中常见的重要构件，作用在薄板上的荷载总可以分解为平行板面与垂直板面的纵向荷载与横向荷载。根据弹性力学的小变形假定，分析时可以分别加以考虑，只考虑垂直板面横向荷载作用下的薄板分析就是薄板弯曲问题。

箱形结构中的板通常既承受拉压作用又承受弯扭作用，在进行有限元分析时，既要考虑单 元的弯曲刚度，又要考虑拉压刚度，也就是要同时考虑横向荷载和纵向载荷（纵向荷载作用下的薄板分析就是前面介绍的平面应力问题），这就是所谓板壳元。用有限单元法分析壳体结构时，虽然壳体离散后得到曲面单元，但多数情况下还是利用板壳元的集合体（折板）近似壳体的几何形状加以分析。

薄壁箱形结构中，由于稳定性的要求，一般都设有纵向与横向加劲肋，为了考虑这些加劲肋的作用，则需要采用板梁组合单元进行分析。

知识拓展

观察自然界中存在的鸡蛋、种子、果核等几何形状都是薄壳结构，为什么大自然会选择这种结构形式？这是因为它们的外形符合力学原理，能以最少的材料获得坚硬的外壳，以抵御外界的侵袭。那么我们在平时生活中或者工程中还见过其他什么壳体结构？

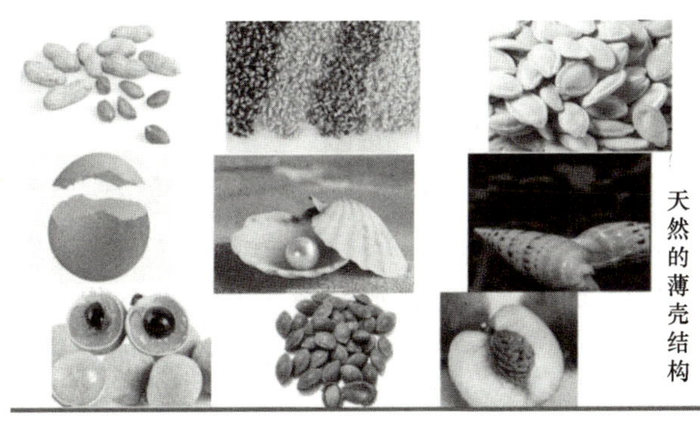

天然的薄壳结构

壳体内力沿着厚度方向均匀分布，材料强度能充分利用，而且壳体为曲面，处于空间受力状态，各向刚度都很大，因而用薄壳结构能实现以最少的材料构成最坚固结构的目的。板壳理论广泛应用于飞机的结构设计、各种薄膜结构、复合板、涂层、电子芯片等领域，工程应用背景强大，但绝大部分情况下板壳结构的解析解是得不到的，在设计计算时需要采用有限元等方法进行数值分析。

青年学子应更全面地了解自己所学知识的应用背景，培养科学思维方式，从大自然中获取灵感以提升创新能力。

薄板、薄壳是实际工程结构中常见的重要构件

7.1 薄板弯曲问题

薄板指板厚 t 比板面最小尺寸 b 小很多的平板（b 为板面的最小特征长度，如矩形板 b 为长与宽中的较小者，圆形板 b 为半径），如图 7-2 所示，一般规定为

薄板弯曲问题

$$\left(\frac{1}{100}\sim\frac{1}{80}\right)<\frac{t}{b}<\left(\frac{1}{8}\sim\frac{1}{5}\right)$$

在此范围外，t/b 比值大者称为厚板，小者称为薄膜。这三种类型的力学特性与相应的研究处理方法是不相同的。对于薄板，在做出一些假定之后，已建立了一套完整的理论可用来解决某些工程问题；对于厚板，虽然提出了许多简化计算方法，但还不便应用到工程实践中去；对于薄膜，不能承受弯曲作用。

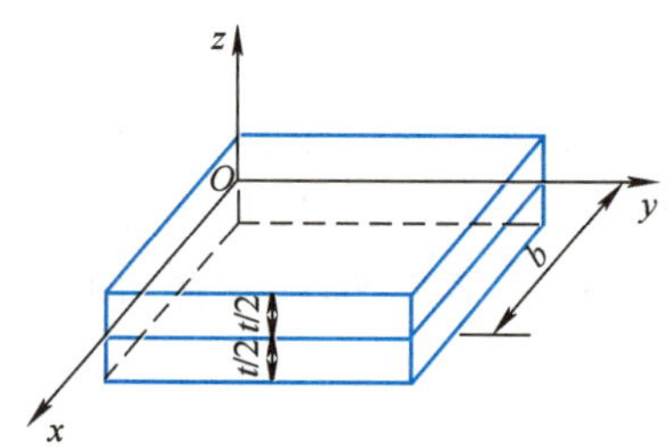

图 7-2

薄板中平分板厚的平面称为中面，取为 xOy 坐标面。当薄板受有垂直于板面（亦即垂直于中面）的外力时，中面上将发生弯矩和扭矩从而引起弯曲应力和扭转应力，薄板的中面将连弯带扭成为一个所谓弹性曲面。中面各点在垂直中面方向的位移称为薄板的挠度 w。当薄板挠度 w 远小于板厚 t，一般认为 $w_{max}<t/5$ 时，为小挠度问题。当挠度 w 与板厚 t 同阶大小时，即认为是大挠度问题，此时必须建立所谓的大挠度弯曲理论进行分析。本章的讨论仅限于薄板的小挠度弯曲问题。

1. 基本附加假定

分析薄板弯曲问题时，与材料力学中分析直梁的弯曲问题时相似，也采用一些由实践经验得来的假定，把问题大大地简化，但同时又能在一定的程度上反映实际情况。这些基本假定如下所述。

1）直法线假定。这相当于材料力学中梁弯曲理论中的平截面假定，即薄板中垂直中面的直线在变形后保持为直线且仍与中面（弹性曲面）垂直，则有 $\gamma_{yz}=0$，$\gamma_{zx}=0$。

2）薄板的法线没有伸缩，板厚保持不变。这相当于梁弯曲理论中纵向纤维间无挤压假定，这说明 $\varepsilon_z=0$，即$\frac{\partial w}{\partial z}=0$，由此可知位移 w 仅为 x、y 的函数，$w=w(x,y)$。

3）薄板中面内各点没有平行于中面的位移。这相当于梁弯曲理论中中性层无伸缩假定，这就是说，中面的任意一部分，虽然弯曲成为弹性曲面的一部分，但它在 x-y 面上的投影形状保持不变，即$(u)_{z=0}=0$，$(v)_{z=0}=0$。

4）忽略挤压应力 σ_z 引起的变形。由于 σ_z 很小，可以忽略不计，因此物理方程与平面应力问题完全一样。

显然这些假定在分析直梁的弯曲问题时都曾相似地采用过，只是在这里薄板代替了直梁，弯与扭的联合作用代替了简单的弯曲，薄板的中面代替了直梁的轴线。

2. 薄板弯曲问题的基本方程

(1) 几何方程 由基本假定1) 有 $\gamma_{yz}=0$，$\gamma_{zx}=0$，即

$$\begin{cases}\dfrac{\partial u}{\partial z}+\dfrac{\partial w}{\partial x}=0\\[2mm]\dfrac{\partial v}{\partial z}+\dfrac{\partial w}{\partial y}=0\end{cases}\Rightarrow\begin{cases}\dfrac{\partial u}{\partial z}=-\dfrac{\partial w}{\partial x}\\[2mm]\dfrac{\partial v}{\partial z}=-\dfrac{\partial w}{\partial y}\end{cases}$$

由基本假定2) 有 $w=w(x,y)$，对上式进行积分得到

$$\begin{cases}u=-z\dfrac{\partial w}{\partial x}+f_1(x,y)\\[2mm]v=-z\dfrac{\partial w}{\partial y}+f_2(x,y)\end{cases}$$

其中，$f_1(x,y)$、$f_2(x,y)$是任意函数。

由基本假定3) 有$(u)_{z=0}=0$与$(v)_{z=0}=0$，可知

$$f_1(x,y)=0,\ f_2(x,y)=0$$

于是

$$\begin{cases}u=-z\dfrac{\partial w}{\partial x}\\[2mm]v=-z\dfrac{\partial w}{\partial y}\end{cases}$$

应用几何方程，可由上式得出薄板内各点的不等于零的三个应变分量 ε_x、ε_y、γ_{xy}，即

$$\begin{cases}\varepsilon_x=\dfrac{\partial u}{\partial x}=-z\dfrac{\partial^2 w}{\partial x^2}\\[2mm]\varepsilon_y=\dfrac{\partial v}{\partial y}=-z\dfrac{\partial^2 w}{\partial y^2}\\[2mm]\gamma_{xy}=\dfrac{\partial u}{\partial y}+\dfrac{\partial v}{\partial x}=-2z\dfrac{\partial^2 w}{\partial x\partial y}\end{cases}\tag{7-1}$$

可以看出，只要确定了 w 位移分量，就确定了所有的位移分量，从而也确定了薄板弯曲问题中所有的物理量，所以将挠度 w 作为薄板弯曲问题的基本未知函数。

在微小位移变形的情况下，$-\dfrac{\partial^2 w}{\partial x^2}$与$-\dfrac{\partial^2 w}{\partial y^2}$分别代表薄板弹性曲面在 x 方向和 y 方向的曲率，$-\dfrac{\partial^2 w}{\partial x\partial y}$则代表它在 xy 方向的扭率，这三者完全确定了薄板内各点的应变分量，用矩阵表示为

$$\{\chi\}=\begin{Bmatrix}-\dfrac{\partial^2 w}{\partial x^2}\\[2mm]-\dfrac{\partial^2 w}{\partial y^2}\\[2mm]-2\dfrac{\partial^2 w}{\partial x\partial y}\end{Bmatrix}\tag{7-2}$$

这是薄板弯曲问题中的几何方程，它表明了薄板的应变与薄板位移两者之间的关系。式 (7-1) 可写成

$$\{\varepsilon\} = z\{\chi\} \tag{7-3}$$

（2）物理方程　由基本假定4），σ_z 很小时，其引起的应变是可以忽略不计的，因此薄板的物理方程具有与平面应力问题相同的形式，可表示为

$$\begin{cases} \varepsilon_x = \dfrac{1}{E}(\sigma_x - \mu\sigma_y) \\ \varepsilon_y = \dfrac{1}{E}(\sigma_y - \mu\sigma_x) \\ \gamma_{xy} = \dfrac{2(1+\mu)}{E}\tau_{xy} \end{cases}$$

或

$$\begin{cases} \sigma_x = \dfrac{E}{1-\mu^2}(\varepsilon_x + \mu\varepsilon_y) \\ \sigma_y = \dfrac{E}{1-\mu^2}(\varepsilon_y + \mu\varepsilon_x) \\ \tau_{xy} = \dfrac{E}{2(1+\mu)}\gamma_{xy} \end{cases} \tag{7-4}$$

将式（7-1）代入式（7-4），则应力分量可用挠度 w 表示为

$$\begin{cases} \sigma_x = -\dfrac{E}{1-\mu^2}z\left(\dfrac{\partial^2 w}{\partial x^2} + \mu\dfrac{\partial^2 w}{\partial y^2}\right) \\ \sigma_y = -\dfrac{E}{1-\mu^2}z\left(\dfrac{\partial^2 w}{\partial y^2} + \mu\dfrac{\partial^2 w}{\partial x^2}\right) \\ \tau_{xy} = -\dfrac{E}{1+\mu}z\dfrac{\partial^2 w}{\partial x\partial y} \end{cases}$$

写成矩阵的形式，记为

$$\{\sigma\} = \frac{Ez}{1-\mu^2}\begin{bmatrix} 1 & \mu & 0 \\ \mu & 1 & 0 \\ 0 & 0 & \dfrac{1-\mu}{2} \end{bmatrix}\begin{Bmatrix} -\dfrac{\partial^2 w}{\partial x^2} \\ -\dfrac{\partial^2 w}{\partial y^2} \\ -2\dfrac{\partial^2 w}{\partial x\partial y} \end{Bmatrix} = z[D]\{\chi\} \tag{7-5}$$

其中，$[D]$ 即是平面应力问题中的弹性矩阵。

在薄板弯曲问题中，上下板面是大边界，必须精确满足应力边界条件，而板侧是小边界，应力很难严格满足静力边界条件，需要用内力边界条件代替应力边界条件，因此要把沿板厚分布的应力合成为作用于板中面上的内力，从而得到内力与应变分量之间的关系，即薄板弯曲问题中的物理方程。

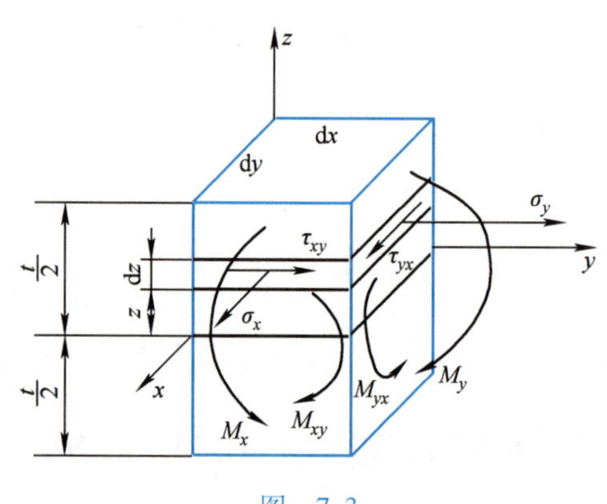

图　7-3

在薄板中截取如图 7-3 所示微元六面体 $t\mathrm{d}x\mathrm{d}y$，与 x 轴垂直的横截面上的应力分量是 σ_x 与 τ_{xy}，由于它们是 z 坐标的奇函数（合力为

零)，因此沿厚度方向只能合成弯矩与扭矩。与 y 轴垂直的横截面上的应力分量 σ_y 与 τ_{yx} 也一样。

定义 σ_x、σ_y、τ_{xy} 与 τ_{yx} 在单位宽度上分别合成弯矩 M_x、M_y 与扭矩 M_{xy}、M_{yx}。积分得到它们的表达式为

$$M_x=\int_{-\frac{t}{2}}^{\frac{t}{2}} z\sigma_x \mathrm{d}z=-\frac{Et^3}{12(1-\mu^2)}\left(\frac{\partial^2 w}{\partial x^2}+\mu\frac{\partial^2 w}{\partial y^2}\right)$$

$$M_y=\int_{-\frac{t}{2}}^{\frac{t}{2}} z\sigma_y \mathrm{d}z=-\frac{Et^3}{12(1-\mu^2)}\left(\frac{\partial^2 w}{\partial y^2}+\mu\frac{\partial^2 w}{\partial x^2}\right)$$

$$M_{xy}=M_{yx}=\int_{-\frac{t}{2}}^{\frac{t}{2}} z\tau_{xy} \mathrm{d}z=-\frac{Et^3}{12(1+\mu)}\frac{\partial^2 w}{\partial x\partial y}$$

写出矩阵的形式

$$\{M\}=\begin{Bmatrix}M_x\\M_y\\M_{xy}\end{Bmatrix}=\frac{Et^3}{12(1-\mu^2)}\begin{Bmatrix}-\frac{\partial^2 w}{\partial x^2}-\mu\frac{\partial^2 w}{\partial y^2}\\-\frac{\partial^2 w}{\partial y^2}-\mu\frac{\partial^2 w}{\partial x^2}\\-(1-\mu)\frac{\partial^2 w}{\partial x\partial y}\end{Bmatrix}$$

$$=\frac{Et^3}{12(1-\mu^2)}\begin{bmatrix}1&\mu&0\\\mu&1&0\\0&0&\frac{1-\mu}{2}\end{bmatrix}\begin{Bmatrix}-\frac{\partial^2 w}{\partial x^2}\\-\frac{\partial^2 w}{\partial y^2}\\-2\frac{\partial^2 w}{\partial x\partial y}\end{Bmatrix}\tag{7-6}$$

记

$$[D_f]=\frac{Et^3}{12(1-\mu^2)}\begin{bmatrix}1&\mu&0\\\mu&1&0\\0&0&\frac{1-\mu}{2}\end{bmatrix}=\frac{t^3}{12}[D]\tag{7-7}$$

则

$$\{M\}=[D_f]\{\chi\}\tag{7-8}$$

式（7-8）即为薄板弯曲问题的物理方程，D_f 称为薄板弯曲问题的弹性矩阵。

对照式（7-5）、式（7-7）与式（7-8），应力与内力之间的关系可以表示为

$$\{\sigma\}=\frac{12}{t^3}z\{M\}\tag{7-9}$$

由于薄板弯曲问题中应力分量 τ_{zx}、τ_{zy} 与 σ_z 都为次要应力，一般无须计算。其中 τ_{zx}、τ_{zy} 在横截面上合成剪力 Q_x、Q_y，如图 7-4 所示。内力的正方向与标记均依应力分量而定。

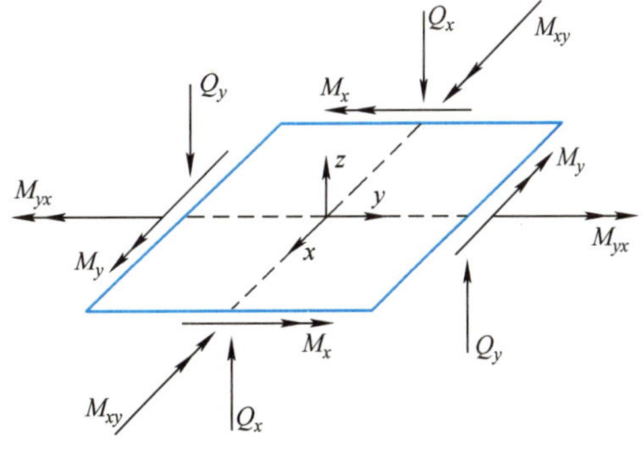

图 7-4

（3）虚功方程　一般空间问题的虚功方程矩阵表达式为

$$\{\delta^*\}^{\mathrm{T}}\{F\}=\iiint\{\varepsilon^*\}^{\mathrm{T}}\{\sigma\}\mathrm{d}x\mathrm{d}y\mathrm{d}z$$

由式（7-3）得 $$\{\varepsilon^*\}=z\{\chi^*\}$$

由式（7-9）得 $$\{\sigma\}=\frac{12}{t^3}z\{M\}$$

将这两式代入虚功方程

$$\{\delta^*\}^{\mathrm{T}}\{F\}=\iiint z^2\{\chi^*\}^{\mathrm{T}}\frac{12}{t^3}\{M\}\mathrm{d}x\mathrm{d}y\mathrm{d}z$$

由于 $\{\chi^*\}$ 与 $\{M\}$ 均与 z 坐标无关，则

$$\{\delta^*\}^{\mathrm{T}}\{F\}=\frac{12}{t^3}\int_{-\frac{t}{2}}^{\frac{t}{2}}z^2\mathrm{d}z\iint\{\chi^*\}^{\mathrm{T}}\{M\}\mathrm{d}x\mathrm{d}y$$

其中，

$$\int_{-\frac{t}{2}}^{\frac{t}{2}}z^2\mathrm{d}z=\frac{t^3}{12}$$

则得到

$$\{\delta^*\}^{\mathrm{T}}\{F\}=\iint\{\chi^*\}^{\mathrm{T}}\{M\}\mathrm{d}x\mathrm{d}y \tag{7-10}$$

式（7-10）即为薄板弯曲问题的虚功方程。

在有限单元法中，代替连续薄板的是一些离散的四边形或三角形薄板单元，它们只在结点处互相连接。由于相邻单元之间有法向力、弯矩、扭矩的传递，所以必须把结点当作刚接的。由于单元取在中面，由基本假定 3）可知结点只有 w 线位移，角位移则只考虑绕 x 轴的转角 θ_x 及绕 y 轴的转角 θ_y 两个角位移，即每个结点有 3 个自由度。接下来进行矩形薄板单元以及三角形薄板单元的有限元分析。

知识拓展

研究薄板弯曲，为了简化问题，除了弹性力学中的基本假定以外，还需要补充一些变形状态与应力分布的假定（基尔霍夫假设）。

1850 年，在柏林大学执教的基尔霍夫发表了他关于板的重要论文《弹性圆板的平衡与运动》（“Ueber das Gleichgewicht und die elastischen Scheibe”：Credles Journal，Bd. 40，S. 51-88）。该论文从三维弹性力学的变分开始，引进了关于板的变形的假设，这就是：

1）任一垂直于板面的直线，在变形后仍保持垂直于变形后的板面。

2）板的中面，在变形过程中没有伸长变形。

基尔霍夫 (Kirchhoff)

1824年生于德国，1887年逝世。曾在海德堡大学和柏林大学任物理学教授，他发现了电学中的“基尔霍夫定律”，同时也对弹性力学，特别是薄板理论的研究做出了重要贡献。

在该论文中基尔霍夫还给出了板的边界条件的正确提法，并且给出了圆板的自由振动解，同时比较完整地给出了振动的节线表达式，从而较好地回答了克拉尼问题。至此弹性板的理论问题才算是告一段落。这就是力学界著名的基尔霍夫薄板假设。

1874 年，德国的 H. 阿龙将薄板理论中的基尔霍夫假设推广到壳体，1888 年经英国力学家 A. E. H. 乐甫修正，形成至今仍然广泛采用的薄壳理论。这个假设也被逐渐改进为现今

的直法线假设。

A.E.H.乐甫

进入20世纪后，在生产技术的推动下，壳体理论曾有较大的发展，当时主要是针对不同类型的壳体建立各种简化理论。20世纪50年代人们开始对基尔霍夫-乐甫假设进行修正，使薄壳理论更趋于精确化。随着电子计算机的进步，薄壳理论在数值计算以及理论分析和数值计算相结合两方面都有迅速发展。看看那些破“壳”而出的伟大工程：

薄壳理论可以运用在建筑、航空航天、工业制造等领域。所以这个薄壳，可待你不薄。“薄”学笃行之路仍不可停，毕竟力学虽难懂，却又那么难忘；那么无趣，却又那么伟大！

水中的明珠：国家大剧院

7.2　矩形薄板单元的有限元分析

1. 矩形薄板单元的结点位移和结点力

单元局部坐标的选择与平面问题矩形单元一样，以平行于两对边的两条对称轴为 x、y 坐标轴，四个结点为 i、j、m、p（图7-5）。

矩形薄板单元

薄板单元依中面划分，结点刚接，每个结点有1个线位移和2个角位移。线位移以沿 z 轴正向的为正，角位移以按右手螺旋法则标出的矢量沿坐标轴正向的为正（图7-5）。由前节的分析可知，三个位移分量中只有 w 位移是独立的基本未知量。根据几何关系可知

$$|\theta_x| = \left|\frac{\partial w}{\partial y}\right|,\quad |\theta_y| = \left|\frac{\partial w}{\partial x}\right|$$

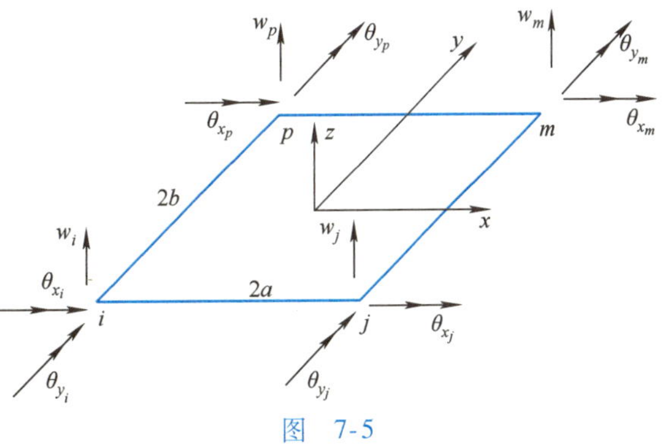

图　7-5

根据角位移正向规定分析 θ_x 与 θ_y 计算式的正负符号。如图7-6所示，右手大拇指指向 x 轴正方向，四指弯曲方向为正方向，即由 y 轴逆时针转动为 θ_x

角位移正方向，此时相应斜率$\frac{\partial w}{\partial y}$也取正值；如图 7-7 所示，右手大拇指指向 y 轴正方向，四指弯曲方向，即由 x 轴顺时针旋转为 θ_y 角位移正方向，此时相应斜率$\frac{\partial w}{\partial x}$取负值，所以

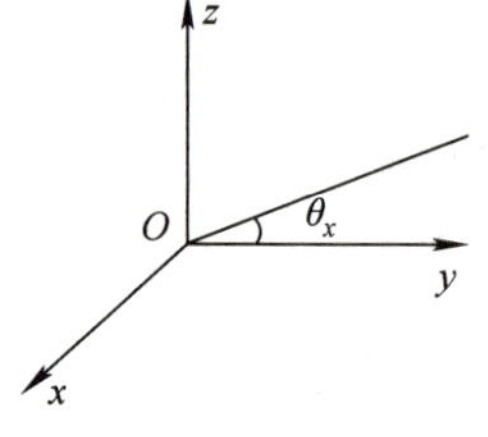

图 7-6

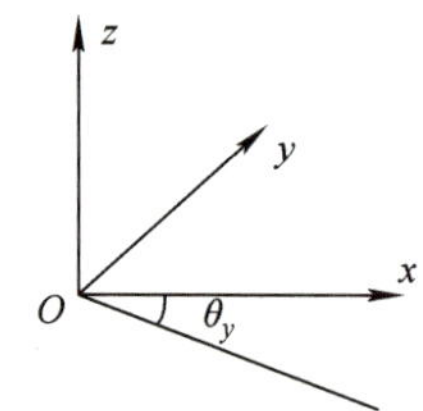

图 7-7

$$\theta_x = \frac{\partial w}{\partial y},\ \theta_y = -\frac{\partial w}{\partial x} \tag{7-11}$$

因此，一个结点 i 的位移可表示为

$$\{\delta_i\} = \begin{Bmatrix} w_i \\ \theta_{xi} \\ \theta_{yi} \end{Bmatrix} = \begin{Bmatrix} w_i \\ \left(\frac{\partial w}{\partial y}\right)_i \\ -\left(\frac{\partial w}{\partial x}\right)_i \end{Bmatrix}$$

单元的结点位移向量为

$$\{\delta\}^e = \begin{Bmatrix} \{\delta_i\} \\ \{\delta_j\} \\ \{\delta_m\} \\ \{\delta_p\} \end{Bmatrix}$$

共 4 个结点，12 个自由度。

对应地，i 结点的结点力向量为

$$\{F_i\} = \begin{Bmatrix} W_i \\ M_{xi} \\ M_{yi} \end{Bmatrix}$$

单元结点力向量为

$$\{F\}^e = \begin{Bmatrix} \{F_i\} \\ \{F_j\} \\ \{F_m\} \\ \{F_p\} \end{Bmatrix}$$

2. 薄板矩形单元的位移模式

（1）位移模式　由前面的推导可知，薄板的位移、变形、应力、内力等都可以单一地用挠度 w 表示。因此，薄板弯曲问题中，w 位移是唯一的基本未知量，由基本假定 2）可知，w 位移仅为 x、y 的函数。一个矩形薄板单元，如图 7-4 所示，共 12 个自由度，故根据帕斯卡三角形及多项式位移模式的选项原则，取如下位移模式：

$$\begin{aligned} w =& \alpha_1 + \alpha_2 x + \alpha_3 y + \alpha_4 x^2 + \alpha_5 xy + \alpha_6 y^2 + \alpha_7 x^3 + \\ & \alpha_8 x^2 y + \alpha_9 xy^2 + \alpha_{10} y^3 + \alpha_{11} x^3 y + \alpha_{12} xy^3 \end{aligned} \tag{7-12}$$

由式（7-11）得到另两个位移分量为

$$\begin{cases} \theta_x = \frac{\partial w}{\partial y} = \alpha_3 + \alpha_5 x + 2\alpha_6 y + \alpha_8 x^2 + 2\alpha_9 xy + 3\alpha_{10} y^2 + \alpha_{11} x^3 + 3\alpha_{12} xy^2 \\ \theta_y = -\frac{\partial w}{\partial x} = -(\alpha_2 + 2\alpha_4 x + \alpha_5 y + 3\alpha_7 x^2 + 2\alpha_8 xy + \alpha_9 y^2 + 3\alpha_{11} x^2 y + \alpha_{12} y^3) \end{cases} \tag{7-13}$$

依次将单元各结点坐标代入上述三式，得到 12 个方程，求出参数 $\alpha_1, \alpha_2, \cdots, \alpha_{12}$，再代回式（7-12），整理为用形函数表示的插值函数形式，即

$$w = \sum_{i=1}^{4} N_i w_i + \sum_{i=1}^{4} N_{xi} q_{xi} + \sum_{i=1}^{4} N_{yi} q_{yi} \tag{7-14}$$

记为

$$w = [N]\{\delta\}^e \tag{7-15}$$

其中，$[N]$ 为形函数矩阵，即

$$[N] = [N_i \quad N_{xi} \quad N_{yi} \quad N_j \quad N_{xj} \quad N_{yj} \quad N_m \quad N_{xm} \quad N_{ym} \quad N_p \quad N_{xp} \quad N_{yp}]$$

形函数为 x 和 y 的四次多项式，即

$$\begin{cases} N_i = \dfrac{1}{8}\left(1 + \dfrac{x}{x_i}\right)\left(1 + \dfrac{y}{y_i}\right)\left[2 + \dfrac{x}{x_i}\left(1 - \dfrac{x}{x_i}\right) + \dfrac{y}{y_i}\left(1 - \dfrac{y}{y_i}\right)\right] \\ N_{xi} = -\dfrac{1}{8}y_i\left(1 + \dfrac{x}{x_i}\right)\left(1 + \dfrac{y}{y_i}\right)^2\left(1 - \dfrac{y}{y_i}\right) \quad (i,j,m,p) \\ N_{yi} = \dfrac{1}{8}x_i\left(1 + \dfrac{x}{x_i}\right)^2\left(1 + \dfrac{y}{y_i}\right)\left(1 - \dfrac{x}{x_i}\right) \end{cases} \tag{7-16}$$

（2）位移模式的收敛性分析　根据假定，整个薄板的位移完全由中面的位移确定，而中面又只有 z 方向的位移，即挠度 w。因此，中面有的刚体位移就只是沿 z 方向的刚体移动以及绕 x 轴和 y 轴的刚体转动。在位移模式（7-12）中，α_1 是不随坐标而变的 z 方向的移动，所以它就代表薄板单元在 z 方向的刚体移动；$-\alpha_2$ 与 α_3 分别为不随坐标而变的、绕 y 轴及 x 轴的转角 θ_y 及 θ_x，所以它们就代表薄板单元的刚体转动。因此式（7-12）中的前三项完全反映了薄板单元的刚体位移。

由式（7-2）可知，薄板内所有各点的变形完全取决于薄板的应变 χ。稍加推导可以看出，三个应变分量中分别有不随坐标而变的 $-a_4$、$-a_6$、$-2a_5$。也就是说，式（7-12）中的三个二次式的项完全反映了常量的变形。这说明如此构造的位移模式既反映了单元的刚体位移，又反映了单元的常量应变，满足了解答收敛的必要性条件。

变形后单元如图 7-8 所示。以 ij 边为例，先分析公共边界上挠度的连续性。该边 y 是常量，将该边方程 $y = -b$ 代入位移模式（7-12）中，整理后得到

$$w = c_1 + c_2 x + c_3 x^2 + c_4 x^3$$

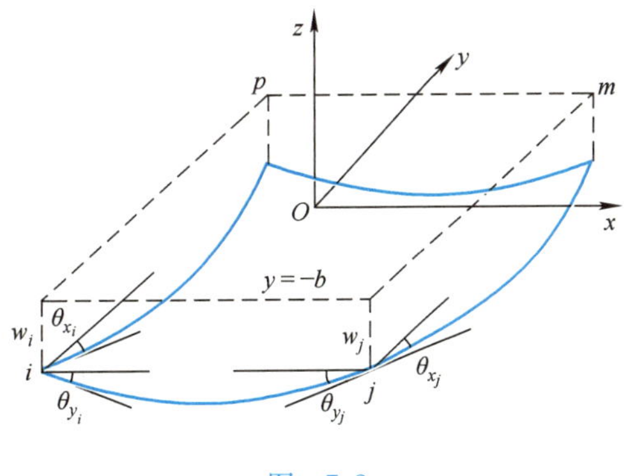

图　7-8

ij 边端部共给出六个边界条件 w_i、θ_{xi}、θ_{yi} 与 w_j、θ_{xj}、θ_{yj}，由图 7-8 可以看出，考虑 ij 边挠度时，端部条件 θ_{xi} 及 θ_{xj} 与之无关，相关的条件为 w_i、θ_{yi} 与 w_j、θ_{yj}，这 4 个条件可完全确定上式中的 4 个待定系数，也就是唯一地确定了一条三次曲线，可知相邻单元在公共边界上的挠度是一致的。与平面问题不同的是，由于变形后产生了挠曲面，连续条件还包括相邻单元在公共边界的法向转角应该一致，这要求一阶导数连续。将 ij 边方程 $y = -b$ 代入式（7-13）中的 θ_x 表达式，整理后得到

$$\theta_x = d_1 + d_2 x + d_3 x^2 + d_4 x^3$$

ij 边两个端点条件 θ_{xi} 与 θ_{xj} 无法确定式中的 4 个待定系数，这说明相邻单元在公共边界法向转角的连续性不能保证。由此可见，此位移模式虽然满足解答收敛的必要条件，但并不完全满足收敛的充分条件。

但是，已有的实际计算结果证明这种单元的解答是收敛的。如何判断此种不完全协调元计算结果的收敛性呢？埃恩斯提出了“分片检验”的概念，指出位移插值函数能否通过“分片检验”是判断不完全协调计算结果是否收敛的充分必要条件。

“分片检验”的具体做法如下：任意取一个至少有一个内部结点的、由若干个单元组成的拼片，并且在内部结点上既不允许有荷载，也不允许有约束。当把任何一种与常应变状态对应的结点位移或结点力加到该单元拼片的边界结点上时，用某种位移插值函数计算得到的单元拼片内部的位移符合常应变状态的条件，则说该位移插值函数能够通过“分片检验”。经检验表明，前面介绍的不完全协调矩形元能够通过“分片检验”，因而计算结果是收敛的。

这种非协调元也可能收敛的特性归功于分片插值的影响。分片插值是人为设定位移场，必然使计算模型具有较实际结构更高的刚性，而非协调元允许单元间的某些分离与重叠，降低了有限元结构的刚性。由于这种单元首先是 Melosh、Zienkiewicz 和 Cheung 提出的，因此也称 MZC 矩形单元。

由于矩形薄板单元采用了较高次的位移模式，具有较好的收敛性质，即使使用较疏网格，也能得到较精确的成果。

3. 矩形薄板单元的刚度矩阵

（1）应变矩阵 $[B]$ 将位移插值函数表达式（7-15）代入式（7-2）求薄板单元的应变，整理后得到

$$\{\chi\}=[B]\{\delta\}^e \tag{7-17}$$

其中，应变矩阵

$$[B]=[B_i \quad B_j \quad B_m \quad B_p] \tag{7-18}$$

子矩阵

$$[B_i]=-\begin{bmatrix} \dfrac{\partial^2 N_i}{\partial x^2} & \dfrac{\partial^2 N_{xi}}{\partial x^2} & \dfrac{\partial^2 N_{yi}}{\partial x^2} \\ \dfrac{\partial^2 N_i}{\partial y^2} & \dfrac{\partial^2 N_{xi}}{\partial y^2} & \dfrac{\partial^2 N_{yi}}{\partial y^2} \\ 2\dfrac{\partial^2 N_i}{\partial x\partial y} & 2\dfrac{\partial^2 N_{xi}}{\partial x\partial y} & 2\dfrac{\partial^2 N_{yi}}{\partial x\partial y} \end{bmatrix} \quad (i,j,m,p) \tag{7-19}$$

（2）内力矩阵 $[S]$ 将单元应变矩阵（7-17）代入式（7-7）求内力得

$$\{M\}=[D_f]\chi=[D_f][B]\{\delta\}^e$$

即

$$\{M\}=[S]\{\delta\}^e \tag{7-20}$$

其中，

$$[S]=[D_f][B]=[D_f][B_i \quad B_j \quad B_m \quad B_p]$$

记为

$$[S]=[S_i \quad S_j \quad S_m \quad S_p] \tag{7-21}$$

$[S]$ 称为薄板单元的内力矩阵，其中，

$$S_i = D_f B_i = \frac{-Et^3}{12(1-\mu^2)}\begin{bmatrix} 1 & \mu & 0 \\ \mu & 1 & 0 \\ 0 & 0 & \dfrac{1-\mu}{2} \end{bmatrix}\begin{bmatrix} \dfrac{\partial^2 N_i}{\partial x^2} & \dfrac{\partial^2 N_{xi}}{\partial x^2} & \dfrac{\partial^2 N_{yi}}{\partial x^2} \\ \dfrac{\partial^2 N_i}{\partial y^2} & \dfrac{\partial^2 N_{xi}}{\partial y^2} & \dfrac{\partial^2 N_{yi}}{\partial y^2} \\ 2\dfrac{\partial^2 N_i}{\partial x \partial y} & 2\dfrac{\partial^2 N_{xi}}{\partial x \partial y} & 2\dfrac{\partial^2 N_{yi}}{\partial x \partial y} \end{bmatrix}$$

（3）单元刚度矩阵　对于单元刚度矩阵，可以同样从虚功角度导出。将前面得到的薄板单元应变与内力表达式（7-17）及式（7-20）代入薄板弯曲问题虚功方程（7-10），即

$$(\{\delta^*\}^e)^{\mathrm{T}}\{F\}^e = \iint \{\chi^*\}^{\mathrm{T}}\{M\}\mathrm{d}x\mathrm{d}y$$

得到

$$(\{\delta^*\}^e)^{\mathrm{T}}\{F\}^e = \iint (\{\delta^*\}^e)^{\mathrm{T}}[B]^{\mathrm{T}}([D_f][B]\{\delta\}^e)\mathrm{d}x\mathrm{d}y$$

$\{\delta\}^e$ 与 $\{\delta^*\}^e$ 都不是坐标的函数，上式改写为

$$(\{\delta^*\}^e)^{\mathrm{T}}\{F\}^e = (\{\delta^*\}^e)^{\mathrm{T}}\left(\iint [B]^{\mathrm{T}}[D_f][B]\mathrm{d}x\mathrm{d}y\right)\{\delta\}^e$$

由于虚位移 $\{\delta^*\}^e$ 是任意的，得

$$\{F\}^e = \left(\iint [B]^{\mathrm{T}}[D_f][B]\mathrm{d}x\mathrm{d}y\right)\{\delta\}^e$$

即薄板单元的刚度方程为

$$\{F\}^e = [K]^e\{\delta\}^e \tag{7-22}$$

其中，

$$[K]^e = \iint [B]^{\mathrm{T}}[D_f][B]\mathrm{d}x\mathrm{d}y \tag{7-23}$$

为薄板单元的单元刚度矩阵，是一个 12×12 对称方阵。

将 $[D_f]$ 表达式（7-7）与 $[B]$ 表达式（7-18）、式（7-19）代入式（7-23），然后对 x 由 $-a$ 到 a，对 y 由 $-b$ 到 b 积分，整理后得到矩形薄板单元刚度矩阵的具体表达式

$$[K]^e = \frac{Et^3}{360(1-\mu^2)ab}\begin{bmatrix}
k_1 & & & & & & & & & & & \\
k_4 & k_2 & & & & & & \text{对} & & & & \\
-k_5 & -k_6 & k_3 & & & & & & & & & \\
k_7 & k_{10} & k_{11} & k_1 & & & & & & \text{称} & & \\
k_{10} & k_8 & 0 & k_4 & k_2 & & & & & & & \\
-k_{11} & 0 & k_9 & k_5 & k_6 & k_3 & & & & & & \\
k_{12} & -k_{15} & k_{16} & k_{17} & -k_{20} & k_{21} & k_1 & & & & & \\
k_{15} & k_{13} & 0 & k_{20} & k_{18} & 0 & -k_4 & k_2 & & & & \\
-k_{16} & 0 & k_{14} & k_{21} & 0 & k_{19} & k_5 & -k_6 & k_3 & & & \\
k_{17} & -k_{20} & -k_{21} & k_{12} & -k_{15} & -k_{16} & k_7 & -k_{10} & -k_{11} & k_1 & & \\
k_{20} & k_{18} & 0 & k_{15} & k_{13} & 0 & -k_{10} & k_8 & 0 & -k_4 & k_2 & \\
-k_{21} & 0 & k_{19} & k_{16} & 0 & k_{14} & k_{11} & 0 & k_9 & -k_5 & k_6 & k_3
\end{bmatrix} \tag{7-24}$$

其中，

$$k_1 = 21 - 6\mu + 30\frac{b^2}{a^2} + 30\frac{a^2}{b^2} \quad k_2 = 8b^2 - 8\mu b^2 + 40a^2$$

$$k_3 = 8a^2 - 8\mu a^2 + 40b^2 \quad k_4 = 3b + 12\mu b + 30\frac{a^2}{b}$$

$$k_5 = 3a + 12\mu a + 30\frac{b^2}{a} \quad k_6 = 30\mu ab$$

$$k_7 = -21 + 6\mu - 30\frac{b^2}{a^2} + 15\frac{a^2}{b^2} \quad k_8 = -8b^2 + 8\mu b^2 + 20a^2$$

$$k_9 = -2a^2 + 2\mu a^2 + 20b^2 \quad k_{10} = -3b - 12\mu b + 15\frac{a^2}{b}$$

$$k_{11} = 3a - 3\mu a + 30\frac{b^2}{a} \quad k_{12} = 21 - 6\mu - 15\frac{b^2}{a^2} - 15\frac{a^2}{b^2}$$

$$k_{13} = 2b^2 - 2\mu b^2 + 10a^2 \quad k_{14} = 2a^2 - 2\mu a^2 + 10b^2$$

$$k_{15} = -3b + 3\mu b + 15\frac{a^2}{b} \quad k_{16} = -3a + 3\mu a + 15\frac{b^2}{a}$$

$$k_{17} = -21 + 6\mu + 15\frac{b^2}{a^2} - 30\frac{a^2}{b^2} \quad k_{18} = -2b^2 + 2\mu b^2 + 20a^2$$

$$k_{19} = -8a^2 + 8\mu a^2 + 20b^2 \quad k_{20} = 3b - 3\mu b + 30\frac{a^2}{b}$$

$$k_{21} = -3a - 12\mu a + 15\frac{b^2}{a}$$

4. 矩形薄板单元荷载的移置

单元的荷载向量，可以按照前述同样方法求出，如图 7-9 所示，移置到矩形薄板单元的结点上的荷载向量可表示为

$$\{R\}^e = [Z_i \quad M_{xi} \quad M_{yi} \quad Z_j \quad M_{xj} \quad M_{yj} \quad Z_m \quad M_{xm} \quad M_{ym} \quad Z_p \quad M_{xp} \quad M_{yp}]^{\mathrm{T}}$$

下面列举几种常见的荷载移置。

（1）法向集中荷载 P 的移置　设法向集中荷载 P 作用于单元 $ijmp$ 上的任意一点（x,y），按照静力等效原则，等效结点荷载的表达形式为

$$\{R\}^e = [N]^{\mathrm{T}}P$$

其中的形函数表达式如式（7-16）所示。

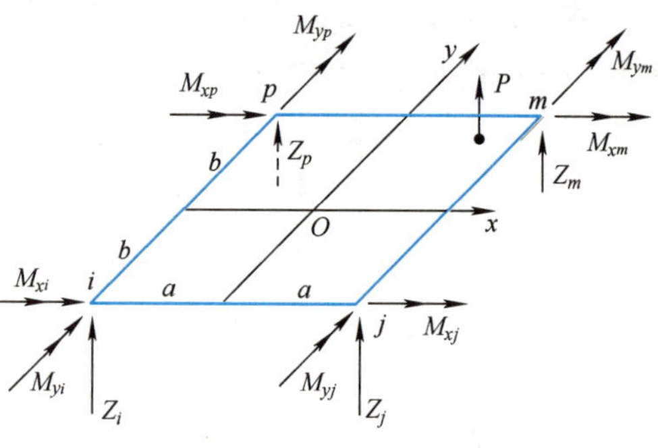

图　7-9

当集中荷载作用于单元中心时，即式（7-16）中取 $x=0$、$y=0$ 时，代入计算可得

$$N_i = \frac{1}{4}, \quad N_{xi} = \frac{b}{8}, \quad N_{yi} = -\frac{a}{8}$$

$$N_j = \frac{1}{4}, \quad N_{xj} = \frac{b}{8}, \quad N_{yj} = \frac{a}{8}$$

$$N_m = \frac{1}{4}, \quad N_{xm} = -\frac{b}{8}, \quad N_{ym} = \frac{a}{8}$$

$$N_p = \frac{1}{4}, \quad N_{xp} = -\frac{b}{8}, \quad N_{yp} = -\frac{a}{8}$$

因此

$$\{R\}^e=\begin{bmatrix}\frac{1}{4} & \frac{b}{8} & -\frac{a}{8} & \frac{1}{4} & \frac{b}{8} & \frac{a}{8} & \frac{1}{4} & -\frac{b}{8} & \frac{a}{8} & \frac{1}{4} & -\frac{b}{8} & -\frac{a}{8}\end{bmatrix}^{\mathrm{T}}P$$

即

$$Z_i=Z_j=Z_m=Z_p=\frac{P}{4}$$

$$M_{xi}=M_{xj}=-M_{xm}=-M_{xp}=\frac{Pb}{8}$$

$$-M_{yi}=M_{yj}=M_{ym}=-M_{yp}=\frac{Pa}{8}$$

其中结点的力矩随单元尺寸 a 或 b 的减小而减小，在较小单元中，它们对位移与内力的影响远小于法向荷载的影响，所以，在实际计算时可略去不计，而将荷载列阵简化为

$$\{R\}^e=P\begin{bmatrix}\frac{1}{4} & 0 & 0 & \frac{1}{4} & 0 & 0 & \frac{1}{4} & 0 & 0 & \frac{1}{4} & 0 & 0\end{bmatrix}^{\mathrm{T}} \tag{7-25}$$

（2）均匀分布法向荷载的移置　设分布法向荷载的集度为 $q(x,y)$，视 $q\mathrm{d}x\mathrm{d}y$ 为集中荷载，于是有

$$\{R\}^e=\iint[N]^{\mathrm{T}}q\mathrm{d}x\mathrm{d}y$$

对于均匀分布荷载 $q=q_0$，将式（7-16）代入计算，然后对 x 由 $-a$ 到 a，对 y 由 $-b$ 到 b 积分得到

$$\{R\}^e=4q_0ab\begin{bmatrix}\frac{1}{4} & \frac{b}{12} & -\frac{a}{12} & \frac{1}{4} & \frac{b}{12} & \frac{a}{12} & \frac{1}{4} & -\frac{b}{12} & \frac{a}{12} & \frac{1}{4} & -\frac{b}{12} & -\frac{a}{12}\end{bmatrix}^{\mathrm{T}}$$

当单元尺寸较小时，也可以将与弯矩相对应的项略去，在实际计算时可简化为

$$\{R\}^e=q_0ab\begin{bmatrix}1 & 0 & 0 & 1 & 0 & 0 & 1 & 0 & 0 & 1 & 0 & 0\end{bmatrix}^{\mathrm{T}} \tag{7-26}$$

（3）线性分布法向荷载的移置　当单元上分布有沿 x 方向线性变化的荷载，如荷载在结点 i、p 为零，j、m 为 q_0，则

$$\{R\}^e=q_0ab\begin{bmatrix}\frac{3}{10} & 0 & 0 & \frac{7}{10} & 0 & 0 & \frac{7}{10} & 0 & 0 & \frac{3}{10} & 0 & 0\end{bmatrix} \tag{7-27}$$

5. 例题分析

例题一：如图 7-10 所示四边固定方板，受均布法向荷载 q 作用，求发生在中点的最大挠度 $w_{\max}$。

计算例题

将方板分为 4 个矩形单元，利用对称性，取单元①进行分析，其约束条件为 2、3、4 结点所有位移分量为零，1 结点绕 x 与 y 轴的角位移均为零（对称性），即

$$w_2=\theta_{x2}=\theta_{y2}=w_3=\theta_{x3}=\theta_{y3}=w_4=\theta_{x4}=\theta_{y4}=0$$

以及

$$\theta_{x1}=\theta_{y1}=0$$

因此，待求未知量只剩下 w_1。这里整体刚度矩阵 $[K]$ 即单元①的刚度矩阵 $[K]^1$，引进约束条件后的刚度矩阵降阶后只余下 k_{11} 主元素与其他被置 1 的主元素，修改后的荷载列阵只余下第一个元素 w_1 不为零，即

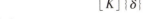

$$[\overline{K}]\{\overline{\delta}\}=\{\overline{R}\}$$

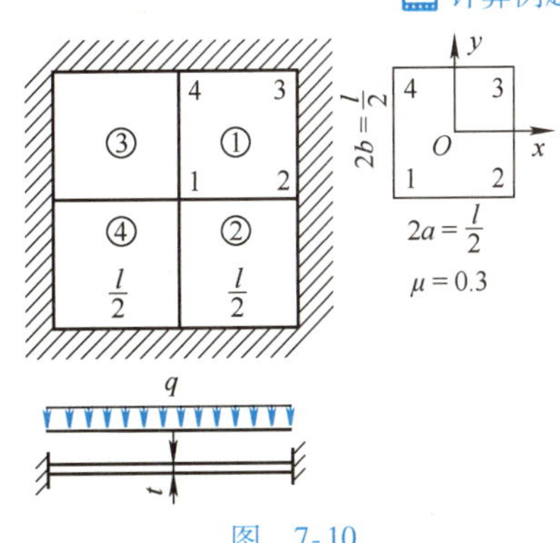

图 7-10

其中

$$[\overline{K}]=\begin{bmatrix} k_{11} & & & & \\ & 1 & & & \\ & & 1 & & \\ & & & \ddots & \\ & & & & 1 \end{bmatrix}$$

$$\{\overline{\delta}\}=[w_1 \quad \theta_{x1} \quad \theta_{y1} \quad w_2 \quad \theta_{x2} \quad \theta_{y2} \quad w_3 \quad \theta_{x3} \quad \theta_{y3} \quad w_4 \quad \theta_{x4} \quad \theta_{y4}]$$

$$\{\overline{R}\}=qab[1 \quad 0 \quad 0 \quad 0 \quad 0 \quad 0 \quad 0 \quad 0 \quad 0 \quad 0 \quad 0 \quad 0]^{\mathrm{T}}$$

实际上只剩下一个方程

$$k_{11}w_1=qab$$

又

$$a=b=\frac{l}{4}$$

因此

$$k_{11}w_1=\frac{ql^2}{16}$$

其中

$$k_{11}=\frac{Et^3}{360(1-\mu^2)ab}\left(21-6\mu+30\frac{b^2}{a^2}+30\frac{a^2}{b^2}\right)=3.868\frac{Et^3}{l^2}$$

所以

$$w_{\max}=w_1=\frac{\dfrac{ql^2}{16}}{3.868\dfrac{Et^3}{l^2}}=0.01616\frac{ql^4}{Et^3}$$

同样可求得方板划分 4×4、8×8、12×12、16×16 网格时的 $w_{\max}$ 值，一并列于表 7-1。

表 7-1　四边固定正方形薄板均布荷载作用下的最大挠度

单元数	2×2	4×4	8×8	12×12	16×16
$w_{\max}\Big/\dfrac{ql^4}{Et^3}$	0.01616	0.01529	0.01420	0.01390	0.01376
误差（%）	17.5	11.1	3.2	1.0	—

例题二：四边简支的方板如图 7-11 所示，参数与例题一相同，写出引入边界条件降阶后的总刚方程。

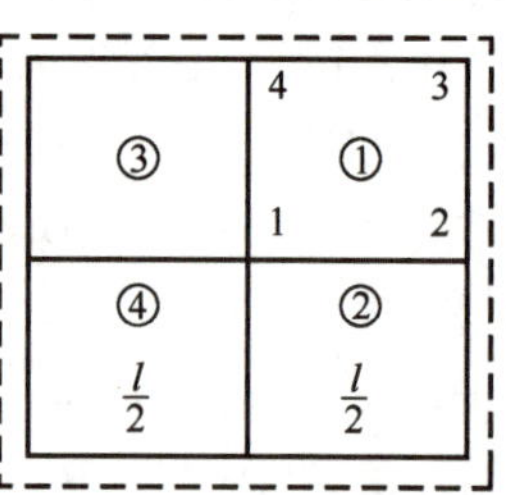

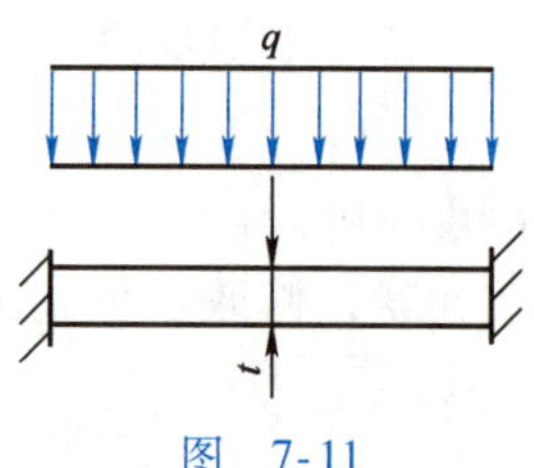

图　7-11

根据对称性，仍取单元①进行分析，由于四边简支，结点 2、3、4 的边界条件可写为

$$w_2=w_3=w_4=\theta_{x2}=\theta_{x3}=\theta_{y3}=\theta_{y4}=0$$

结点 1 关于 x 轴和 y 轴对称仍然有　$\theta_{x1}=\theta_{y1}=0$

因此位移列阵中需要求解的未知量为 w_1、θ_{y2}、θ_{x4}，则总刚方程可写为

$$\begin{bmatrix} k_{1,1} & k_{1,6} & k_{1,11} \\ k_{6,1} & k_{6,6} & k_{6,11} \\ k_{11,1} & k_{11,6} & k_{11,11} \end{bmatrix}\begin{Bmatrix} w_1 \\ \theta_{y2} \\ \theta_{x4} \end{Bmatrix}=\begin{Bmatrix} z_1 \\ T_{y2} \\ T_{x4} \end{Bmatrix}$$

7.3　三角形薄板单元的有限元分析

同平面问题一样，矩形薄板单元虽然有较好的精度，但不适用于斜边界或曲线边界。当薄板具有斜交边界或曲线边界时，采用三角形单元，可以较好地反映边界形状。比较普遍采用的三角形薄板单元有 Movley 完全二次多项式单元、不完全协调三次多项式单元与完全协调五次多项式单元，其中以不完全协调三次多项式三结点三角形板单元最为常用，本节对其加以介绍。

三角形薄板单元及板壳元

知识拓展

我国交通发展取得了历史性成就，中国高铁近些年迅速发展、领跑世界，是展示中国实力的一张靓丽名片。2016 年，在“四横四纵”基础上，国家规划了“八横八纵”高速铁路网。中国高铁从东到西，纵贯南北，“千里江陵一日还”已经是数亿中国人的日常。在高铁行业中，车体、路桥作为典型结构，一般需要采用板壳有限单元法进行设计和强度校核等结构分析。可以发现在很多情况下，矩形薄板单元不太适用，而三角形薄板单元可以较好地适应复杂的边界形状，因而实用价值较大。通过相关学习，可以培养学生的行业责任感和民族自豪感。

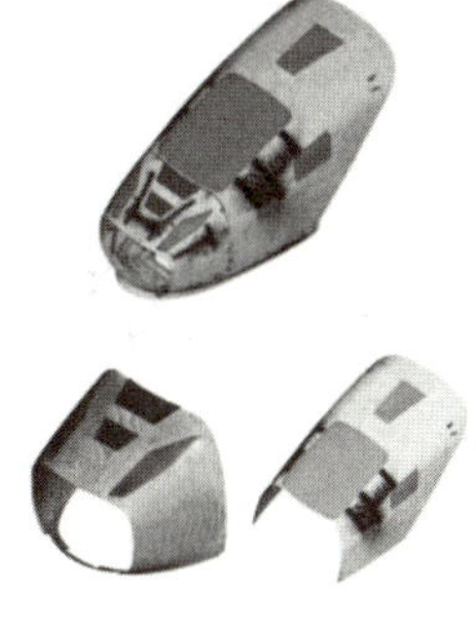

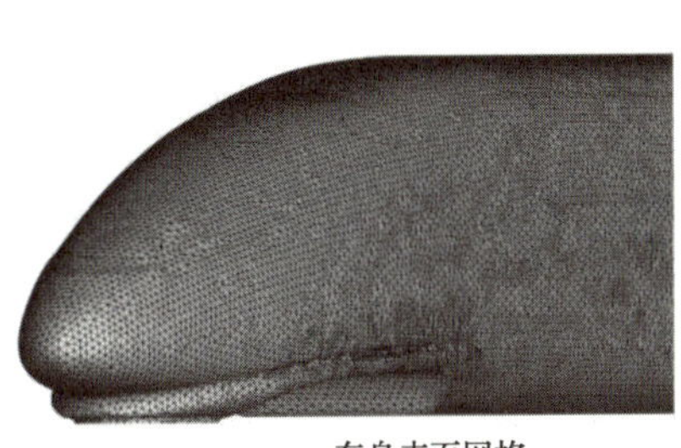

车身表面网格

1. 位移模式

图 7-12 所示三结点三角形板单元，局部坐标原点在形心上，单元结点位移

$$\{\delta\}^e = [w_i \quad \theta_{xi} \quad \theta_{yi} \quad w_j \quad \theta_{xj} \quad \theta_{yj} \quad w_m \quad \theta_{xm} \quad \theta_{ym}]^{\mathrm{T}}$$

共 9 个自由度，设定的 w 多项式位移模式应包含 9 个待定参数。考察 x 与 y 的完全三次多项式的项：

$$1,\ x,\ y,\ x^2,\ xy,\ y^2,\ x^3,\ x^2y,\ xy^2,\ y^3$$

共 10 项，应去掉一项。由于薄板弯曲问题中位移模式的常数项与一次项反映刚体位移，二次项反映常量应变，都必须保留。只能去掉一个三次项，显然对称性无法保证，这个问题可以通过采用面积坐标解决。

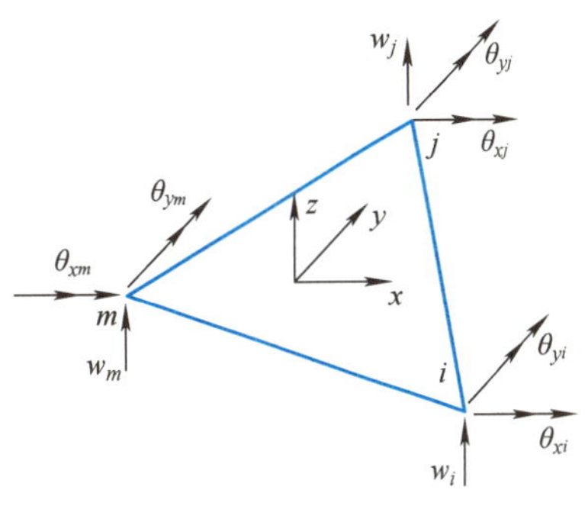

图　7-12

面积坐标的一次、二次、三次式分别为

一次式：L_i，L_j，L_m

二次式：L_iL_j，L_jL_m，L_mL_i，L_i^2，L_j^2，L_m^2

三次式：$L_iL_jL_m$，$L_i^2L_j$，$L_j^2L_m$，$L_m^2L_i$，$L_iL_j^2$，$L_jL_m^2$，$L_mL_i^2$，L_i^2，L_j^2，L_m^2

x、y 的完全一次多项式应包括上述一次式

$$L_i,\ L_j,\ L_m$$

x、y 的完全二次多项式应至少包含上述二次式中的 3 项，并再在余下的 3 项以及一次式中任选 3 项，如

$$L_i,\ L_j,\ L_m,\ L_iL_j,\ L_jL_m,\ L_mL_i$$

x、y 的完全三次多项式应至少包含上述三次式中的 4 项，并再在余下的各项以及一、二次式中任选 6 项，共 10 项。如

$$L_i,\ L_j,\ L_m,\ L_i^2L_j,\ L_j^2L_m,\ L_m^2L_i,\ L_iL_j^2,\ L_jL_m^2,\ L_mL_i^2,\ L_iL_jL_m$$

由前面的分析可知，对于所讨论的位移模式尚应设法减少一个独立的项。注意到上述项中最后一项在 i、j、m 三结点处有

$$L_iL_jL_m = \frac{\partial}{\partial x}(L_iL_jL_m) = \frac{\partial}{\partial y}(L_iL_jL_m) = 0$$

可归入其他三次项中而取如下位移模式：

$$w = \alpha_1 L_i + \alpha_2 L_j + \alpha_3 L_m + \alpha_4(L_i^2L_j + cL_iL_jL_m) + \cdots + \alpha_9(L_mL_i^2 + cL_iL_jL_m)$$

运算后发现为了满足常应变条件，只能取 $c=\dfrac{1}{2}$，于是得到

$$w = \alpha_1 L_i + \alpha_2 L_j + \alpha_3 L_m + \alpha_4\left(L_i^2L_j + \frac{1}{2}L_iL_jL_m\right) + \cdots + \alpha_9\left(L_mL_i^2 + \frac{1}{2}L_iL_jL_m\right)$$

利用 9 个结点位移分量求出上式系数 $\alpha_1 \sim \alpha_9$，代回上式整理后得到

$$w = N_iw_i + N_{xi}\theta_{xi} + N_{yi}\theta_{yi} + N_jw_j + N_{xj}\theta_{xj} + N_{yj}\theta_{yj} + N_mw_m + N_{xm}\theta_{xm} + N_{ym}\theta_{ym}$$

记为

$$w = [N_i \quad N_{xi} \quad N_{yi} \quad N_j \quad N_{xj} \quad N_{yj} \quad N_m \quad N_{xm} \quad N_{ym}]\{\delta\}^e \tag{7-28}$$

即

$$w = [N]\{\delta\}^e$$

其中，

$$\begin{cases} N_i = L_i + L_i^2L_j + L_i^2L_m - L_iL_j^2 - L_iL_m^2 \\ N_{xi} = b_jL_i^2L_m - b_mL_i^2L_j + \dfrac{1}{2}(b_j - b_m)L_iL_jL_m \quad (i,j,m) \\ N_{yi} = c_jL_i^2L_m - c_mL_i^2L_j + \dfrac{1}{2}(c_j - c_m)L_iL_jL_m \end{cases} \tag{7-29}$$

式中，

$$L_i = \frac{a_i + b_ix + c_iy}{2A}$$

$$\begin{cases} a_i = x_jy_m - x_my_j \\ b_i = y_j - y_m \qquad (i,j,m) \\ c_i = -x_j + x_m \end{cases}$$

可以证明，上述位移模式满足解答收敛性的必要条件，因为其中包含了常数项，以及 x 和 y 的一次项和二次项，从而反映了薄板单元的刚体位移以及常量应变。但连续性条件不完

全满足，即相邻单元在公共边界上挠度连续，法向斜率（绕公共边的转角）不连续，因此，这是个非协调单元。但实际计算表明，只要单元形状接近等边三角形或等腰直角三角形，解答的收敛性还是比较好的。由于三结点三角形板单元的计算相对简单，使用仍然广泛，但精度不如矩形板单元。

2. 内力矩阵与单元刚度矩阵

内力矩阵与单元刚度矩阵的推导非常烦琐，这里只给出推导结果。

（1）内力矩阵 $[S]_{3\times 9}$

$$[S]=\frac{1}{4A^3}[D_f][H][C][T] \tag{7-30}$$

其中，A 为三角形板单元面积，$[D_f]$ 为薄板弯曲问题的弹性矩阵，矩阵 $[H]$、$[T]$、$[C]$ 的表达式如下：

$$[H]=\begin{bmatrix}1 & 0 & 0 & 3x & y & 0 & 0\\ 0 & 0 & 1 & 0 & 0 & x & 3y\\ 0 & 1 & 0 & 0 & 2x & 2y & 0\end{bmatrix} \tag{7-31}$$

$$[T]=\begin{bmatrix}-\frac{c_i}{2A} & 1 & 0 & -\frac{c_j}{2A} & 0 & 0 & -\frac{c_m}{2A} & 0 & 0\\ \frac{b_i}{2A} & 0 & 1 & \frac{b_j}{2A} & 0 & 0 & \frac{b_m}{2A} & 0 & 0\\ -\frac{c_i}{2A} & 0 & 0 & -\frac{c_j}{2A} & 1 & 0 & -\frac{c_m}{2A} & 0 & 0\\ \frac{b_i}{2A} & 0 & 0 & \frac{b_j}{2A} & 0 & 1 & \frac{b_m}{2A} & 0 & 0\\ -\frac{c_i}{2A} & 0 & 0 & -\frac{c_j}{2A} & 0 & 0 & -\frac{c_m}{2A} & 1 & 0\\ \frac{b_i}{2A} & 0 & 0 & \frac{b_j}{2A} & 0 & 0 & \frac{b_m}{2A} & 0 & 1\end{bmatrix} \tag{7-32}$$

$$[C]=[\{C_x\}^i \quad \{C_y\}^i \quad \{C_x\}^j \quad \{C_y\}^j \quad \{C_x\}^m \quad \{C_y\}^m] \tag{7-33}$$

其中，

$$\{C_x\}^i=\begin{Bmatrix}C_{x1}^i\\ C_{x2}^i\\ \vdots\\ C_{x7}^i\end{Bmatrix},\quad \{C_y\}^i=\begin{Bmatrix}C_{y1}^i\\ C_{y2}^i\\ \vdots\\ C_{y7}^i\end{Bmatrix} \quad \{i,j,m\}$$

$$\begin{cases}C_{xl}^i=X_l^i b_m-Y_l^i b_j+E_l F^i\\ C_{yl}^i=X_l^i c_m-Y_l^i c_j+E_l G^i\end{cases} \quad (i,j,m)(l=1,2,\cdots,7)$$

$$\begin{cases} X_1^i = \dfrac{2}{3}A(b_i^2 + 2b_ib_j) & Y_1^i = \dfrac{2}{3}A(b_i^2 + 2b_ib_m) \\ X_2^i = \dfrac{4}{3}A(b_ic_i + b_jc_i + b_ic_j) & Y_2^i = \dfrac{4}{3}A(b_ic_i + b_mc_i + b_ic_m) \\ X_3^i = \dfrac{2}{3}A(c_i^2 + 2c_ic_j) & Y_3^i = \dfrac{2}{3}A(c_i^2 + 2c_ic_m) \\ X_4^i = b_i^2b_j & Y_4^i = b_i^2b_m \qquad (i,j,m) \\ X_5^i = 2b_ic_ib_j + b_i^2c_j & Y_5^i = 2b_ic_ib_m + b_i^2c_m \\ X_6^i = c_i^2b_j + 2b_ic_ic_j & Y_6^i = c_i^2b_m + 2b_ic_ic_m \\ X_7^i = c_i^2c_j & Y_7^i = c_i^2c_m \\ F^i = \dfrac{b_m - b_j}{2} & G^i = \dfrac{c_m - c_j}{2} \end{cases}$$

$$E_1 = \frac{2}{3}A(b_ib_j + b_jb_m + b_mb_i)$$

$$E_2 = \frac{2}{3}A(c_ib_j + b_ic_j + c_jb_m + b_jc_m + c_mb_i + b_mc_i)$$

$$E_3 = \frac{2}{3}A(c_ic_j + c_jc_m + c_mc_i)$$

$$E_4 = b_ib_jb_m$$

$$E_5 = c_ib_jb_m + c_jb_mb_i + c_mb_ib_j$$

$$E_6 = c_ic_jb_m + c_jc_mb_i + c_mc_ib_j$$

$$E_7 = c_ib_jc_m$$

（2）单元刚度矩阵 $[K]^e$

$$[K]^e = \frac{1}{64A^5}[T]^{\mathrm{T}}[C]^{\mathrm{T}}[I][C][T] \tag{7-34}$$

其中，

$$[I] = \frac{Et^3}{3(1-\mu^2)}\begin{bmatrix} 1 & 0 & \mu & 0 & 0 & 0 & 0 \\ 0 & \dfrac{1-\mu}{2} & 0 & 0 & 0 & 0 & 0 \\ \mu & 0 & 1 & 0 & 0 & 0 & 0 \\ 0 & 0 & 0 & 9I_1 & 3I_3 & 3\mu I_1 & 9\mu I_3 \\ 0 & 0 & 0 & 3I_3 & I_2 + 2(1-\mu)I_1 & (2-\mu)I_3 & 3\mu I_2 \\ 0 & 0 & 0 & 3\mu I_1 & (2-\mu)I_3 & I_1 + 2(1-\mu)I_2 & 3I_3 \\ 0 & 0 & 0 & 9\mu I_3 & 3\mu I_2 & 3I_3 & 9I_2 \end{bmatrix}$$

式中，

$$I_1 = \frac{1}{12}(x_i^2 + x_j^2 + x_m^2)$$

$$I_2 = \frac{1}{12}(y_i^2 + y_j^2 + y_m^2)$$

$$I_3 = \frac{1}{12}(x_iy_i + x_jy_j + x_my_m)$$

为了说明三角形板单元的计算精度，表 7-2 给出了用矩形单元与三角形单元计算四边简支正方形薄板的成果，分析计算结果我们可以发现，随着网格和结点数的增加，三角形单元和矩形单元的结果都逐渐趋近于理论解，但采用矩形单元收敛性和精度更好。考虑到三角形单元的适用性，可以认为三角形板单元的计算精度和收敛情况还是令人满意的。本例采用的是等腰直角三角形单元。

表 7-2　矩形单元与三角形单元计算结果对比分析

网格	结点数	$\frac{w_{max}}{\frac{qL^4}{D}}$		
		三角形单元	矩形单元	级数解
4×4	25	0.00425	0.00394	0.00406
8×8	81	0.00415	0.00403	
16×16	289	0.00410	0.00406	

7.4　板壳元的有限元分析

1. 概述

当薄板结构的中面是曲面形状时，结构就变为薄壳结构。薄板与薄壳对横向应变和应力的分布假设完全相同，但是壳体结构承载的特性却与平板结构有很大的差异：壳可以同时传递和承受能产生横向弯曲变形和中面内伸缩变形的应力分量作用。与平板结构相比，壳结构更加合理和经济，因而在工程中得到了广泛的使用。

在做壳体结构分析时，可以采用曲面单元处理。但由于壳体几何形状的特殊性和受力情况的复杂性，推导适用于一般壳体结构的控制方程会遇到许多困难。所以，实际上许多研究者都是针对一些特殊情况，引入一些相应的假设条件来建立方程。

本节要讲述的是板壳元有限元分析。假设一个光滑连续的曲面壳体，其几何和力学性能可以用足够数量的、足够小的平板单元组成的折板（板壳元）来模拟，随着单元的数量增多与尺寸减小，折板的解将最终收敛于原曲壳的解，实际的计算也证明了这一点。

这种做法实际上是将壳体离散为一系列折板组成的体系，用折板的解答来近似实际壳体的解答。壳体同时承受产生横向弯曲和中面内变形的荷载作用，而对于各向同性的板壳元来说，这两部分变形是相互独立的，因此板壳元就是平板弯曲单元与平面应力单元的组合。这样，本书前述的平面应力单元和板弯曲单元刚度矩阵的构造方法就可以被用来构造板壳元的刚度矩阵。

在板壳元中，只有三角形单元可以适用于一般形状的壳体结构（图 7-13a）；对于圆柱壳问题，例如 拱坝设计和圆柱形屋顶的计算等，还可以使用矩形或四边形单元（图 7-13b）。随着优质的薄板弯曲单元和平面应力单元的提出，由它们组成的板壳元可以具有很好的性能。

壳单元 = 平面应力单元 + 板单元

板壳元是将壳体离散为一系列折板组成的体系，通过平面应力单元与板弯曲单元的简单组合模拟壳体的薄膜和弯曲受力状态。这样处理可避免复杂的空间曲面几何描述，单元位移函数易于满足刚体位移和常应变要求。但以折面代替曲面的离散方式也会带来一些问题，比如总体刚度矩阵出现奇异或者在单元交接处出现不连续弯矩等。

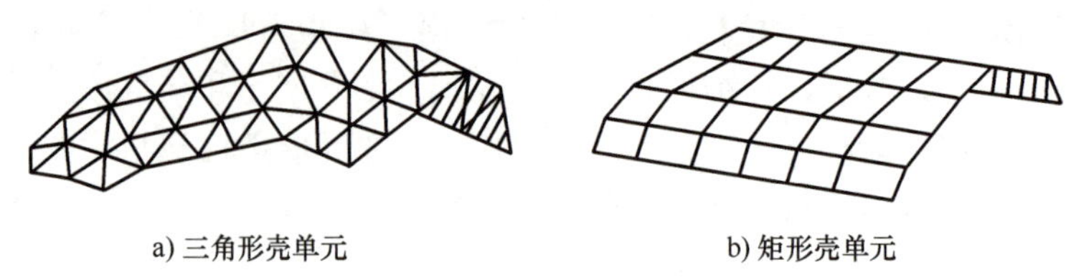

a) 三角形壳单元　　b) 矩形壳单元

图　7-13

但由于板壳元刚度矩阵简洁，因此求解效率高、可靠性好，尤其是近年来优质板弯曲单元与平面应力单元的出现，使板壳元的性态得到了很大改善，这类型单元的研究受到很大的重视。

2. 板壳元的单元刚度矩阵

由于板壳元是平板弯曲单元与平面应力单元的简单组合，本节以三角形单元为例，采用前述的平面应力单元和板弯曲单元刚度矩阵的构造方法来构造板壳元的刚度矩阵。

（1）平面应力状态　平面应力状态（图 7-14）的单元刚度方程

$$
\begin{Bmatrix} \{F_i^p\} \\ \{F_j^p\} \\ \{F_m^p\} \end{Bmatrix} = \begin{bmatrix} [K_{ii}^p] & [K_{ij}^p] & [K_{im}^p] \\ [K_{ji}^p] & [K_{jj}^p] & [K_{jm}^p] \\ [K_{mi}^p] & [K_{mj}^p] & [K_{mm}^p] \end{bmatrix} \begin{Bmatrix} \{\delta_i^p\} \\ \{\delta_j^p\} \\ \{\delta_m^p\} \end{Bmatrix} \tag{7-35}
$$

实际上就是式（3-28）。

每个结点的结点位移向量与结点力向量为

$$
\{\delta_i^p\} = \begin{Bmatrix} u_i \\ v_i \end{Bmatrix}, \quad \{F_i^p\} = \begin{Bmatrix} U_i \\ V_i \end{Bmatrix} \quad (i,j,m)
$$

（2）板弯曲状态　板弯曲状态（图 7-15）的单元刚度方程为

$$
\begin{Bmatrix} \{F_i^b\} \\ \{F_j^b\} \\ \{F_m^b\} \end{Bmatrix} = \begin{bmatrix} [K_{ii}^b] & [K_{ij}^b] & [K_{im}^b] \\ [K_{ji}^b] & [K_{jj}^b] & [K_{jm}^b] \\ [K_{mi}^b] & [K_{mj}^b] & [K_{mm}^b] \end{bmatrix} \begin{Bmatrix} \{\delta_i^b\} \\ \{\delta_j^b\} \\ \{\delta_m^b\} \end{Bmatrix} \tag{7-36}
$$

其中的单元刚度矩阵如式（7-34）所示。

每个结点的结点位移向量与结点力向量分别为

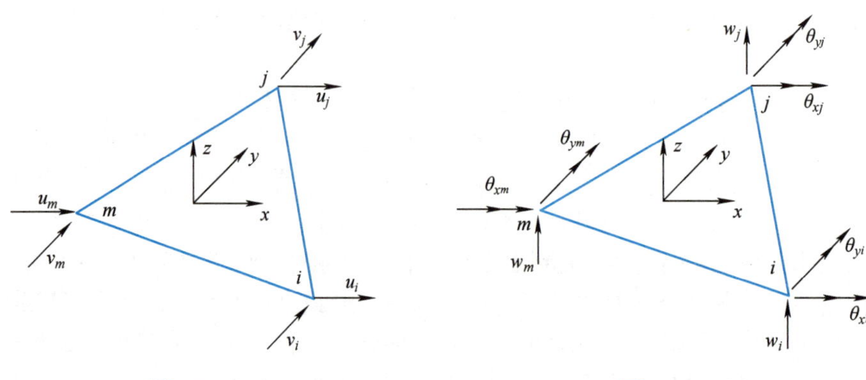

图　7-14　　图　7-15

$$\{\delta_i^b\} = \begin{Bmatrix} w_i \\ \theta_{xi} \\ \theta_{yi} \end{Bmatrix}, \quad \{F_i^b\} = \begin{Bmatrix} W_i \\ M_{xi} \\ M_{yi} \end{Bmatrix} \quad (i,j,m)$$

(3) 板壳元单元刚度矩阵　将式(7-35)与式(7-36)组合在一起，由于此时存在沿 x-y 平面内的线位移 u、v，因此必然有绕 z 轴的角位移，由于板壳元中的结点是刚接，所以每个结点要增加一个自由度 θ_z，对应的结点力分量为 M_z，这样每个结点就有3个线位移和3个角位移，三角形板壳元的单元刚度方程可写为

$$[K]^e\{\delta\}^e = \{F\}^e \tag{7-37}$$

即

$$\begin{bmatrix} [K_{ii}] & [K_{ij}] & [K_{im}] \\ [K_{ji}] & [K_{jj}] & [K_{jm}] \\ [K_{mi}] & [K_{mj}] & [K_{mm}] \end{bmatrix} \begin{Bmatrix} \{\delta_i\} \\ \{\delta_j\} \\ \{\delta_m\} \end{Bmatrix} = \begin{Bmatrix} \{F_i\} \\ \{F_j\} \\ \{F_m\} \end{Bmatrix} \tag{7-38}$$

其中，

$$[K_{rs}] = \begin{bmatrix} [K_{rs}^p] & & \\ & [K_{rs}^b] & \\ & & k_{66} \end{bmatrix} \quad \begin{matrix} (r=i,j,m) \\ (s=i,j,m) \end{matrix} \tag{7-39}$$

$$\{\delta_i\} = [u_i \quad v_i \quad w_i \quad \theta_{xi} \quad \theta_{yi} \quad \theta_{zi}]^{\mathrm{T}} \quad (i,j,m)$$

$$\{F_i\} = [U_i \quad V_i \quad W_i \quad M_{xi} \quad M_{yi} \quad M_{zi}]^{\mathrm{T}} \quad (i,j,m)$$

3. 单元刚度矩阵由局部坐标系向整体坐标系转化

前面推导的单元刚度矩阵是在局部坐标系 xyz 下对平面单元建立的，为了使单元能够应用于空间壳体或折板，必须将局部坐标系 xyz 下的有关单元的计算矩阵向整体坐标系 $\bar{x}\ \bar{y}\ \bar{z}$ 转化，最后才能在整体坐标系下将单元的刚度矩阵和荷载向量组成整体刚度矩阵及整体荷载向量，并建立有限元的求解方程。单元结点的初始坐标都定义在整体坐标系下，转换过程叙述如下。

单元在整体坐标系下的单元结点位移向量为

$$\{\bar{\delta}\}^e = \begin{Bmatrix} \{\bar{\delta}_i\} \\ \{\bar{\delta}_j\} \\ \{\bar{\delta}_m\} \end{Bmatrix}, \quad 其中\{\bar{\delta}_i\} = \begin{Bmatrix} \bar{u}_i \\ \bar{v}_i \\ \bar{w}_i \\ \bar{\theta}_{xi} \\ \bar{\theta}_{yi} \\ \bar{\theta}_{zi} \end{Bmatrix} \quad (i,j,m) \tag{7-40}$$

而相应的单元结点力向量为

$$\{\bar{F}\}^e = \begin{Bmatrix} \{\bar{F}_i\} \\ \{\bar{F}_j\} \\ \{\bar{F}_m\} \end{Bmatrix}, \quad 其中\{\bar{F}_i\} = \begin{Bmatrix} \bar{U}_i \\ \bar{V}_i \\ \bar{W}_i \\ \bar{M}_{xi} \\ \bar{M}_{yi} \\ \bar{M}_{zi} \end{Bmatrix} \quad (i,j,m) \tag{7-41}$$

整体坐标系$\bar{x}\bar{y}\bar{z}$与局部坐标系 xyz 的关系如图 7-16 所示，结点 i 的位移向量和结点力向量由整体坐标系向局部坐标系的转换关系为

$$\{\delta_i\}=[L]\{\bar{\delta}_i\},\quad \{F_i\}=[L]\{\bar{F}_i\} \tag{7-42}$$

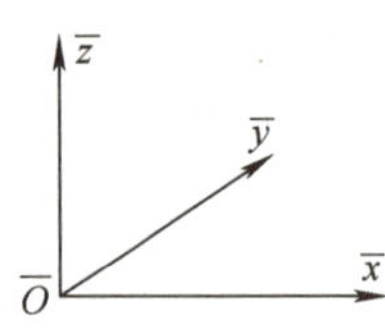

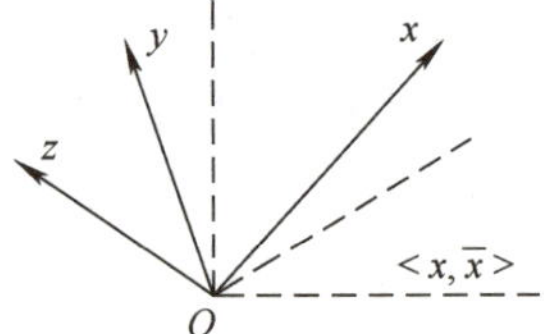

图 7-16

其中，

$$[L]=\begin{bmatrix}[t] & \\ & [t]\end{bmatrix} \tag{7-43}$$

$[t]$ 是一个 3×3 正交矩阵，由局部坐标轴在整体坐标系中的方向余弦组成：

$$[t]=\begin{bmatrix}l_1 & m_1 & n_1\\ l_2 & m_2 & n_2\\ l_3 & m_3 & n_3\end{bmatrix} \tag{7-44}$$

其中，

$$\begin{cases}l_1=\cos\langle x,\bar{x}\rangle\\ l_2=\cos\langle y,\bar{x}\rangle\\ l_3=\cos\langle z,\bar{x}\rangle\end{cases},\quad \begin{cases}m_1=\cos\langle x,\bar{y}\rangle\\ m_2=\cos\langle y,\bar{y}\rangle\\ m_3=\cos\langle z,\bar{y}\rangle\end{cases},\quad \begin{cases}n_1=\cos\langle x,\bar{z}\rangle\\ n_2=\cos\langle y,\bar{z}\rangle\\ n_3=\cos\langle z,\bar{z}\rangle\end{cases} \tag{7-45}$$

由此可得单元位移向量与单元结点荷载的转换公式为

$$\{\delta\}^e=[T]\{\bar{\delta}\}^e,\quad \{F\}^e=[T]\{\bar{F}\}^e \tag{7-46}$$

其中，$[T]$ 为 18×18 正交矩阵，且

$$[T]=\begin{bmatrix}[L] & & \\ & [L] & \\ & & [L]\end{bmatrix} \tag{7-47}$$

将式（7-46）代入式（7-37）可得

$$[K]^e[T]\{\bar{\delta}\}^e=[T]\{\bar{F}\}^e$$

注意到 $[T]$ 为正交矩阵，将上式两边左乘 $[T]^{\mathrm{T}}$，得到

$$[\bar{K}]^e\{\bar{\delta}\}^e=\{\bar{F}\}^e \tag{7-48}$$

其中，$[\bar{K}]^e$ 为整体坐标下的单元刚度矩阵，且

$$[\bar{K}]^e=[T]^{\mathrm{T}}[K]^e[T] \tag{7-49}$$

子矩阵

$$[\bar{K}_{rs}]=[T]^{\mathrm{T}}[K_{rs}][T] \tag{7-50}$$

其中，$[K_{rs}]$ 由式（7-39）给出。

当全部单元刚度矩阵在一个共同的整体坐标系下确定后，单元的组装和最后的求解都与标准的程序相同。最后计算得到的位移结果都是相对于整体坐标系而言的，在计算应力之

前必须把各个单元的位移结果向各相应单元的局部坐标系转化，于是应力解便可通过平面应力矩阵与板弯曲问题内力矩阵计算整理得到。

4. 平面内旋转自由度的刚度问题

常用的平面应力单元每个结点只有两个线位移自由度，如前所述，早期的板壳元都是用平面应力单元与板弯曲单元组成在一起形成了每个结点具有六个自由度的壳元，其中增加了一个自由度，即局部坐标系下单元在平面内的转角 θ_z。由于在整体坐标系中，壳元每个结点有六个自由度，因此在局部坐标系中增加一个结点转角自由度 θ_z 是必要的。但是当用这种单元处理柱壳的直边边界、折板与箱形结构时，常常会发生具有同一个公共结点的几个壳元彼此共面的情况，此时整体刚度矩阵是奇异的。

经典的壳体方程中并没有涉及 θ_z 这项参数，所以对 θ_z 方向赋以零刚度，即式（7-39）中的 $k_{66}=0$。如果在局部坐标系下对这个共面结点写出六个平衡方程，则其中最后一个方程即相应于 θ_z 的方程，应为如下形式：

$$0 \cdot \theta_z = 0 \tag{7-51}$$

显然，局部坐标系下这组方程的系数矩阵是奇异的。而由于共面，在整体坐标系中这六个方程仍是线性相关的，导致整体刚度矩阵奇异，使得方程无唯一解。

有两种相对简单的方法克服上述困难：

1）在局部坐标系下删去关于此共面公共结点的第六个方程；

2）给予此共面公共结点的 θ_z 的刚度系数 k_{66} 为任意值。即在局部坐标系下将式（7-51）用下式代替：

$$k_{66}\theta_z = 0 \quad (k_{66} > 0) \tag{7-52}$$

这样，经变换后可以获得一组性态很好的方程，于是包括 θ_z 的所有的位移量都可以按照通常的方法获得。由于 θ_z 并不影响应力的计算，而且与其他结点平衡方程无关，所以给予 $k_{66}\theta_z$ 任何值都不会影响最后结果。

由于要判断是否有单元共面，上述方法都使得编程过程变得复杂。而最好的替代方案就是给予平面内的旋转自由度以物理上的定义，使其具有刚度。这样，无论单元是否共面，刚度矩阵都不会出现奇异的现象。这就是对所有结点统一进行处理的设想，如附加旋转刚度矩阵、对单元刚度矩阵主子矩阵中与 θ_z 自由度对应的最小主元加适量刚度系数或者充大数等思想。上述思想的实质，都是引进结点绕单元法向转动为零，且与其他位移分量不耦合的附加约束条件，其中以充大数的处理较为简明，只需将单元刚度矩阵主子矩阵［K_{rr}］中的零元 k_{66} 改为大数 $10^8 \sim 10^{10}$ 即可。

知识拓展

壳体结构大多采用与板结构类似的组成和制造工艺，通常采用蜂窝夹层结构或加筋结构。圆柱壳和圆锥壳结构是常采用的壳体结构，如航天器的中心承力筒。学生可以查询《航天器中心承力筒通用规范》（QJ 2880A—2018），在进行有限元学习的同时对行业规范有所了解，拓宽知识储备，树立规范意识，培养职业素养。

板壳结构有优点也有缺点。其优点表现为：强度高，刚度大，用料省，自重轻，覆盖大面积，不需要中柱，造型多变，曲线优美，表现力强。缺点表现为：体形复杂，当采用现浇

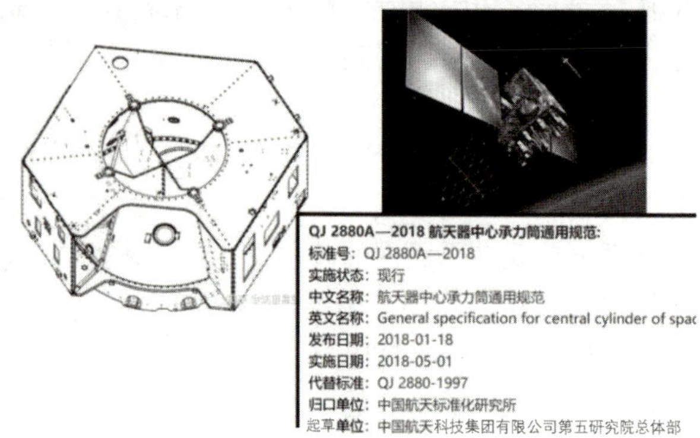

结构时模板制作难度大，费模费工；壳体太薄隔热保温差；某些壳体易产生回声现象等。目前，板壳结构的有限元方面仍然不够完善，有许多学者还在这方面进行研究。希望年青的力学学子现在打好基础，将来能为板壳结构的有限单元法做出自己的贡献！为祖国的发展尽一份自己的力量！

习题

7-1　薄板弯曲问题的三个补充假定，与梁弯曲理论的三个假定是一一对应的，它们之间有何异同点？

7-2　谈谈采用板壳元对薄壳结构进行有限元分析的优缺点。

7-3　两个相邻的矩形薄板单元在公共边界上的内力 $\{M\}$ 是否连续？

7-4　说明四结点矩形薄板单元为什么是完备的、非协调单元。

7-5　如题 7-5 图所示按两种方式用三角形单元划分矩形薄板，哪种方式比较好，为什么？

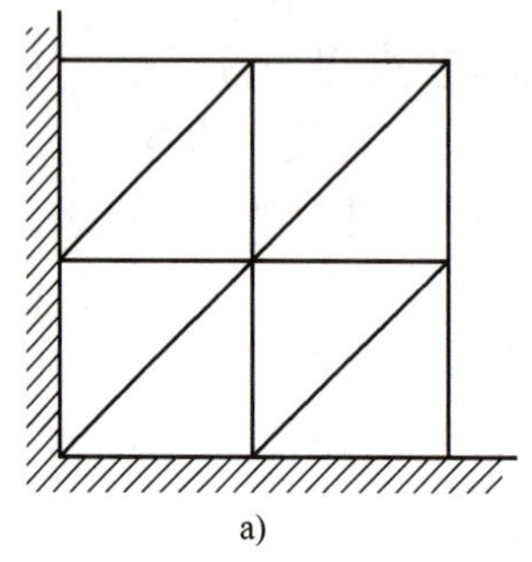

a)

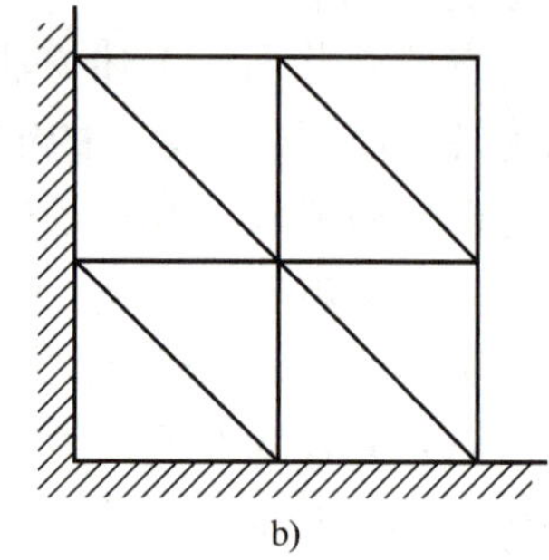

b)

题 7-5 图

7-6　以下薄板弯曲问题位移模式的完备性如何？

（1）$w(x,y)=\alpha_1+\alpha_2 x+\alpha_3 y+\alpha_4 x^2+\alpha_5 xy+\alpha_6 y^2+\alpha_7 x^3+\alpha_8 x^2 y+\alpha_9 y^3$。

（2）$w(x,y)=(\alpha_1+\alpha_2 x+\alpha_3 x^2+\alpha_4 x^3)(\beta_1+\beta_2 y+\beta_3 y^2+\beta_4 y^3)$。

7-7　如图 7-10 所示例题一，把荷载条件改为板中心受集中荷载 P，试计算方形板中心的最大挠度 w_{max}。

7-8　如题 7-8 图所示，矩形薄板的 OA 为固定边，OC 为简支边，AB、BC 为自由边，板面承受横向均布荷载 q_0，B 点承受集中力 P 作用。将板划分为一个单元，试写出：

（1）整体结点荷载向量。

（2）位移边界条件。

7-9　四边简支正方形薄板边长为 $2L$，板中心作用集中力 P。将板划分为四个相同的矩形单元，求薄板中点挠度与内力。

7-10　将题 7-10 图所示的板划分为两个相同的矩形单元：

（1）写出薄板的整体刚度方程。

（2）求结点位移。

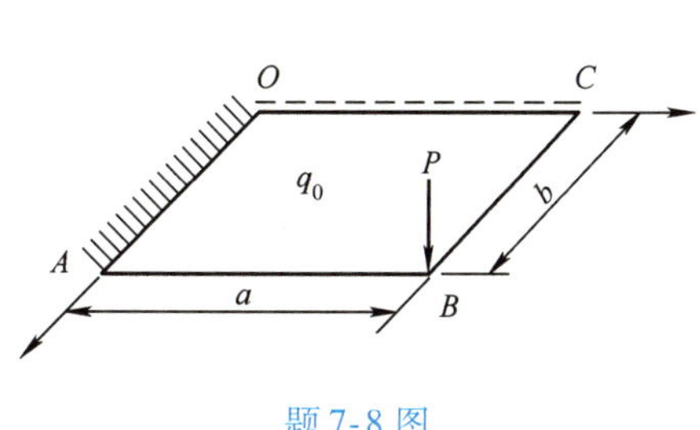

题 7-8 图

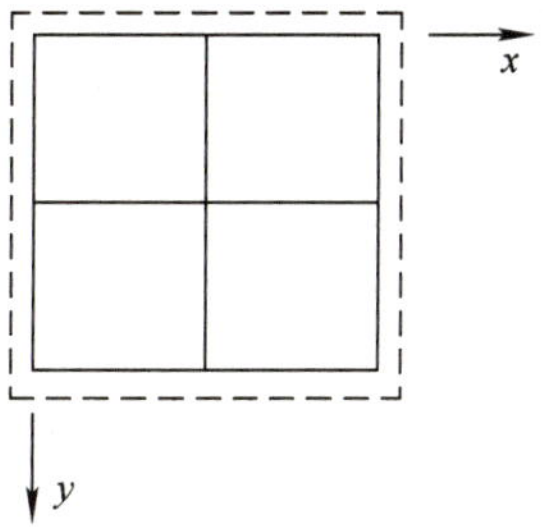

题 7-10 图

第8章　非线性问题有限元法

8.1　非线性问题的提出及分类

1. 非线性问题的提出

非线性方程组的解法（上）

前面各章介绍的是线弹性有限单元法，适用于求解线弹性问题。线弹性力学的基本特点是：

1）表征材料应力-应变关系的本构方程（物理方程）是线性的。

2）变形很小，不需要考虑变形对平衡状态的影响（应变5%以内），即：描述应变与位移关系的几何方程是线性的；描述外力与内力关系的平衡方程是不依赖变形状态的线性方程（以变形前的状态建立的平衡方程仍适用于变形后的体系）。

3）力的边界上的外力和位移边界上的位移是不变的，或线性依赖于变形状态。

不符合任何一个上述线性力学特点的方程或边界条件的问题，就是非线性问题。工程中许多问题的位移、应变、应力的关系不满足上述线性关系，呈非线性状态。不满足条件1）的称为材料非线性，不满足条件2）的称为几何非线性，不满足条件3）的称为接触非线性。

很多实际问题是这些非线性的组合。比如橡胶材料的仿真，既包含了橡胶超弹性材料本构的材料非线性，也包含了橡胶结构的几何非线性（大变形），甚至可能由于其结构的大变形导致和其他构件接触状态发生了突变，抑或是发生了自接触这样的接触非线性；再比如热传导问题，材料属性（热导率、比热、质量密度、热焓等）会随温度发生变化，边界条件（温度、热流率、热流密度、对流密度、热辐射等）也会随温度发生变化。

所以，非线性分析在数值仿真中是常态，仿真工程师需要理解有限元软件在处理这些问题时所使用的方法，结合自己的仿真经验，应对非线性分析中出现的各种问题，但用于求解非线性问题的有限单元法要复杂得多。其复杂性主要表现在：

第一，建立刚度矩阵必须考虑非线性项，因此，无论是计算公式或是运算过程都比线性有限元复杂。

第二，非线性有限元方程的求解比线性方程复杂，而且没有一种普遍适用的方法。求解的效率，以及能否求解成功与方法的选择有很大关系。

鉴于上述复杂性，即使利用通用非线性有限元程序求解实际问题，也必须具备必要的非线性有限元分析方法的知识，因此了解和掌握非线性有限元的基本理论是非常必要的。

知识拓展

世界是非线性的。但是，人类对它的认识却是从简单的线性开始的。早在公元前 500 年左右，古希腊的毕达哥拉斯学派就发现了自然数是按照均匀的线性关系增加的。到了 18 世纪，法国大数学家拉普拉斯首先认识到，自然界也许不是一个简单的线性世界。他曾说，如果世界是线性的，则一旦初始条件确定，则世界就按简单、均匀的规则发展，那么，这个世界也未免太简单、太单调了。

到了 19 世纪，随着力学的发展，数学家们首次发现了非线性的微分方程，方程中多了一个或几个非线性的项，由简单的线性变成了复杂的非线性。当时，这类方程较多地出现在空气动力学方程与流体力学方程之中。而法国数学家庞加莱则是最早研究此类方程的人，由此，他得出结论：自然界从广义上讲是由非线性构成的，线性只是一个特例。

公认的对现代非线性理论做出杰出贡献的是美国的一位气象学家——爱德华·诺顿·洛伦兹(E. N. Lorentz)，正是他开启了人类认识非线性世界的大门。在非线性世界中，结果对初始条件有着很大的依赖性，只要初始条件有一点微小的变化，随着时间的推移，结果会越来越发生质的变化，洛伦兹将非线性世界的这一特征称为“混沌效应”。广为人知的“蝴蝶效应”，即“一只南美洲亚马孙河流域热带雨林中的蝴蝶，偶尔扇动几下翅膀，可以在两周以后引起美国得克萨斯州的一场龙卷风”，最早起源于洛伦兹在 1963 年发表的一篇文章。

庞加莱

在庞加莱对三体问题的研究中，他成了第一个发现混沌确定系统的人，并为现代的混沌理论打下了基础

洛伦兹

美国气象学家、数学家

因此，线性只是我们对复杂物理现象的简化，非线性才是客观世界的常态。虽然人类对非线性世界的认识已经过去了许多年，但是，只是初步揭开了非线性世界的面纱，非线性世界的复杂性仍然是摆在未来数学家、物理学家，乃至社会学家面前的一道难题。相信随着研究的深入，在新的世纪中，非线性的世界会带给我们更多的惊奇和发现。

通过追溯非线性问题发展历史，一方面让学生知道问题的来龙去脉，了解学科文化内涵，另一方面激发学生的学习兴趣及探究世界的好奇心。

2. 非线性问题的分类

依照产生非线性的原因，非线性问题可分为三类，它们的分析方法也各不相同。

（1）材料非线性　材料非线性也称为物理非线性，其特点是应力 σ 与应变 ε 之间为非线性关系，通常与加载历史有关，加载和卸载不是同一路径（图 8-1），因而其物理方程 $\sigma = D\varepsilon$ 中，弹性矩阵 D 不再是常数，而是应变 ε 的函数。

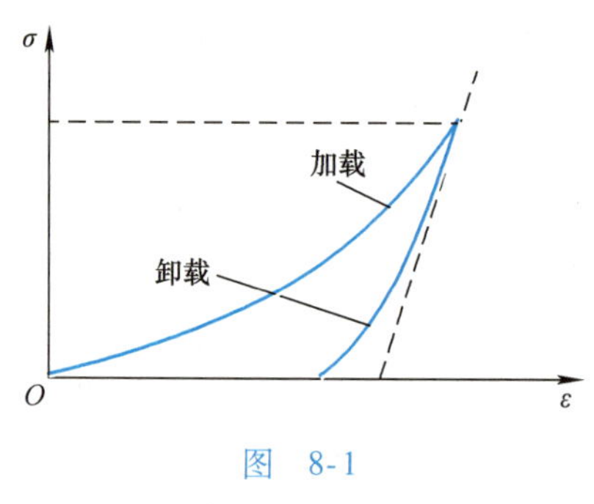

图　8-1

材料非线性问题仍属小变形问题，位移和应变是微量，其几何方程和平衡方程的线性关系依然成立，但刚度 K 不再是常数，而是位移 δ 的函数，即

$$K(\delta)\{\delta\} = \{P\} \tag{8-1}$$

材料非线性问题包括：

第一，不依赖于时间的弹塑性问题，即当荷载作用时，材料立即变形，并不随时间变化而变化。

第二，依赖于时间的黏弹性（玻璃类、塑料类）、黏塑性（高温金属）问题，即荷载作用以后，材料立即变形，并随时间变化而变化。在荷载不变的条件下，由于材料黏性而继续增长的变形称为蠕变；在变形保持不变的条件下，由于材料的黏性而使应力衰减称为松弛。

土、岩石、混凝土等材料具有典型的非线性性质，当考虑流变性质的时候可看作黏弹性，不考虑流变时可认为是弹塑性。所以，土坝、岩土地基的稳定性和加固，地下洞室和边坡的稳定性都应当按材料非线性问题处理。混凝土是一种砂石水混合胶凝材料，在凝固过程中，砂石与胶合材料之间存在大量的微裂缝，由于微裂缝的存在，它在受外力作用时，随着微裂缝的开展而展现了非线性的应力-应变关系。橡胶、塑料等非线弹性材料以及金属材料屈服后的状态，其应力-应变关系也都是非线性。

例如，图 8-2a 所示是一由理想弹塑性材料制造的三杆桁架，材料的 σ-ε 曲线如图 8-2b所示，假定杆件屈服时位移仍然很小，就是一个材料非线性问题，可以用材料力学方法计算结点 H 的位移 δ 与外力 P 的关系，如图 8-2c 所示。若令 $K = P/\delta$ 为刚度系数，可看出 K 是分段线性的。当考虑增量关系时，$K_T = \mathrm{d}P/\mathrm{d}\delta$，称为切线刚度系数。三根杆件都屈服后 $K_T = 0$。

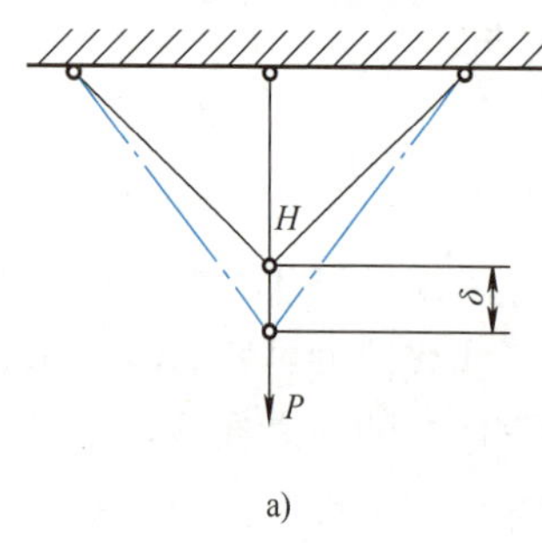

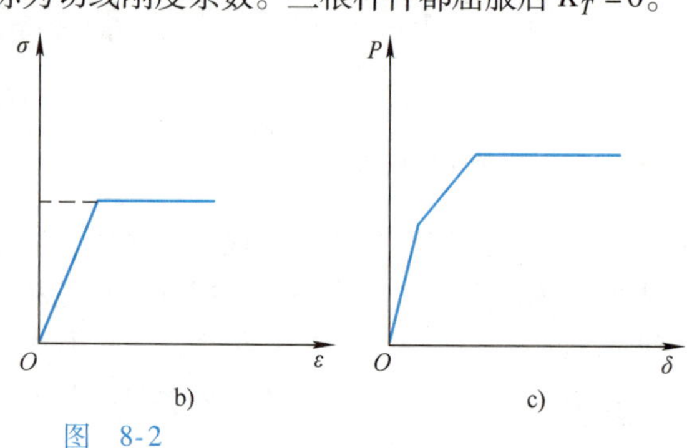

图　8-2

（2）几何非线性 几何非线性属于大变形问题，结构的变形使体系的受力状态发生显著变化，以至于不能用变形前的平衡方程分析，且几何方程中位移和应变的关系也不再是线性的。这种几何非线性可能会有三种情况：大位移（包括线位移和角位移）、小应变；小位移、大应变；大位移、大应变。此类问题中，应变与位移间是非线性关系，正应变 ε_x 可表示为

$$\varepsilon_x = \frac{\partial u}{\partial x} + \frac{1}{2}\left[\left(\frac{\partial u}{\partial x}\right)^2 + \left(\frac{\partial v}{\partial x}\right)^2 + \left(\frac{\partial w}{\partial x}\right)^2\right] + \cdots$$

剪应变 γ_{xy} 可表示为

$$\gamma_{xy} = \frac{\partial v}{\partial x} + \frac{\partial u}{\partial y} + \frac{\partial u}{\partial x}\frac{\partial u}{\partial y} + \frac{\partial v}{\partial x}\frac{\partial v}{\partial y} + \frac{\partial w}{\partial x}\frac{\partial w}{\partial y} + \cdots$$

工程中的实体结构、杆、板、壳的稳定性问题等都存在几何非线性问题，例如弹性薄壳的大挠度分析，压杆或板壳在弹性屈曲后的稳定性问题。如果应力和应变之间的关系也是非线性的，就变成了更复杂的双重非线性问题。不过，在几何非线性问题中一般都认为应力在弹性范围内，即应力 σ 与应变 ε 之间呈线性关系。

（3）接触非线性 接触和碰撞是生产和生活中普遍存在的力学问题，如汽车车轮和路面的接触、发动机活塞和气缸的接触、轴和轴承的接触等。接触过程中两个物体在接触面上的互相作用是复杂的力学现象，常常同时涉及三种非线性，即除了大变形引起的材料非线性和几何非线性外，还有接触界面的非线性。

接触界面条件　接触问题的求解方案　接触问题的有限元方程　有限元方程的求解方法　接触分析中的几个问题

由于接触体的变形和接触边界的摩擦作用，使得部分边界条件随加载过程而变化，且不可恢复。这种由边界条件的可变性和不可逆性产生的非线性效应，称为接触非线性（或边界非线性）。

在采用有限单元法分析非线性问题时，材料非线性和几何非线性都表现为结构的整体刚度矩阵［K］不再是常量矩阵，而是结点位移 δ 的函数，如式（8-1）所示，而接触非线性问题是结点荷载 R 与位移 δ 有关，即

$$[K]\{\delta\} = [R\{\delta\}] \tag{8-2}$$

如图 8-3 所示，子弹穿过钢板的过程，由点接触变成面接触，接触力也在随着时间和位移的变化而变化，这就属于接触非线性问题。工程中的混凝土坝纵缝和横缝缝面的接触，岩体节理面或裂隙面的工作状态等，也都属于接触非线性。有限单元法及计算技术的发展为分析接触问题提供了有力的工具。

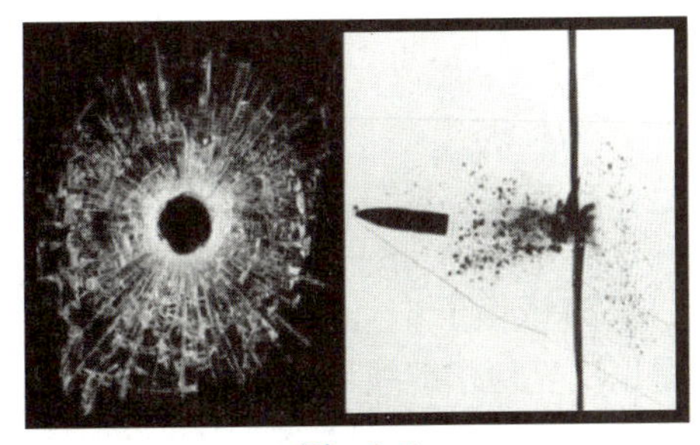

图 8-3

综上所述，不同的非线性类型应采用不同的分析方法，实际工程中的非线性问题，往往包括上述的一种或多种非线性效应，分析时必须首先分清主要的非线性因素，才能采取合适的方法，从而有效提高计算精度和计算速度。

本章主要针对材料非线性及几何非线性问题的有限单元法进行介绍。材料非线性问题的处理相对比较简单，通常它不必修改整个问题的表达式，而只需将应力-应变关系线性化，求解一系列的线性问题，并通过某种校正方法，最终将材料特性调整到满足给定的本构关系，则就获得了问题的解。对于几何非线性问题，那就需要对公式进行根本的修改，不过用于求解的基本迭代方法也同样可应用于几何非线性问题。

本章将首先介绍用有限单元法处理非线性问题的一般方法，然后讨论这些方法在材料非线性（包括非线性弹性、弹塑性和蠕变问题）以及几何非线性问题中的应用。

知识拓展

真实工程中的非线性分析可能是两种，甚至是三种非线性的组合。通过分析讨论工程中遇到的各种不同的非线性问题，加深对非线性概念的理解，同时了解仿真工程师要处理的各种现实问题，大学生可以结合自己的兴趣、爱好、能力，提前进行职业规划。

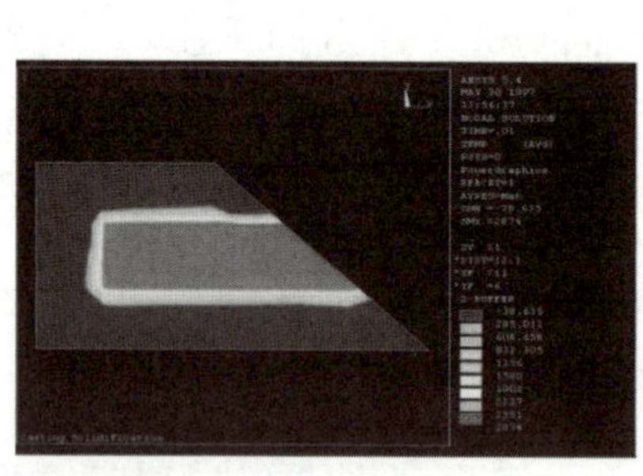

8.2 非线性问题的一般处理方法

有限单元法分析线性问题，方程可写为

$$[K]\{\delta\} = \{P\}$$

其中，$[K]$ 为常数矩阵，可以直接求解。

非线性方程组的解法（下）

分析非线性问题时，其位移、应变、应力之间同样应当满足协调、平衡、物理关系。因此，非线性方程组如式（8-1）所示，即

$$K(\delta)\{\delta\} = \{P\}$$

其中，$K(\delta)$依赖于δ，方程是非线性的，不能直接求解。下面介绍的非线性方程组的各种解法，是以反复地求解线性方程去获得满足一定精度要求的非线性方程组解答的方法。

1. 直接迭代法（割线刚度法）

对于非线性方程

$$K(\delta)\{\delta\}=\{P\}$$

最简单的求解方法是直接迭代法，首先假设有初始的试探解 $\delta=\delta^0$，δ^0 可以由线性问题得到。代入上式中的 $K(\delta)$，得到 $K^0=K(\delta^0)$，从而求得改进了的一次近似值

$$\delta^1=(K^0)^{-1}\{P\}$$

重复上述步骤，迭代格式可写为

$$\delta^n=(K^{n-1})^{-1}\{P\} \tag{8-3}$$

迭代一直进行到误差 $\Delta\delta^n=\delta^{n+1}-\delta^n$ 小于规定的容许值即可。

每次迭代需要计算和形成新的一次系数矩阵［K］并进行求逆计算，这表明［K］可以表示成 δ 的显函数，因此直接迭代法只适用于与变形历史无关的非线性问题。

直接迭代法计算过程如图 8-4 所示（图中纵坐标为外荷载 F，横坐标为位移 δ），由于每步采用的都是割线刚度矩阵，所以也叫割线刚度法。

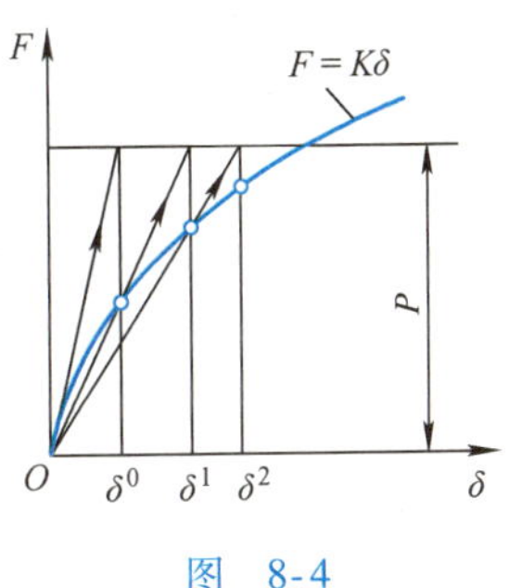

图 8-4

2. Newton-Raphson 法（切线刚度法）

图 8-5 所示为 Newton-Raphson（N-R）法计算过程示意图。曲线 $F=K\delta$ 和直线 $F=P$ 的交点 A 的横坐标是非线性方程的精确解。迭代开始时按线性理论求解位移 δ_1 作为第一次近似值，即图中 A_1 点的横坐标。如果荷载 P 不因变形而改变它的大小和方向，则有

$$\frac{\mathrm{d}F}{\mathrm{d}\delta}=K_T$$

式中，K_T 是曲线 $F=K\delta$ 的斜率，代表切线刚度。

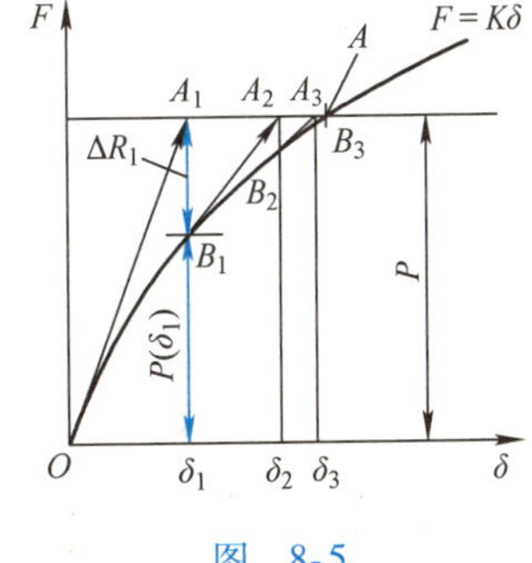

图 8-5

接着，从 B_1 点作曲线 $F=K\delta$ 的切线交直线 $F=P$ 于 A_2 点，取 A_2 点的横坐标为 δ_2。δ_2 就是位移的第二次近似。如此不断重复，则得迭代公式如下：

$$\begin{cases}\delta_{i+1}=\delta_i+\Delta\delta_{i+1}\\ \Delta\delta_{i+1}=K_{Ti}^{-1}\Delta R_i\end{cases}\quad (i=0,1,2,\cdots) \tag{8-4}$$

式中，$K_{Ti}=K_T(\delta_i)$，为 δ_i 处的切线刚度系数；$\Delta R_i=P-P(\delta_i)$ 为残差，$P(\delta_i)$ 为 δ_i 处的平衡力。由于 K_T 表示结构的切线刚度，因而 Newton-Raphson 法也称为切线刚度法。

N-R 法的迭代计算步骤如下：

1）设 $\delta_0=0$，由 $K(0)\delta_1=R$ 求线弹性解 δ_1，作为第一次近似值。

2）计算 $P(\delta_i)=K(\delta_i)\delta_i$，计算残差 $\Delta\overline{R}_i=P-P(\delta_i)$。

3）判断 $\Delta\overline{R}_i$ 是否满足精度要求，若满足停止计算，否则转入下一步。

4）计算 K_{Ti}，求逆矩阵 K_{Ti}^{-1}。

5）计算 $\Delta\delta_{i+1}$。

6）计算位移全量 δ_{i+1}，转到 2）。

3. 修正的 Newton-Raphson 法

Newton-Raphson 法由于要求在每次迭代时都要计算切线刚度 K_T，因此计算工作量巨大。而修正的 Newton-Raphson 法，切线刚度采用它的初始值，在每次迭代时 K_T 值是不变的，从而大大减小了工作量，但收敛速度变得较慢，不过从总的效果来看还是良好的。修正的 Newton-Raphson 法也称为等刚度法，其迭代过程可以用图 8-6 表示。

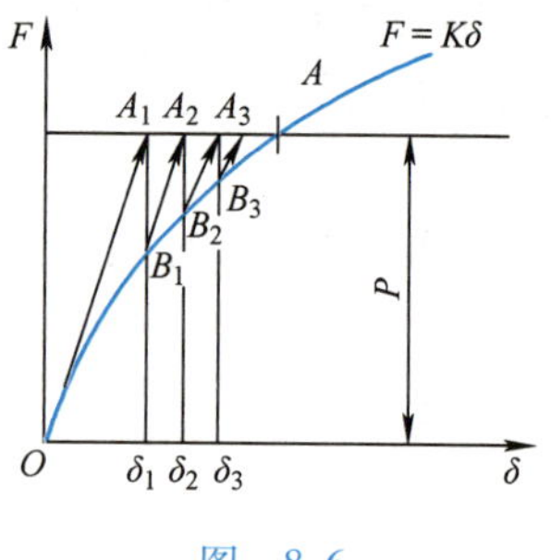

图 8-6

4. 初应力法

设材料的物理方程取为

$$\{\sigma\} = f(\{\varepsilon\}) \tag{8-5}$$

即由给定的应变值确定相应的应力值。式（8-5）可用具有初应力的线弹性物理方程代替，得

$$\{\sigma\} = [D]\{\varepsilon\} + \{\sigma_0\} \tag{8-6}$$

式中，$\{\sigma_0\}$ 是初应力列阵；$[D]$ 是线弹性矩阵，就是非线性材料在 $\{\delta\}=0$ 时的切线弹性矩阵。

调整初应力值 $\{\sigma_0\}$，使它在给定的应变值 $\{\varepsilon\}$ 时，用式（8-5）或式（8-6）可以得到相同的应力值 $\{\sigma\}$，有

$$\{\sigma_0\} = \{\sigma\} - [D]\{\varepsilon\} = f(\{\varepsilon\}) - [D]\{\varepsilon\}$$

引进假想的线弹性应力（图 8-7）

$$\{\sigma\}_{el} = [D]\{\varepsilon\}$$

那么

$$\{\sigma_0\} = \{\sigma\} - \{\sigma\}^{el} \tag{8-7}$$

对于非线性问题进行有限元分析，平衡方程依然成立，即

$$\int [B]^{T}\{\sigma\}\mathrm{d}V = \{R\} \tag{8-8}$$

把式（8-6）代入式（8-8），有

$$\int [B]^{T}[D][B]\mathrm{d}V\{\delta\} = \{R\} - \int [B]^{T}\{\sigma_0\}\mathrm{d}V$$

设 $[K_0] = \int [B]^{T}[D][B]\mathrm{d}V$，即由线弹性矩阵所定义的结构整体刚度矩阵，是结构的起始切线刚度矩阵。于是上式可以写成

$$[K_0]\{\delta\} = \{R\} - \int [B]^{T}\{\sigma_0\}\mathrm{d}V \tag{8-9}$$

把式（8-9）写成如下的迭代公式：

$$\left.\begin{aligned} [K_0]\{\delta\}_{n+1} &= \{R\} - \{R\}_n \\ \{R\}_n &= \int [B]^{T}(\{\sigma\}_n - \{\sigma\}_n^{el})\mathrm{d}V \end{aligned}\right\} \tag{8-10}$$

迭代过程如图 8-8 所示，由于在整个迭代过程中刚度矩阵 $[K_0]$ 保持不变，因此初应力法也是一种等刚度法。

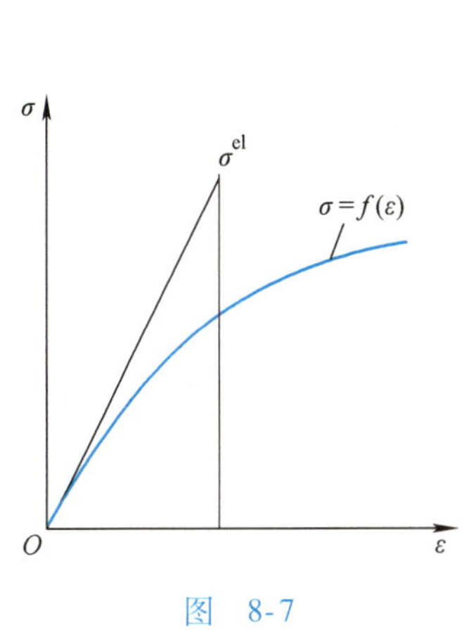

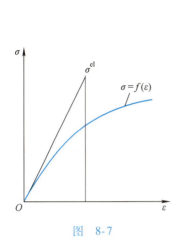

图　8-7

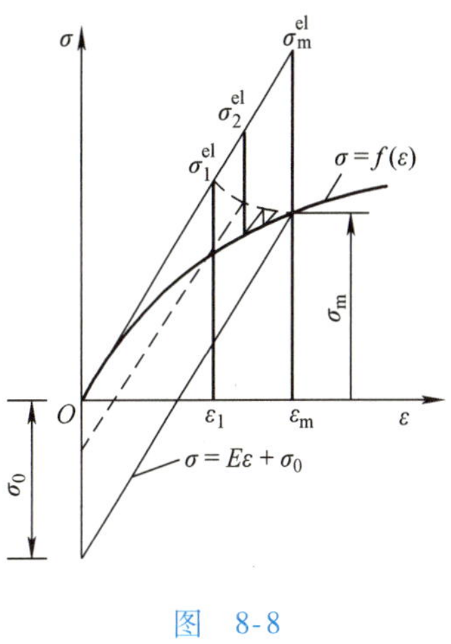

图　8-8

5. 增量法

增量法的基本思想是将总荷载 P 分成 n 多个小的荷载部分（增量）$R_1, R_2, R_3, \cdots, R_n$，每次施加一个荷载增量。此时，假定方程是线性的，刚度矩阵［K］为常矩阵。对不同级别的荷载增量，［K］是变化的。这样，对每级增量求出位移增量 $\Delta\delta$，对它累加，就可得到总位移 δ。实际上就是以一系列的线性问题代替了非线性问题，增量法计算过程如图 8-9 所示。一般情况下非线性问题求解以增量法为主。

为了提高精度及计算效率，还可使用混合法，即混合使用增量法和迭代法，在总体上采用增量法，而在同一级荷载增量内采用迭代法（如牛顿法），计算过程如图 8-10 所示。

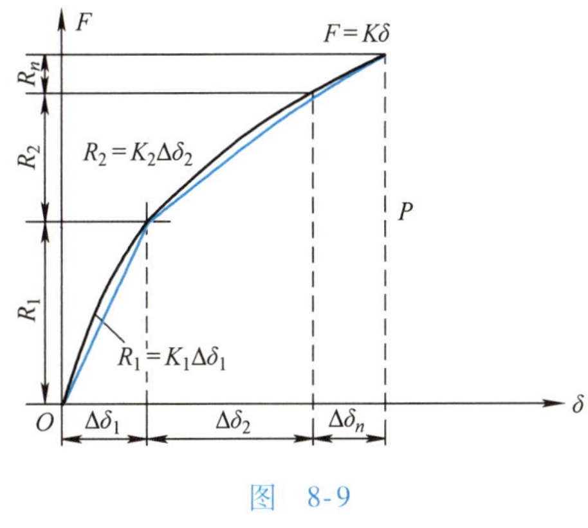

图　8-9

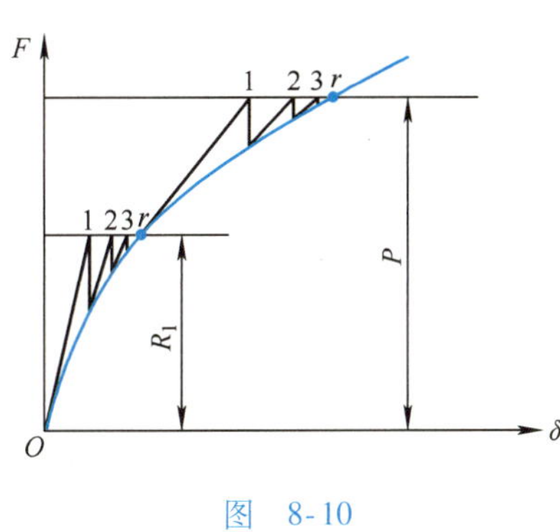

图　8-10

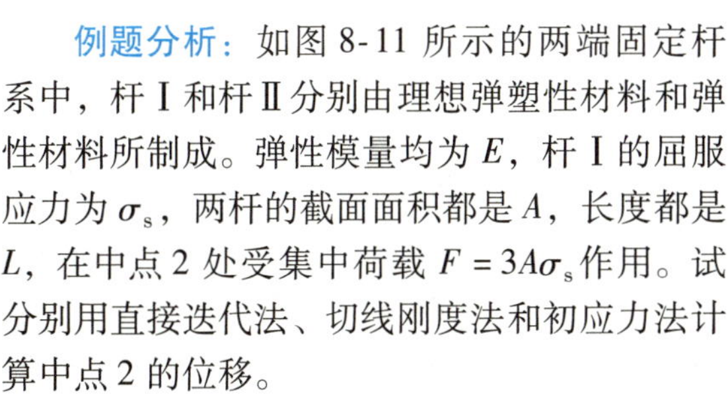

例题分析：如图 8-11 所示的两端固定杆系中，杆Ⅰ和杆Ⅱ分别由理想弹塑性材料和弹性材料所制成。弹性模量均为 E，杆Ⅰ的屈服应力为 σ_s，两杆的截面面积都是 A，长度都是 L，在中点 2 处受集中荷载 $F = 3A\sigma_s$ 作用。试分别用直接迭代法、切线刚度法和初应力法计算中点 2 的位移。

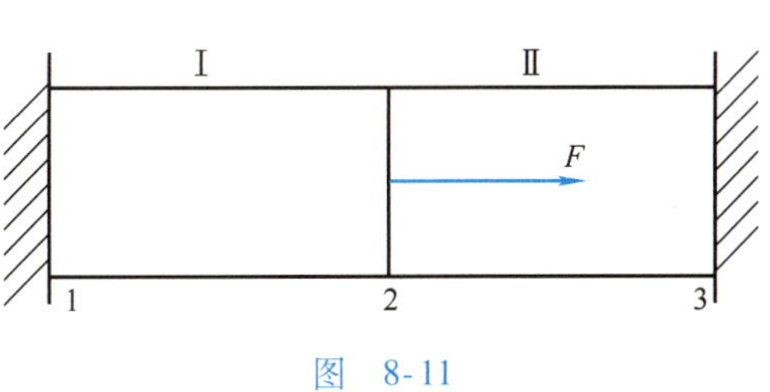

图　8-11

解: (1) 理论解　在荷载 $F=3A\sigma_s$作用下，杆Ⅰ屈服而有内力（拉力）$N_{\mathrm{I}}=A\sigma_s$，杆Ⅱ内力（压力）为 $N_{\mathrm{II}}=A\sigma_s$，中点2的位移$\delta$取决于杆Ⅱ的变形，即

$$\delta=\Delta l_{\mathrm{II}}=\frac{(2A\sigma_s)L}{AE}=2\frac{\sigma_s L}{E}=2\delta^*$$

式中，

$$\delta^*=\frac{\sigma_s L}{E}$$

为杆系开始进入弹塑性阶段时中点2的位移。

(2) 直接迭代法　杆Ⅰ和杆Ⅱ的刚度分别为

$$k_{\mathrm{II}}=\begin{cases}\dfrac{EA}{L} & (\delta\leqslant\delta^*)\\[2ex] \dfrac{\sigma_s A}{\delta} & (\delta>\delta^*)\end{cases}\tag{8-11}$$

迭代从 $\delta_0=\delta^*$ 开始。这时有

$$K_0=k_{\mathrm{I}}+k_{\mathrm{II}}=2\frac{EA}{L}$$

第1迭代步：

由式 (8-3)，有

$$\delta_1=K_0^{-1}F=\frac{3A\sigma_s}{\dfrac{2EA}{L}}=1.5\frac{\sigma_s L}{E}=1.5\delta^*$$

杆Ⅰ进入塑性，由式 (8-11)，有

$$k_{\mathrm{I}}=\frac{\sigma_s A}{\delta_1}=0.67\frac{EA}{L}$$

杆Ⅱ是完全弹性单元，刚度不变。因此整体刚度为

$$K_{\mathrm{I}}=k_{\mathrm{I}}+k_{\mathrm{II}}=1.67\frac{EA}{L}$$

第2迭代步：

由式 (8-3)，有

$$\delta_2=K_1^{-1}F=\frac{3A\sigma_s}{\dfrac{1.67EA}{L}}=1.8\frac{\sigma_s L}{E}=1.8\delta^*$$

如此继续迭代，经过7次可得所需结果。整个迭代过程见表8-1。

表8-1　直接迭代法各次迭代结果

迭代步	1	2	3	4	5	6	7
$\dfrac{K(\delta_{n-1})}{\dfrac{EA}{L}}$	2.00	1.67	1.55	1.52	1.51	1.50	1.50
$\dfrac{\delta_n}{\delta^*}$	1.50	1.80	1.93	1.98	1.99	2.00	2.00

(3) 切线刚度法　杆Ⅰ和杆Ⅱ的切线刚度分别为

$$k_{T\mathrm{I}}=\begin{cases}\dfrac{EA}{L} & (\delta\leqslant\delta^*)\\ 0 & (\delta>\delta^*)\end{cases} \tag{8-12}$$

$$k_{T\mathrm{II}}=\frac{EA}{L}$$

第1迭代步：

初始状态时，$\delta_0=0$，杆Ⅰ、Ⅱ中应力、应变均为零。由式(8-12)，得

$$K_{T1}=k_{T\mathrm{I}}+k_{T\mathrm{II}}=\frac{2EA}{L}$$

$$\Delta\delta_0=-\frac{1}{\dfrac{2EA}{L}}(-3A\sigma_s)=1.5\delta^*$$

$$\delta_1=1.5\delta^*$$

杆中应力为

$$\sigma_{\mathrm{I}1}=\sigma_s,\quad \sigma_{\mathrm{II}1}=-1.5\sigma_s$$

杆中内力为

$$N_{\mathrm{I}1}=A\sigma_s,\quad N_{\mathrm{II}1}=-1.5A\sigma_s$$

第2迭代步：

由于杆Ⅰ已进入塑性，由式(8-12)，得

$$K_{T2}=k_{T\mathrm{I}}+k_{T\mathrm{II}}=\frac{EA}{L}$$

$$\Delta\delta_1=-\frac{1}{\dfrac{EA}{L}}(-0.5A\sigma_s)=0.5\delta^*$$

$$\delta_2=\delta_1+\Delta\delta_1=2.0\delta^*$$

杆中应力为

$$\sigma_{\mathrm{I}2}=\sigma_s,\quad \sigma_{\mathrm{II}2}=-2.0\sigma_s$$

杆中内力为

$$N_{\mathrm{I}2}=A\sigma_s,\quad N_{\mathrm{II}2}=-2.0A\sigma_s$$

这时有

$$\Delta\overline{R}_2=3.0A\sigma_s-3A\sigma_s=0$$

迭代平衡。

(4) 初应力法　迭代公式为

$$K_0\delta_n=F+\overline{F}_{n-1}=3A\sigma_s+\overline{F}_{n-1}$$

式中，$K_0=2\dfrac{EA}{L}$；F是由初应力转化得到的等效结点力。

由于杆Ⅱ完全弹性，它对$\overline{F}_0$没有贡献。初应力完全是杆Ⅰ按弹性计算及按真实应力-应变关系计算的应力之差。

在初始弹性计算，有

$$\delta_1=\frac{F}{K_0}=\frac{3A\sigma_s}{2\frac{EA}{L}}=1.5\frac{\sigma_s}{E}L$$

在第 1 迭代步，初应力为

$$(\sigma_0)_1=\sigma_s-1.5\sigma_s=-0.5\sigma_s$$

与初应力对应的结点荷载为

$$\overline{F}_1=0.5A\sigma_s$$

对位移进行一次修正，得

$$\Delta\delta_1=K_0^{-1}\overline{F}_1=\frac{0.5A\sigma_s}{\frac{2EA}{L}}=0.25\frac{\sigma_s L}{E}$$

于是位移的第 2 次近似值为

$$\delta_2=\delta_1+\Delta\delta_1=1.75\frac{\sigma_s L}{E}$$

如此继续迭代，经过 7 次得到所需结果。整个迭代过程见表 8-2。

表 8-2 初应力法各次迭代结果

迭代步	1	2	3	4	5	6	7
$\frac{\overline{F}_{n-1}}{\sigma_s A}$	0	0.5	0.75	0.88	0.94	0.99	1.00
$\frac{\delta_n}{\delta^*}$	1.50	1.75	1.88	1.94	1.97	2.00	2.00

上面所讨论的几种算法是目前用于求解离散非线性方程组的常用算法。由于用有限元分析非线性问题计算工作量很大，且有时收敛很慢甚至会导致解的发散，因而引起了许多计算工作者的关注。一些加速收敛的措施和方法以及好的修正计算方案已被相继提出，读者如有需要可查阅有关文献。

在以上介绍的各种解法中，很难说哪一种算法最好。因为在某种情况下最经济有效的方法，在另一种情况下则不然，甚至解收敛很慢或不收敛。不过，要为一个通用程序编入一种解法时，增量法是合宜的。因为只要选择足够小的增量步，解总是收敛的。如可能还可在每一增量步中采用 N-R 法或修正的 N-R 法，使计算结果满足一定的精度要求。

知识拓展

传递最新参考文献，让学生了解近些年发展的一些其他非线性方程组解法，开阔视野，了解前沿，培养学生科学探索的精神和自我提升的能力。

	题名	作者	来源	发表时间	数据库
1	基于改进粒子群算法的非线性方程组求解方法研究	苗建杰;李德波;李慧君;阙正斌;陈兆立 ›	环境工程	2023-08-30	期刊
2	几类非线性方程组的求解	程梦帆	中国矿业大学	2023-06-01	硕士
3	求解非线性方程组的修正Fletcher-Reeves共轭梯度法	黎勇;罗丹;王松华	应用数学	2023-05-30	期刊
4	一种求解非线性方程组的改进Shamanskii-like Levenberg-Marquardt算法	房明磊;丁德凤;王敏;盛雨婷	山东大学学报(理学版)	2023-05-29 13:44	期刊
5	求解非线性方程组的HHHO算法及工程应用	洪丽啦;莫愿斌;鲍冬雪	计算机仿真	2023-05-15	期刊
6	求解大规模非线性单调方程组的共轭梯度算法	王松华;罗丹;黎勇	安徽大学学报(自然科学版)	2023-04-11 16:25	期刊
7	求解非线性单调方程组的多元谱投影法	李灿;李明;王艳娥	红河学院学报	2023-04-08	期刊
8	学习型头脑风暴优化算法求解非线性方程组 网络首发	程适;王雪萍;刘悦;史玉回	计算机工程	2023-03-29 13:00	期刊
9	基于Tent混沌初始化差分算法求解非线性方程组	李侦瑷;韦慧	赤峰学院学报(自然科学版)	2023-03-25	期刊
10	量子粒子群优化算法求解非线性方程组	睢贵芳;林金娜	电脑编程技巧与维护	2023-03-18	期刊
11	一种求解非线性方程组的修正Levenberg-Marquardt算法	韩扬;芮绍平	青岛大学学报(自然科学版)	2023-02-15	期刊
12	基于模糊邻域差分进化算法求解非线性方程组	陈馨;韦慧	牡丹江师范学院学报(自然科学版)	2022-12-21	期刊
13	多根非线性方程组求解的探路者灰狼算法	逯苗;曲良东;何登旭	工程数学学报	2022-12-12	期刊
14	非线性方程组求解器全局优化求解能力对比研究	程培澄;程培聪;王萌;邵宇辰;亓路宽	计算机应用与软件	2022-10-12	期刊
15	改进粒子群优化算法的非线性方程组求解研究	郭焜	自动化技术与应用	2022-07-25	期刊
16	基于启发式停止准则的IRGNK方法求解非线性不适定方程组	王嘉媛	哈尔滨工业大学	2022-06-01	硕士
17	基于CRI迭代法求解线性与非线性方程组的研究	漆鑫	南昌大学	2022-05-20	硕士
18	时变约束非线性方程组的求解	衷玉凤	华东师范大学	2022-05-01	硕士
19	求解一类非线性矩阵方程组的迭代法	陈亮;马昌凤	平顶山学院学报	2022-04-25	期刊
20	求解奇异非线性方程组的改进的Levenberg-Marquardt方法	覃雪冰;陆莎;胡红红	南宁师范大学学报(自然科学版)	2021-12-25	期刊

非线性科学正处于发展过程之中，它所研究的各门具体科学中的非线性普适类，有已经形成的（如混沌、分形、孤子），有正在形成的（如适应性与自涌行为），还会有将要形成的，所以非线性的性质还没有完全呈现出来，鼓励同学们进行学科交叉，深度学习。

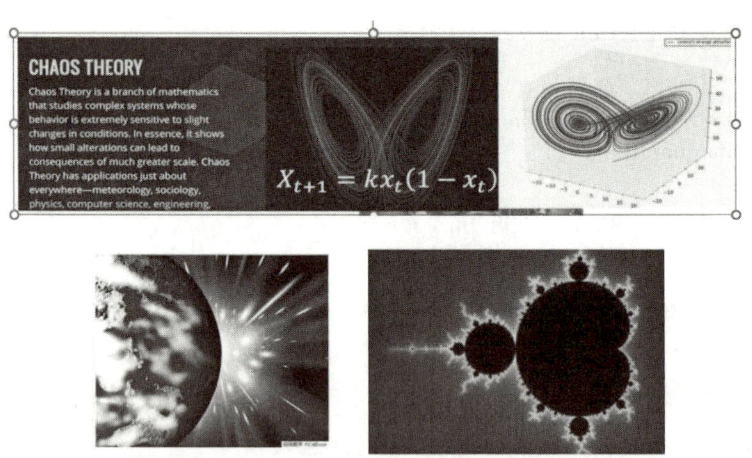

6. 非线性有限元求解的特点

由于非线性问题的复杂性，除少数简单的问题外，严格的数学求解是困难的，实践已经证明，用有限单元法处理非线性问题是很有效的，它与线性有限元有很大差别，主要体现在：

1）非线性方程需要采用一系列线性化过程求出近似解，而不能像线性方程那样通过一次求解得到精确解（舍入误差除外）。线性化过程主要有迭代法和增量法。非线性有限元方程的组集和求解要交替进行多次。因此，非线性有限元分析耗用的机时往往是同等规模线性有限元的许多倍。

2）刚度矩阵 $[K]$ 和 $[K_T]$ 是待求位移$\{\delta\}$的函数，其性质与$\{\delta\}$有关，在某些条件下甚至出现奇异性。例如，图 8-2 所示的三杆桁架中，当三根杆件全部屈服后，$K_T=0$。刚度矩阵一旦出现奇异，求解即无法进行。有时，即使不出现奇异，但如果 $\{\delta\}$ 的微小改变引起 $[K]$ 或 $[K_T]$ 的变动很大，也会给求解造成困难。从力学上看，刚度矩阵的奇异表示结构的全部或一部分已成为“机构”。在求解实际非线性问题时，必须预计到这一点，并采取克服的措施。

3）非线性有限元方程的求解过程往往要采用多种方法组合，每一种组合称为一种求解策略。迄今，还没有一种求解策略是普遍适用的。一种策略对某些问题有效，而对另一些问题可能失效。因此，决定求解策略是非线性有限元的重要内容，选择不当，有可能得不到结果，或者计算时间很长，甚至得到错误的结果。为了正确地选择求解策略，对求解问题的深入理解是十分必要的。

4）非线性方程的解可能不是唯一的。究竟所得出的解是否为实际需要的，应根据具体问题判断。因此，对于非线性有限元的计算结果必须分析其合理性。

表8-3简要列出了线性和非线性有限元分析之间的主要不同。

表8-3 线性和非线性有限元分析之间的区别

序号	特征	线性问题	非线性问题
1	荷载-位移关系	位移与荷载呈线性关系，刚度是常数。位移引起的几何变形认为是小变形并且可忽略。初始状态或微变形的状态作为参考状态	非线性问题的刚度是随荷载变化的函数。它是唯一可以很大并且几何变形不可忽略的量
2	应力-应变关系	在比例极限/弹性极限之前是线性的，弹性模量等属性可以很容易得到	它是关于应力-应变或时间的非线性函数，获取这个关系比较困难，需要大量的材料进行试验。注意真实应力和工程应力之间的差别
3	比例缩放	可以，如果1N的力引起了x个单位位移，那么10N的力将产生$10x$的位移	不可以
4	线性叠加	可以进行工况的线性组合	不可以
5	可逆性	在卸掉外荷载后结构的行为是完全可逆的。这也意味着荷载的顺序并不重要并且最终状态不会受到加载历史的影响	卸载后的状态与初始状态不同，因此不能进行工况叠加。加载历程非常重要
6	求解序列	荷载一次性加载，没有迭代步	荷载被分解到多个小的增量步进行迭代加载以保证每个荷载增量步都满足平衡条件
7	计算时间	短	长
8	用户与软件的交互	要求很少	需要经常查看软件状态，因此可能无法收敛

知识拓展

非线性与线性是相对而言的，两者是一对矛盾的概念，一方面两者在一定程度上可以相互转化，另一方面两者存在本质区别，又同时存在于一个系统中，规定着系统不同方面的性质。线性和非线性是一对矛盾的概念，两者之间是对立与统一的关系。

(1)非线性与线性的密切联系

首先，在数学上一些线性方程可转化为非线性方程来解。物理上的一些非线性不强的问题，也可以通过数学线性逼近方法而转化为线性问题来研究。

例如，对于有限元分析，非线性状态下结构的刚度整体上不再是定值，是在不断地变化，但可以假设在一个很小的区间段内是定值不变的。因此非线性计算时，一般采用分段线性化的思路，将整个变化的过程分段成为一系列的定值问题。也就是说，整体非线性问题成了无数个区间线性问题，进而计算过程可以准确地模拟下去。

其次，在某些情况下，由方程得到的解析解并不能提供更多的信息，无助于更好地理解系统的行为，而从解的非线性形式中，我们却可以方便地得到所研究系统的重要性质。

例如：考虑这样一个简单方程 $d^2X/dt^2+X=0$，它的解是 $X=A\cos t+B\sin t$，从这个非线性形式中，我们容易知道它是一个周期函数，满足 $\cos(t+2\pi)=\cos t$，$\sin(t+2\pi)=\sin t$。而从 $\cos t$ 和 $\sin t$ 的解析形式中，极难证明其具有相应的周期性这一重要性质。

所以，线性与非线性在一定程度上是可以相互转化的，这表明了线性与非线性之间有密切的联系。

(2) 非线性与线性的本质区别

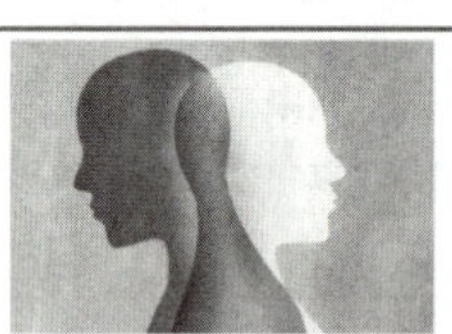

非线性与线性虽然可以通过数学变换而相互转化，但是在同一视角、同一层次、同一参考系下，两者又有本质的区别。

在数学上，线性函数关系是直线，而非线性函数关系是非直线；线性方程满足叠加原理，非线性方程不满足叠加原理；线性方程易于求出解析解，而非线性方程一般不能得出解析解。

在物理上，对于高速运动状态、强烈的相互作用、长时间的动态行为等非线性很强的情况，线性方法将完全无能为力，在无法用线性方法处理的强非线性的地方，只能用非线性方法。线性逼近方法并非经常能奏效，这不光是方法论问题，也是自然观问题，自然界既有量变又有质变，在质变中，自然界要经历跃变或转折，这是线性所不能包容的。

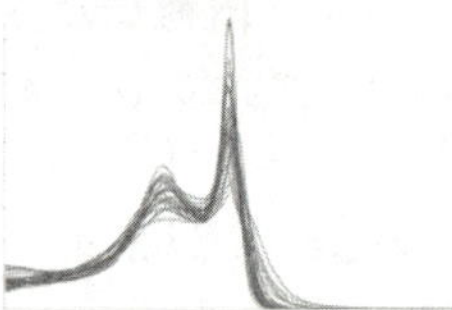

(3) 非线性与线性在同一系统中的作用

非线性与线性有一定的联系又有本质区别，它们常同时存在于一个系统之中，规定着系统不同方面的性质，一个确定的系统，一般都同时具有线性和非线性两种性质：

首先，在一个给定的非线性系统中，它的非线性性质决定它的平衡构造或说稳定机制是否存在及存在的地方。

其次，系统的线性性质决定着系统关于其平衡点(稳定结构)的小振动的规律，即系统在稳定点附近的线性展开性质。

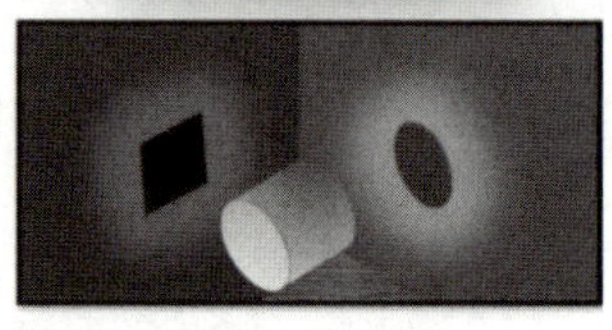

在学习的同时提升学生的认知水平，对立统一规律的精髓是矛盾的普遍性和特殊性的辩证关系原理，所有的事物都是共性和个性的统一，对立统一规律是唯物辩证法的实质和核心。

8.3 材料非线性问题

材料弹塑性本构关系（上）

如前所述，固体力学问题的控制方程包括几何方程、物理方程和平衡方程。材料非线性问题是指物理方程为非线性、其他方程仍为线性的情形。材料非线性分为两种，一种是非线性弹性，其特点是：应力-应变关系是非线性的，但当应力消失后应变也随之消失，应力-应变间的对应关系是唯一的，与加载历程无关；另一种是弹塑性问题，其特点是：当应力到达某个界限后，应力-应变关系是非线性的，应力去掉后应变不能完全消失，应力-应变关系不是唯一的，与加载历程有关。

非线性弹性问题的典型例子如橡胶、塑料构件分析，岩石、土壤结构分析等。弹塑性问题的典型例子如金属构件和结构的弹塑性分析等。这两类问题，在不出现卸载的情形，计算方法是一样的，但在出现卸载时则迥然不同。弹塑性材料进入塑性的特征是当荷载卸去后存在不可恢复的永久变形，因而在涉及卸载的情况下，应力和应变之间不再存在一一对应的关系，这是区别于非线性弹性的基本属性，如图 8-12 所示。

图　8-12

对于非线性弹性问题的有限单元法，由于前提是材料处于弹性状态，加载和卸载路径相同，因此计算相对简单。像线性问题一样，设位移和应变分别为

$$u = N\delta_e,\ \varepsilon = B\delta_e$$

则全量形式的应力为

$$\sigma = D_s(\varepsilon)B\delta_e$$

同线性问题分析一样，可得单元刚度方程为

$$\int B^{T}\sigma \mathrm{d}V = \int B^{T}D_s(\varepsilon)B\mathrm{d}V\delta_e = k_s(\delta_e)\delta_e$$

集成整体刚度方程，可得

$$\sum \int B^{T}\sigma \mathrm{d}V = K_s(\delta)\delta = R$$

与线性问题不同之处是上式为非线性方程组，因此采用上一节介绍的方法进行求解即可。本节接下来主要介绍弹塑性问题的有限单元法。

1. 塑性力学基本概念

通过简单拉伸试验可得到弹塑性材料在单向应力状态下的应力-应变曲线。为便于分析，通常将实际的 σ-ε 曲线简化成图 8-13a 或图 8-13b 的形式。图 8-13a 所示称为理想弹塑性材料，图 8-13b 所示称为线性强化塑性材料。

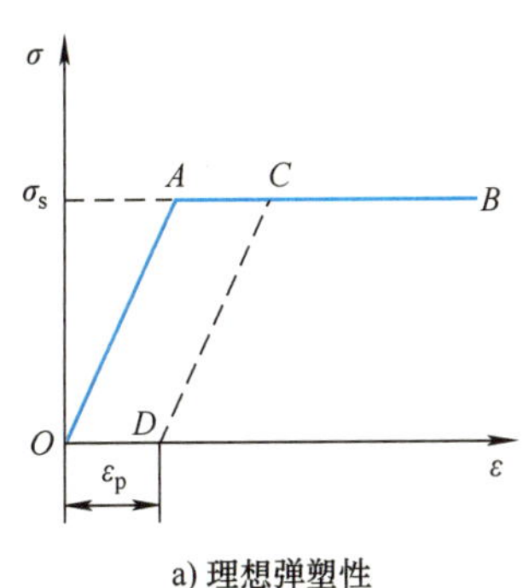

a) 理想弹塑性

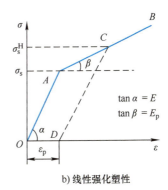

b) 线性强化塑性

图　8-13

弹塑性材料的分析计算有以下三个特点：

1）存在一个屈服应力 σ_s。

2）当 $\sigma \geqslant \sigma_s$ 时应力-应变关系发生改变，且 σ_s 与加载历程有关。

3）当 $\sigma \geqslant \sigma_s$ 后，加载与卸载条件下的应力-应变关系采用不同的规律。

以上为单向应力状态的情况。实验证明，上述规律在复杂应力状态下依然存在，但在复杂应力状态下，必须解决以下三个问题：

1）屈服准则和强化规律：在什么状态下屈服。

2）流动法则：屈服后的应力-应变关系是什么。

3）加卸载判定准则：什么情况属于加载，什么情况属于卸载。

下面分别简述这三个问题。

2. 屈服准则和强化规律

材料弹塑性本构关系（下）

在复杂应力条件下，材料发生屈服的判别准则有不同的假设。对于金属材料，最常用的有米泽斯（von Mises）屈服准则和特雷斯卡（Tresca）屈服准则两种。但随着有限元分析等数值计算方法的广泛应用，米泽斯屈服准则在工程实践中的应用变得越来越高效、便捷。

米泽斯屈服准则认为，当等效应力 $\bar{\sigma}$ 达到一定数值时，材料开始屈服，即

$$\bar{\sigma} = \sigma_s \tag{8-13}$$

式中，σ_s 为单向拉伸时的屈服极限；$\bar{\sigma}$ 为等效应力，定义为

$$\bar{\sigma} = \sqrt{\sigma_x^2 + \sigma_y^2 + \sigma_z^2 - \sigma_x\sigma_y - \sigma_y\sigma_z - \sigma_z\sigma_x + 3(\tau_{xy}^2 + \tau_{yz}^2 + \tau_{zx}^2)} \tag{8-14}$$

用主应力表示时，$\bar{\sigma}$ 为

$$\bar{\sigma} = \sqrt{\frac{1}{2}[(\sigma_1 - \sigma_2)^2 + (\sigma_2 - \sigma_3)^2 + (\sigma_3 - \sigma_1)^2]} \tag{8-15}$$

通过计算容易验证，在单向应力状态下，等效应力即为轴向应力 σ。

在重新加载的情况下，后继屈服应力 σ_s^H 与前面的塑性变形有关。后继屈服应力随塑性变形程度而改变的规律称为强化规律。从图 8-13 可知，在单向应力状态下，对于理想弹塑性材料，屈服应力为常数，即

$$\sigma_s^H = \sigma_s \tag{8-16}$$

对于线性强化弹塑性材料，则有

$$\sigma_s^H = \sigma_s + \varepsilon_p E_p + \left(\varepsilon_e - \frac{\sigma_s}{E}\right) E_p \tag{8-17}$$

在重新加载的情况下，后继屈服应力随塑性变形程度而改变的规律称为强化规律。在复杂应力状态下，强化规律更加复杂，至今很难用一个表达式完善写出，因而理论分析时还需采用某种假设，一般采用简化模型近似表示。目前广泛采用的有等向强化模型和随动强化模型以及组合强化模型。

下面只讨论等向强化模型。在米泽斯屈服准则下，等向强化模型可以写成等效应力表达的形式，即当 σ 满足

$$\bar{\sigma} = H\left(\int \mathrm{d}\bar{\varepsilon}_p\right) \tag{8-18}$$

时，材料发生后继屈服。H 为反映重新加载时屈服应力与等效塑性应变总量 $\int \mathrm{d}\bar{\varepsilon}_{\mathrm{p}}$ 关系的函数，即强化参数；$\mathrm{d}\bar{\varepsilon}_{\mathrm{p}}$ 为等效塑性应变增量，定义为

$$\mathrm{d}\bar{\varepsilon}_{\mathrm{p}}=\sqrt{\frac{2}{3}}\sqrt{\mathrm{d}\varepsilon_{\mathrm{p}x}^{2}+\mathrm{d}\varepsilon_{\mathrm{p}y}^{2}+\mathrm{d}\varepsilon_{\mathrm{p}z}^{2}+\frac{1}{2}(\gamma_{\mathrm{p}xy}^{2}+\gamma_{\mathrm{p}yz}^{2}+\gamma_{\mathrm{p}zx}^{2})} \tag{8-19}$$

3. 流动法则

流动法则，表示塑性变形增量与应力增量间的关系。普朗特-路斯（Prandtl-Reuss）流动法则可以写成

$$\mathrm{d}\{\varepsilon_{\mathrm{p}}\}=\mathrm{d}\bar{\varepsilon}_{\mathrm{p}}\frac{\partial\bar{\sigma}}{\partial\{\sigma\}} \tag{8-20}$$

式中，$\partial\bar{\sigma}/\partial\{\sigma\}$ 为数量函数 $\bar{\sigma}$ 对向量 $\{\sigma\}$ 的偏导数，且

$$\frac{\partial\bar{\sigma}}{\partial\{\sigma\}}=\left[\frac{\partial\bar{\sigma}}{\partial\sigma_x}\quad\frac{\partial\bar{\sigma}}{\partial\sigma_y}\quad\frac{\partial\bar{\sigma}}{\partial\sigma_z}\quad\frac{\partial\bar{\sigma}}{\partial\tau_{xy}}\quad\frac{\partial\bar{\sigma}}{\partial\tau_{yz}}\quad\frac{\partial\bar{\sigma}}{\partial\tau_{xz}}\right]^{\mathrm{T}} \tag{8-21}$$

式（8-20）可解释为：塑性应变增量的方向与屈服面或加载面的法向一致，称为正交流动法则。

4. 加卸载判定准则

加卸载判定准则用以判断从一塑性状态出发是继续加载还是弹性卸载，从而决定是采用弹性本构关系还是弹塑性本构关系。因此必须给出判断材料处于加载或卸载状态的准则。

对于理想塑性材料，如图 8-14 所示，材料的屈服面 $f=0$ 保持不变，应力增量保持在屈服面上就称为加载，此时应力点保持在屈服面上，只能与屈服面相切；应力增量返到屈服面以内，即从塑性状态变化到某一弹性状态，就称为卸载。用公式表示，即有

$$f(\{\sigma\})<0\quad（弹性状态） \tag{8-22}$$

$$f(\{\sigma\})=0\quad 且\quad \mathrm{d}f=\left(\frac{\partial f}{\partial\{\sigma\}}\right)^{\mathrm{T}}\{\mathrm{d}\sigma\}=0\quad（加载） \tag{8-23}$$

$$f(\{\sigma\})=0\quad 且\quad \mathrm{d}f=\left(\frac{\partial f}{\partial\{\sigma\}}\right)^{\mathrm{T}}\{\mathrm{d}\sigma\}<0\quad（卸载） \tag{8-24}$$

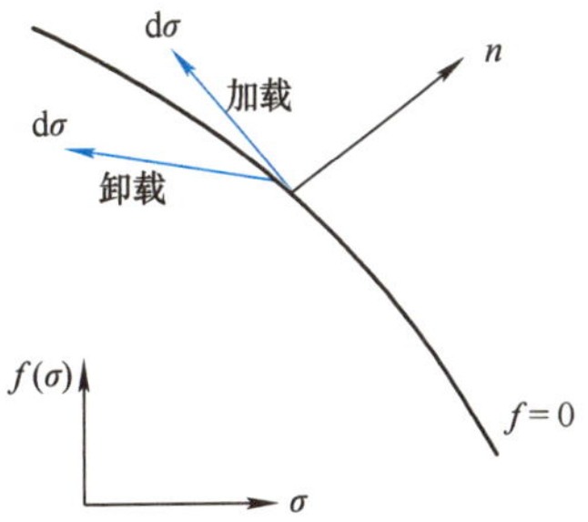

图　8-14

对于强化材料，如图 8-15 所示，与理想塑性材料的不同点是加载面允许向外扩张，用公式表示，即有

$$f^{*}(\{\sigma\},\{\varepsilon_{\mathrm{p}}\},k)<0\quad（弹性状态）\quad（k 为强化参数） \tag{8-25}$$

$$f^{*}=0\ 且\begin{cases}\mathrm{d}f^{*}>0 & （加载）\\ \mathrm{d}f^{*}=0 & （中性变载）\\ \mathrm{d}f^{*}<0 & （卸载）\end{cases} \tag{8-26}$$

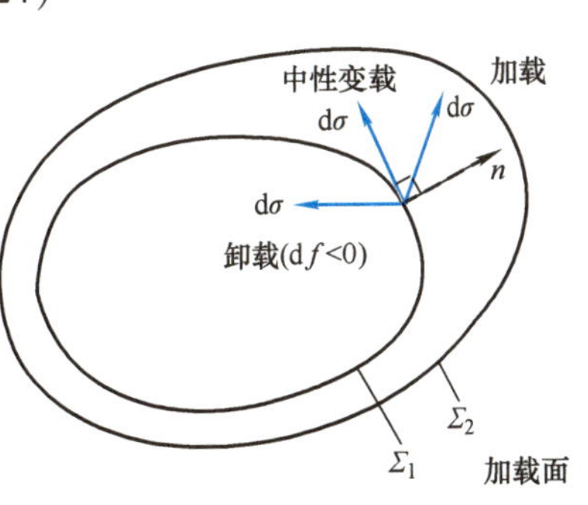

图　8-15

或表示为

$$f^{*}=0\ 且\begin{cases}\mathrm{d}\sigma\cdot n>0 & （加载）\\ \mathrm{d}\sigma\cdot n=0 & （中性变载）\\ \mathrm{d}\sigma\cdot n<0 & （卸载）\end{cases} \tag{8-27}$$

5. 弹塑性应力-应变关系

现在给出增量形式的应力-应变关系，亦即将式（8-20）具体化。为此，首先要计算 $\mathrm{d}\bar{\varepsilon}_{\mathrm{p}}$。式（8-18）两边微分，可得

$$\left\{\frac{\partial\bar{\sigma}}{\partial\{\sigma\}}\right\}^{\mathrm{T}}\mathrm{d}\{\sigma\}=H'\mathrm{d}\bar{\varepsilon}_{\mathrm{p}} \tag{8-28}$$

应变增量可分解为两部分：

$$\mathrm{d}\{\varepsilon\}=\mathrm{d}\{\varepsilon_{\mathrm{e}}\}+\mathrm{d}\{\varepsilon_{\mathrm{p}}\} \tag{8-29}$$

式中，$\mathrm{d}\{\varepsilon_{\mathrm{e}}\}$ 为弹性应变增量；$\mathrm{d}\{\varepsilon_{\mathrm{p}}\}$ 为塑性应变增量。弹性应变增量与应力增量之间存在线性关系，即

$$\mathrm{d}\{\sigma\}=[D]_{\mathrm{e}}\mathrm{d}\{\varepsilon_{\mathrm{e}}\} \tag{8-30}$$

式中，$[D]_{\mathrm{e}}$ 为弹性矩阵。

将式（8-29）代入式（8-30），得

$$\mathrm{d}\{\sigma\}=[D]_{\mathrm{e}}(\mathrm{d}\{\varepsilon\}-\mathrm{d}\{\varepsilon_{\mathrm{p}}\}) \tag{8-31}$$

因此有

$$\left\{\frac{\partial\bar{\sigma}}{\partial\{\sigma\}}\right\}^{\mathrm{T}}\mathrm{d}\{\sigma\}=\left\{\frac{\partial\bar{\sigma}}{\partial\{\sigma\}}\right\}[D]_{\mathrm{e}}(\mathrm{d}\{\varepsilon\}-\mathrm{d}\{\varepsilon_{\mathrm{p}}\}) \tag{8-32}$$

将式（8-28）及式（8-20）代入式（8-32），得

$$H'\mathrm{d}\bar{\varepsilon}_{\mathrm{p}}=\left\{\frac{\partial\bar{\sigma}}{\partial\{\sigma\}}\right\}^{\mathrm{T}}[D]_{\mathrm{e}}\mathrm{d}\{\varepsilon\}-\left\{\frac{\partial\bar{\sigma}}{\partial\{\sigma\}}\right\}^{\mathrm{T}}[D]_{\mathrm{e}}\frac{\partial\bar{\sigma}}{\partial\{\sigma\}}\mathrm{d}\bar{\varepsilon}_{\mathrm{p}} \tag{8-33}$$

由此可写出用 $\mathrm{d}\{\sigma\}$、$\mathrm{d}\{\varepsilon\}$ 表示 $\mathrm{d}\bar{\varepsilon}_{\mathrm{p}}$ 的式子：

$$\mathrm{d}\bar{\varepsilon}_{\mathrm{p}}=\frac{\left\{\dfrac{\partial\bar{\sigma}}{\partial(\sigma)}\right\}^{\mathrm{T}}[D]_{\mathrm{e}}\mathrm{d}\{\varepsilon\}}{H'+\left\{\dfrac{\partial\bar{\sigma}}{\partial\{\sigma\}}\right\}^{\mathrm{T}}[D]_{\mathrm{e}}\dfrac{\partial\bar{\sigma}}{\partial\{\sigma\}}} \tag{8-34}$$

为写出 $\mathrm{d}\{\sigma\}$ 与 $\mathrm{d}\{\varepsilon\}$ 间的关系，先将式（8-34）代入式（8-20），再将 $\mathrm{d}\{\varepsilon_{\mathrm{p}}\}$ 代入式（8-31），得

$$\mathrm{d}\{\sigma\}=\left\{[D]_{\mathrm{e}}-\frac{[D]_{\mathrm{e}}\left\{\dfrac{\partial\bar{\sigma}}{\partial\{\sigma\}}\right\}\left\{\dfrac{\partial\bar{\sigma}}{\partial\{\sigma\}}\right\}^{\mathrm{T}}[D]_{\mathrm{e}}}{H'+\left\{\dfrac{\partial\bar{\sigma}}{\partial\{\sigma\}}\right\}^{\mathrm{T}}[D]_{\mathrm{e}}\left\{\dfrac{\partial\bar{\sigma}}{\partial\{\sigma\}}\right\}}\right\}\mathrm{d}\{\varepsilon\} \tag{8-35}$$

简记为

$$\mathrm{d}\{\sigma\}=[D]_{\mathrm{ep}}\mathrm{d}\{\varepsilon\} \tag{8-36}$$

式中，

$$[D]_{\mathrm{ep}}=[D]_{\mathrm{e}}-[D]_{\mathrm{p}} \tag{8-37}$$

$$[D]_{\mathrm{p}}=\frac{[D]_{\mathrm{e}}\left\{\dfrac{\partial\bar{\sigma}}{\partial\{\sigma\}}\right\}\left\{\dfrac{\partial\bar{\sigma}}{\partial\{\sigma\}}\right\}^{\mathrm{T}}[D]_{\mathrm{e}}}{H'+\left\{\dfrac{\partial\bar{\sigma}}{\partial\{\sigma\}}\right\}^{\mathrm{T}}[D]_{\mathrm{e}}\left\{\dfrac{\partial\bar{\sigma}}{\partial\{\sigma\}}\right\}} \tag{8-38}$$

对于理想塑性材料，$H'=0$。

上面定义的 $[D]_{ep}$ 称为弹塑性矩阵。由式（8-37）和式（8-38）看出，$[D]_{ep}$ 与弹性常数 E、μ 有关，也与当前应力矢量 $\{\sigma\}$ 和 H' 有关。下面说明 H' 的确定。

由式（8-18）得

$$H'=\frac{\mathrm{d}\bar{\sigma}}{\mathrm{d}\bar{\varepsilon}_p} \tag{8-39}$$

单向应力状态下，$\mathrm{d}\bar{\varepsilon}_p=\mathrm{d}\varepsilon_p$，$\mathrm{d}\bar{\sigma}=\mathrm{d}\sigma$，因此，$H'$ 可用单向应力状态确定。产生塑性变形时的等效应力 $\bar{\sigma}$ 应当等于强化后的屈服应力 σ_s^H，对式（8-17）微分，得

$$\mathrm{d}\bar{\sigma}=\mathrm{d}\sigma_s^H=E_p(\mathrm{d}\varepsilon_p+\mathrm{d}\varepsilon_e) \tag{8-40}$$

因 $\mathrm{d}\varepsilon_e=\mathrm{d}\sigma_s^H/E$，代入式（8-40）经整理得

$$\mathrm{d}\sigma_s^H=\frac{EE_p}{E-E_p}\mathrm{d}\varepsilon_p \quad 即 \quad \mathrm{d}\bar{\sigma}=\frac{EE_p}{E-E_p}\mathrm{d}\bar{\varepsilon}_p \tag{8-41}$$

于是结合式（8-39）可得

$$H'=\frac{EE_p}{E-E_p} \tag{8-42}$$

E 和 E_p 均可由单向拉伸试验得到（图 8-13）。

6. 弹塑性刚度矩阵的计算

前面已指出，弹塑性材料的应力-应变关系与变形历程有关。因此，分析弹塑性问题，要采用增量法，即逐步施加荷载，对每个加载步进行跟踪计算。加载过程中，各单元可能处在不同的状态，有的为弹性状态，有的为塑性变形的加载状态，有的为卸载状态，有的可能在加载步前后处于不同的状态。单元刚度矩阵应根据不同情况分别计算。

弹塑性增量有限元分析

处于弹性变形和卸载条件下的单元，其单元刚度矩阵为

$$[k]^e=\int_v [B]^T[D]_e[B]\mathrm{d}v \tag{8-43}$$

弹塑性全量有限元分析

处于加载条件下的单元，其单元刚度矩阵为

$$[k]^e=\int_v [B]^T[D]_{ep}[B]\mathrm{d}v \tag{8-44}$$

处于过渡状态的单元，其单元刚度矩为

$$[k]^e=\int_v [B]^T[\bar{D}]_{ep}[B]\mathrm{d}v \tag{8-45}$$

式中，$[\bar{D}]_{ep}$ 为增量法中考虑材料非线性过渡状态的过渡弹塑性模量。一般来说，在逐步加载过程中，塑性区域将不断扩大。这就使得一些单元虽然处于弹性状态，但在荷载增量的作用下会很快进入塑性状态。对于这类单元，若简单地按 $[D]_e$ 或 $[D]_{ep}$ 计算单元刚度矩阵都会引起很大误差。为了修正这种误差，引入比例因子 m，当加载步所产生的应变增量 $\Delta\{\varepsilon\}$ 不大时，可用下式计算 $[\bar{D}]_{ep}$：

$$[\bar{D}]_{ep}=m[D]_e+(1-m)[D]_{ep} \tag{8-46}$$

式中，m 表示单元偏离弹性状态的系数，显然 $0\leqslant m\leqslant 1$。m 可用下式估算：

$$m = \frac{\Delta \bar{\varepsilon}_s}{\Delta \bar{\varepsilon}_{es}} \tag{8-47}$$

弹塑性增量分析数值方法中的问题

式中，$\Delta \bar{\varepsilon}_s$ 表示达到屈服所需要的等效应变增量；$\Delta \bar{\varepsilon}_{es}$ 表示本次加载步所产生的等效应变增量的估计值。$\Delta \bar{\varepsilon}_{es}$ 的值一般通过两三次迭代即可得到比较精确的值。

7. 材料非线性有限元计算过程

图 8-16 所示为材料非线性有限元程序框图，以此为例，简单说明材料非线性有限元计算过程。

开始
网格划分、输入单元及结点数据、材料性质及边界条件数据
确定形函数 N_i
输入外荷载，计算总荷载列阵 $\{R\}$
计算初始总刚度矩阵
计算荷载增量 $\{\Delta R_i\}$
确定是否重新计算单元刚度矩阵
是
否
计算单元刚度矩阵和总刚度矩阵，建立平衡方程
用高斯消元法求平衡方程，求结点位移 $\Delta\delta_i$ 及 $\Delta\delta_i^e$
计算单元位移，换算结点力
校核迭代求解过程是否收敛
否
是
迭代循环
输出本次增量荷载计算结果
$\{R_i\}=\{R_{i-1}\}+\{\Delta R_i\}$ 是否等于 $\{R\}$
否
是
荷载增量循环
停止

图 8-16

知识拓展

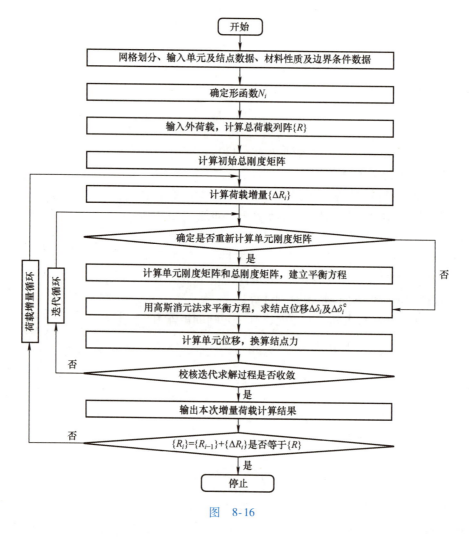

讨论工程中遇到的一些较为先进的物理非线性材料，例如超弹性材料、垫片材料、复合材料等，开阔学生视野，了解学科前沿。

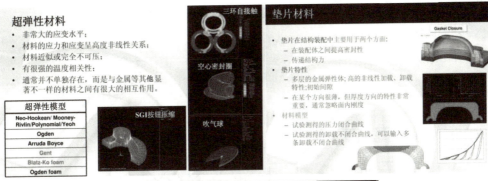

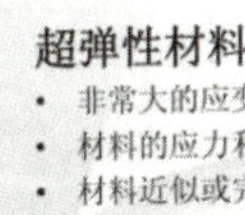

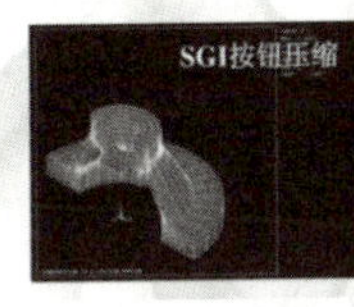

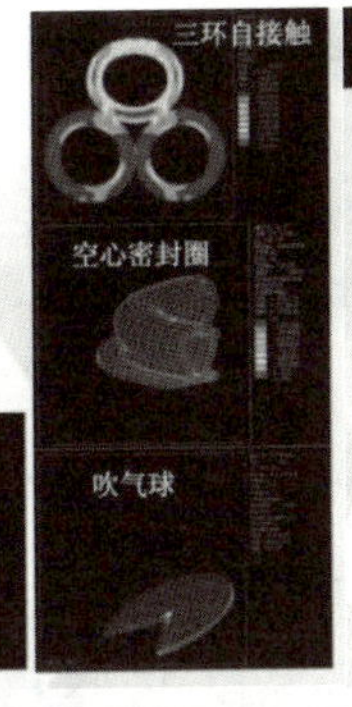

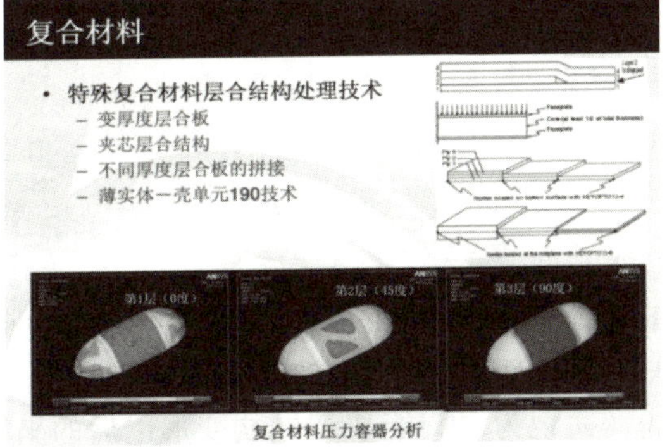

8.4　几何非线性问题

前面所讨论的问题都是在小变形假设的前提下进行的，这意味着在加载过程中单元的几何形状基本上保持不变，并且允许采用线性的几何关系。但在实际中，很多情况下小变形假设是不成立的，这时候就必须考虑几何非线性。

工程上许多问题都应考虑几何非线性。例如，橡胶构件的变形，金属体积成形，梁、板、壳的大挠度等。在几何非线性问题中，有些虽然变形很大，但应变很小，有的变形大应变也大。例如，金属的体积成形属于后一类，细长梁的大挠度弯曲属于前一类。若应变很小，则应力-应变关系仍可认为是线性的，这时的非线性只包含几何非线性。若应变很大，显然应力-应变关系也必然是非线性的，这种情况的非线性既包含几何非线性，也包含材料非线性，称为双重非线性问题。

大变形条件下的应变和应力的度量

1. 非线性几何方程表达

（1）几何非线性有限元列式的两种方法　在几何非线性力学中，描述位移、应力、应变的方法与线弹性力学显著不同。第一，材料质点的空间坐标不是固定的，随着变形而改变（而在线弹性力学中不考虑这一点）。因此，建立上述力学变量函数时必须选定一个参数坐标系统。第二，单元体在变形前后，其大小、形状、取向都发生改变。因此，应变、应力这些概念要有新的认识。例如，图8-17所示

几何非线性问题的表达格式

单元体上的正应力，变形前为 σ_x（图 8-17a），但变形后就不再是 σ_x（图 8-17b）。

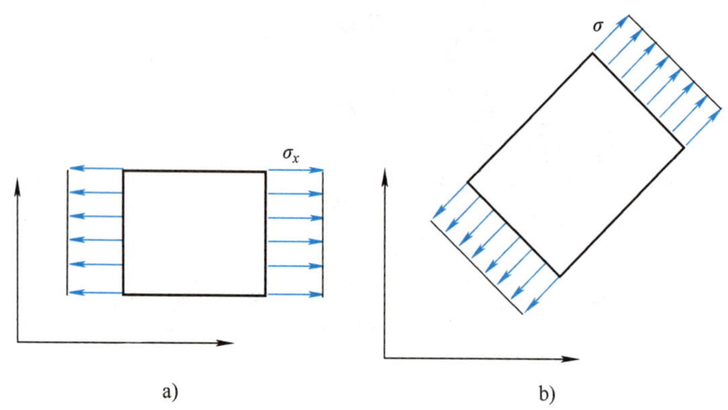

图 8-17

几何非线性问题的有限元分析一般都采用增量法。建立非线性有限元方程，可以采用两种描述方法：拉格朗日法（简记 TL 法），以结构变形前的坐标（x_0, y_0, z_0）为基准；修正拉格朗日法，又称为欧拉法（简记为 UL 法），以结构变形以后的坐标（x_n, y_n, z_n）为基准。TL 和 UL 两种列式方法，仅仅是描述方法不同，因此是等价的。但应当指出，两种方法的数值计算效果却是有差别的。在计算过程中，用 TL 法不需要修改单元结点坐标，而用 UL 法则要不断修改单元结点坐标。本章用 TL 法进行阐述。

若介质中某一质点在未变形前的初始位置为 $\{X_0\} = [x_0 \quad y_0 \quad z_0]^{\mathrm{T}}$，且在时刻 t_n 其位移向量为 $\{u_n\} = [u_n \quad v_n \quad w_n]^{\mathrm{T}}$，则在 t_n 时刻该质点的坐标为

$$\{X_n\} = \{X_0\} + \{u_n\} \tag{8-48}$$

（2）TL 法应变分量的表达式　大变形下应变分量可写成格林应变向量的形式，即

$$\{\varepsilon_n\} = \begin{Bmatrix} \varepsilon_x \\ \varepsilon_y \\ \varepsilon_z \\ \gamma_{yz} \\ \gamma_{zx} \\ \gamma_{xy} \end{Bmatrix}_n = \begin{Bmatrix} \dfrac{\partial u_n}{\partial x_0} + \dfrac{1}{2}\left(\dfrac{\partial u_n}{\partial x_0}\right)^2 + \dfrac{1}{2}\left(\dfrac{\partial v_n}{\partial x_0}\right)^2 + \dfrac{1}{2}\left(\dfrac{\partial w_n}{\partial x_0}\right)^2 \\ \dfrac{\partial v_n}{\partial y_0} + \dfrac{1}{2}\left(\dfrac{\partial u_n}{\partial y_0}\right)^2 + \dfrac{1}{2}\left(\dfrac{\partial v_n}{\partial y_0}\right)^2 + \dfrac{1}{2}\left(\dfrac{\partial w_n}{\partial y_0}\right)^2 \\ \dfrac{\partial w_n}{\partial z_0} + \dfrac{1}{2}\left(\dfrac{\partial u_n}{\partial z_0}\right)^2 + \dfrac{1}{2}\left(\dfrac{\partial v_n}{\partial z_0}\right)^2 + \dfrac{1}{2}\left(\dfrac{\partial w_n}{\partial z_0}\right)^2 \\ \dfrac{\partial v_n}{\partial z_0} + \dfrac{\partial w_n}{\partial y_0} + \left(\dfrac{\partial u_n}{\partial y_0}\dfrac{\partial u_n}{\partial z_0} + \dfrac{\partial v_n}{\partial y_0}\dfrac{\partial v_n}{\partial z_0} + \dfrac{\partial w_n}{\partial y_0}\dfrac{\partial w_n}{\partial z_0}\right) \\ \dfrac{\partial w_n}{\partial x_0} + \dfrac{\partial u_n}{\partial z_0} + \left(\dfrac{\partial u_n}{\partial z_0}\dfrac{\partial u_n}{\partial x_0} + \dfrac{\partial v_n}{\partial z_0}\dfrac{\partial v_n}{\partial x_0} + \dfrac{\partial w_n}{\partial z_0}\dfrac{\partial w_n}{\partial x_0}\right) \\ \dfrac{\partial u_n}{\partial y_0} + \dfrac{\partial v_n}{\partial x_0} + \left(\dfrac{\partial u_n}{\partial x_0}\dfrac{\partial u_n}{\partial y_0} + \dfrac{\partial v_n}{\partial x_0}\dfrac{\partial v_n}{\partial y_0} + \dfrac{\partial w_n}{\partial x_0}\dfrac{\partial w_n}{\partial y_0}\right) \end{Bmatrix} \tag{8-49}$$

上述的应变向量可表为线性应变向量 $\{\varepsilon_{\mathrm{L},n}\}$ 和非线性应变向量 $\{\varepsilon_{\mathrm{NL},n}\}$ 之和，即

$$\{\varepsilon_n\} = \{\varepsilon_{\mathrm{L},n}\} + \{\varepsilon_{\mathrm{NL},n}\} \tag{8-50}$$

式中，线性应变向量为

$$\{\varepsilon_{\mathrm{L},n}\}=\left[\frac{\partial u_n}{\partial x_0}\quad\frac{\partial v_n}{\partial y_0}\quad\frac{\partial w_n}{\partial z_0}\quad\frac{\partial v_n}{\partial z_0}+\frac{\partial w_n}{\partial y_0}\quad\frac{\partial w_n}{\partial x_0}+\frac{\partial u_n}{\partial z_0}\quad\frac{\partial u_n}{\partial y_0}+\frac{\partial v_n}{\partial x_0}\right]^{\mathrm{T}}\tag{8-51}$$

对于平面应力或平面应变问题，式（8-49）简化为

$$\{\varepsilon_n\}=\begin{Bmatrix}\varepsilon_x\\\varepsilon_y\\\gamma_{xy}\end{Bmatrix}_n=\begin{Bmatrix}\dfrac{\partial u_n}{\partial x_0}+\dfrac{1}{2}\left(\dfrac{\partial u_n}{\partial x_0}\right)^2+\dfrac{1}{2}\left(\dfrac{\partial v_n}{\partial x_0}\right)^2\\\dfrac{\partial v_n}{\partial y_0}+\dfrac{1}{2}\left(\dfrac{\partial u_n}{\partial y_0}\right)^2+\dfrac{1}{2}\left(\dfrac{\partial v_n}{\partial y_0}\right)^2\\\dfrac{\partial u_n}{\partial y_0}+\dfrac{\partial v_n}{\partial x_0}+\dfrac{\partial u_n}{\partial x_0}\dfrac{\partial u_n}{\partial y_0}+\dfrac{\partial v_n}{\partial x_0}\dfrac{\partial v_n}{\partial y_0}\end{Bmatrix}\tag{8-51a}$$

式中，线性应变部分为

$$\{\varepsilon_{\mathrm{L},n}\}=\left[\frac{\partial u_n}{\partial x_0}\quad\frac{\partial v_n}{\partial y_0}\quad\frac{\partial u_n}{\partial y_0}+\frac{\partial v_n}{\partial x_0}\right]^{\mathrm{T}}\tag{8-51b}$$

对于轴对称问题，质点在未变形前的初始坐标为$\{X_0\}=[r_0\quad z_0]^{\mathrm{T}}$，在时刻$t_n$的位移向量为$\{\boldsymbol{u}_n\}=[u_n\quad w_n]^{\mathrm{T}}$。应变向量的表达式为

$$\{\varepsilon_n\}=\begin{Bmatrix}\varepsilon_r\\\varepsilon_z\\\gamma_{rz}\\\varepsilon_\theta\end{Bmatrix}_n=\begin{Bmatrix}\dfrac{\partial u_n}{\partial r_0}+\dfrac{1}{2}\left(\dfrac{\partial u_n}{\partial r_0}\right)^2+\dfrac{1}{2}\left(\dfrac{\partial w_n}{\partial r_0}\right)^2\\\dfrac{\partial w_n}{\partial z_0}+\dfrac{1}{2}\left(\dfrac{\partial u_n}{\partial z_0}\right)^2+\dfrac{1}{2}\left(\dfrac{\partial w_n}{\partial z_0}\right)^2\\\dfrac{\partial u_n}{\partial z_0}+\dfrac{\partial w_n}{\partial r_0}+\dfrac{\partial u_n}{\partial r_0}\dfrac{\partial u_n}{\partial z_0}+\dfrac{\partial w_n}{\partial r_0}\dfrac{\partial w_n}{\partial z_0}\\\dfrac{u_n}{r_0}+\dfrac{1}{2}\left(\dfrac{u_n}{r_0}\right)^2\end{Bmatrix}\tag{8-52}$$

式中，线性应变部分为

$$\{\varepsilon_{\mathrm{L},n}\}=\left[\frac{\partial u_n}{\partial r_0}\quad\frac{\partial w_n}{\partial z_0}\quad\frac{\partial u_n}{\partial z_0}+\frac{\partial w_n}{\partial r_0}\quad\frac{u_n}{r_0}\right]^{\mathrm{T}}\tag{8-53}$$

对于平面问题，由式（8-48）可知：$x_n=x_0+u_n$，$y_n=y_0+v_n$，代入式（8-51a）得到

$$\{\varepsilon_n\}=\begin{Bmatrix}\dfrac{1}{2}\left[\left(\dfrac{\partial x_n}{\partial x_0}\right)^2+\left(\dfrac{\partial y_n}{\partial x_0}\right)^2-1\right]\\\dfrac{1}{2}\left[\left(\dfrac{\partial x_n}{\partial y_0}\right)^2+\left(\dfrac{\partial y_n}{\partial y_0}\right)^2-1\right]\\\dfrac{\partial x_n}{\partial x_0}\dfrac{\partial x_n}{\partial y_0}+\dfrac{\partial y_n}{\partial x_0}\dfrac{\partial y_n}{\partial y_0}\end{Bmatrix}\tag{8-53a}$$

与格林应变分量对应的基尔霍夫应力分量为$\{\sigma_n\}=[D]\{\varepsilon_n\}=[\sigma_x\quad\sigma_y\quad\tau_{xy}]^{\mathrm{T}}$。

对于轴对问题，$r_n=r_0+u_n$，$z_n=z_0+w_n$，代入式（8-52）可得

$$\{\varepsilon_n\}=\begin{Bmatrix}\dfrac{1}{2}\left[\left(\dfrac{\partial r_n}{\partial r_0}\right)^2+\left(\dfrac{\partial z_n}{\partial r_0}\right)^2-1\right]\\ \dfrac{1}{2}\left[\left(\dfrac{\partial r_n}{\partial z_0}\right)^2+\left(\dfrac{\partial z_n}{\partial z_0}\right)^2-1\right]\\ \dfrac{\partial r_n}{\partial r_0}\dfrac{\partial r_n}{\partial z_0}+\dfrac{\partial z_n}{\partial r_0}\dfrac{\partial z_n}{\partial z_0}\\ \dfrac{r_n-r_0}{r_0}+\dfrac{1}{2}\left(\dfrac{r_n-r_0}{r_0}\right)^2\end{Bmatrix} \tag{8-53b}$$

对应的基尔霍夫应力分量为$\{\sigma_n\}=[D]\{\varepsilon_n\}=[\sigma_r\quad\sigma_z\quad\tau_{rz}\quad\sigma_\theta]^{\mathrm{T}}$。

式（8-49）中非线性应变向量可按下式计算：

$$\{\varepsilon_{\mathrm{NL},n}\}=\frac{1}{2}[A_{\theta,n}]\{\theta_n\} \tag{8-54}$$

式中，

$$[A_{\theta,n}]=\begin{bmatrix}\theta_x^{\mathrm{T}} & 0 & 0\\ 0 & \theta_y^{\mathrm{T}} & 0\\ 0 & 0 & \theta_z^{\mathrm{T}}\\ 0 & \theta_z^{\mathrm{T}} & \theta_y^{\mathrm{T}}\\ \theta_z^{\mathrm{T}} & 0 & \theta_x^{\mathrm{T}}\\ \theta_y^{\mathrm{T}} & \theta_x^{\mathrm{T}} & 0\end{bmatrix},\quad\{\theta_n\}=\begin{Bmatrix}\theta_x\\ \theta_y\\ \theta_z\end{Bmatrix}$$

$$\{\theta_x^{\mathrm{T}}\}=\left[\frac{\partial u_n}{\partial x_0}\quad\frac{\partial v_n}{\partial x_0}\quad\frac{\partial w_n}{\partial x_0}\right],\cdots,\quad\{0\}=[0\quad 0\quad 0]^{\mathrm{T}} \tag{8-54a}$$

对于平面问题，

$$[A_{\theta,n}]=\begin{bmatrix}\dfrac{\partial u_n}{\partial x_0} & \dfrac{\partial v_n}{\partial x_0} & 0 & 0\\ 0 & 0 & \dfrac{\partial u_n}{\partial y_0} & \dfrac{\partial v_n}{\partial y_0}\\ \dfrac{\partial u_n}{\partial y_0} & \dfrac{\partial v_n}{\partial y_0} & \dfrac{\partial u_n}{\partial x_0} & \dfrac{\partial v_n}{\partial x_0}\end{bmatrix},\quad\{\theta_n\}=\begin{Bmatrix}\dfrac{\partial u_n}{\partial x_0}\\ \dfrac{\partial v_n}{\partial x_0}\\ \dfrac{\partial u_n}{\partial y_0}\\ \dfrac{\partial v_n}{\partial y_0}\end{Bmatrix} \tag{8-54b}$$

对于轴对称问题，

$$[A_{\theta,n}]=\begin{bmatrix}\frac{\partial u_n}{\partial r_0} & \frac{\partial w_n}{\partial r_0} & 0 & 0 & 0\\ 0 & 0 & \frac{\partial u_n}{\partial z_0} & \frac{\partial w_n}{\partial z_0} & 0\\ \frac{\partial u_n}{\partial z_0} & \frac{\partial w_n}{\partial z_0} & \frac{\partial u_n}{\partial r_0} & \frac{\partial w_n}{\partial r_0} & 0\\ 0 & 0 & 0 & 0 & \frac{u_n}{r_0}\end{bmatrix},\quad \{\theta_n\}=\begin{Bmatrix}\frac{\partial u_n}{\partial r_0}\\ \frac{\partial w_n}{\partial r_0}\\ \frac{\partial u_n}{\partial z_0}\\ \frac{\partial w_n}{\partial z_0}\\ \frac{u_n}{r_0}\end{Bmatrix} \tag{8-54c}$$

2. 几何非线性问题的有限元分析

（1）体系的平衡方程　不论位移或应变较大还是较小，体系的内力和外力之间的平衡条件都必须得到满足。根据最小位能原理或虚功原理可以列出体系的静力平衡方程为

$$\{\psi(u_n)\}=\sum_e\int_v[B_n]^{\mathrm{T}}\{\sigma_n\}\mathrm{d}V-\{F_n\}=\{0\} \tag{8-55}$$

有限元求解方程及解法

式中，$\{F_n\}$ 为外力向量；$\{\psi(u_n)\}$为外力向量 $\{F_n\}$ 与广义内力向量之和；$[B_n]$ 为应变矩阵，定义为

$$\mathrm{d}\{\varepsilon_n\}=[B_n]\mathrm{d}\{u_n\} \tag{8-56}$$

$[B_n]$ 可看成是线性部分 $[B_{\mathrm{L}}]$ 与非线性部分 $[B_{\mathrm{NL}}]$ 之和，即

$$[B_n]=[B_{\mathrm{L},n}]+[B_{\mathrm{NL},n}] \tag{8-57}$$

大变形条件下的本构关系

式中，非线性部分 $[B_{\mathrm{NL},n}]$ 是依赖于位移向量 $\{u_n\}$ 的，而线性部分 $[B_{\mathrm{L},n}]$ 则与前述小应变分析中所定义的相同。

在本节所考虑的几何非线性问题中，假定是大位移和小应变的情况，因此力与应变的关系仍呈线性关系，为此，可以写出如下的弹性关系普遍式：

$$\{\sigma_n\}=[D](\{\varepsilon_n\}-\{\varepsilon_0\})+\{\sigma_0\} \tag{8-58}$$

式中，$\{\varepsilon_0\}$、$\{\sigma_0\}$ 分别为初始应变和初始应力向量。

可见，式（8-55）中 $[B_n]$、$\{\sigma_n\}$ 均是 $\{\varepsilon_n\}$ 的函数，因此，必须使用迭代法求解。

（2）静力平衡方程的求解　为了采用 N-R 法求解非线性方程组（8-55），必须建立 $\mathrm{d}\{\psi\}$和 $\mathrm{d}\{u_n\}$之间的关系式。为此，将式（8-55）对 $\{u_n\}$ 微分（省略 $\sum_e$ 符号），可得

$$\mathrm{d}\{\psi\}=\int_V\mathrm{d}[B_n]^{\mathrm{T}}\{\sigma_n\}\mathrm{d}V+\int_V[B_n]^{\mathrm{T}}\mathrm{d}\{\sigma_n\}\mathrm{d}V=[K_{\mathrm{T}}]\mathrm{d}\{u_n\} \tag{8-59}$$

式中，$[K_{\mathrm{T}}]$ 为体系的切线刚度矩阵。

由式（8-58）和式（8-56）可得

$$\mathrm{d}\{\sigma_n\}=[D]\mathrm{d}\{\varepsilon_n\}=[D][B_n]\mathrm{d}\{u_n\}$$

且由式（8-57）得

$$\mathrm{d}[B_n]=\mathrm{d}[B_{\mathrm{NL},n}]$$

因此式（8-59）可改写成

$$
\begin{aligned}
\mathrm{d}\{\psi\} &= \int_V \mathrm{d}[B_{\mathrm{NL},n}]^{\mathrm{T}}\{\sigma_n\}\mathrm{d}V + \int_V [B_n]^{\mathrm{T}}[D][B_n]\mathrm{d}\{u_n\}\mathrm{d}V \\
&= \int_V \mathrm{d}[B_{\mathrm{NL},n}]^{\mathrm{T}}\{\sigma_n\}\mathrm{d}V + [K_n]\mathrm{d}\{u_n\}
\end{aligned}
\tag{8-59a}
$$

式中，

$$
[K_n] = \int_V [B_n]^{\mathrm{T}}[D][B_n]\mathrm{d}V = [K_{\mathrm{L},n}] + [K_{\mathrm{NL},n}] \tag{8-60}
$$

其中，$[K_{\mathrm{L},n}]$ 为对应于通常的小变形下的刚度矩阵，略去下标 n 后，即

$$
[K_{\mathrm{L}}] = \int_V [B_{\mathrm{L}}]^{\mathrm{T}}[D][B_{\mathrm{L}}]\mathrm{d}V \tag{8-61}
$$

$[K_{\mathrm{NL},n}]$ 为对应于大变形的刚度矩阵，可按下式计算：

$$
[K_{\mathrm{NL}}] = \int_V ([B_n]^{\mathrm{T}}[D][B_n] - [B_{\mathrm{L}}]^{\mathrm{T}}[D][B_{\mathrm{L}}])\mathrm{d}V
$$

或

$$
[K_{\mathrm{NL}}] = \int_V ([B_{\mathrm{L}}]^{\mathrm{T}}[D][B_{\mathrm{NL}}] + [B_{\mathrm{NL}}]^{\mathrm{T}}[D][B_{\mathrm{NL}}] + [B_{\mathrm{NL}}]^{\mathrm{T}}[D][B_{\mathrm{L}}])\mathrm{d}V \tag{8-62}
$$

令式（8-59a）中第一项

$$
\int_V \mathrm{d}[B_{\mathrm{NL}}]^{\mathrm{T}}\{\sigma_n\}\mathrm{d}V = [K_\sigma]\mathrm{d}\{u_n\} \tag{8-63}
$$

式中，$[K_\sigma]$ 为初应力刚度矩阵。

则式（8-59a）可写成

$$
\mathrm{d}\{\psi\} = ([K_{\mathrm{L}}] + [K_\sigma] + [K_{\mathrm{NL}}])\mathrm{d}\{u_n\} = [K_{\mathrm{T}}]\mathrm{d}\{u_n\} \tag{8-63a}
$$

其中，总切线刚度矩阵为三种刚度矩阵之和，即

$$
[K_{\mathrm{T}}] = [K_{\mathrm{L}}] + [K_\sigma] + [K_{\mathrm{NL}}] \tag{8-64}
$$

因此，为了求解式（8-63a），必须先计算切线刚度矩阵 $[K_{\mathrm{T}}]$，然后按 N-R 法进行迭代运算，至 $\mathrm{d}\{\psi\}$ 变成相当小为止。

（3）非线性应变矩阵 $[B_{\mathrm{NL}}]$ 的推导　将式（8-54）对 $\{u_n\}$ 微分（略去下标 n、θ）得

$$
\mathrm{d}\{\varepsilon_{\mathrm{NL}}\} = \frac{1}{2}\mathrm{d}[A]\{\theta\} + \frac{1}{2}[A]\mathrm{d}\{\theta\} = [A]\mathrm{d}\{\theta\} \tag{8-65}
$$

可以证明$\frac{1}{2}\mathrm{d}[A]\{\theta\} = \frac{1}{2}[A]\mathrm{d}\{\theta\}$，$\{\theta_n\}$ 可由形函数的导数和位移值计算：

$$
\{\theta_n\} = [G]\{u_n\} \tag{8-66}
$$

在平面问题中，对于单元的一个结点可写出

$$
[G_i] = \begin{bmatrix} \dfrac{\partial N_i}{\partial x_0} & 0 & \dfrac{\partial N_i}{\partial y_0} & 0 \\ 0 & \dfrac{\partial N_i}{\partial x_0} & 0 & \dfrac{\partial N_i}{\partial y_0} \end{bmatrix}^{\mathrm{T}} \tag{8-67}
$$

在轴对称问题中有

$$[G_i]=\begin{bmatrix}\dfrac{\partial N_i}{\partial r_0} & 0 & \dfrac{\partial N_i}{\partial z_0} & 0 & \dfrac{N_i}{r_0}\\ 0 & \dfrac{\partial N_i}{\partial r_0} & 0 & \dfrac{\partial N_i}{\partial z_0} & 0\end{bmatrix}^{\mathrm{T}} \tag{8-67a}$$

由式（8-65）及式（8-66）可得出

$$\mathrm{d}\{\varepsilon_{\mathrm{NL}}\}=[A][G]\mathrm{d}\{u_n\}$$

与式（8-56）比较，得

$$[B_{\mathrm{NL}}]=[A][G] \tag{8-68}$$

对于单元的一个结点，式（8-57）可写成

$$[B_i]=[B_{\mathrm{L},i}]+[B_{\mathrm{NL},i}]=[B_{\mathrm{L},i}]+[A_\theta][G_i] \tag{8-69}$$

其中，对于平面问题的线性部分：

$$[B_{\mathrm{L},i}]=\begin{bmatrix}\dfrac{\partial N_i}{\partial x_0} & 0 & \dfrac{\partial N_i}{\partial y_0}\\ 0 & \dfrac{\partial N_i}{\partial y_0} & \dfrac{\partial N_i}{\partial x_0}\end{bmatrix}^{\mathrm{T}} \tag{8-69a}$$

对于平面问题的非线性部分：

$$[B_{\mathrm{NL},i}]=\begin{bmatrix}\dfrac{\partial u_n}{\partial x_0}\dfrac{\partial N_i}{\partial x_0} & \dfrac{\partial v_n}{\partial x_0}\dfrac{\partial N_i}{\partial x_0}\\ \dfrac{\partial u_n}{\partial y_0}\dfrac{\partial N_i}{\partial y_0} & \dfrac{\partial v_n}{\partial y_0}\dfrac{\partial N_i}{\partial y_0}\\ \left(\dfrac{\partial u_n}{\partial y_0}\dfrac{\partial N_i}{\partial x_0}+\dfrac{\partial u_n}{\partial x_0}\dfrac{\partial N_i}{\partial y_0}\right) & \left(\dfrac{\partial v_n}{\partial y_0}\dfrac{\partial N_i}{\partial x_0}+\dfrac{\partial v_n}{\partial x_0}\dfrac{\partial N_i}{\partial y_0}\right)\end{bmatrix} \tag{8-69b}$$

考虑到 $x_n=x_0+u_n$，$y_n=y_0+v_n$，以及式（8-69a）、式（8-69b），则式（8-69）可写成

$$[B_i]=\begin{bmatrix}\dfrac{\partial x_n}{\partial x_0}\dfrac{\partial N_i}{\partial x_0} & \dfrac{\partial y_n}{\partial x_0}\dfrac{\partial N_n}{\partial x_0}\\ \dfrac{\partial x_n}{\partial y_0}\dfrac{\partial N_i}{\partial y_0} & \dfrac{\partial y_n}{\partial y_0}\dfrac{\partial N_i}{\partial y_0}\\ \left(\dfrac{\partial x_n}{\partial y_0}\dfrac{\partial N_i}{\partial x_0}+\dfrac{\partial x_n}{\partial x_0}\dfrac{\partial N_i}{\partial y_0}\right) & \left(\dfrac{\partial y_n}{\partial y_0}\dfrac{\partial N_i}{\partial x_0}+\dfrac{\partial y_n}{\partial x_0}\dfrac{\partial N_i}{\partial y_0}\right)\end{bmatrix} \tag{8-69c}$$

对于轴对称问题，经推导可得出

$$[B_i]=\begin{bmatrix}\dfrac{\partial r_n}{\partial r_0}\dfrac{\partial N_i}{\partial r_0} & \dfrac{\partial z_n}{\partial r_0}\dfrac{\partial N_i}{\partial r_0}\\ \dfrac{\partial r_n}{\partial z_0}\dfrac{\partial N_i}{\partial z_0} & \dfrac{\partial z_n}{\partial z_0}\dfrac{\partial N_i}{\partial z_0}\\ \left(\dfrac{\partial r_n}{\partial z_0}\dfrac{\partial N_i}{\partial r_0}+\dfrac{\partial r_n}{\partial r_0}\dfrac{\partial N_i}{\partial z_0}\right) & \left(\dfrac{\partial z_n}{\partial z_0}\dfrac{\partial N_i}{\partial r_0}+\dfrac{\partial z_n}{\partial r_0}\dfrac{\partial N_i}{\partial z_0}\right)\\ \dfrac{r_nN_i}{r_0^2} & 0\end{bmatrix} \tag{8-69d}$$

对于三维问题可推导出相应的表达式。

（4）总切线刚度矩阵 K_T 的推导　得到应变矩阵后便可由式（8-60）计算 $[K_n]=[K_L]+[K_{NL}]$。由式（8-64）可知，为了计算 $[K_T]$，还必须计算 $[K_\sigma]$ 即初应力刚度矩阵。由式（8-63），且注意到式（8-68），可得

$$[K_\sigma]\mathrm{d}\{u_n\}=\int_V \mathrm{d}[B_{NL}]^T\{\sigma_n\}\mathrm{d}V=\int_V [G]^T\mathrm{d}[A]^T\{\sigma_n\}\mathrm{d}V \tag{8-70}$$

对于三维问题，可推导出

$$\mathrm{d}[A]^T\{\sigma_n\}=\begin{bmatrix}\sigma_x I_3 & \tau_{xy}I_3 & \tau_{xz}I_3\\ \text{对} & \sigma_y I_3 & \tau_{yz}I_3\\ & \text{称} & \sigma_z I_3\end{bmatrix}\mathrm{d}\{\theta_n\}=[S][G]\mathrm{d}\{u_n\} \tag{8-70a}$$

式中，$[S]$ 为 9×9 应力矩阵；$[I_3]$ 为 3×3 单位矩阵。

将式（8-70a）代入式（8-70）可得

$$[K_\sigma]=\int_V [G]^T[S][G]\mathrm{d}V \tag{8-70b}$$

对于平面问题，

$$[S]=\begin{bmatrix}\sigma_x I_2 & \tau_{xy}I_2\\ \tau_{xy}I_2 & \sigma_y I_2\end{bmatrix} \tag{8-71}$$

式中，$[I_2]$ 为 2×2 单位矩阵。

算出初应力刚度矩阵 $[K_\sigma]$ 后，可按下式计算总切线刚度矩阵：

$$[K_T]=[K_n]+[K_\sigma]=\int_v [B_n]^T[D][B_n]\mathrm{d}V+\int_V [G]^T[S][G]\mathrm{d}V \tag{8-72}$$

对应于结点 i、j 的子矩阵（平面问题）有

$$[K_{ij,T}]=[K_{ij,n}]+[K_{ij,\sigma}]$$

式中，

$$[K_{ij,n}]=\int_V [B_{i,n}]^T[D][B_{j,n}]\mathrm{d}V,\quad [K_{ij,\sigma}]=\int_V [G_i]^T[S][G_j]\mathrm{d}V$$

$$[G_i]^T[S][G_j]=\begin{bmatrix}\frac{\partial N_i}{\partial x_0} & 0 & \frac{\partial N_i}{\partial y_0} & 0\\ 0 & \frac{\partial N_i}{\partial x_0} & 0 & \frac{\partial N_i}{\partial y_0}\end{bmatrix}\begin{bmatrix}\sigma_x & 0 & \tau_{xy} & 0\\ 0 & \sigma_x & 0 & \tau_{xy}\\ \tau_{xy} & 0 & \sigma_y & 0\\ 0 & \tau_{xy} & 0 & \sigma_y\end{bmatrix}\begin{bmatrix}\frac{\partial N_i}{\partial x_0} & 0\\ 0 & \frac{\partial N_i}{\partial x_0}\\ \frac{\partial N_i}{\partial y_0} & 0\\ 0 & \frac{\partial N_i}{\partial y_0}\end{bmatrix}$$

$$=\begin{bmatrix}\sigma_x\frac{\partial N_i}{\partial x_0}\frac{\partial N_j}{\partial x_0}+\tau_{xy}\left(\frac{\partial N_i}{\partial y_0}\frac{\partial N_j}{\partial x_0}+\frac{\partial N_i}{\partial x_0}\frac{\partial N_j}{\partial y_0}\right)+\sigma_y\frac{\partial N_i}{\partial y_0}\frac{\partial N_j}{\partial y_0} & 0\\ 0 & \sigma_x\frac{\partial N_i}{\partial x_0}\frac{\partial N_j}{\partial x_0}+\tau_{xy}\left(\frac{\partial N_i}{\partial y_0}\frac{\partial N_j}{\partial x_0}+\frac{\partial N_i}{\partial x_0}\frac{\partial N_j}{\partial y_0}\right)+\sigma_y\frac{\partial N_i}{\partial y_0}\frac{\partial N_j}{\partial y_0}\end{bmatrix} \tag{8-73}$$

对于轴对称问题，式（8-71）应为

$$[S]=\begin{bmatrix}\sigma_r I_2 & \tau_{rz} I_2 & 0\\ \tau_{rz} I_2 & \sigma_z I_2 & 0\\ 0 & 0 & \sigma_\theta\end{bmatrix} \tag{8-73a}$$

式（8-73）中 x、y 以 r、z 取代，但第一行第一列元素应增加 $\sigma_\theta \dfrac{N_i N_j}{r_0^2}$ 一项。

3. 计算步骤

求解从时间 $t=0$ 的初始条件开始，此时，$\{u_0\}$、$\{F_0\}$、$\{\varepsilon_0\}$、$\{\sigma_0\}$ 均为已知且 $\{\varepsilon_{p,0}\}=\{0\}$，为弹性静定情况，其求解步骤如下。

第一步，假定时间 $t=t_n$，已达平衡状态且已知 $\{u_n\}$、$\{\sigma_n\}$、$\{\varepsilon_n\}$、$\{\varepsilon_{p,n}\}$ 和 $\{F_n\}$，计算下列各种数值：

1）按式（8-69）计算 $[B_n]$。

2）$[K_{T,n}]=\sum\limits_e\int\limits_v [B_n]^T[D][B_N]\mathrm{d}V$，其中，$[K_{T,n}]$ 为切线刚度矩阵。

第二步，

1）计算位移增量

$$\{\Delta u_n\}=[K_{T,n}]^{-1}\{\Delta R_n\}$$

式中，$\{\Delta R_n\}$ 为拟增量荷载，且 $\{\Delta R_n\}=\{\Delta F_n\}$。

2）计算应力增量 $\{\Delta\sigma_n\}=[D][B_n]\{\Delta u_n\}$。

第三步，计算总位移和应力向量

$$\{u_{n+1}\}=\{u_n\}+\{\Delta u_n\}$$
$$\{\sigma_{n+1}\}=\{\sigma_n\}+\{\Delta\sigma_n\}$$

第四步，进行平衡校正。首先按位移 $\{u_{n+1}\}$ 计算 $[B_{n+1}]$，然后将 $\{\sigma_{n+1}\}$ 代入平衡方程并计算不平衡力向量

$$\{\bar{R}_{n+1}\}=\sum_e\int_v [B_{n+1}]^T\{\sigma_{n+1}\}\mathrm{d}V-\{F_{n+1}\}$$

并将此不平衡力向量叠加到下一时步的荷载增量上去，即

$$\{\Delta R_{n+1}\}=\{\Delta F_{n+1}\}+\{\bar{R}_{n+1}\} \tag{8-74}$$

对于每个高斯点校核，若满足收敛条件，便可施加下一个荷载增量或结束求解过程。

应注意到，使用等参单元时，应变和应力均对相应的高斯积分点而言。在大变形条件下，雅可比矩阵的形式是

$$[J_D(u_n)]=[J_{D,n}]=\begin{bmatrix}\dfrac{\partial x_n}{\partial x_0} & \dfrac{\partial x_n}{\partial y_0}\\ \dfrac{\partial y_n}{\partial x_0} & \dfrac{\partial y_n}{\partial y_0}\end{bmatrix} \tag{8-75}$$

亦可写成

$$[J_{D,n}]=\begin{bmatrix}\sum\limits_{i=1}^m \dfrac{\partial N_i}{\partial x_0}x_{in} & \sum\limits_{i=1}^m \dfrac{\partial N_i}{\partial x_0}y_{in}\\ \sum\limits_{i=1}^m \dfrac{\partial N_i}{\partial y_0}x_{in} & \sum\limits_{i=1}^m \dfrac{\partial N_i}{\partial y_0}y_{in}\end{bmatrix} \tag{8-75a}$$

式中，m 为单元结点数；x_{in}、y_{in} 为结点变形后的坐标，对于轴对称情况，x、y 以 r、z 取代。

知识拓展

引入岩土工程实例直观讲解几何非线性的概念，通过介绍几何非线性现象在隧道、巷道等岩土工程中的应用，追溯山东科技大学“大岩土”的学科文化，突出山东科技大学力学学科特色。

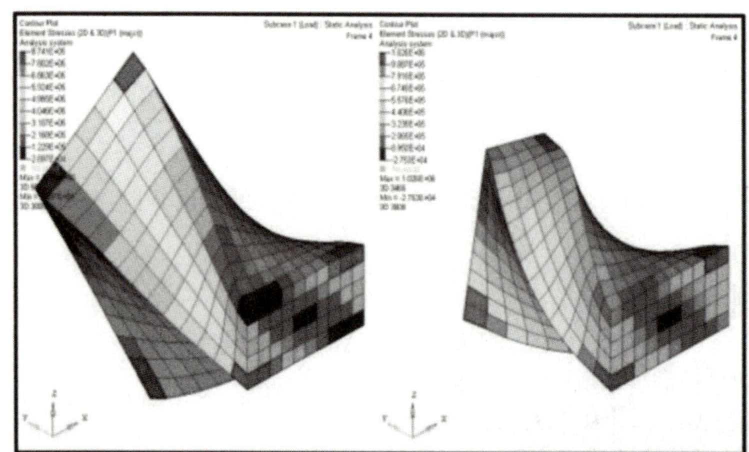

只要结构发生较大变形（应变大于5%），或发生大角度转动，都应该开启几何非线性。

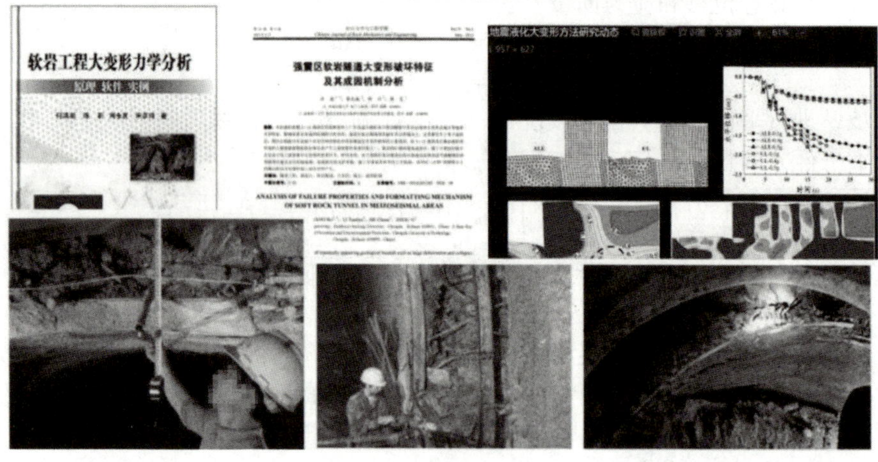

习题

8-1　非线性问题主要有哪几种类型，它们分别有何特点？

8-2　求解非线性方程组的方法主要有哪几种？它们的基本特点是什么？

8-3　迭代收敛判据有哪几种？

8-4　在几何非线性分析中，刚度矩阵由哪几部分组成？*TL* 格式和 *UL* 格式的刚度矩阵有何不同？

8-5　材料非线性问题与线弹性问题的不同点在什么地方？有限元分析中应注意哪些问题？

8-6　一维等截面的弹塑性杆 *AB* 如题 8-6 图 a 所示，横截面面积 $A=1\text{cm}^2$，$L_{AC}=12\text{cm}$，$L_{BC}=8\text{cm}$，作用于截面 C 的轴向力 $P=30\text{N}$。材料的性质如题 8-6 图 b 所示。试利用材料的割线模量，采用直接迭代法求

C 点的水平位移。

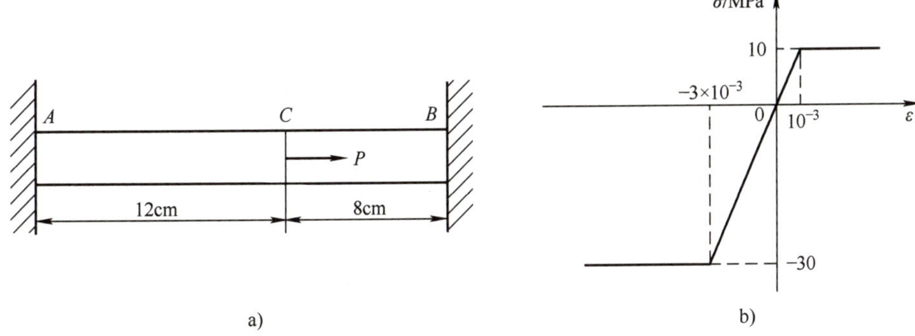

题 8-6 图

第9章　有限元软件

有限元软件是一类用于解决工程问题的计算机辅助工具，通常被应用于结构分析、热传导、流体力学等领域。有限元软件采用了有限元分析方法，将复杂的结构或系统分割成有限数量的简单单元，通过对这些单元进行数值计算，得到整体系统的行为和性能。本章主要介绍了 ANSYS、ABAQUS 和 COMSOL 三大有限元软件的概述、发展历程、特点优势、主要功能以及软件模拟的一般步骤。

有限元软件的技术发展

前处理程序

方程组求解及后处理程序

程序开发环境

有限元分析程序框架

知识拓展

2020 年美国对中国进行软件制裁。有军工背景的 MathWorks 公司暂时中止了哈尔滨工业大学和哈尔滨工程大学两个学校的 MATLAB 软件使用权限。2021 年，中共中央、国务院印发了《知识产权强国建设纲要（2021—2035 年）》，这是以习近平同志为核心的党中央面向知识产权事业未来 15 年发展做出的重大顶层设计，是新时代建设知识产权强国的宏伟蓝图，在我国知识产权事业发展史上具有重大里程碑意义。同学们必须意识到我国必须发展自己的有限元软件，核心技术一定掌握在自己手里，否则一旦遭遇制裁就会遭受重大损失。

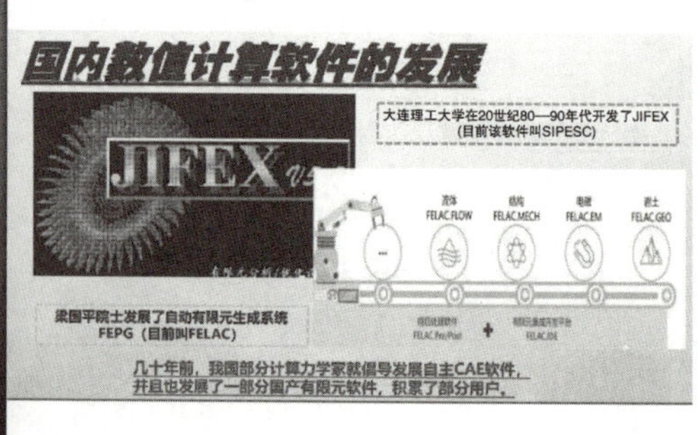

9.1　ANSYS 分析软件

1. ANSYS 软件概述

ANSYS 是一种应用广泛的通用有限元工程分析软件。功能完备的预处理器和后处理器（又称预处理模块和后处理模块）使 ANSYS 易学易用，强大的图形处理能力以及得心应手的实用工具使得使用者轻松愉快，奇特的多平台解决方案使用户物尽其用，且具有多种平台支持（Windows NT、LINUX、UNIX）和异种异构网络浮动能力，各种硬件平台数据库兼容，使其功能一致、界面统一。目前，ANSYS 已经广泛应用于核工业、铁道、石油化工、航空航天、机械制造、能源、汽车交通、国防、军工、电子、土木工程、造船、生物医学、轻工、地矿、水利、日用家电等工业及科学研究领域。

ANSYS 是一种广泛的商业套装工程分析软件。所谓工程分析软件，主要是在机械结构系统受到外力负载所出现的反应，例如应力、位移、温度等，根据该反应可知道机械结构系统受到外力负载后的状态，进而判断是否符合设计要求。一般机械结构系统的几何结构相当复杂，受的负载也相当多，理论分析往往无法进行。想要解答，必须先简化结构，采用数值模拟方法分析。由于计算机行业的发展，相应的软件也应运而生，ANSYS 软件在工程上应用相当广泛，在机械、电机、土木、电子及航空等领域的使用，都能达到某种程度的可信度，颇获各界好评。使用该软件，能够降低设计成本，缩短设计时间。到 20 世纪 80 年代初期，国际上较大型的面向工程的有限元通用软件主要有：ANSYS、NASTRAN、ASKA、ADINA、SAP 等。以 ANSYS 为代表的工程数值模拟软件，是一个多用途的有限元法分析软件，现在可用来求解结构、流体、电力、电磁场及碰撞等问题。它包含了前置处理、解题程序以及后置处理，将有限元分析、计算机图形学和优化技术相结合，已成为现代工程学问题必不可少的有力工具。

2. ANSYS 软件的发展

ANSYS 公司是由美国匹兹堡大学力学系教授、有限元法的权威、著名的力学专家 John Swanson 博士于 1970 年创建而发展起来的，其总部位于美国宾夕法尼亚州的匹兹堡市，目前是世界 CAE 行业最大的公司之一。ANSYS 软件的最初版本与今天的版本相比有很大的不同，最初版本仅仅提供了热分析及线性结构分析功能，而且是一个批处理程序，只能在大型计算机上使用。20 世纪 70 年代初加入了非线性、子结构等功能；20 世纪 70 年代末，图形技术和交互操作方式应用到了 ANSYS 中，使得 ANSYS 的使用进入了一个全新的阶段。自 2000 年开始，ANSYS 进行了一系列收购，包括 ICEM CFD Engineering、法国 CADOE 以及后来的 Fluent 等，Fluent 应用先进的 CFD 技术实现流体、热、传导等方面的仿真，奠定了 ANSYS 在计算流体力学的地位。ANSYS 公司通过一连串的并购与自身壮大后，把其产品扩展为 ANSYS Mechanical 系列、ANSYS CFD（FLUENT/CFX）系列、ANSYS ANSOFT 系列以及 ANSYS Workbench 和 EKM 等。由此 ANSYS 塑造了一个体系规模庞大、产品线极为丰富的仿真平台，在结构分析、电磁场分析、流体动力学分析、多物理场、协同技术等方面都提供了完善的解决方案。

3. ANSYS 软件的特点

1）唯一实现前后处理、求解及多场分析统一数据库的一体化大型有限元软件。

2）唯一具有多物理场优化功能的有限元软件。

3）唯一具有中文界面的大型通用有限元软件。

4）强大的非线性分析功能。

5）多种求解器分别适用于不同的问题及不同的硬件配置。

6）支持异种、异构平台网络浮动，在异种、异构平台上用户界面统一、数据文件全部兼容。

7）强大的并行计算功能支持分布式并行及共享内存式并行。

8）多种自动网格划分技术。

9）良好的用户开发环境。

4. ANSYS 的主要功能

ANSYS 软件是融结构、热、流体、电磁、声学于一体的大型通用有限元软件，可广泛地用于核工业、铁道、石油化工、航空航天、机械制造、能源、汽车交通、国防军工、电子、土木工程、生物医学、水利、日用家电等一般工业及科学研究。作为一个大型通用的商业有限元软件，ANSYS 具有完备的前后处理功能以及强大的求解器，并且支持多平台联动。

前处理功能：ANSYS 具有强大的实体建模技术，可以建立真实地反映工程结构的复杂几何模型。ANSYS 提供两种基本网格划分技术：智能网格和映射网格，以及智能网格、自适应、局部细分、层网格、网格随移、金字塔单元（六面体与四面体单元的过渡单元）等多种网格划分工具，帮助用户完成精确的有限元模型。此外，ANSYS 还具有近 200 种单元类型，这些丰富的单元特性能使用户方便而准确地构建出反映实际结构的仿真计算模型。

后处理功能：ANSYS 的后处理用来观察 ANSYS 的分析结果。ANSYS 的后处理分为通用后处理模块和时间后处理模块两部分。后处理结果包括位移、温度、应力、应变、速度以及热流等，输出形式可以是图形显示和数据列表两种。ANSYS 还提供自动或手动时程计算结果处理的工具。

强大的求解器：ANSYS 提供了对各种物理场的分析，是目前唯一能融结构、热、电磁、流场、声学等为一体的有限元软件。除了常规的线性、非线性结构静力、动力分析之外，还可以解决高度非线性结构的动力分析、结构非线性及非线性屈曲分析。提供的多种求解器分别适用于不同的问题及不同的硬件配置。

ANSYS 软件提供了不断改进的功能清单，具体包括：结构高度非线性分析、电磁分析、计算流体力学分析、设计优化、接触分析、自适应网格划分及利用 ANSYS 参数设计语言扩展宏命令功能。ANSYS 是一个通用的有限元分析软件，它具有多种多样的分析能力，从简单的线性静态分析到复杂的非线性动态分析。而且，ANSYS 还具有产品的优化设计、估计分析等附加功能。

ANSYS 软件能够提供的分析类型如下：

（1）结构静力分析　用来求解外荷载引起的位移、应力和力。静力分析很适合求解惯性和阻尼对结构影响不显著的问题。ANSYS 程序中的静力分析不仅可以进行线性分析，而且可以进行非线性分析，如塑性、蠕变、膨胀、大变形、大应变及接触问题的分析。

（2）结构动力分析　结构动力分析用来求解随时间变化的荷载对结构或部件的影响。与静力分析不同，动力分析要考虑随时间变化的力荷载以及它对阻尼和惯性的影响。ANSYS

可进行结构动态分析的类型包括瞬时动力分析、模态分析、谐波响应分析及随机振动响应分析。

(3) 结构非线性分析 结构非线性问题包括分析材料非线性、几何非线性和单元非线性三种。ANSYS 程序可以求解静态和瞬态的非线性问题。

(4) 结构屈曲分析 屈曲分析是用来确定结构失稳的荷载大小与在特定的荷载下结构是否失稳的问题，ANSYS 中的稳定性分析主要分为线性分析和非线性分析两种。

(5) 热力学分析 ANSYS 可处理热传递的三种基本类型：传导、对流和辐射。热传递的三种基本类型均可进行稳态和瞬态、线性和非线性分析。热分析还可以进行模拟材料的固化和熔解过程的分析，以及模拟热与结构应力之间的耦合问题的分析。

(6) 电磁场分析 主要用于电磁场问题的分析，如电感、电容、磁能量密度、涡流、电场分布、磁力线分布、力、运动效应、电路和能量损失等。

(7) 声场分析 声场分析主要用来研究主流体（气体、液体等）介质中声音的传播问题，以及在流体介质中固态结构的动态响应特性。

(8) 压电分析 压电分析主要可以进行静态分析、模态分析、瞬态分析和谐波响应分析等，可用来研究压电材料结构随时间变化的电流和机械荷载响应特性。它主要适用于谐振器、振荡器以及其他电子材料的结构动态分析。

(9) 流体动态分析 ANSYS 中的流体单元能进行流体动态分析，分析类型可以为瞬态或稳态。分析结果可以是每个节点的压力和通过每个单元的流率，并且可以利用后处理功能产生压力、流率和温度分析的图形显示。

5. ANSYS 软件的模拟

ANSYS 能模拟弹性模型、非线性模型及弹塑性等多种材料模型，并具有对应力、能量等的特别设定，可以有效地模拟地质构造区域不同位置巷道围岩弹性能分布的影响问题。

ANSYS 软件主要包括 3 个模块：预处理模块、分析计算模块和后处理模块。预处理模块提供了一个强大的实体建模及网格划分工具，用户可以方便地构造有限元模型；分析计算模块可进行结构分析（线性分析、非线性分析和高度非线性分析）、流体动力学分析、电磁场分析、声场分析及物理场的耦合分析等，可模拟多种物理介质的相互作用，具有灵敏度分析及优化分析能力；后处理模块可以通过彩色云图显示、等值线显示、矢量显示、透明及半透明显示等图形显示出来，也可以将计算结果以图表、曲线形式显示或输出。

一个典型的 ANSYS 有限元分析过程可分为三个基本步骤：①建立模型，这一步骤要完成的任务是建立分析问题的几何模型，定义单元类型、实常数和材料的特性等，然后对模型进行网格划分；②加载并求解，这一步要确定边界条件、施加荷载，然后求解；③查看分析结果，对计算的结果进行处理，然后输出结果。

9.2 ABAQUS 分析软件

1. ABAQUS 软件概述

ABAQUS 是国际上最先进的大型非线性有限元计算分析软件之一，是法国达索集团的产品，该软件能够处理多种物理场，如结构力学、热力学、流体力学和电磁场，并且该软件具有强大的非线性求解能力，可以模拟和解决实际工程中的高度非线性问题，例如大变形、接触、损伤、塑性和材料失效等。ABAQUS 内包括丰富的几何模型单元库和丰富的材料模型库，可以模拟典型工程材料在多种物理场下的性能，包括金属、橡胶、高分子材料、钢筋混凝土、土壤和岩石等材料的结构问题（应力、位移、动力等），也可以进行各物理场之间的耦合分析，如流固耦合、热电耦合、声固耦合等。

ABAQUS 软件在我国的土木工程、地矿、水利、石油、核工业等领域得到了广泛的应用，为各领域的工程设计、安全评价及科学研究做出了很大的贡献。随着计算机硬件和软件的飞速发展，该软件在不断改进，应用范围也在不断扩展。

2. ABAQUS 软件的发展

ABAQUS 公司成立于 1978 年，创始人是 David Hibbit、Bengt Karlsson 和 Paul Sorenson，前身名叫 HKS。2002 年公司改名为 ABAQUS，2005 年被法国达索公司（Dassault Systemes，DS）收购，2007 年更名为 SIMULIA，ABAQUS 是达索公司的重要产品之一。经过多年的积累，ABAQUS 已经从最初的 15000 行 FORTRAN 程序发展成了一款前后处理功能强大、求解模块丰富、适用范围广的有限元软件。

经过数年的不断发展，ABAQUS 已经具备强大的多物理场分析能力，支持非常丰富的单元库、材料本构模型和二次开发接口。同时作为一套工程模拟的有限元软件，ABAQUS 的优势非常突出。ABAQUS 有着突出的建模能力，不仅具有强大的非线性计算能力，而且，对于复杂的模型可以先剖分为超单元，再进行计算。另外，ABAQUS 有着强大的二次开发能力和丰富的专用模块。目前在各个行业，越来越多的科研、工程人员倾向于使用此软件来解决自己遇到的问题。

3. ABAQUS 软件的特点

1）现代的 Windows 风格的软件界面，具有良好的人机交互特性。

2）现代三维 CAD 造型软件的建模方式，直接考虑部件之间的装配关系。

3）参数化建模方法，便于修改设计，寻找最佳的设计方案。

4）强大的模型管理手段，为各种复杂实际工程问题的建模和仿真提供了方便。

5）独有的接触模块，可以方便地为实际工程中的各种接触问题建模。

6）全面支持从零件级到系统级的分析，使结构的模拟过程在统一的平台下实现。

7）非线性分析能力强大，且用途也十分广泛。

8）丰富的材料模型以及并行计算能力。

4. ABAQUS 的主要功能

ABAQUS 有两个分析模块：ABAQUS/Standard 和 ABAQUS/Explicit。ABAQUS/Standard 是一个通用的分析模块，能够求解广泛领域的线性和非线性问题，包括静态分析、动态分析和结构热响应分析。ABAQUS/Explicit 为显式分析求解器，适用于模拟短暂、瞬间的动态事件，以及求解冲击和其他高度不连续的问题。ABAQUS/Explicit 不仅支持应力-位移分析，还支持耦合的瞬间温度-位移分析和声-固耦合分析。

ABAQUS 可用于解决从相对简单的线性分析到许多复杂的非线性问题的广泛物理现象。它主要用于模拟各种物理过程，如应力、位移、热传导、流体流动、电磁场等，并在许多工程和科学领域中得到广泛应用，如机械工程、土木工程、材料科学、生物医学工程等。

ABAQUS 软件能够提供的分析类型如下：

1）线性/非线性静力分析：用于计算结构在静荷载作用下的响应。

2）动态分析：包括模态分析、瞬态动力学分析、谐响应分析等。

3）热分析：包括稳态和瞬态热传导、热对流、热辐射等。

4）流体分析：流体流动模拟，如计算流体动力学（CFD）。

5）电磁分析：电磁场和电流分布的分析。

6）耦合分析：如热-结构耦合、流体-结构耦合等。

5. ABAQUS 软件的模拟

模型完整的分析步骤一般包括建模、计算以及结果可视化与提取，在使用 ABAQUS 进行分析时，可将这三步概括为前处理、模拟计算和后处理。在前处理阶段，用户进行模型准备与设置工作，即建立几何模型、定义材料和界面属性、设定边界条件和荷载类型、选择单元类型和分析步以及划分网格等。前处理完成后可以提交进行计算，在模拟计算阶段，计算所需的时间与模型复杂程度成正比。ABAQUS 有一定的自适应性，能够根据结构的响应情况自动调整时间步。在进行非线性分析时，能够自动调整增量大小来适应结构变形和收敛，并且根据解的收敛过程来自动选择不同的算法，通过一系列的调整来保证计算的精确性和速率。在后处理阶段，能够通过可视化模块看到模型的响应情况，包括应力、位移和变形情况，并且能够将分析结果以图形或文件的形式输出。下面列出 ABAQUS/CAE 的各个模块，并且简要介绍了在建立模型过程中各个模块的功能。

（1）Part 模块　此模块是为了创建模型中的各个部件，包含了多种建模工具，用户可以使用直线、圆弧等命令建立简单的几何形状，也能够通过剖切、旋转等命令创建复杂的几何体，除此之外也能导入外部文件进行建模。

（2）Property 模块　在 Part 模块中创建的零件可以在该模块中定义材料和截面等属性。在这里，用户可以设定材料的物理特性，如弹性模量、泊松比、密度等，同时可以选择合适的本构模型。在 Property 模块中创建截面并指派给相应的部件，如果是梁模型，则能够选择或自定义合适的剖面，并且指派梁方向。

（3）Assembly 模块　Assembly 模块将 Part 模块中所创建的部件组装成一个整体，但是在组装过程中需要将各零件的坐标系进行统一，装配完成后可以检查各配件之间是否发生重叠等情况，并对刚度、强度等性能进行评估。

（4）Step 模块　Step 模块可以选择合适的分析类型，包括静态分析、位移-温度耦合分析等。还能够设置分析步的时长和收敛参数，同时能够选择需要在后处理中输出的参数，如作用力、位移、加速度等。

（5）Interaction 模块　Interaction 模块用于定义不同部件接触面之间的相互作用属性。此模块中有多种接触选项和约束类型，可以设定接触类型与属性，也能够设置约束来限制相互接触的两个部件发生位移。

（6）Load 模块　此模块能够设定模型的外部加载条件，包括荷载、边界条件、预定义场等。Load 模块能够定义荷载的大小、方向等参数；边界条件设置时可以选择多种类别以及需要限制的自由度；当有特定的分析步时也能够创建荷载工况。预定义场能够给模型定义初始位移、初始温度等初始条件。

（7）Mesh 模块　此模块用于将模型分解为离散的有限元网格。模型的网格密度可以通过多种方法进行设置，以满足用户对网格密度的需要。能够通过设置单元类型和形状、选择网格计算方法等划分网格，也能够通过与其他软件交互导入，当划分完成后可以对网格质量进行检查。

(8) Optimization 模块　此模块能够创建优化任务，首先选择需要优化的参数，其次定义优化的目标函数，通常是需要最小化或最大化的结构性能指标，然后添加约束条件，最后选择合适的算法进行迭代计算。

(9) Job 模块　建模完成后在此模块提交，该模块能够写入输入文件来检查数据，提交之前能够根据计算机性能选择合适的处理器运行数量来提升效率。计算完成后会生成相应的结果文件。

(10) Visualization 模块　Visualization 模块是一种后处理模块，用于在模型计算完成后查看可视化结果，如变形过程、应力云图和矢量图等，这些结果都能够以二维或三维的形式展示出来。如果有需要也能够将结果提取出来。

9.3　COMSOL 分析软件

1. COMSOL 软件概述

COMSOL Multiphysics 是一款通用的适用于多物理场耦合问题的有限元仿真软件，由 COMSOL 公司开发。COMSOL 软件具有一些显著优点，如可自定义偏微分方程（PDE）、任意独立函数可控制模型参数和求解参数、具有丰富的前后处理和交互功能等，但其数值稳定性和收敛性相对较差。

COMSOL Multiphysics 允许用户对各种物理系统进行建模和分析，包括电气、机械、流体和化学系统，提供了许多高级工具和功能，包括多物理建模环境、有限元分析（FEA）求解器以及用于自动化模型设置和后处理的脚本界面。该软件还包括一个大型物理接口库和一个为用户提供支持和资源的用户社区。

多物理建模环境使用户能够构建结合多种物理的模型，例如电学和热学，或者机械和流体。这使用户能够执行模拟，准确地反映真实世界场景中不同物理系统之间的交互。

有限元求解器是一种用于求解描述物理系统的偏微分方程组的高精度且强大的数值方法，特别适用于解决如固体力学、结构和流体力学中涉及复杂几何形状的问题。在这些情况下，传统的分析方法可能提供不了准确的解，但可以使用有限元来获得准确的结果。

脚本界面允许用户自动执行模型设置和后处理任务，使执行参数研究和优化设计变得更容易。此外，该软件的物理接口库为用户提供了各种物理系统的预定义模型和方程，包括传热学、静电学和流体流动。

2. COMSOL 软件的发展

COMSOL 最先是 Matlab 的一个工具箱（Toolbox），叫作 Toolbox 1.0。后来改名为 Femlab 1.0（FEM 为有限元，LAB 取用自 Matlab 的后三个字母），这个名字也一直沿用到Femlab 3.1。从 Femlab 3.2 版本开始，正式命名为 COMSOL Multiphysics。1998 年，COMSOL Multiphysics 软件发布，此时仅有结构力学模块。自此之后分别加入了电磁学模块、化工模块、地下水流模块、传热模块、MEMS 模块和 CAD 导入等模块。

发展至今，COMSOL 当前有一个基本模块和八个专业模块：结构力学模块、化学工程模块、热传递模块、地球科学模块、射频模块、AC/DC 模块、微机电模块、声学模块，除此之外，还有反应工程实验室、信号与系统实验室、最优化实验室、CAD 导入模块、二次开发模块等附加模块，用于特定问题的研究以及满足特定功能的需要。

3. COMSOL 软件的特点

（1）多物理场耦合 COMSOL 的最大特点是能够处理多个物理场的耦合问题。用户可以轻松地在一个模型中添加多个物理场，并选择如何耦合它们。这使得分析复杂的多物理场问题变得更加简单。

（2）用户友好的界面 COMSOL 的界面设计简洁明了，用户可以轻松地创建和管理模型。软件提供了丰富的预处理和后处理功能，帮助用户快速建立模型并分析结果。

（3）丰富的模块库 COMSOL 提供了多种专业模块，涵盖了电磁、结构、流体、声学等多个领域。用户可以根据需求选择合适的模块进行仿真。

（4）完全开放的架构 用户可在图形界面中轻松自由定义所需的专业偏微分方程。

（5）高效的求解器 COMSOL 提供多种数值求解器，包括直接求解器和迭代求解器，适应不同规模和类型的仿真问题，并且支持多核处理和并行计算，显著提高求解效率。

（6）丰富的后处理功能 COMSOL 提供丰富的可视化工具，用户可以生成各种类型的图表、动画和报告，以便深入分析仿真结果。仿真结果可以导出多种格式，便于进一步分析或与其他软件协作。

4. COMSOL 的主要功能

COMSOL Multiphysics 是一款适用于各个工程、制造和科研领域的通用仿真软件。软件提供了模拟单个物理场、灵活耦合多个物理场以及仿真 App 开发、模型管理等工具，附加产品 COMSOL Compiler 和 COMSOL Server 可帮助分发、部署仿真 App，实现高效协作，通过仿真分析赋能生产、设计、制造部门以及其他合作者。

丰富的附加模块为电磁、结构力学、声学、流体流动、传热和化工等领域提供了专业的分析功能，所有附加模块都可以与 COMSOL Multiphysics 组合使用，以此来实现不同物理场的添加和耦合。同时，多个接口产品还支持与 CAD 和其他第三方软件的链接，为用户提供更全面的仿真解决方案。

下面将介绍 COMSOL 中的主要模块。

（1）AC/DC 模块 AC/DC 模块是一款分析静态、低频电磁问题的强大而灵活的工具，提供了丰富的建模功能和数值方法，帮助用户通过求解麦克斯韦方程来深入研究电磁场和 EMI/EMC 问题。借助于 COMSOL 的多物理场耦合功能，用户还可以进一步研究电磁场与其他如热、结构、声等物理效应之间的相互影响，获得更加准确、贴近实际场景的仿真结果。

（2）CFD 模块 CFD 模块专注于计算流体力学仿真，为以下各种不同类型的流体流动的分析提供了丰富的仿真工具，包括：内部和外部流动，不可压缩和可压缩流动，层流和湍流，单相流和多相流，自由和多孔介质流动。

CFD 模块本身提供了多种工具用来分析含共轭传热的非等温流动、反应流、流-固耦合（FSI）以及电流体动力学（EHD）等现象。更为重要的是，通过与 COMSOL 产品库中的其他模块进行耦合，还可添加额外的多物理场耦合功能，如将流体流动与流-固耦合中的大结构变形相耦合。

（3）多孔介质流模块 多孔介质流模块专注于分析在各种自然和人工系统中出现的复杂多孔介质结构。其中提供了一系列功能，可基于达西定律、Brinkman 方程和理查兹方程等原理，分析多孔介质单相流、裂隙流以及自由与多孔介质流动的相互作用。

为了更贴近实际场景，预置的多物理场耦合功能不仅能模拟多孔介质中的非等温流动，还能考虑多组分系统的有效属性、多孔弹性以及水分和化学物质的传递等。

（4）地下水流模块　地下水流模块具备对多孔材料中的单相流和多相流进行建模的能力，并提供先进的功能来研究地下的热量和质量传递，同时分析其多孔弹性特性。

（5）传热模块　传热模块用于分析传导、对流和辐射传热现象，其中集成了一系列丰富的建模功能，为热设计和热效应的研究提供了有力的工具，可以用来分析物体、物体周围和大型建筑的温度场和热通量。软件提供的多物理场耦合功能方便用户在同一个软件环境中分析多个物理效应，更准确地模拟真实场景下的传热问题。

（6）结构力学模块　结构力学模块提供了一系列专为分析固体结构的力学特性而量身定制的强大工具和功能，不仅涵盖固体力学和材料建模仿真的多种特征和功能，还能够模拟动力学与振动、壳、梁、接触、裂隙等复杂现象，广泛应用于机械工程、土木工程、岩土力学、生物力学和 MEMS 器件等领域。

结构力学模块为常见的多物理场耦合效应内置了如热应力、流-固耦合、压电效应等用户接口。将其与其他模块耦合使用，可进一步考虑力学与传热、流体流动、声学和电磁等效应之间的相互影响。在此基础上，还可以进一步考虑复杂的材料模型，或者借助 CAD 导入功能对复杂几何零件进行分析。

（7）化学反应工程模块　化学反应工程模块为用户提供了直观的界面，用于创建、检查和编辑化学方程、动力学表达式、热力学函数和输运方程。一旦模型通过了实验数据的验证，就可以用来研究不同的工作条件和反应系统的设计，以及相应的传输现象。通过分析使用不同输入数据求解的结果，可以帮助用户理解所研究系统的工作原理。可将化学反应工程模块与 COMSOL 中的其他工具结合使用，还可以基于先进算法来优化化工系统的性能和参数。

5. COMSOL 软件的模拟

COMSOL 是一款功能强大、易于使用的多物理场仿真软件。通过使用 COMSOL，用户可以轻松地解决复杂的多物理场耦合问题，为科研和工程实践提供有力支持。COMSOL 软件建模可以大致分为五个步骤，分别为建立几何模型、设置物理场、定义域材料和设置参数、网格的划分及求解与后处理。下面将依次介绍这几个步骤。

（1）建立几何模型　首先，打开 COMSOL 软件，根据模型的几何形状确定空间维度，并使用几何工具栏中的工具来创建几何模型。此外，用户还可以导入来自第三方 CAD 软件的各种几何文件（复杂几何通常使用此方式）来创建模型。

（2）设置物理场　在构建几何模型之后，根据需要解决的问题，决定是处理单一的物理场问题，还是涉及多个物理场之间的相互耦合问题，以此来选择物理场。

（3）定义域材料和设置参数　在确定了物理场以后，我们需要选择物理场的作用区域，并设置该域所采用的材料以及各种物理力学参数。

（4）网格的划分　物理场设置完毕后，用户需要对几何模型的网格进行划分。COMSOL 的网格划分有两种方式，第一种是物理场控制网格，也就是 COMSOL 自动生成的网格。第二种是用户自定义划分网格。一般情况下，使用物理场控制网格即可，但是如果几何模型非常复杂，就需要用户对网格划分进行优化，对单元大小参数进行不断调节。

（5）求解与后处理　添加瞬态或稳态研究，在研究的设置中对求解器进行设置，并进行计算。求解完成后，会显示可视化结果，用户可以根据需要对结果进行后处理。

第10章　有限元案例分析

本章是有限元的具体使用，通过列举若干工程实例，如巷道支护、轮毂优化、隧道开挖、手机跌落、水合物室内实验分解以及堤坝的稳定性等，介绍了如何利用有限元软件去解决工程实际问题。

10.1　ANSYS 分析案例

1. 巷道开挖支护

在页岩中开挖一条 4m × 3m 矩形巷道，并采用锚杆支护，巷道距离地面深度为 600m，岩体中的垂直应力取自重应力，水平应力取 1.2 倍的垂直应力。

锚杆的弹性模量为 1.6×10^{3}GPa，泊松比为 0.25，直径 20mm，长度 2m。巷道顶板布置三根锚杆，两边各两根锚杆。页岩的相关力学参数见表 10-1。试分析巷道开挖后的塑性区分布。

表 10-1　页岩力学参数

弹性模量/GPa	泊松比	黏聚力/MPa	流动角/(°)	内摩擦角/(°)	密度/(kg/m^3)
30	0.3	10	8	20	2600

(1) 模型的建立　因为巷道埋深一般都远大于巷道半径，可将巷道的应力场看作均匀荷载；巷道长度一般较大，可以作为平面应变问题处理；页岩材料看成各向同性的连续均匀介质。

模型尺寸取 50m × 50m，巷道开在模型中部，巷道顶部和两边分别设置锚杆。锚杆采用杆单元 link1，围岩采用 Plan42 单元，求解平面应变问题。模型底部水平和竖直方向施加约束，顶部及左右侧加力，如图 10-1 所示。

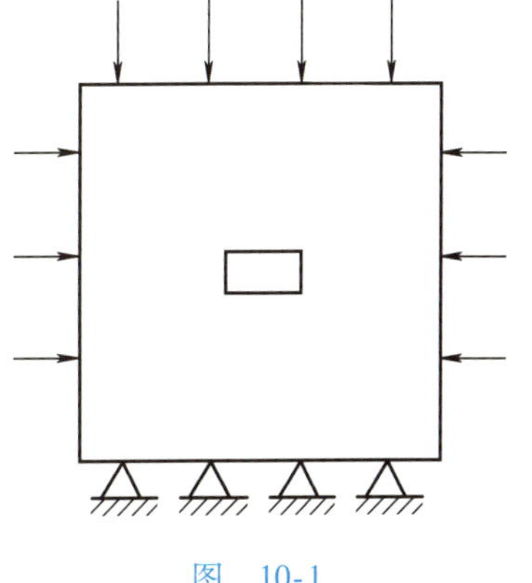

图　10-1

网格划分采用求解易于收敛的映射划分，约划分 12000 个单元：单元划分完成后，提取所关注的节点编号，以备后处理中使用。提取节点编号的 ANSYS 命令为 [NODE（节点坐标）]。

（2）巷道围岩塑性区范围分析　模拟了侧压系数 λ 为 0.8、1.0 和 1.2 时塑性范围的分布情况，结果如图 10-2 ~ 图 10-4 所示。

模拟结果表明：开始的破坏集中在矩形巷道的四个角上，然后逐步向跨中和两帮中部转移。在侧压系数逐渐增大的过程中，巷道两帮塑性区在逐渐减小，顶、底板塑性区都呈增大的趋势，当侧压系数 $\lambda=0.8$ 时巷道塑性破坏区最大位置在巷道两帮处，当 λ 增大时，塑性破坏区最大位置则逐渐转移到巷道顶、底板中部。

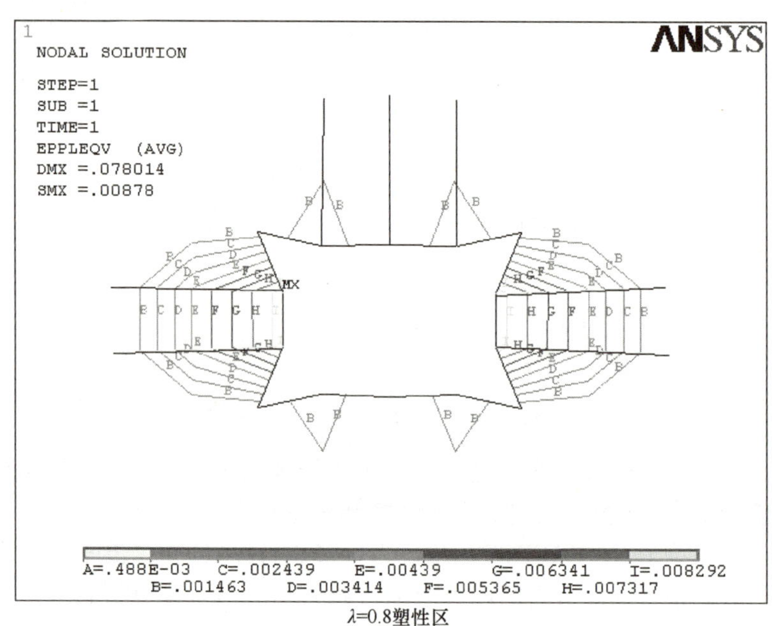

λ=0.8塑性区

图　10-2

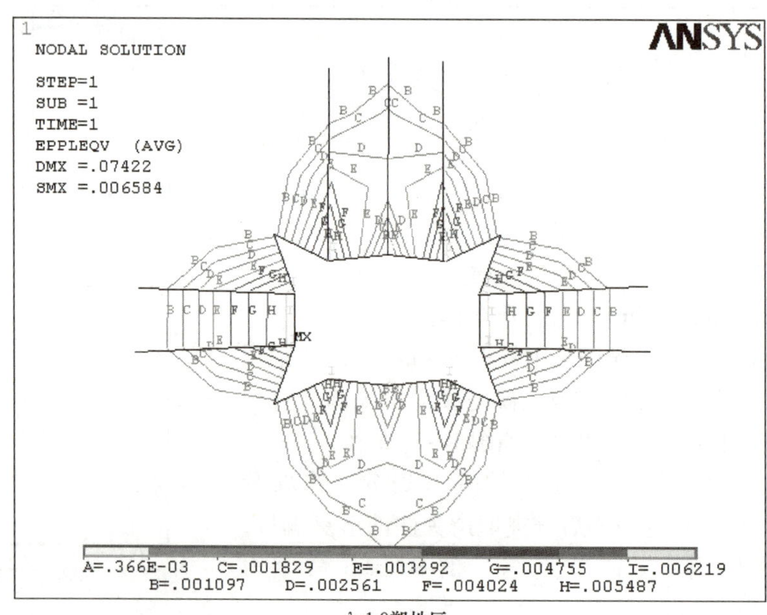

λ=1.0塑性区

图　10-3

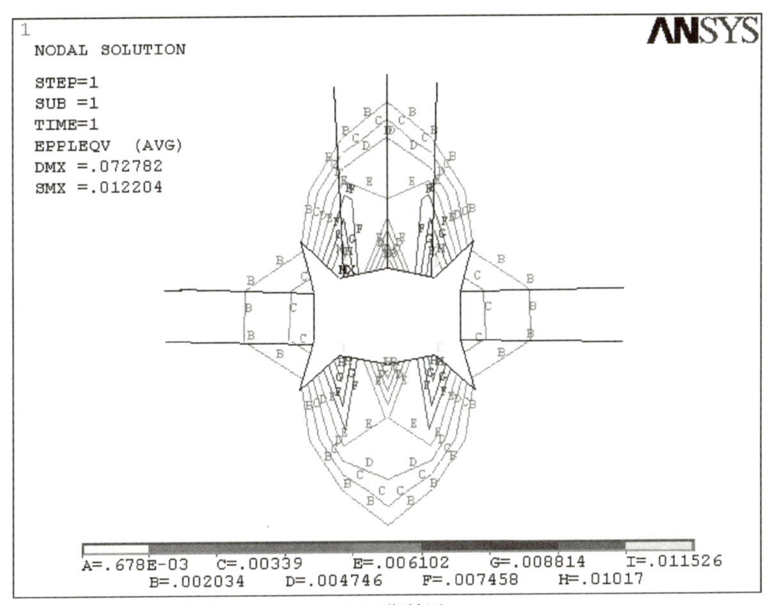

λ=1.2塑性区

图　10-4

这说明：侧压系数 λ 对顶板的破坏范围和破坏方式有着明显的影响。当 $\lambda>1$ 时巷道顶、底板的破坏范围比 $\lambda<1$ 时的破坏范围明显增大。对于 4m × 3m 矩形巷道而言水平应力主要引起顶、底板的塑性区形成。

2. 汽车轮毂优化

轮毂是汽车中极其重要的组成部分之一，其主要的作用是支撑和承受车辆的重量，并将动力从车辆传递到车轮，同时还可以减少震动和噪声，提高行驶的平稳性和舒适性。采用铝合金材料的轮毂具有质量轻、耐腐蚀、散热性能好等优势。

轮毂形状示意图如图 10-5 所示，轮毂尺寸为 15 ×6. 5J 值，宽度为 165. 1mm，轮毂直径

图　10-5

为 381mm，轮辐形式为辐板式，中心孔（与轴承接触部位的圆孔直径）设为 57.1mm，轮辋的厚度设为 6mm，螺栓孔的直径设为 14mm，螺栓孔的类型采用常规孔，轮毂偏距（ET）为 82.55mm，节圆直径（又称 PCD）为 100mm。轮毂材料为 A356 铝合金材料，材料参数见表 10-2。假设汽车总质量为 2500kg，重力加速度 $g=9.8\mathrm{m/s^2}$，汽车轮胎胎压取日常生活中常见的 0.23MPa，地面通过轮胎传递给轮毂的力简化为作用在轮毂的 120°的圆弧段内均匀分布。试分析轮毂的受力情况并进行强度校核，并对轮毂进行优化设计。

表 10-2 A356 铝合金参数表

密度 ρ/(kg/m^3)	弹性模量 E/GPa	泊松比 μ	屈服强度 σ_s/MPa
2770	70	0.33	232

知识拓展

习近平总书记在党的二十大报告中指出，“实现碳达峰碳中和是一场广泛而深刻的经济社会系统性变革。立足我国能源资源禀赋，坚持先立后破，有计划分步骤实施碳达峰行动”“深入推进能源革命”“加快规划建设新型能源体系”。

实现装备结构轻量化，减少碳排放，是落实“双碳”战略的重要途径之一，因此在进行汽车、高铁、飞机等结构的设计时都要考虑轻量化的理念。用有限元建立模型，分析其各部件在受荷载作用下产生的形变和内力，合理设计，有效减少材料的用量，进而减少整机重量。同学们要树立绿色发展的理念，树立对工作的责任感和认同感，为碳中和、碳达峰贡献一份力量。

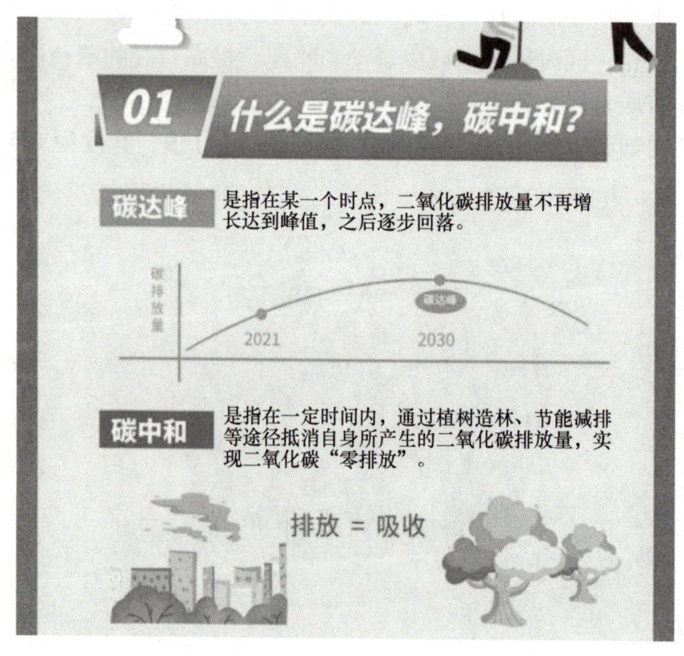

（1）受力分析　本例采用 ANSYS 中的 Workbench 平台进行分析，ANSYS Workbench 是

ANSYS 推出的一个 CAE 整合平台，具有更灵活、高效的优化功能，支持多种优化算法，包括遗传算法、粒子群优化算法、拟牛顿法等，能够根据用户的需要，灵活调整分析参数，实现更高效的优化分析。本例采用外部模型导入的方式建立几何模型。

网格划分：由于轮毂中的轮辐部分属于不可映射实体，划分六面体网格较为困难且该网格对轮辐中圆角处适应性较差，而四面体网格对边界条件的适应性较强，因此本例采用四面体网格进行分析，单元尺寸选择 3mm。网格划分情况如图 10-6 所示。

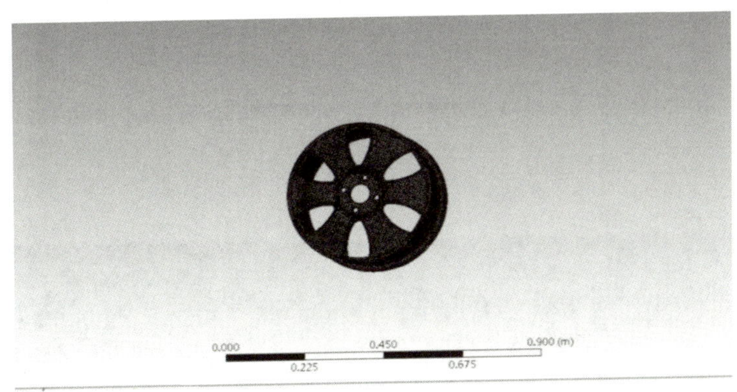

图　10-6

荷载分布：由材料力学挤压问题的实用计算公式

$$\sigma_{bs} = \frac{F_i}{A_{bs}}$$

可计算得到单个轮毂的受力为 6125N，120°对应的圆弧面所对应的投影面大小为 $54475mm^2$，分析可得 120°所对应的圆弧面上所受到的压强大小为 $p = 0.1124$MPa，地面通过胎压作用在 120°面上的力在 ANSYS 中的施加如图 10-7 所示。此外轮胎胎压对于整个平底轮毂面均有作用效果，大小为 0.23MPa，汽车轮毂的胎压荷载的施加如图 10-8 所示。

图　10-7

约束设置：在对该汽车轮毂进行静力分析研究时，为了使模型具有可控的特性并方便进行分析，可以将其中的四个螺栓孔、一个中心孔以及法兰面设置为六个自由度完全固定的约束。汽车轮毂约束在 ANSYS 中的设置如图 10-9 所示。

结果分析：经 ANSYS Workbench 计算，得到其总体边形图、等效应力图、等效应变图

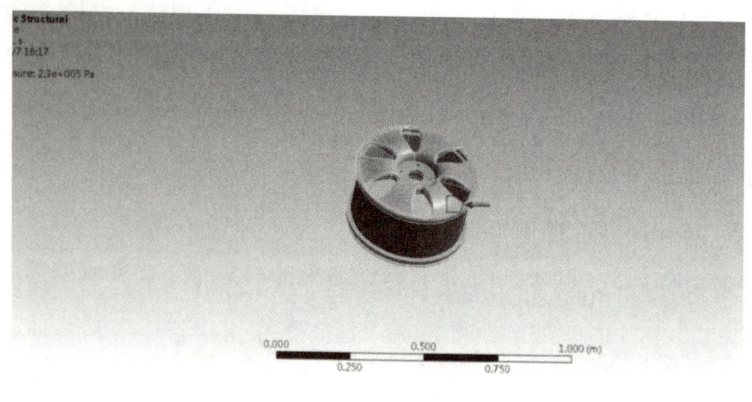

图 10-8

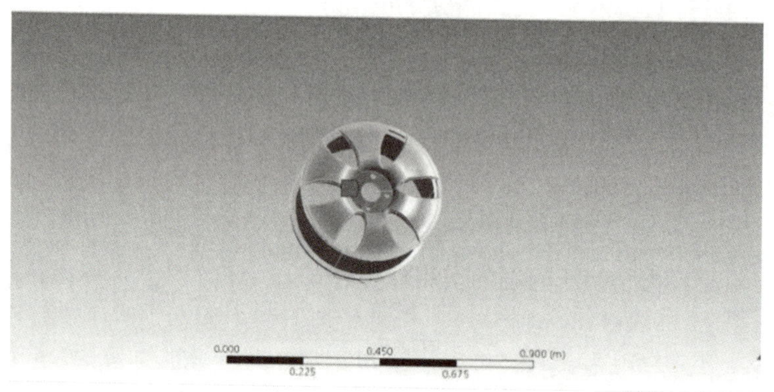

图 10-9

如图 10-10 ~ 图 10-12 所示。从模拟结果图中可以得出，辐板式轮毂靠近 120°处的轮辐边缘所受到的应力、变形量较大，且靠近 120°处的轮辐尖点处应力明显高于其他各处应力值，这一现象说明在轮辐尖点处出现了应力集中。按照国家标准，汽车轮毂只能允许在弹性范围内变化。从等效应力图中可以看到轮毂中最高应力值为45.59MPa，其远远低于 A356 铝合金材料的屈服极限 232MPa，因此该结构不会发生塑性变形，其满足设计要求。在轮毂的总体变形中，位移的最大值为0.648mm，小于一般设计中要求的 3mm，因此也满足要求。

（2）优化设计　工程中的优化设计通常是指通过控制变量和调整参数等方法，最大限度地提高设计的性能和效率。轻量化设计的汽车轮毂可降低整车燃油消耗、减少环境污染，同时提升汽车整车的性能水平。本节选择的轮毂轻量化设计的方法为响应面优化法，通过建立目标函数和设计变量之间的数学模型，利用统计学方法在设计空间中搜索最优解。在 ANSYS Workbench 中，响应面优化法可以通过多项式回归（或高斯过程回归）构建目标函数的近似模型，并在此基础上进行多次迭代搜索最优解。

目标函数：选择汽车轮毂的重量为目标函数，将 $W(x)$ 指定为最小化目标函数，令 $W(x)$ 达到最小，其中 $W(x)$ 为轮毂重量。

设计变量：本例选择对轮毂进行形状优化，从汽车轮毂的外形草图 10-13 和标注尺寸的图 10-14 中可以清楚地看出，所设计的汽车轮毂中轮辋的中间一部分底面厚度为 3mm。本

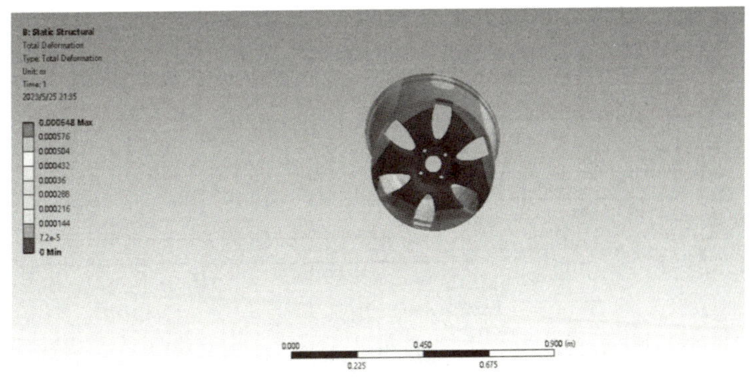

图　10-10

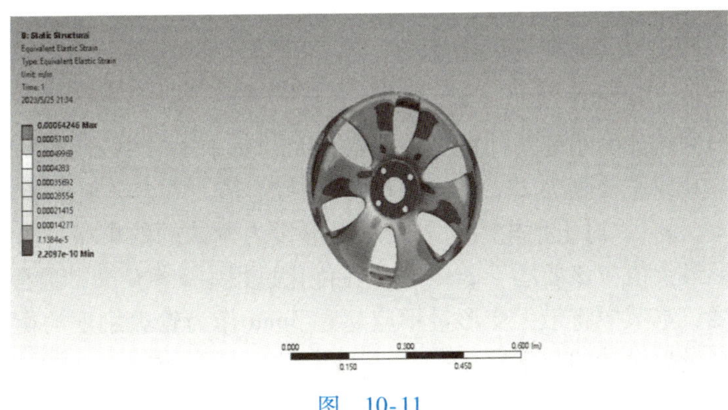

图　10-11

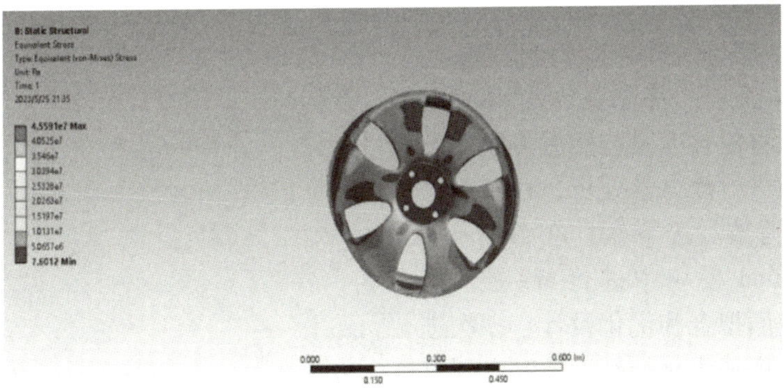

图　10-12

例考虑的设计变量为轮毂的边缘长度 P_{19}、轮辋的厚度 P_{758}、轮辋的边缘宽度 P_{16}。因此，本节选择的设计变量为 P_{16}、P_{19}、P_{758}，其各个设计变量的大小及上下限见表10-3。

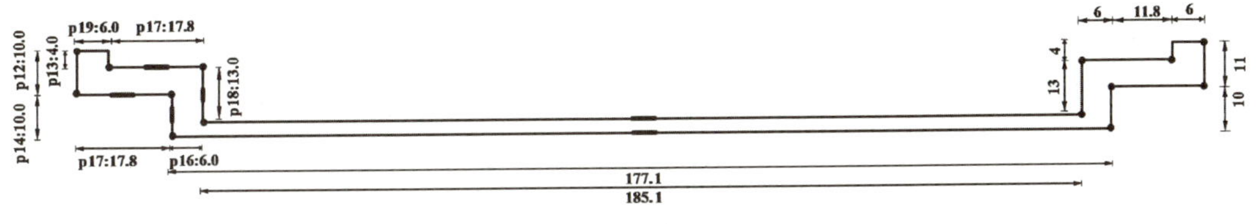

图　10-13

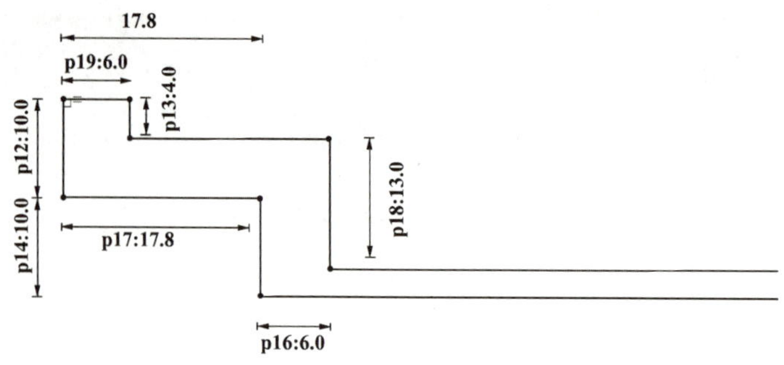

图 10-14

表 10-3 轮毂设计变量参数表

名称	初始值/mm	变量下限/mm	变量上限/mm
轮辋的边缘长度 L (P_{19})	6	3.5	6.6
轮辋的边缘宽度 H (P_{16})	6	3.5	6.6
轮辋的厚度 M (P_{758})	8	3.8	8.8

约束条件：当将轮毂的刚度条件视为约束条件时，对于本节中采用的 A356 铝合金材料设计的轮毂而言，其屈服极限为 232MPa。因此，轮毂的最大应力必须小于材料的屈服极限，约束条件为 $\sigma_{max} \leqslant [\sigma]$。对于把轮毂的最大总变形设为轮毂的约束条件时，经过查看资料可知，轮毂的变形最大值应该要小于 3mm，即在优化过程中 $U \leqslant U_{max}$，通常根据轮毂的整体变形来评估其刚度，本节中将最大变形量不应超过 3mm 作为轮毂刚度的衡量标准。综上所述，得到轮毂的轻量化设计的数学模型：

$$\begin{cases} W_{\{x\}} \rightarrow \min \\ \{x\} = [L \ H \ M]^{T} \\ \sigma_{max} \leqslant [\sigma] \end{cases}$$

优化的基本流程：首先在 UG NX12.0 中建立模型并设置设计变量，然后将模型导入 Workbench 中进行静力学分析，并设置约束条件与目标函数。接下来，在 Response Surface Optimization 模块中进行参数设置、试验设计、响应面拟合和优化设计。多次进行迭代分析，并评估优化结果，最终得到目标函数的最优值。汽车轮毂轻量化设计流程图如图 10-15 所示。

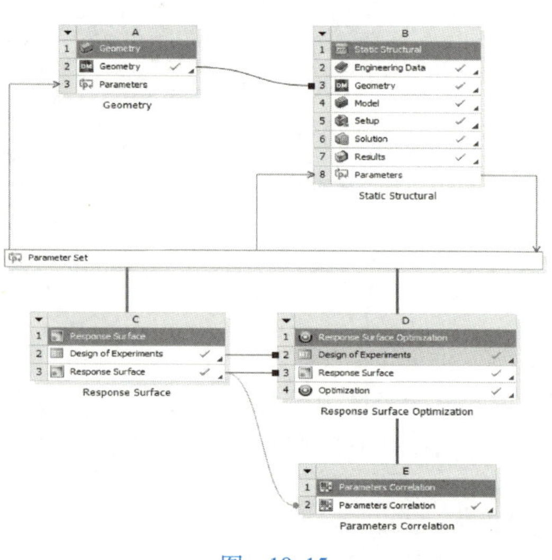

图 10-15

优化结果分析：对目标函数和约束变量在 optimization 模块中进行设置，要求目标函数轮毂重量不能超过原来的重量，约为 10kg。总变形不能超过 3mm，最大主应力不可超过 232MPa，由此可得到轮毂优化后各设计变量大小，具体操作和结果如图 10-16 所示。

	A	B	C	D	E	F	G	H	I
1	Name	Parameter	Objective			Constraint			
2			Type	Target	Tolerance	Type	Lower Bound	Upper Bound	Tolerance
3	P4 <= 2.32E+08 Pa	P4 - Maximum Principal Stress Maximum	No Objective			Values <= Upper Bound		2.32E+08	0.001
4	P5 <= 0.003 m	P5 - Total Deformation Maximum	No Objective			Values <= Upper Bound		0.003	0.001
5	P6 <= 10 kg	P6 - Geometry Mass	No Objective			Values <= Upper Bound		10	0.001

图　10-16

从优化模块中得到优化结果候选点如图 10-17 所示，又因为优化设计的目标是使汽车轮毂的重量变轻，但是铝合金轮毂的厚度（P_{758}）一般在 4. 5 ~ 10mm 之间，因此选取候选点 2 为汽车轮毂的设计点。从所得到的响应结果中，选取使得目标函数取较小值且拟合度较好的三个参数作为优化后的轮毂参数，见表 10-4。

	A	B	C	D	E	F	G	H	I	J	K
1	Reference	Name	P1 - P3@DS_p16	P2 - P3@DS_p758	P3 - P3@DS_p19	P4 - Maximum Principal Stress Maximum (Pa)		P5 - Total Deformation Maximum (m)		P6 - Geometry Mass (kg)	
2						Parameter Value	Variation from Reference	Parameter Value	Variation from Reference	Parameter Value	Variation from Reference
3		Candidate Point 1	3.5005	3.8008	3.5005	5.2398E+07	7.81%	0.00080764	12.19%	7.7117	-15.75%
4		Candidate Point 2	3.5016	6.3008	4.5339	4.8604E+07	0.00%	0.00071989	0.00%	9.1534	0.00%
5		Candidate Point 3	3.5036	7.5508	3.845	4.7076E+07	-3.14%	0.00067267	-6.56%	9.8379	7.48%

图　10-17

表 10-4　响应点各个变量优化前后的大小

名称	优化前	优化后
轮辋的边缘长度 L（P_{19}）	6mm	4. 5339mm
轮辋的边缘宽度 H（P_{16}）	6mm	3. 5016mm
轮辋的厚度 M（P_{758}）	8mm	6. 3008mm
总体变形	0. 648mm	0. 71989mm
最大主应力	45. 58MPa	48. 6MPa
总质量	10. 17kg	9. 1534kg

由优化后的结果可知，优化后的模型与 2 个约束变量和目标函数的关系如图 10-18 所示。

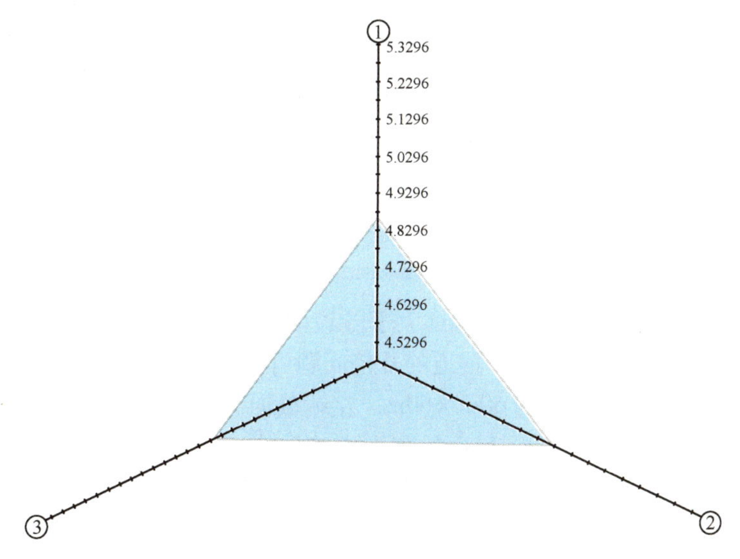

图　10-18

从以上结果可以看出，优化后的轮毂在静力分析中的最大主应力从 45.58MPa 升高至 48.6MPa，虽然有所升高但仍然远小于铝合金材料 A356 的屈服极限 232MPa，并且优化后轮毂的总变形为 0.71989mm，这也小于日常生活中规定变形的最大值 3mm。总质量从 10.17kg 降低到了 9.1534kg，较初始的质量降低了约为 10%。由以上内容可见，优化后的轮毂能够降低轮毂的质量，减少轮毂生产时的成本，优化后最大应力和变形均增加了。

10.2 ABAQUS 分析案例

1. 隧道开挖

在土层中，开挖一条直径为 8.0m 的圆形隧道，隧道顶端距离地面为 16.0m。土层的弹性模量 $E=200\text{MPa}$，泊松比 $\nu=0.2$，容重 $\gamma=20\text{kN/m}^3$。设侧向土压力系数为 0.5，隧道上 60m 的范围内施加有堆载，压力大小为 50kPa，试分析隧道开挖后的应力分布情况。

知识拓展

用有限元软件对桥梁结构、边坡开挖、地下隧洞、地铁开挖、煤矿开采等领域中涉及的失效破坏仿真进行案例展示，强调结构失效的危害性。工程结构能否安全、可靠地工作，与准确的力学计算紧密相关。例如，加拿大圣劳伦斯河之上的魁北克大桥因设计失误，导致大桥杆件发生失稳而突然倒塌，造成 86 名建桥工人落入水中，仅有 11 人生还。为避免类似的悲剧发生，从业人员一定要在设计、施工和维护阶段进行精确计算，保持严谨缜密的逻辑思维和认真踏实的工作态度。对不同的失效案例，采用“具体问题具体分析”的唯物辩证法思想。同学们在今后的工作中，一定要养成调查研究、弄清事实、再“对症下药”的严谨求实工作作风，从现在开始就树立学术规范意识，遵守职业道德，对自己负责，对生命负责，对社会负责。

（1）问题简化　由于隧道的长度远远大于隧道的直径，且沿长度方向隧道的截面尺寸和形状无变化，因此在一般情况下，隧道的开挖问题可以简化为平面应变问题。

根据对称性，模型的尺寸取为 60m×60m，左端截面为对称面，隧道中心位于对称截面上，距离地面为 20m。在对称截面 30m 的范围内施加表面压力荷载 50kPa，土体受重力作用。模型两端的水平位移为零，底端的水平和竖直方向位移为零。力学模型如图 10-19 所示。

（2）模型建立　根据简化出的力学问题在 ABAQUS 软件中建立模型，设置模型的尺寸、

材料以及定义开挖，具体的建模如下：

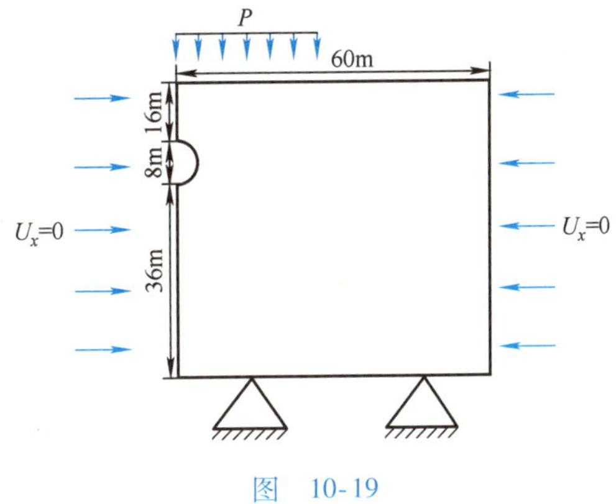

图 10-19

Step 1：建立部件。在 Part 模块中，执行【Part】/【Create】命令，在弹出的 Create Part 对话框中，将 Name 设为 soil，Modeling Space 设为 2D Planar，Type（类型）设为 Deformable，Base Feature 设为 Shell（二维的面）。单击【Continue】按钮后进入图形编辑界面，按所示形状绘制土体几何轮廓，完成后单击提示区中的【Done】按钮完成部件的建立（本例中原点取为隧道中心点）。执行【Tools】/【Partition】命令，分隔出隧道的几何形状。执行【Tools】/【Set】/【Create】命令，选择全部区域，建立名为 all 的集合；将隧道内部土体建立名为 remove 的集合。

Step 2：设置材料及截面特性。在 Property 模块中，执行【Material】/【Create】命令，建立名称为 soil 的材料，执行 Edit Material 对话框中的【Mechanical】/【Elasticity】/【Elastic】命令设置弹性模型参数，这里弹性模量 $E=200\text{MPa}$，泊松比 $\nu=0.2$。执行【Section】/【Create】命令，设置名为 soil 的截面特性（对应的材料为 soil），并执行【Assign】/【Section】命令赋给相应的区域。

Step 3：装配部件。在 Assembly 模块中，执行【Instance】/【Create】命令，建立相应的 Instance。

Step 4：定义分析步。在 Step 模块中，执行【Step】/【Create】命令，在弹出的 Create Step 对话框中设定名字为 geo，分析步类型选为 geostatic，单击【Continue】按钮进入 Edit Step 对话框，接受所有默认选项后退出。按照上述步骤，再建立一个名为 Remove 的静力分析步，其时间为 1.0，初始时间增量步为 0.1，允许的最大增量步为 0.2。

Step 5：定义隧道开挖。在 Interaction 模块中，执行【Interaction】/【Create】命令，在对话框中选择分析步为 Remove，类型为 Model change，然后单击【Continue】按钮，通过 Edit Interaction 对话框中 Region 右侧的鼠标符号确定开挖的位置，确认 Activation state of region elements 为 Deactivatedin in thisstep。

（3）荷载及边界条件　模型受到重力的作用，并在长期的重力影响下，土体中存在初始的地应力。模型的边界条件为限制模型底端的水平和竖直方向的位移，并约束模型两端的水平方向的位移。在 ABAQUS 软件中的具体操作如下：

Step 1：定义荷载、边界条件。在 Load 模块中，执行【BC】/【Create】命令，限定模型两侧的水平位移和模型底部两个方向的位移。应注意这些边界条件在 initial 步或 geo 分析步中就已激活生效。执行【Load】/【Create】命令，在 geo 分析步中对土体所有区域施加体力 -20，以此来模拟重力荷载；在 Remove 分析步中对距离轴线 30m 的范围内施加表面压力荷载 50kPa，以此模拟可能的交通荷载和堆载。

Step 2：定义初始应力。在 Load 模块中，执行【Predefined Field】/【Create】命令，将 Step 选为 Initial（ABAQUS 中的初始步），类型选为 Mechanical，Type 选择 Geostatic stress（地应力场），设置起点 1 的竖向应力（Stress Magnitude 1）为 0，对应的竖向坐标（vertical coordinate 1）为 20（土体表面），终点 2 的竖向应力（Stress Magnitude 2）为 -1200kPa，对应的竖向坐标（vertical coordinate 2）为 -40，侧向土压力系数（Lateralcoefficient）为 0.5。

（4）网格划分　本模型采用四节点平面应变单元，网格划分的具体步骤为：进入 Mesh 模块，将环境栏中的 Object 选项选为 Part，意味着网格划分是在 Part 的层面上进行的。为了便于网格划分，执行【Tools】/【Partition】命令，将区域分成几个合适的区域。执行【Mesh】/【Controls】命令，在 Mesh Controls 对话框中选择 Elementshape（单元形状）为 Quad（四边形），选择 Technique（划分技术）为 Structured。执行【Mesh】/【Element Type】命令，在 Element Type 对话框中，选择 CPE4 作为单元类型。通过【Seed】下的菜单设置合适的网格密度。执行【Mesh】/【Part】命令，单击提示区中的【Yes】按钮，将网格划分为图 10-20 所示的状态。

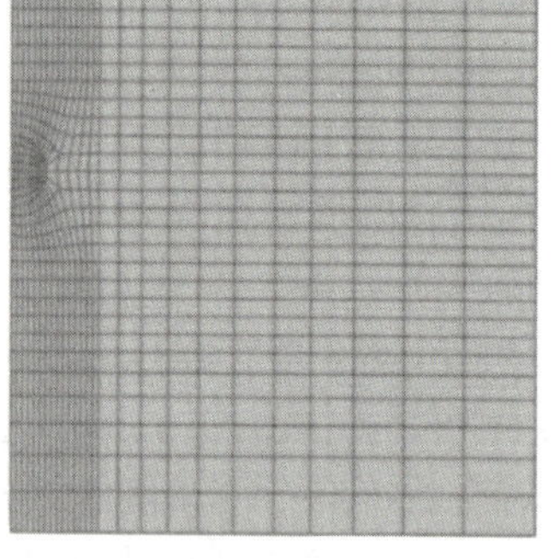

图　10-20

（5）结果分析　经过模拟计算，得到结果如图 10-21 所示。通过分析发现，当隧道开挖后，原本均匀分布在岩体中的应力会发生重新分布，并在隧道周围存在应力集中现象，且最大应力处位于隧道两侧，当最大应力超过容许应力时，隧道便会发生破坏。

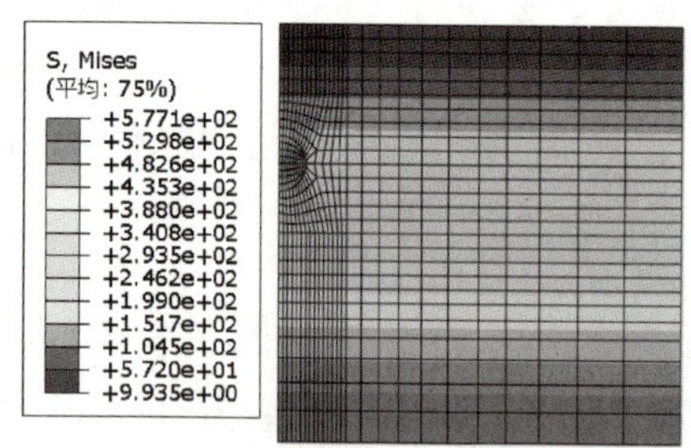

a) 隧道开挖前的应力分布云图

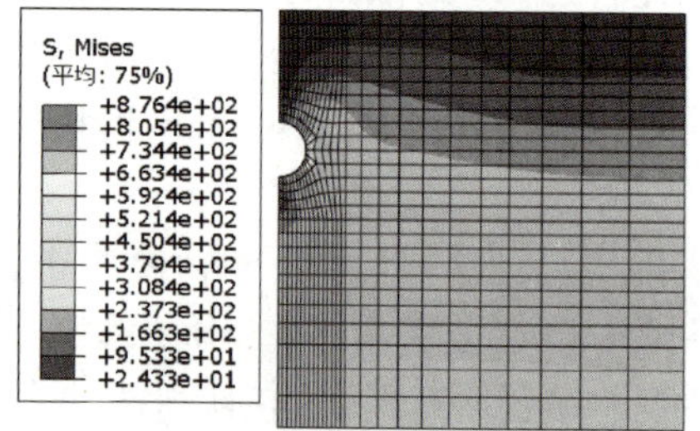

b) 隧道开挖后的应力分布云图

图　10-21

按照相同的步骤建立三维模型。为了消除重力的影响，在 Load 模块中创建初始场，添加 Geostatic stress（地应力场），并增加 geostatic 分析步。为了模拟开挖情况，在 Interaction 模块中，创建类型为 Model change 的相互作用，选中开挖区域，使其在指定的分析步中失效。限制模型两侧的 x 方向位移、前后两侧的 z 方向位移以及底端 x、y、z 方向的位移。模型的网格类型选为 C3D8，八结点线性六面体单元。经过模拟计算，得到结果如图 10-22 所示。由模拟结果可以发现，Mises 应力分布趋势与二维开挖基本一致，但是 Mises 应力却大于二维开挖情况，这是因为三维开挖的模型尺寸，沿隧道方向的长度并非远远大于其他尺寸，这就导致沿着 z 轴方向会出现位移。

2. 手机跌落

3C 产品在运输、装卸及使用中，结构可能发生破坏。为了对相关产品做品质验证，最常见的测试便是跌落和冲击试验。本例将对手机跌落过程进行模拟，假设手机在距离地面 0.5m 的高度掉落，在与地面接触时，手机与地面的夹角为 70°，跌落过程中仅受重力影响，

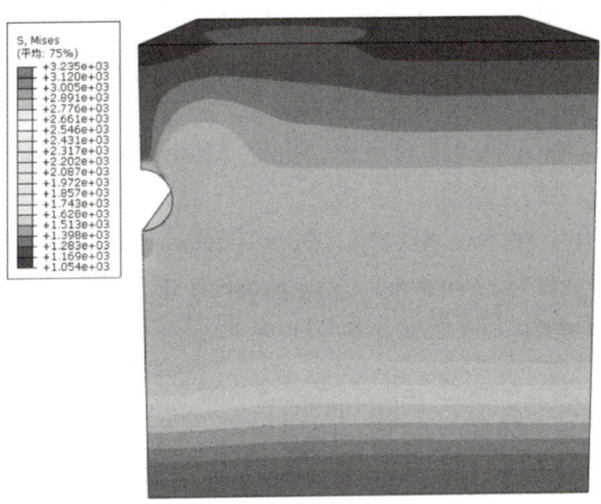

图 10-22

忽略空气阻力。

手机的长为 143.6mm，宽 70.9mm，厚度为 7.7mm，四个角为圆角，圆角半径为 10mm，具体尺寸如图 10-23 所示。手机的密度假设为 7.8g/m^3，弹性模量 E = 200MPa，泊松比 ν = 0.3。手机与地面接触时，接触面的切向摩擦系数为 0.1，接触时间为 0.003s，试分析手机在地面接触过程中的应力变化。

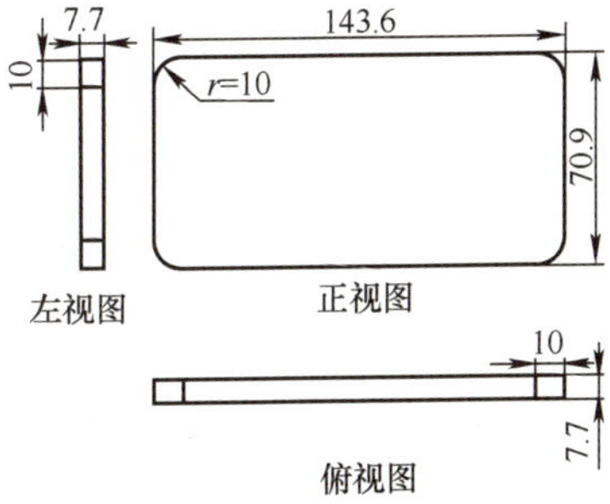

7.7　143.6　10　r=10　70.9

左视图　正视图

10　7.7

俯视图

图 10-23

（1）模型建立　根据模型的尺寸在 ABAQUS 中建立模型，并设置模型的材料属性以及定义碰撞时的接触，具体的建模步骤如下：

Step 1：建立部件。首先建立手机模型，在 Part 模块中，执行【Part】/【Create】命令，在弹出的 Create Part 对话框中，将 Name 设为 phone，Modeling Space 设为 3D，Type（类型）设为 Deformable，Base Feature 中 Shape、Type 分别设为 Solid、Extrusion。单击【Continue】按钮后进入图形编辑界面，按所示形状绘制手机几何轮廓，完成后单击提示区中的【Done】按钮，将深度设置为 7.7，单击确定完成部件的建立。

之后建立地板模型，在 Part 模块中，执行【Part】/【Create】命令，在弹出的 Create Part 对话框中，将 Name 设为 plate，Modeling Space 设为 3D，Type（类型）设为 Analytical rigid，Base Feature 设为 Extruded shell。单击【Continue】按钮后进入图形编辑界面，绘制一条长度为 100 的线段，完成后单击提示区中的【Done】按钮，并将深度设置为 100，单击确定完成地面部件的建立。选择菜单栏中的【Tools】/【Reference Point】，选择解析刚性面上的一点作为参考点。执行【Tools】/【Surface】/【Creat】命令，选中地面部件，将上平面设置为碰撞面，创建面集合。

Step 2：设置材料及截面特性。在 Property 模块中，执行【Material】/【Creat】命令，建立材料属性，执行 Edit Material 对话框中的【General】/【Density】命令设置密度，这里密度设置为 7.8g/m³。执行【Mechanical】/【Elasticity】/【Elastic】命令设置弹性模型参数，这里弹性模量 $E=200\text{MPa}$，泊松比 $\nu=0.3$。执行【Section】/【Create】命令，创立截面特性，并执行【Assign】/【Section】命令赋给相应的区域。

Step 3：装配部件。在 Assembly 模块中，执行【Instance】/【Create】命令，建立相应的 Instance，并调整平面和手机的位置。

Step 4：定义分析步。在 Step 模块中，执行【Step】/【Create】命令，在弹出的 Create Step 对话框中，分析步类型选为 Dynamic Explicit，单击【Continue】按钮进入 Edit Step 对话框，在 Basic 选项中，Time period 设置为 0.003。

Step 5：定义碰撞。在 Interaction 模块中，执行【Interaction】/【Property】/【Creat】命令，在弹出的对话框中，Type 设置为 Contact，单击【Continue】按钮，进入接触属性编辑界面。执行【Mechanical】/【Tangential Behavior】命令，将 Friction formulation 设为 Penalty，设置摩擦系数为 0.1。

执行【Interaction】/【Create】命令，在对话框中选择类型为 General contact（Explicit），然后单击【Continue】按钮，将 Global property assignment 设置为刚刚定义的接触属性。

（2）荷载及边界条件　定义初始速度、荷载和边界条件。由于手机落地之前做刚体运动，为了简化计算，我们仅考虑手机与地面接触瞬间时的状态，并赋予手机初始的速度。具体步骤为：在 Load 模块的工具区中，单击【Creat Predefined Field】，将 Step 选为 Initial，Category 选为 Mechanical，Types for Selected Step 设为 Velocity。单击【Continue】按钮，选中手机部件，完成后单击提示区中的【Done】按钮，设置手机与地面接触瞬间时的速度，单击确定。

执行【BC】/【Create】命令，将地面完全固定。单击工具区的【Create Load】命令，添加重力荷载。

（3）网格划分　本模型采用八结点线性六面体单元。进入 Mesh 模块，将环境栏中的 Object 选项选为 Part。单元类型选为六面体单元，划分方式为扫掠。执行【Mesh】/【Element Type】命令，在 Element Type 对话框中，选择 C3D8R 作为单元类型。通过【Seed】下的菜单设置合适的网格密度。执行【Mesh】/【Part】命令，单击提示区中的【Yes】按钮，将网格划分。

（4）结果分析　通过模拟分析，得到跌落接触时间内，系统的内能曲线、动能曲线和总能量曲线随时间的变化趋势，如图 10-24 所示。通过分析可以发现，手机和刚性面接触的

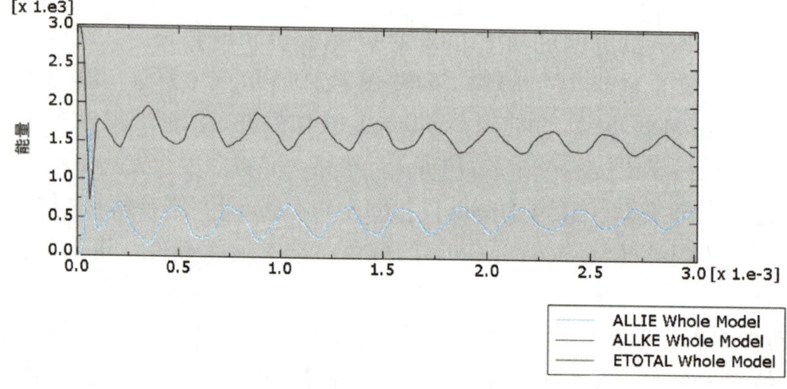

图　10-24

时间在 0 ~ 2.5×10^{-4}s 之间，大约为1.7×10^{-4}s。由于系统所取时间步长的原因，这里不能准确选取碰撞瞬间时间点的应力云图，可以通过减小分析步中的时间长度，再一次计算获得邻近时间点的应力云图。如图 10-25 所示，即为碰撞瞬间的应力分布状况，可以发现高应力区域位于手机的中部位置。

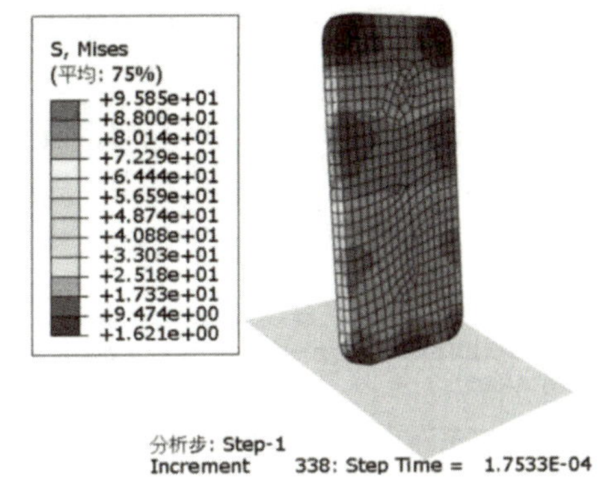

图　10-25

10.3　COMSOL 分析案例

1. 可燃冰的室内实验模拟

天然气水合物又称可燃冰，以储量大、分布广泛、产物无污染及能量密度大等优点，被认为是具有取代传统化石能源潜力的新型清洁能源之一。由于天然气水合物在分解中涉及温度场（T）、气-水两相渗流场（H）、应力场（M）和化学分解场（C）的多场耦合相互作用，使得研究变得尤为困难。COMSOL 因其卓越的多场耦合处理能力，在多场耦合方面研究，大多采用 COMSOL 软件进行模拟求解。

1999 年，Masuda 针对 Berea 砂岩岩芯进行降压分解实验，Masuda 采用的 Berea 岩芯模型长 300mm，直径 51mm，将岩芯置于温度为 2.3℃的恒温水浴中进行降压分解。该岩芯孔隙度为 0.182，初始温度为 2.3℃，初始气体压力为 3.75MPa，初始水合物饱和度为 0.443，水饱和度 0.206，渗透率为 98mD。实验以左端为降压出口，降压产气端保持 2.84MPa 的恒定压力，其他边界为无流动边界，并对岩芯施加 4MPa 的恒定围压。在模型中布置三个监测点，记录监测点温度和出口端累积产气量。Masuda 实验示意图如图 10-26 所示。试建立化学分解场和气-水两相渗流场的两场耦合模型，并与 Masuda 实验相对照，使模拟结果和实验结果相匹配。

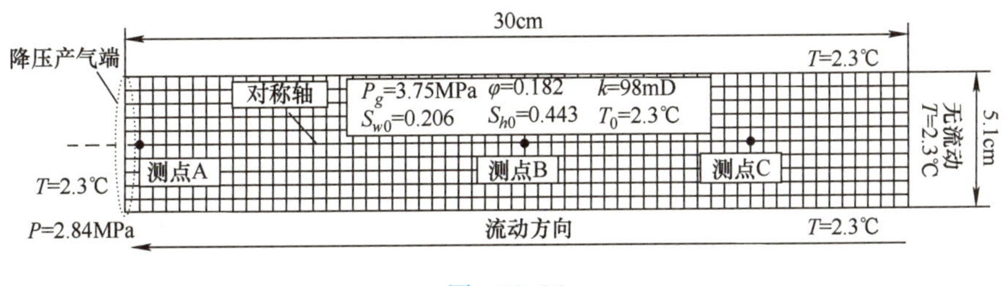

图　10-26

知识拓展

分析可燃冰等新能源开采过程中的有限元分析，了解可燃冰作为一种新能源，虽然地球蕴藏量丰富，具有巨大的开采潜力，但可燃冰的开采和利用增加了环境风险。可燃冰通常储藏于海洋环境中，开采过程中可能会对海洋生态系统造成一定的损害。例如，开采过程中的噪声和振动可能对海洋生物产生负面影响，破坏其栖息地。此外，开采后产生的废水和废气的排放也可能对水体和大气环境造成污染。因此，寻找低碳、环保的开采和利用技术成了一个迫切的课题，需要制定严格的环境保护措施，以减少对自然环境的不利影响。

天然气水合物即可燃冰，是由天然气和水在低温与高压情况下生成的固态笼型化合物，作为一种高能量密度资源，地球蕴藏资源总量巨大。

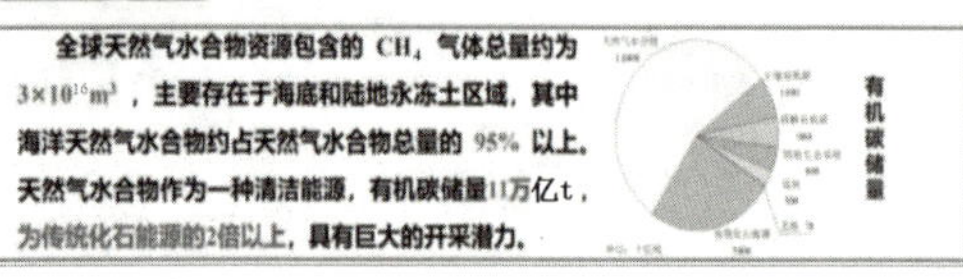

天然气水合物开采主要采用降压法、热激发法、化学试剂注入法、CO_2置换开采法及固体开采法等。

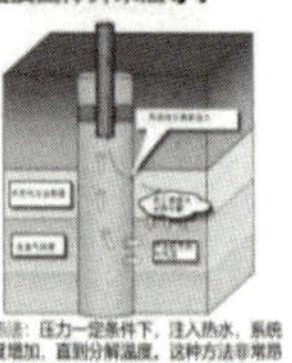

注热法：压力一定条件下，注入热水，系统温度增加，直到分解温度。这种方法非常昂贵，且要求向下注热和向上采气同步进行。

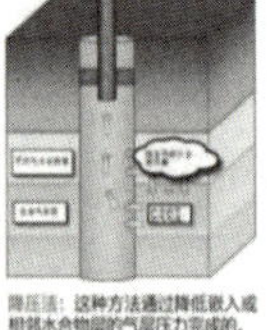

降压法：这种方法通过降低嵌入或相邻水合物层的气层压力完成的。

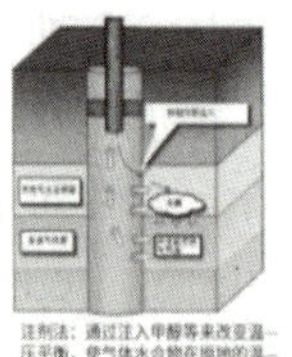

注剂法：通过注入甲醇等来改变温—压平衡，使气体水合物在原地的温—压条件下不再稳定而分解。

（1）模型建立　首先建立几何模型，空间维度选用“二维轴对称”，研究类型选择“瞬态”，根据对称性，建立几何模型。

本例涉及化学分解场和气-水两相渗流场两个物理场的耦合，用 COMSOL 中的“域常微分和微分代数方程”接口来模拟化学分解场；用“达西定律”场来模拟气相渗流场；用“一般形式偏微分方程”接口来模拟水相渗流场。化学分解场将水合物饱和度作为自变量，气相渗流场和水相渗流场分别选择孔隙压力和水饱和度作为自变量。

1）化学分解场：添加“域常微分和微分代数方程”接口，在 COMSOL 中域常微分方程形式为

$$e_a \frac{\partial^2 u}{\partial t^2} + d_a \frac{\partial u}{\partial t} = f$$

化学分解场的控制方程为

$$\frac{\partial(\phi \rho_h S_h)}{\partial t} = m_h$$

参照化学分解场的控制方程对 COMSOL 中的域常微分方程形式进行改写，可得

$$\begin{cases} e_a = 0 \\ u = S_h \\ d_a = \rho_h \phi \\ f = m_h - \rho_h S_h \dfrac{\partial \phi}{\partial t} \end{cases}$$

按照上式依次输入 COMSOL 域常微分方程的相应位置，即可实现对天然气水合物分解动力学的描述，在 COMSOL 中的设置如图 10-27 所示。最后设置饱和度的初始值为 0.443。

2）气相渗流场：添加“达西定律”物理场，在 COMSOL 中达西定律物理场的控制方程形式为

$$\frac{\partial}{\partial t}(\varepsilon_p \rho) + \nabla\left(-\rho \frac{k}{\mu} \nabla P\right) = Q_m$$

通过气相质量守恒的基础形式对上述方程进行改写，可得

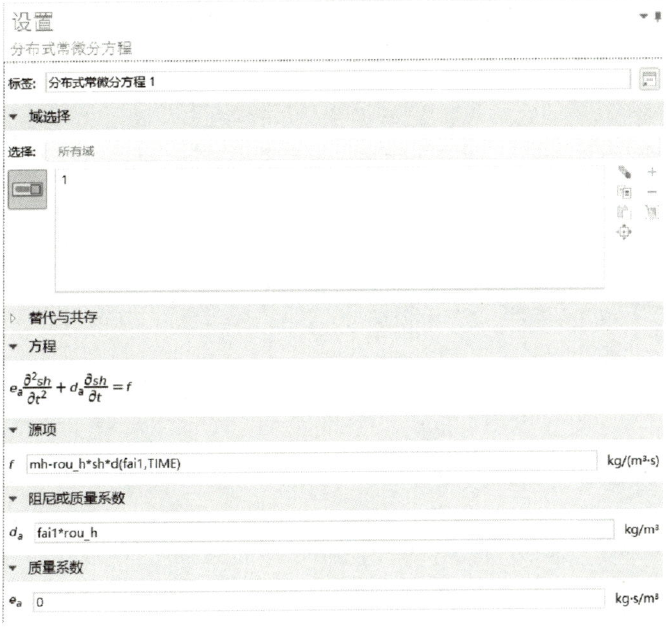

图　10-27

$$\begin{cases}\varepsilon_p = \phi S_g \\ \rho = \rho_g \\ k = k \cdot k_{rg} \\ P = P_g \\ Q_m = m_g\end{cases}$$

按照上式依次输入 COMSOL 达西定律物理场的相应参数位置，即可实现对天然气水合物分解产气过程的描述，如图 10-28 所示。最后，设置模型左端为轴对称边界，上端和右端为无流动边界，下端设置为压力边界，压力大小为 2.84MPa。设置气压的初始值为 3.75MPa。

3）水相渗流场：添加“一般形式偏微分方程”接口，其一般形式为

$$e_a \frac{\partial^2 u}{\partial t^2} + d_a \frac{\partial u}{\partial t} + \nabla \Gamma = f$$

通过水相质量守恒的基础形式对上述方程进行改写，可得

$$\begin{cases}e_a = 0, u = S_w \\ d_a = \rho_w \phi \\ f = m_w - \rho_w S_w \dfrac{\partial \phi}{\partial t} \\ \Gamma = \dfrac{k_{rw} k \rho_w}{\mu} \nabla P_w\end{cases}$$

依次输入 COMSOL 一般形式偏微分方程的相应参数位置，即可实现对天然气水合物分解产水过程的描述，如图 10-29 所示。

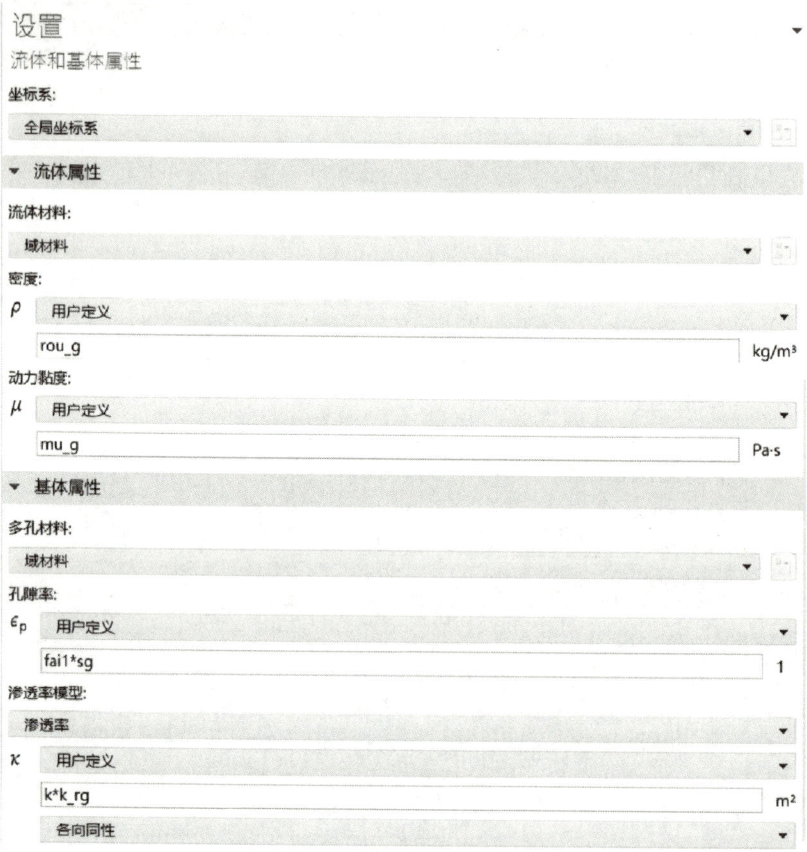

设置
流体和基体属性
坐标系:
全局坐标系
流体属性
流体材料:
域材料
密度:
ρ
用户定义
rou_g
kg/m³
动力黏度:
μ
用户定义
mu_g
Pa·s
基体属性
多孔材料:
域材料
孔隙率:
εp
用户定义
fai1*sg
1
渗透率模型:
渗透率
κ
用户定义
k*k_rg
m²
各向同性

图 10-28

设置
一般形式偏微分方程
标签:
一般形式偏微分方程 1
域选择
选择:
所有域
1
替代与共存
方程
守恒通量
Γ
-(k_rw*k*rou_w/mu_w)*(d(pg,r)-dpc_sw*swr)
-(k_rw*k*rou_w/mu_w)*(d(pg,z)-dpc_sw*swz)
r
z
kg/(m²·s)
源项
f
mw-rou_w*sw*d(fai1,TIME)
kg/(m³·s)
阻尼或质量系数
da
fai1*rou_w
kg/m³
质量系数
ea
0
kg·s/m³

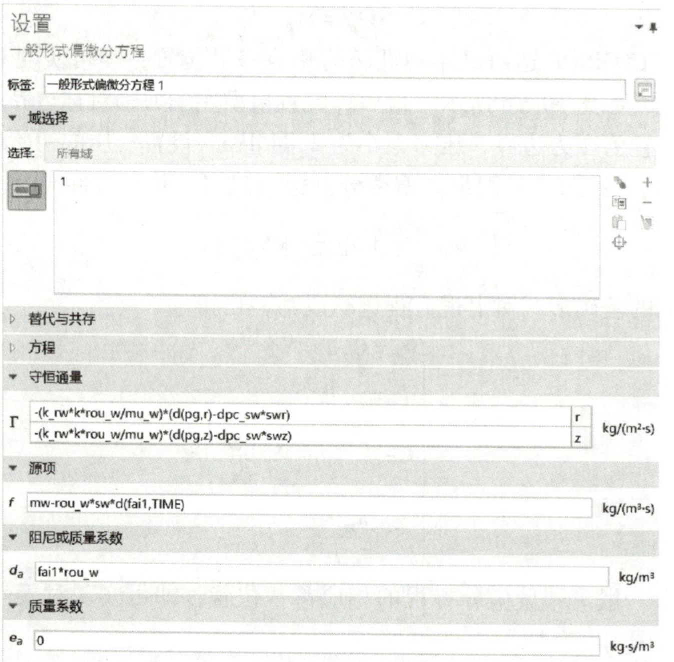

图 10-29

由于设计的变量较多，因此可以预先在 COMSOL 中设置相关的变量和参数，然后在对一般形式偏微分方程进行改写时，可以利用全耦合理论模型中的相关控制方程的简易形式进行输入。此外其他参数的取值见表 10-5。

表 10-5　物理参数取值

物理含义	符号	数值及单位	物理含义	符号	数值及单位
水合物密度	ρ_h	917kg/m^3	进气值参考压力	P_e	$1\times10^5\text{Pa}$
水密度	ρ_w	1000kg/m^3	水合系数	N_h	6
水合物摩尔质量	M_h	0.124kg/mol	孔径分布系数	λ	2
气体摩尔质量	M_g	0.016kg/mol	相对渗透率系数	m	0.6
水摩尔质量	M_w	0.018kg/mol	水残余饱和度	S_{wr}	0.1
相平衡系数	e_1	3.98	气残余饱和度	S_{gr}	0.05
相平衡系数	e_2	8.533	气体动力黏度	μ_g	$1.84\times10^{-5}\text{Pa}\cdot\text{s}$
气体常数	R	8.314J/(mol·K)	水动力黏度	μ_w	$1.01\times10^{-3}\text{Pa}\cdot\text{s}$
反应动力学常数	k_d^0	$3.6\times10^4\text{mol/(m}^2\cdot\text{Pa}\cdot\text{s)}$			

（2）荷载及边界条件　不同的物理场应根据真实的物理现象设置不同的边界条件。本例中，边界条件设置如下：在渗流场中，除产气端外，其余端面的边界设置为无流动边界且为自由压力边界，产气端设置为定压边界，保持 2.84MPa 的出口压力值以模拟试验中的降压条件；在温度场中，左右边界设置为绝热边界，上下边界设置为对流传热边界以模拟试验中的恒温水浴条件。

（3）网格划分　在模型开发器中的网格选项对模型进行网格划分。在 COMSOL 中，根据物理场的情况以及模型的复杂程度，COMSOL 预置了九级单元尺寸，包括：极细化、超细化、较细化、细化、正常、粗化、较粗化、超粗化、极粗化，分别对应于不同的参数值。用户可以根据实际问题的需要，选择最合适的网格。

本例网格的划分方式设置为“映射”，网格大小设置为“超细化”，这样既能保证计算的精度又能减少计算量。网格划分情况如图 10-30所示。

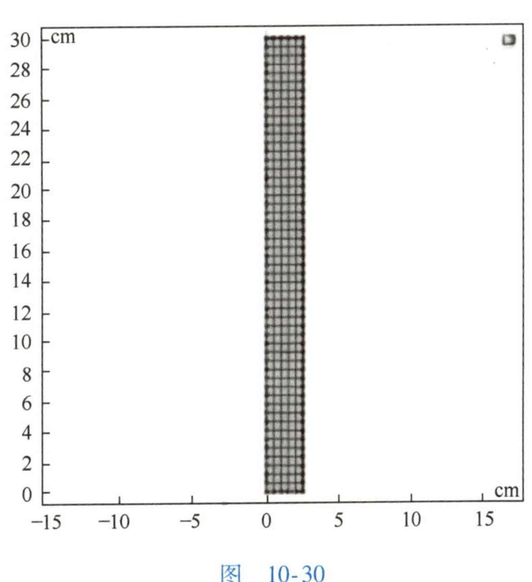

图　10-30

（4）结果分析　数值模拟与 Masuda 实验监测点温度变化曲线如图 10-31 所示。天然气水合物分解需要吸收热量，热量来源包括砂岩岩芯本身和外部恒温水浴，且在实验初期气体压力降低速率和水合物分解速率较快，流体流动带走的热量和分解吸收的热量大于外界恒温水浴向岩芯内部传递的热量，所以温度逐渐下降。随着天然气水合物逐渐分解，产气速率放缓，此时流体流动带走的热量和分解吸收的热量开始小于外界恒温水浴向岩芯内部传递的热量，所以温度随时间逐渐回升，直至达到外界水浴温度。本节数值模型监测点温度变化曲线与实验曲线规律一致，温度大小与实验值误差较小，拟合度较高。

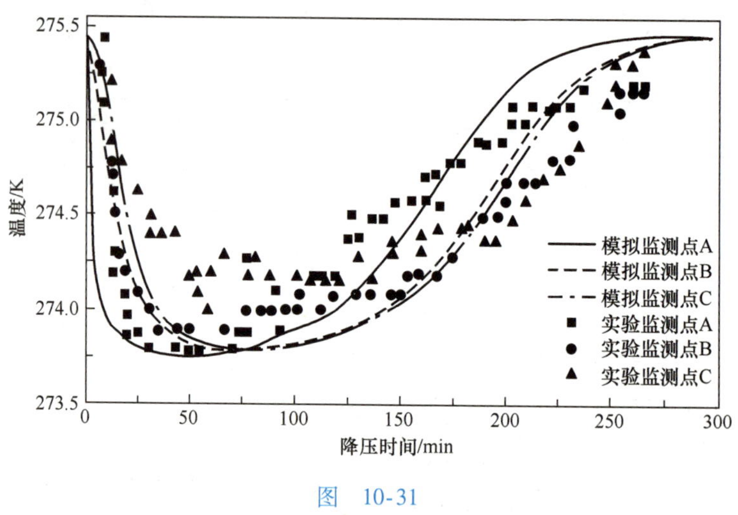

图 10-31

2. 堤坝边坡稳定性

边坡稳定性分析是预测土壤在不同荷载和环境条件下的沉降、变形和滑移的一种基本技术。在路堤大坝中，边坡稳定性分析对确定大坝的安全性非常重要。本例选取某一工程堤坝，对堤坝的稳定性进行分析。

如图 10-32 所示为堤坝的横截面。其中 L_1、L_2 为堤坝两边长度，L_3 为路面宽度，L_1、L_2、L_3 的尺寸分别为 24m、5m、24m，路堤 L_4 的高度为 12m。水库水位 H_w 为 10m，大概的渗流高度 H_S 为 4m。路堤的总宽度为 $L_1+L_2+L_3$。为了避免边界效应，在路堤下方添加了土壤域，深度为 12m（图中未显示）。

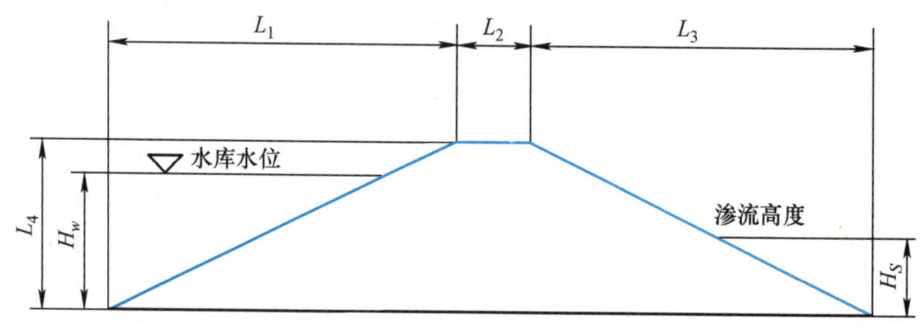

图 10-32

土体的物理力学参数见表 10-6，试分析堤坝内的渗流路径并分析堤坝的稳定性。

表 10-6 土体物理力学参数

弹性模量/MPa	泊松比	黏聚力/MPa	内摩擦角/(°)	密度/(kg/m³)
100	0.4	10	30（饱和土） 20（非饱和土）	2000

（1）模型建立　在模型向导中，选择达西定律和固体力学两个物理场，研究类型设为稳态。

在达西定律物理场中，设置流体和多孔基体的参数，并考虑重力。如图 10-33a、c 所示。在固体力学场中，设置材料的孔隙压力、土壤塑性以及模型的初始应力应变，其中孔隙压力采用外部应力的方式进行设置。具体设定如图 10-33b、d 所示。

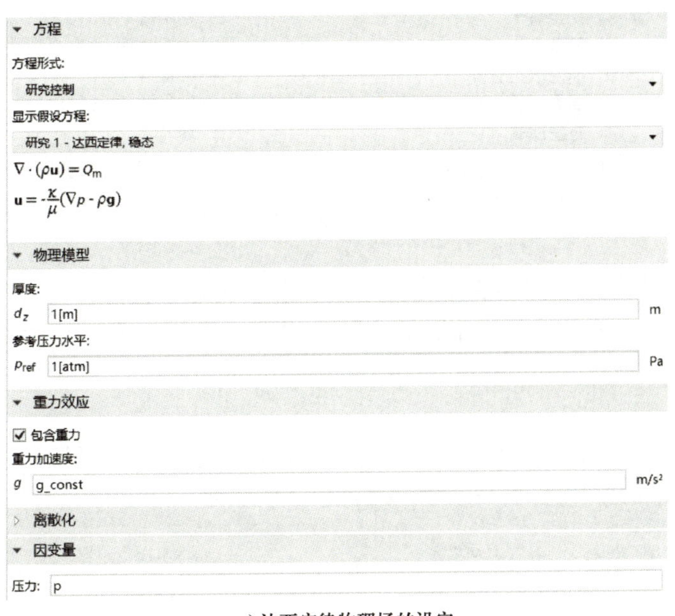

a) 达西定律物理场的设定

方程

方程形式:

研究控制

显示假设方程:

研究 1 - 达西定律, 稳态

$\rho\mathbf{a}_f=\nabla\cdot\mathbf{S}+\mathbf{F}_V$

物理符号

启用物理符号

显示或隐藏所有物理符号

全选　全部清除

二维近似

平面应变

面外模态扩展（时谐）

面外波数:

k_Z 0 rad/m

厚度

d 1 m

结构瞬态特性

包含惯性项

b) 固体力学物理场的设定

图　10-33

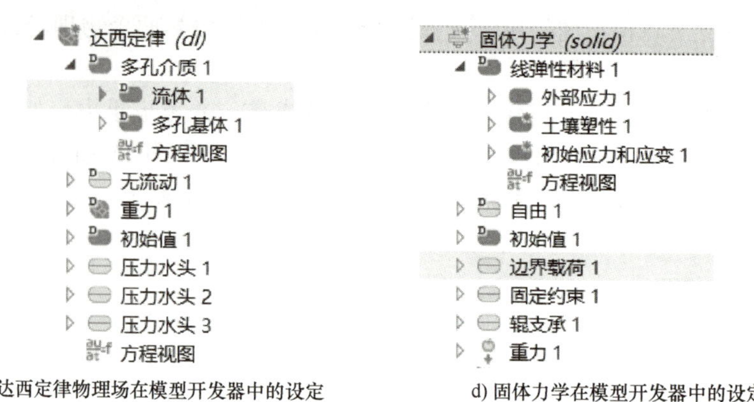

c) 达西定律物理场在模型开发器中的设定　　d) 固体力学在模型开发器中的设定

图　10-33（续）

（2）荷载及边界条件　模型受重力作用，对于达西定律物理场，水库水位以上以及底端设置为无流动边界，水库水位以下设置水压力边界，渗出边界的压力水头设为0m。边界条件设定如图10-34所示。

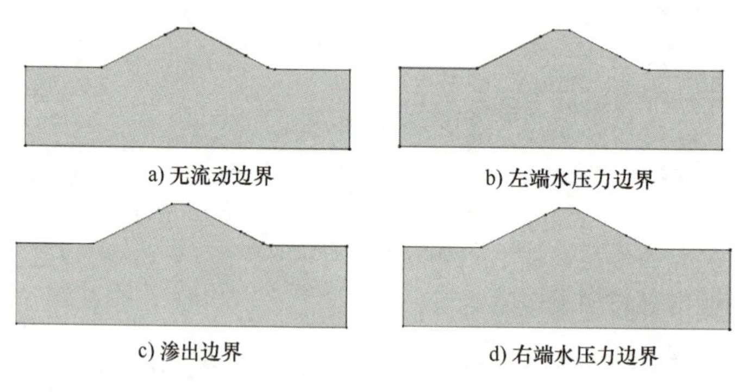

a) 无流动边界　　b) 左端水压力边界

c) 渗出边界　　d) 右端水压力边界

图　10-34

对于固体力学物理场，模型的底端限制水平和竖直两个方向的位移，模型两端限制水平方向的位移。坝体水位线以下受水压力作用，其余边界为自由边界。边界条件设定如图10-35所示。

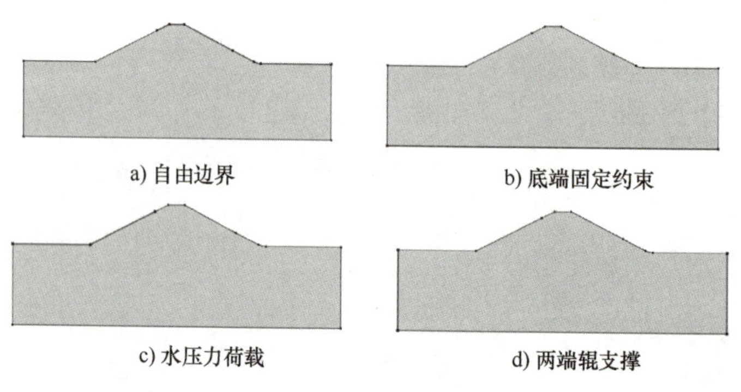

a) 自由边界　　b) 底端固定约束

c) 水压力荷载　　d) 两端辊支撑

图　10-35

（3）网格划分　网格设置为“自由三角形网格”，网格大小设为“细化”，由于在坝体内需要考虑水的渗流以及在强度折减时可能会发生滑移，情况比较复杂，因此对此区域进行网格的细化，网格的划分情况如图 10-36 所示。

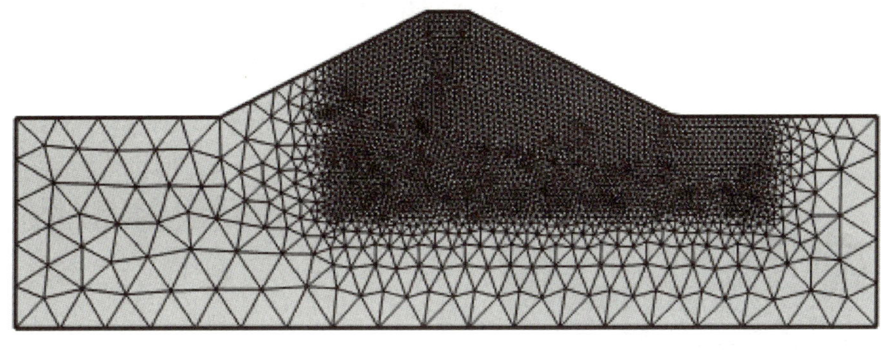

图　10-36

（4）结果分析　堤坝的压力水头如图 10-37 所示：在浸没壁上，水头从 0m 到 10m 不等，而在渗流面上为 0m。正压力水头表示正孔隙压力，表示饱和土，而零压力水头表示非饱和土。图中的零压力水头线是将饱和土与非饱和土分开的潜水面位置。

如图 10-38 所示，失稳前的等效塑性应变表明了其破坏的机理是由于塑性区的上下贯通导致的。滑移面如图 10-39 所示，箭头表示土颗粒的位移方向，该图说明了堤坝土体滑移现象。由于堤坝下边界为固定约束，因此堤坝右下角土体不会出现滑移。

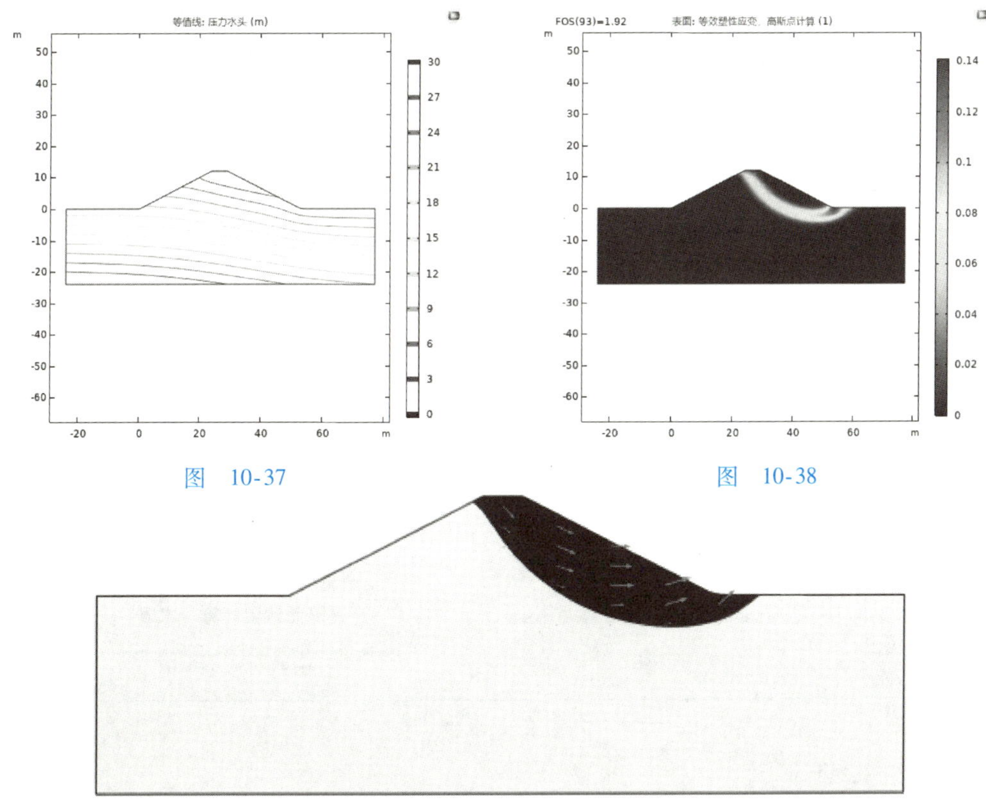

图　10-37

图　10-38

图　10-39

借助拉伸数据集，位移场的三维可视化效果如图 10-40 所示，在平面应变近似合理的情况下，对堤坝进行二维分析是预测宽坝不稳定性的有效方法；图 10-41 显示最大位移与安全系数 FOS 的关系。最大位移在 FOS = 1.9 附近显著增加，这表明堤坝开始失稳。

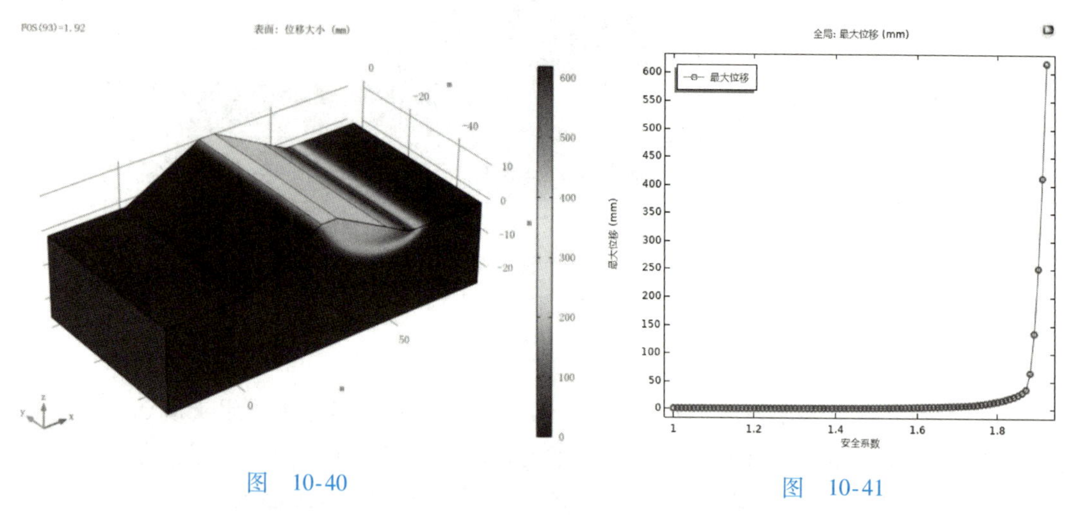

图 10-40　　图 10-41

知识拓展

国家标准分为强制性国家标准和推荐性国家标准。其中强制性国家标准由国务院批准发布或者授权批准发布，推荐性国家标准由国务院标准化行政主管部门制定。

当前共有两项有限元国家标准，分别是《机械产品结构有限元力学分析通用规则》（GB/T 33582—2017）和《机械产品计算机辅助工程有限元数值计算　术语》（GB/T 31054—2014）。学生要提前了解国家行业规范标准及相关要求，做好人生规划和职业规划，为进入社会做一名合格的工程师做好准备。

ICS 01.100.01
J 04

GB

中华人民共和国国家标准

GB/T 33582—2017

机械产品结构有限元力学分析通用规则

General principles of structural finite element analysis for mechanical products

2017-05-12 发布　　2017-09-01 实施

中华人民共和国国家质量监督检验检疫总局
中国国家标准化管理委员会　发布

ICS 01.100.01
J 04

GB

中华人民共和国国家标准

GB/T 31054—2014

机械产品计算机辅助工程
有限元数值计算　术语

Computer aided engineering for mechanical products—Finite element numerical calculation—Terminology

参考文献

[1] 傅永华. 有限元分析基础 [M]. 武汉：武汉大学出版社，2007.
[2] 李亚智，赵美英，万小朋. 有限元法基础与程序设计 [M]. 北京：科学出版社，2018.
[3] 朱伯芳. 有限单元法原理与应用 [M]. 北京：中国水利水电出版社，1998.
[4] 王勖成，邵敏. 有限单元法基本原理和数值方法 [M]. 北京：清华大学出版社，2001.
[5] 徐芝纶. 弹性力学 [M]. 北京：高等教育出版社，1990.
[6] 李人宪. 有限元法基础 [M]. 北京：国防工业出版社，2002.
[7] 赵经文，王宏钰. 结构有限元分析 [M]. 北京：科学出版社，2001.
[8] 崔俊芝，梁俊. 现代有限元软件方法 [M]. 北京：国防工业出版社，1995.
[9] 王润富，佘颖禾. 有限单元法概念与习题 [M]. 北京：科学出版社，1996.
[10] 王国强. 实用工程数值模拟技术及其在 ANSYS 上的实践 [M]. 西安：西北工业大学出版社，1999.
[11] 黄义. 弹性力学基础及有限单元法 [M]. 北京：冶金工业出版社，1983.
[12] 丁皓江，何福保. 弹性和塑性力学中的有限单元法 [M]. 北京：机械工业出版社，1989.
[13] 刘涛，杨凤鹏. 精通 ANSYS [M]. 北京：清华大学出版社，2002.
[14] 李树栋. Abaqus 有限元分析从入门到精通 [M]. 北京：机械工业出版社，2022.
[15] 李辉，申胜男. 有限元软件 COMSOL Multiphysics 在工程中的应用 [M]. 北京：科学出版社，2023.